职业院校互联网＋立体化精品教材

建筑工程识图

主　编：宋春红
副主编：姜海丽　孙宁宁　曲姝仪
　　　　董琳琳　辛　宁　宋　军
主　审：刘敏蓉

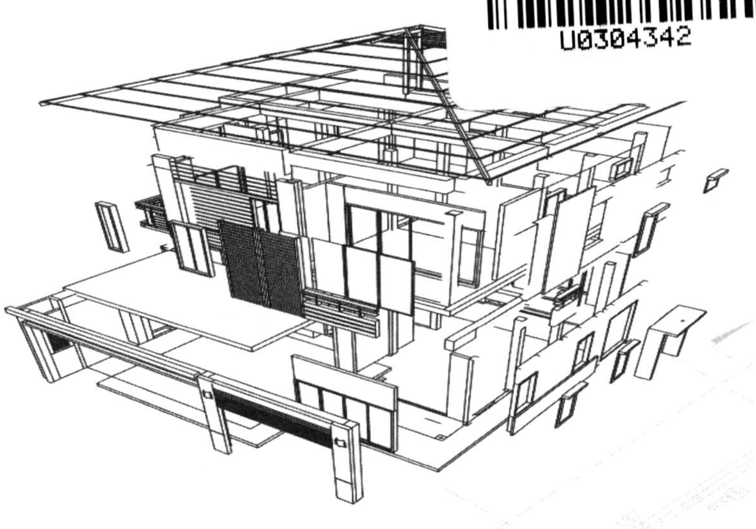

中国原子能出版社
·北京·

图书在版编目（CIP）数据

建筑工程识图 / 宋春红主编 . —北京：
中国原子能出版社，2020.11（2023.1 重印）

ISBN 978-7-5221-1135-3

Ⅰ. ①建…　Ⅱ. ①宋…　Ⅲ. ①建筑制图-识图
Ⅳ. ①TU204.21

中国版本图书馆 CIP 数据核字（2020）第 238338 号

建筑工程识图

出版发行　中国原子能出版社（北京市海淀区阜成路 43 号　100048）
责任编辑　刘东鹏
责任印刷　赵　明
印　　刷　河北宝昌佳彩印刷有限公司
经　　销　全国新华书店
开　　本　787 mm×1092 mm　1/16
印　　张　20
字　　数　400 千字
版　　次　2020 年 11 月第 1 版　　2023 年 1 月第 2 次印刷
书　　号　ISBN 978-7-5221-1135-3
定　　价　98.00 元

出版社网址：http：//www.aep.com.cn　

前言

本教材是建筑专业一门实践性很强的专业基础课。根据建筑类专业《建筑工程识图》课程教学的基本要求和人才培养目标，围绕一线建筑企业工作要求，总结多年的教学经验，结合教学改革的实践要点，采用项目教学法编写的。本教材在内容安排和编写风格上突出以下特点。

1. 本教材全部采用最新颁布的《房屋建筑制图统一标准》，《建筑制图标准》，《建筑结构制图标准》和平法制图规则等国家标准，与新技术、新规范同步。

2. 本教材以应用为目的，以必须、够用为原则，结合专业需求，把培养学生的专业能力和岗位能力作为教学目标，优化教材结构，突出综合性、应用性和技能性。

3. 本教材以工作过程为导向，以实际工程项目贯穿，渗透了项目法教学的内涵。

4. 本教材在内容阐述上力求深入浅出、层次分明、形象直观，并注重重点、分散难点，使整个教材内容简单易学。编写过程中注重理论联系实际，书中专业图全部来源于实际工程，便于学生理实一体，提高学生识读施工图的能力。

5. 本教材可作为建筑工程技术、建筑工程管理、工程造价、建筑装饰等专业的教学用书也可供建筑岗位人员的培训使用或供土建工程技术人员学习参考。

本教材属于烟台城乡建设学校教学改革创新系列教材之一。本教材依据施工图纸的识图过程，采用项目教学法，将教材内容分为建筑工程图识图基础知识及建筑工程图识读技能提升两个模块，共需要144课时。其中项目一至五为基础知识，项目六至八为技能提升，项目九为综合实训，通过一套工程图的识读与绘制将知识点融会贯通，让学生在完成项目的过程中学习理论知识，发展专业技能。本教材的编写工作主要由烟台城乡建设学校宋春红主编，姜海丽、孙宁宁、曲姝仪、董琳琳、辛宁、宋军担任副主编。孙宁宁编写项目 1，曲姝仪编写项目 2，姜海丽编写项目 3、4、9，董琳琳编写项目 5，宋春红编写项目 6、7、9，辛宁编写项目 8、9。图纸、资料整理等由烟台城乡建设学校董琳琳、山东外贸职业学院宋军负责，烟台城乡建设学校刘敏蓉主审。

本教材在编写过程中参考了相关图集、教材，在此谨向原书作者表示感谢。

编委会

目 录

项目 1 国家制图标准基本规定及应用

[项目概述]

万丈高楼平地起，房屋是建筑工人一层层盖出来的，他们盖房子依据的是“图纸”。这里所说的“图纸”在制图标准中称为“图样”，它是表达建筑工程设计意图的重要手段，也是建筑施工的重要依据。为了使不同岗位的技术人员对工程图有完全一致的理解，制图和读图都必须遵照一个统一的规定制图标准。

[项目目标]

知识目标:

1. 熟悉并遵守国家制图标准的基本规定;

2. 熟悉平面图形的尺寸标注方法及步骤。

技能目标:

能正确使用绘图工具及仪器，按照国家制图标准的基本规定正确完成平面图形的绘制，并进行尺寸标注。

[项目课时]

建议 6 ~ 8 课时。

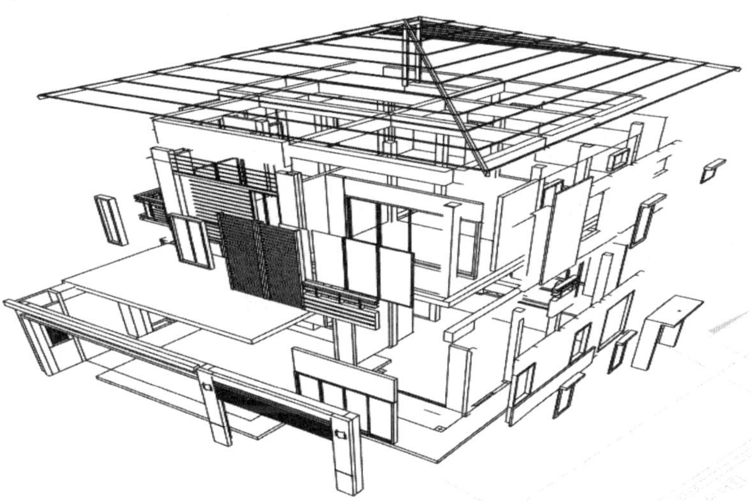

1.1 建筑制图国家标准简介

图样是设计和制造产品的重要技术文件，是工程界表达和交流技术思想的共同语言。因此，图样的绘制必须遵守统一的规范，这个统一的规范就是中华人民共和国标准，简称国标，用 GB 或 GB/T（GB 为强制性国家标准，GB/T 为推荐性国家标准）表示，通常统称为制图标准。目前常用的制图标准有：《房屋建筑制图统一标准》（GB/T 50001—2017）、《总图制图标准》（GB/T 50103—2010）、《建筑制图统一标准》（GB 50104—2010）、《建筑结构制图标准》（GB/T 50105—2010）、《给水排水制图标准》（GB/T 50106—2010）等，工程技术人员在绘制工程图样时必须严格遵守，认真贯彻国家标准。

《房屋建筑制图统一标准》（GB/T 50001—2017）是房屋建筑制图的基本规定，适用于房屋建筑总图、建筑、结构、给水排水、暖通空调、电气等各专业制图，主要有以下 14 个方面的内容：

（1）总则；（2）图纸幅面规格与图纸编排顺序；（3）图线；（4）字体；（5）比例；（6）符号；（7）定位轴线；（8）常用建筑材料图例；（9）图样画法；（10）尺寸标注；（11）计算机辅助制图文件；（12）计算机辅助制图文件图层；（13）计算机辅助制图规则；（14）协同设计。

1.2 图幅、标题栏及会签栏

1.2.1 图纸幅面尺寸

图纸幅面简称图幅。国家标准（GB/T 50001—2017）规定图幅有 A0、A1、A2、A3、A4 共 5 种规格。图纸以短边作为垂直边应为横式，以短边作为水平边应为立式，如图 1.1 和图 1.2 所示。A0 ～ A3 图纸宜横式使用，必要时也可立式使用。

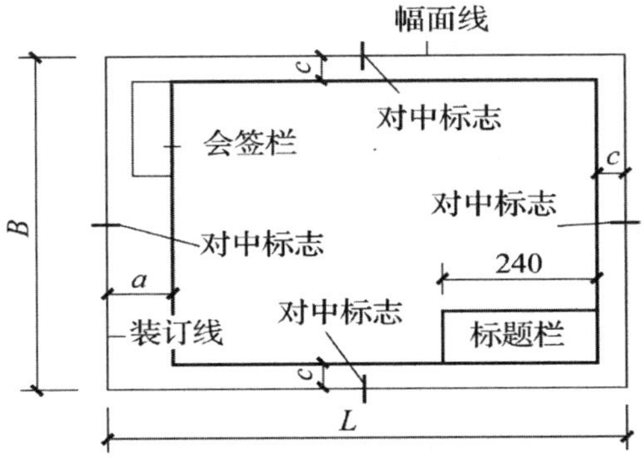

图 1.1　横式图纸

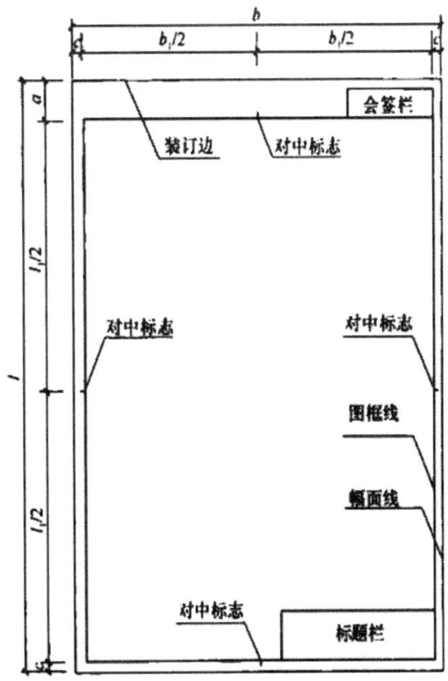

图 1.2　立式图纸

图框是图纸中限定绘图区域的边界线，画图时必须在图纸上画上图框，图框用粗实线绘制。图幅与图框的尺寸见表 1.1。

表 1.1 图纸幅面代号和尺寸　　单位：mm

幅面代号	A0	A1	A2	A3	A4
$B \times L$	841 × 1189	594 × 841	420 × 594	297 × 420	210 × 297
e	20		10		
c	10			5	
a	25				

图纸的短边不应加长，A0 ～ A3 幅面长边尺寸可加长，但应符合表 1.2 的规定。

表 1.2　图纸长边加长尺寸　　单位：mm

幅面尺寸	长边尺寸	长边加长后尺寸
A0	1189	1486（A0+1/4 *l*） 1635（A0+3/8 *l*） 1783（A0+1/2 *l*） 1932（A0+5/8 *l*） 2080（A0+3/4 *l*） 2230（A0+7/8 *l*） 2378（A0+1 *l*）
A1	841	1051（A1+1/4 *l*） 1261（A1+1/2 *l*） 1471（A1+3/4 *l*） 1682（A1+1 *l*） 1892（A1+5/4 *l*） 2102（A1+3/2 *l*）
A2	594	743（A2+1/4 *l*） 891（A2+1/2 *l*） 1041（A2+3/4 *l*） 1189（A2+1 *l*） 1338（A2+5/4 *l*） 1486（A2+3/2 *l*） 1635（A2+7/4 *l*） 1783（A2+2 *l*） 1932（A2+9/4 *l*） 2080（A2+5/2 *l*）
A3	420	630（A3+1/2 *l*） 841（A3+1 *l*） 1051（A3+3/2 *l*） 1261（A3+2 *l*） 1471（A3+5/2 *l*） 1682（A3+3 *l*） 1892（A3+7/2 *l*）

注：有特殊需要的图纸，可采用 $B \times L$ 为 841 mm×891 mm 与 1189 mm×1261 mm 的幅面。

一个工程设计中，每个专业所使用的图纸，不宜多于两种幅面，不含目录及表格所采用的 A4 幅面。

1.2.2 标题栏和会签栏

图纸中应有标题栏、图框线、幅面线、装订边线和对中标志。图纸的标题栏及装订边的位置。应符合下列规定：

1. 横式使用的图纸，应按图 1.1 规定的形式进行布置；

2. 立式使用的图纸，应按图 1.2 规定的形式进行布置。

根据工程需要选择确定其尺寸、格式及分区。标题栏外框线用中粗实线绘制，分格线用细实线绘制，其格式及尺寸如图 1.3 所示。

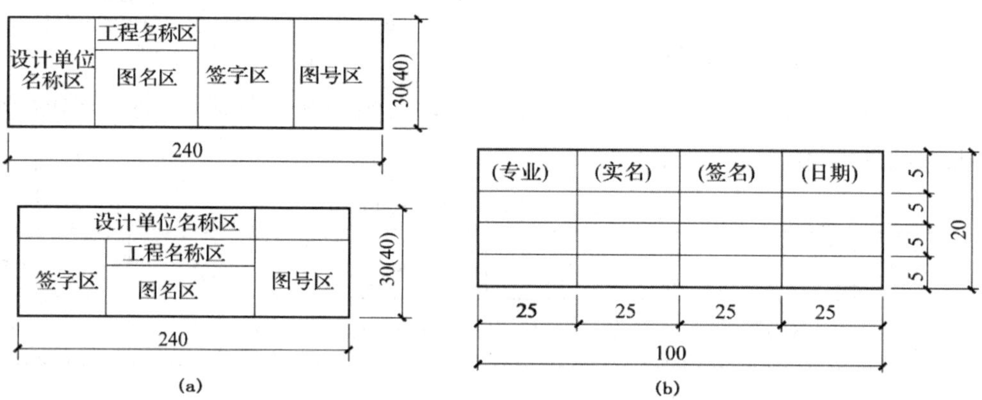

图 1.3 标题栏和会签栏

国家标准（GB/T 50001—2017）对标题栏的格式已作了统一规定，在生产设计中应遵守规定，如图 1.4 所示。为简便起见，学生制图作业建议采用图 1.5 所示的标题栏。

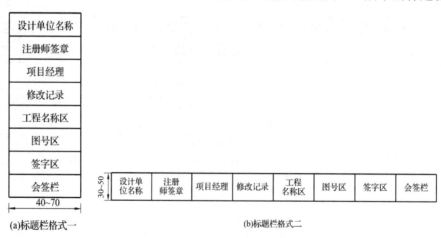

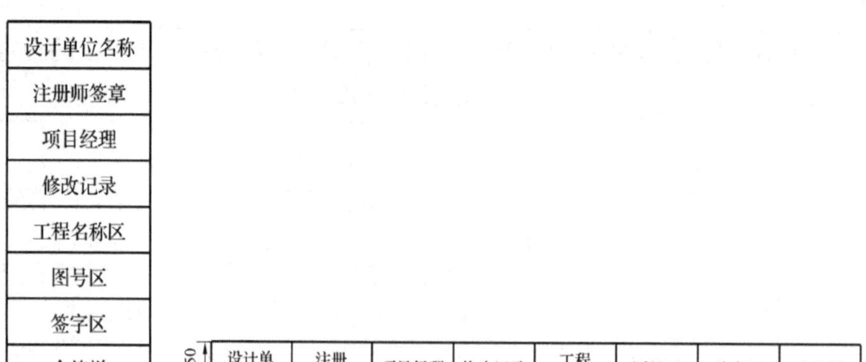

图 1.4 标题栏格式

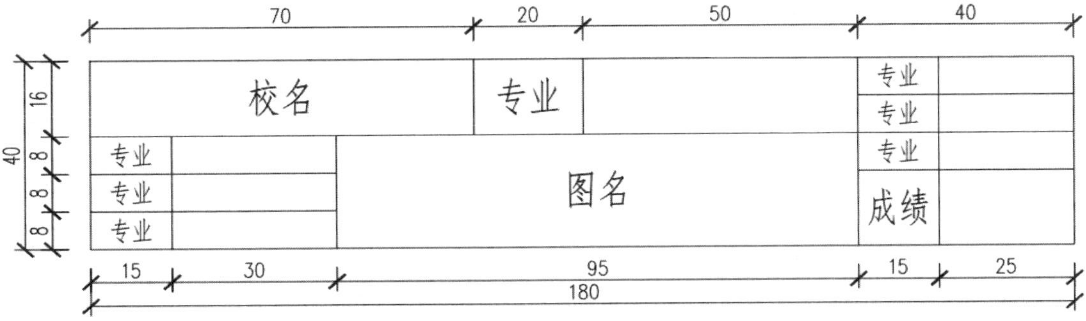

图 1.5 学生作业用标题栏格式

【技术点睛】

涉外工程的标题栏内，各项主要内容的中文下方应附有译文。设计单位的上方或左方，应加“中华人民共和国”字样；在计算机辅助制图文件中使用电子签名与认证时，应符合中华人民共和国电子签名法的有关规定；当有两个以上的设计单位合作设计同一个工程时，设计单位名称区可依次列出设计单位名称。工程图纸应按专业顺序编排，应为图纸目录、设计说明、总图、建筑图、结构图、给水排水图、暖通空调图、电气图等编排。各专业的图纸应按图纸内容的主次关系、逻辑关系进行分类，做到有序排列。

1.3 图线

1.3.1 线型和线宽

图线的宽度 b，宜从 1.4 mm、1.0 mm、0.7 mm、0.5 mm、0.35 mm、0.25 mm、0.18 mm、0.13 mm 线宽系列中选取。图线宽度不应小于 0.1 mm，每个图样应根据复杂程度与比例大小，先选定基本线宽 b，再选用表 1.3 中相应的线宽组。

表 1.3 线宽组　　单位：mm

线宽比	线宽组			
b	1.4	1.0	0.7	0.5
0.7b	1.0	0.7	0.5	0.35
0.5b	0.7	0.5	0.35	0.25
0.25b	0.35	0.25	0.18	0.13

注：（1）需要微缩的图纸，不宜采用 0.18 mm 及更细的线宽

（2）同一张图纸内，各不同线宽中的细线，可统一采用较细的线宽组的细线。

各种图线的名称、线型、线宽及一般用途见表 1.4。

表 1.4　图线的名称、线型、线宽及一般用途

名称		线型	线宽	一般用途
实线	粗		b	主要可见轮廓线
	中粗		0.7b	可见轮廓线
	中		0.5b	可见轮廓线、尺寸线、变更云线
	细		0.25b	图例填充线、家具线虚
虚线	粗		b	见各有关专业制图标准
	中粗		0.7b	不可见轮廓线
	中		0.5b	不可见轮廓线、图例线
	细		0.25b	图例填充线、家具线
单点长画线	粗		b	见各有关专业制图标准
	中		0.5b	见各有关专业制图标准
	细		0.25b	中心线、对称线、轴线等
双点长画线	粗		b	见各有关专业制图标准
	中		0.5b	见各有关专业制图标准
	细		0.25b	假想轮廓线、成型前原始轮廓线
折断线			0.25b	断开界线
波浪线			0.25b	断开界线

图纸的图框和标题栏线可采用表 1.5 的线宽。

表 1.5 图框和标题栏线的宽度（mm）

幅面代号	图框线	标题栏外框线对中标志	标题栏分割线幅面线
A0、A1	b	0.5b	0.25b
A2、A3、A4	b	0.7b	0.35b

1.3.2 图线的画法

（1）同一张图纸内，相同比例的各图样应选用相同的线宽组。

（2）相互平行的图例线，其净间隙或线中间隙不宜小于 0.2 mm。

（3）虚线、单点长画线或双点长画线的线段长度和间隔，宜各自相等。

（4）单点长画线或双点长画线，当在较小图形中绘制有困难时，可用实线代替。

（5）单点长画线或双点长画线的两端，不应是点。点画线与点画线交接点或点画线与其图线交接时，应是线段交接。

(6)虚线与虚线交接或虚线与其他图线交接时，应是线段交接。虚线为实线的延长线时，不得与实线连接，应留有空隙。

（7）图线不得与文字、数字或符号重叠、混淆，不可避免时，应首先保证文字等的清晰。

1.4 字体（汉字、数字和字母）

在图样中除了表达实物形状的图形外，还应有必要的文字、数字、字母，以说明实物的大小、技术要求等。文字的字高应从如下系列中选用：3.5 mm、5 mm、7 mm、10 mm、14 mm、20 mm。如需书写更大的字，其高度应按 $\sqrt{2}$ 的比值递增。

表 1.6 文字的字高 (mm)

字体种类	汉字矢量字体	True type 字体及非汉字矢量字体
字高	3.5、5、7、10、14、20	3、4、6、8、10、14、20

1.4.1 汉字

图样及说明中的汉字，宜优先采用 True type 字体中的宋体字型，采用矢量字体时应为长仿宋体字型，字号不能小于 3.5 mm。同一图纸字体种类不应超过两种。矢量字体的宽高比宜为 0. 7，且应符合表 1.7 的规定，打印线宽宜为 0. 25 mm ～ 0. 35 mm；True type 字体宽高比宜为 1。大标题、图册封面、地形图等的汉字，也可书写成其他字体，但应易于辨认，其宽高比宜为 1。

表 1.7 长仿宋字高宽关系 (mm)

字高	3.5	5	7	10	14	20
字宽	2.5	3.5	5	7	10	14

书写长仿宋体的要领是：横平竖直、起落有锋、填满方格、结构均匀。如图 1.6 所示。

10号字

字体工整　笔画清晰　间隔均匀　排列整齐

7号字

横平竖直　注意起落　结构均匀　填满方格

5号字

技术制图机械电子汽车航空船舶土木建筑矿山井坑港口纺织服装

图 1.6 长仿宋字汉字示例

【技术点睛】

汉字应写成长仿宋字，汉字的高度 h 不应小于 3.5 mm，其字宽一般为 $h/\sqrt{2}$。目前工程图的绘制使用计算机软件来完成（Computer Aided Design，简称 CAD），但作为工程制图的基本能力，练习长仿宋字仍是必要的。仿宋字的书写要横平竖直、排列均匀、注意起落、填满方格、笔画竖挺、结构匀称、起落带锋、整齐秀丽。写仿宋字有四个特点：“满、锋、匀、劲”。“满”是充满方格，“锋”是笔端做锋，“匀”是结构匀称，“劲”是竖直横平（横宜微向右上倾）。

1.4.2 字母和数字

在图样中，拉丁字母、阿拉伯数字与罗马数字，如需写成斜体字，其斜度应是从字的底线逆时针向上倾斜 75°。斜体字的高度和宽度应与相应的直体字相等。

拉丁字母、阿拉伯数字与罗马数字的字高，不应小于 2.5 mm。图 1.7 所示是字母和数字书写示例。

长仿宋汉字、字母、数字应符合现行国家标准《技术制图字体》GB/T 14691 的有关规定。

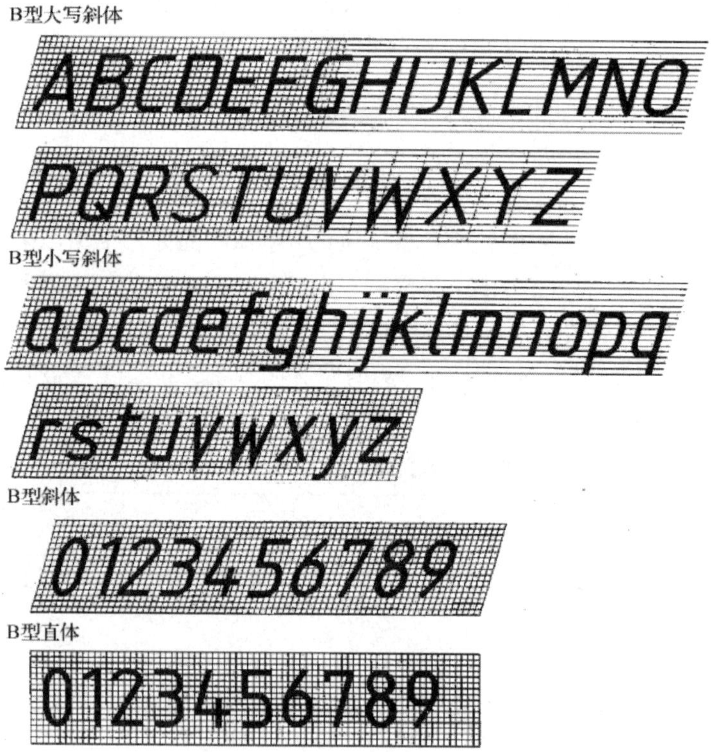

图 1.7 字母和数字示例

1.5 比例

图样的比例应为图形与实物相对应的线性尺寸之比。比例分为原值、缩小和放大三种。画图时，应尽量采用原值的比例画图，但所用比例应符合表 1.8 中规定的系列。

表 1.8 绘图所用的比例

常用比例	1 ∶ 1，1 ∶ 2，1 ∶ 5，1 ∶ 10，1 ∶ 20，1 ∶ 30，1 ∶ 50，1 ∶ 100，1 ∶ 150，1 ∶ 200，1 ∶ 500，1 ∶ 1 000，1 ∶ 2 000
可用比例	1 ∶ 3，1 ∶ 4，1 ∶ 6，1 ∶ 15，1 ∶ 25，1 ∶ 40，1 ∶ 60，1 ∶ 80，1 ∶ 250，1 ∶ 300，1 ∶ 400，1 ∶ 600，1 ∶ 5 000，1 ∶ 10 000，1 ∶ 20 000，1 ∶ 50 000，1 ∶ 100 000，1 ∶ 200 000

比例的大小，是指其比值的大小，如 1 ∶ 50 大于 1 ∶ 100。比例的符号为“∶”，比例应以阿拉伯数字表示，如 1 ∶ 1、1 ∶ 2、1 ∶ 100 等。

比例宜注写在图名的右侧，字的基准线应取平；比例的字高宜比图名的字高小一号或二号，如图 1.8 所示。

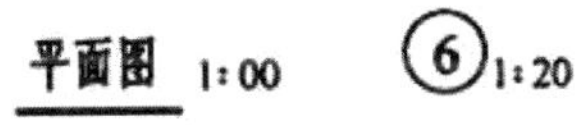

图 1.8 比例的注写

不论采用缩小还是放大比例绘图，在图样上标注的尺寸均为实物设计要求的尺寸，而与比例无关，如图 1.9 所示。

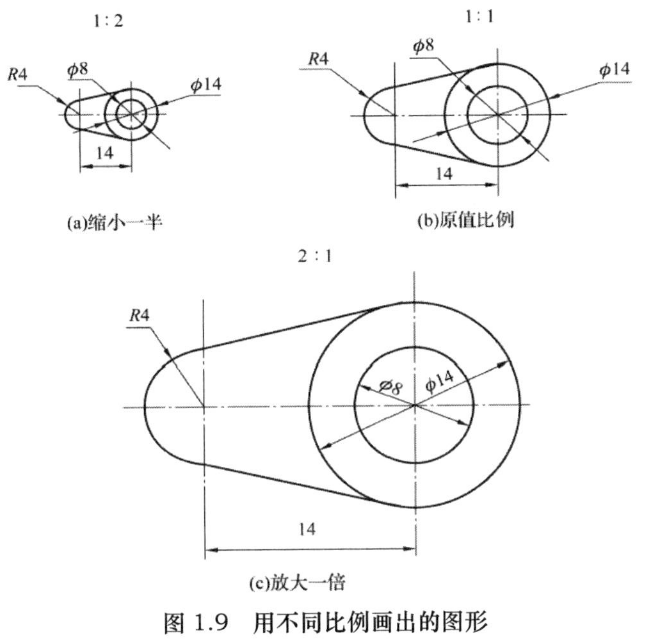

图 1.9 用不同比例画出的图形

比例一般应注写在标题栏中的比例栏内，必要时，可在视图名称的下方或右侧标注比例。

1.6 尺寸标注

1.6.1 尺寸的组成与标注

1. 尺寸的组成

图样上的尺寸，包括尺寸界线、尺寸线、尺寸起止符号和尺寸数字（图 1.10）。

2. 基本规定

（1）尺寸界线应用细实线绘制，一般应与被注长度垂直，其一端应离开图样轮廓线不小于 2 mm,另一端宜超出尺寸线 2 ～ 3 mm。图样轮廓线可用作尺寸界线,如(图 1.11)所示。

（2）尺寸起止符号一般用中粗斜短线绘制，其倾斜方向应与尺寸界线成顺时针 45° 角，长度宜为 2 ～ 3 mm。半径、直径、角度与弧长的尺寸起止符号，宜用箭头表示（图 1.12）。

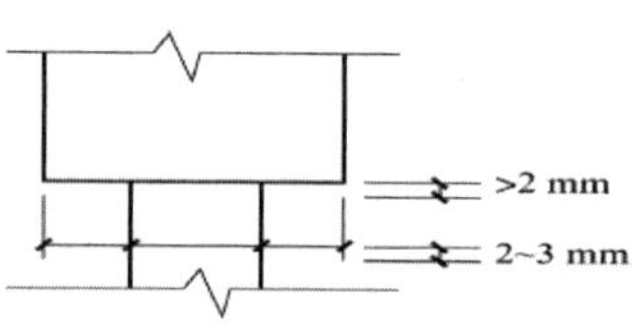

图 1.9　尺寸的组成

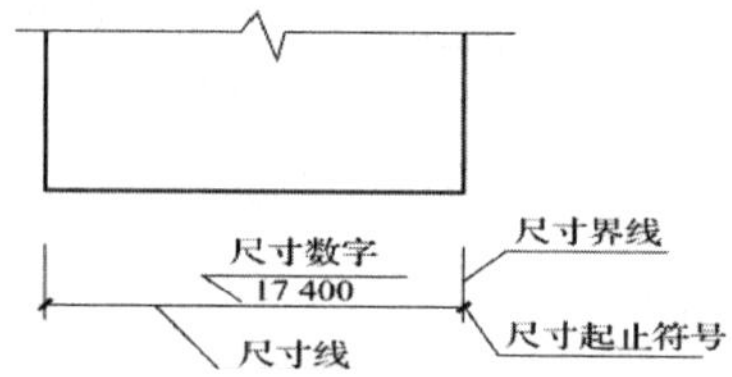

图 1.10　尺寸界线

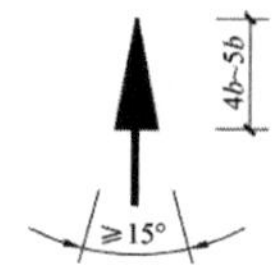

图 1.12　箭头尺寸起止符号

（3）尺寸数字的方向和尺寸数字在 30° 斜线区内，宜按图 1.13 的形式注写。当尺寸线为竖直时，尺寸数字注写在尺寸线的左侧，字头朝左；其他任何方向，尺寸数字也应保持向上，且注写在尺寸线的上方。

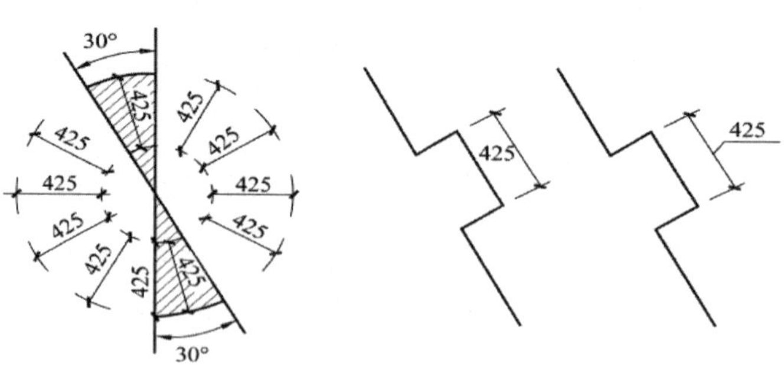

图 1.13　尺寸数字的注写方向

（4）图样上的尺寸，应以尺寸数字为准，不得从图上直接量取。

图样上的尺寸单位，除标高及总平面以米为单位外，其他必须以毫米为单位。

尺寸数字一般应依据其方向注写在靠近尺寸线的上方中部。如没有足够的注写位置，最外边的尺寸数字可注写在尺寸界限的外侧，中间相邻的尺寸数字可错开注写如图 1.14。

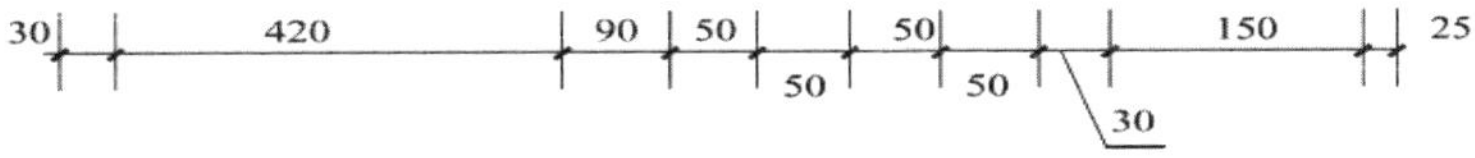

图 1.12 尺寸数字的注写位置

3. 尺寸的排列与布置

尺寸宜标注在图样轮廓以外，不宜与图线、文字及符号等相交。互相平行的尺寸线，应从被注写的图样轮廓线由近向远整齐排列，较小尺寸应离轮廓线较近，较大尺寸应离轮廓线较远，如图 1.15。图样轮廓线以外的尺寸界线，距图样最外轮廓之间的距离，不宜小于 10 mm。平行排列的尺寸线的间距，宜为 7 ～ 10 mm，并应保持一致。总尺寸的尺寸界线应靠近所指部位，中间的分尺寸的尺寸界线可稍短，但其长度应相等。

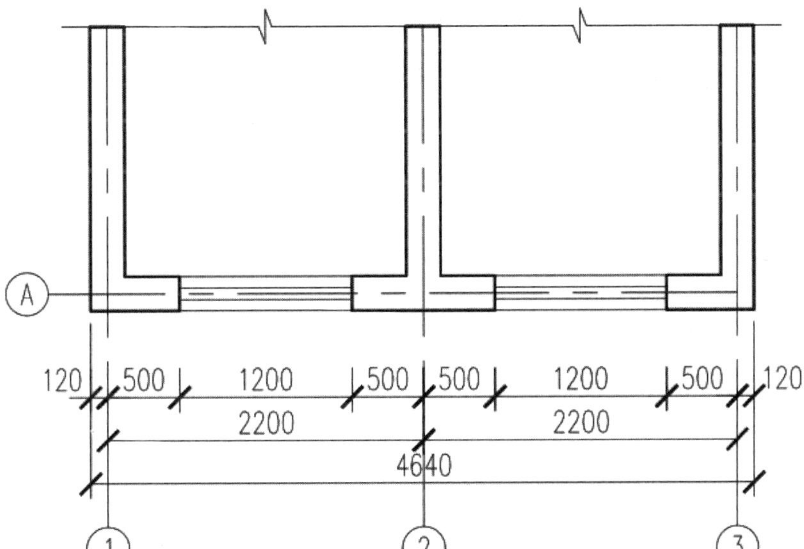

图 1.15 尺寸的排列与布置

4. 半径、直径、球的尺寸标注

（1）半径的尺寸线应一端从圆心开始，另一端画箭头指向圆弧。半径数字前应加注半径符号“R”，如图 1.16a。

（2）较小圆弧的半径，可按如图 1.16b 所示形式标注。

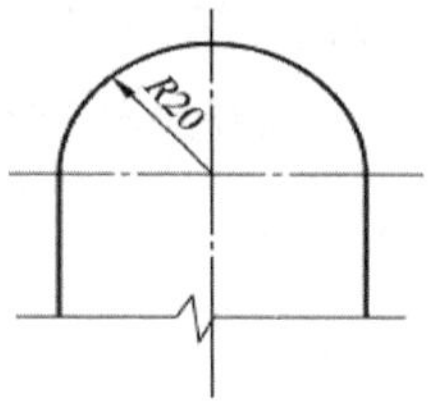

图 1.16a 半径标注方法

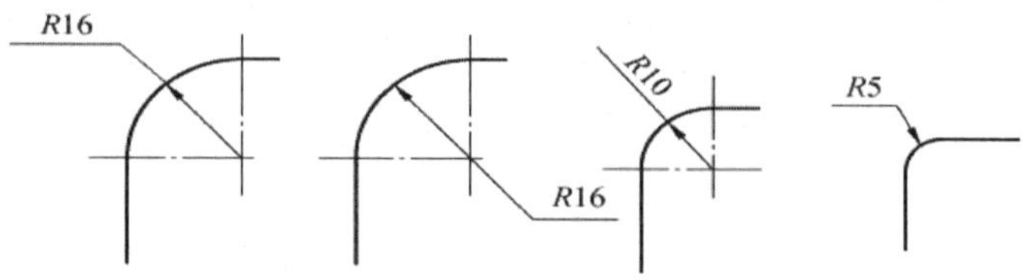

图 1.16b 小圆弧半径的标注方法

（3）较大圆弧的半径，可按图 1.17 形式标注。

图 1.17　大圆弧半径的标注方法

（4）标注圆的直径尺寸时，直径数字前应加直径符号“ϕ”。在圆内标注的尺寸线应通过圆心，两端画箭头指至圆弧如图 1.18。

（5）较小圆的直径尺寸，可标注在圆外如图 1.19。

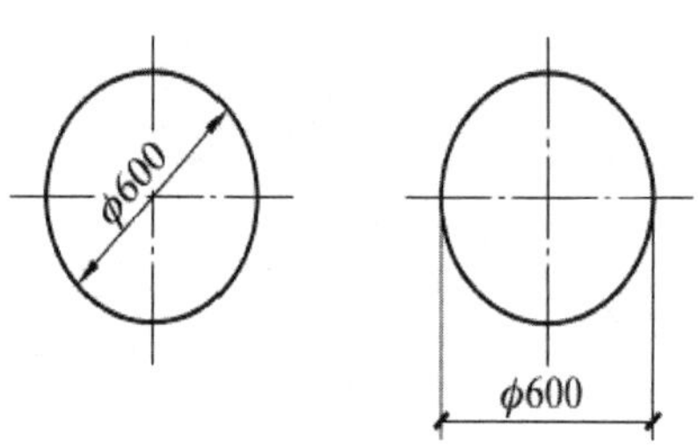

图 1.18 圆直径的标注方法

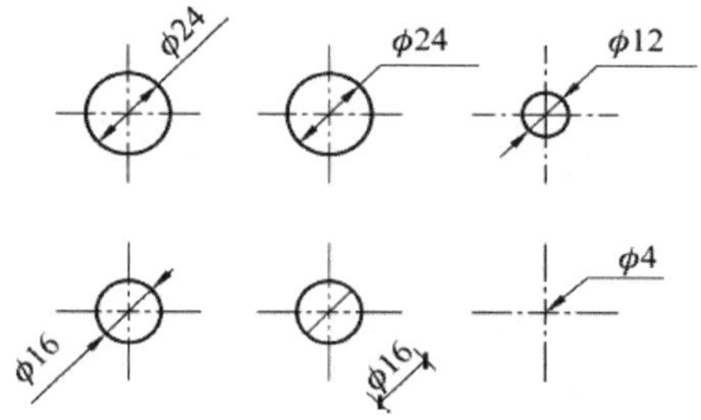

图 1.19 小圆直径的标注方法

（6）标注球的半径尺寸时，应在尺寸前加注符号“SR”。标注球的直径尺寸时，应在尺寸数字前加注符号“$S\phi$”。注写方法与圆弧半径和圆弧直径的尺寸标注方法相同。

5. 角度、弧度、弧长的标注

（1）角度的尺寸线应以圆弧表示。该圆弧的圆心应是该角的顶点，角的两条边为尺寸界线。起止符号应以箭头表示，如没有足够位置画箭头，可用圆点代替，角度数字应按水平方向注写如图 1.20。

（2）标注圆弧的弧长时，尺寸线应以与该圆弧同心的圆弧线表示，尺寸界线应垂直于该圆弧的弦，起止符号用箭头表示，弧长数字上方应加注圆弧符号“⌒”如图 1.21。

（3）标注圆弧的弦长时，尺寸线应以平行于该弦的直线表示，尺寸界线应垂直于该弦，起止符号用中粗斜短线表示，如图 1.22。

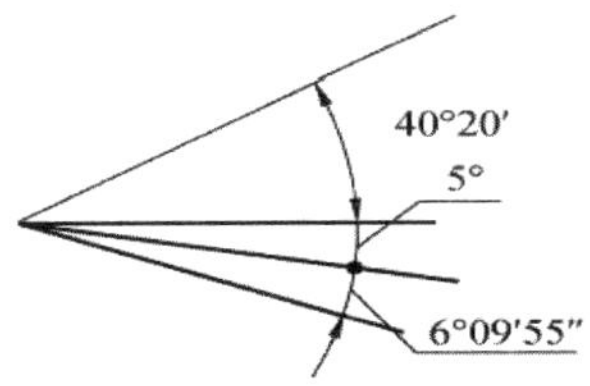

图 1.20 角度标注方法

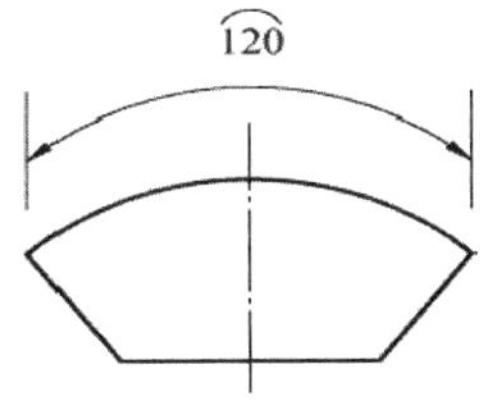

图 1.21 弧长标注方法

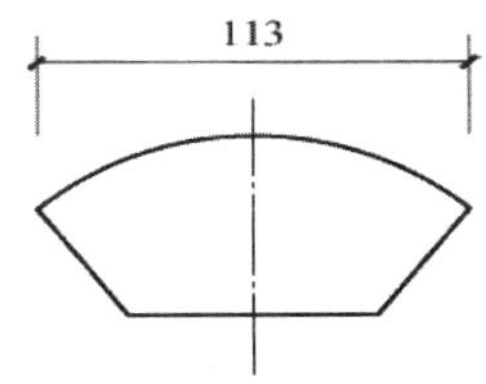

图 1.22 弦长标注方法

6. 其他的尺寸标注

（1）在薄板板面标注板厚尺寸时，应在厚度数字前加厚度符号“*t*”如图 1.23。

（2）标注正方形的尺寸，可用“边长 × 边长”的形式，也可在边长数字前加正方形符号“□”如图 1.24。

（3）标注坡度时，应加注坡度符号“”，该符号为单面箭头，箭头应指向下坡方向。坡度也可用直角三角形形式标注如图 1.25。

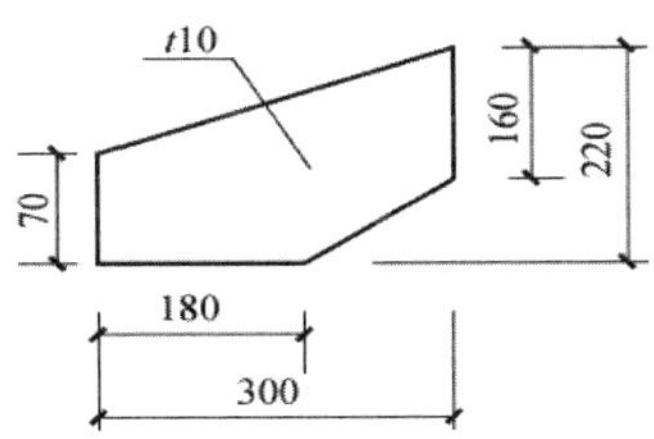

图 1.23 薄板厚度标注方法

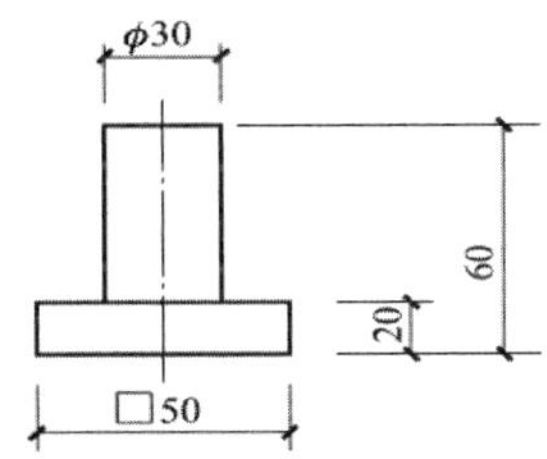

图 1.24 标注正方形尺寸

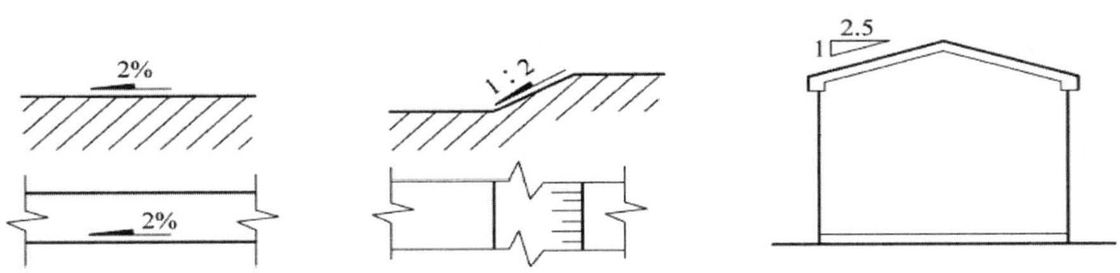

图 1.25 坡度标注方法

1.6.2 常用建筑材料图例

当建筑物或建筑配件被剖切时，通常应在图样中的断面轮廓线内画出建筑材料图例。应注意下列事项：

（1）图例线应间隔均匀，疏密适度，做到图例正确，表示清楚。

（2）不同品种的同类材料使用同一图例时（如某些特定部位的石膏板必须注明是防水石膏板时），应在图上附加必要的说明。

（3）两个相同的图例相接时，图例线宜错开或使倾斜方向相反，如图 1.26。

（4）两个相邻的涂黑图例（如混凝土构件、金属件）间，应留有空隙。其宽度不得小于

0.7 mm，如图 1.27。

当一张图纸内的图样只用一种图例或图形较小无法画出建筑材料图例时，可不加图例，但应加文字说明。

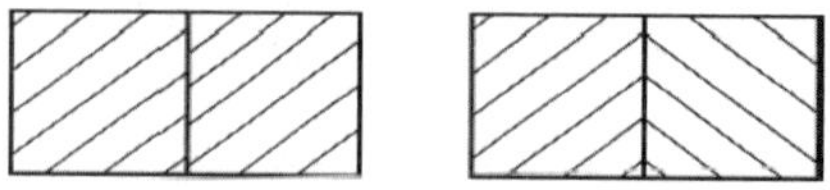

图 1.26 相同的图例相接时画法

图 1.27 相邻涂黑图例的画法

【基础同步】

一、填空题

1. 图样是设计和制造产品的重要技术文件，是工程界表达和交流技术思想的________。

2. 房屋建筑工程图样现行制图国家标准是《________________》，代号为 GB/T 50001—2017，自 2018 年 5 月 1 日起实施。

3. 单点长画线或双点长画线，当在较小图形中绘制有困难时，可用______________代替。

4. 图样上及说明的汉字，应采用长仿宋字。字高为字宽的______________倍。

5. 图样上的尺寸标注，包括______________、_____________、__________和_____________。

二、选择题

1. GB/T 50001—2017 中规定 A2 图纸幅面尺寸 b*l 是（　　）。

A. 210 mm × 297 mm　　B. 420 mm × 594 mm　　C. 841 mm × 1189 mm　　D. 297 mm × 420 mm

2. 相互平行的图例线，其净间隙或线中间隙不宜小于（　　）。

A. 0.2 mm　　B. 0.5 mm　　C. 0.7 mm　　D. 0.9 mm

3. 在 GB/T 50001—2017 中规定 A2 图纸中的 c 取值为（　　）mm。

A. 25　　B. 20　　C. 10　　D. 5

三、名词解释

1. 图幅

2. 标题栏

3. 比例

四、简答题

1. 图纸幅面的规格有哪几种？它们的边长之间有何关系？

2. 简述坡度的标注方法。

【实训提升】

一、填空题

1. A0 图幅面积是________，A3 图幅尺寸是________。

2. 比例分为________、________和_______三种。在建筑工程图中，几乎全部选用________。

3. 图样上的尺寸单位，除标高及总平面图以_________为单位外，均必须以__________为单位。

二、判断题:

1. 图纸以短边作为竖直边的称为横式图幅。(　　)

2. 虚线为实线的延长线时，要与实线连接。(　　)

3. 图样比例是指图形与其实物相应要素的线性尺寸之比，1:50 表示图上尺寸为 1 而实物尺寸为 50。(　　)

4. 图样轮廓线可用作尺寸界线，图样本身的任何图线也可用作尺寸线。(　　)

5. 图样上的尺寸，应以尺寸数字为准，尺寸应从图上直接量取。(　　)

三、选择题

1. 半径、直径、角度与弧长的尺寸起止符号，宜用(　　)表示

A. 中粗斜短线　　B. 小黑圆点　　C. 箭头　　D. 小黑矩形

2. 有一栋房屋某部分在图上量的长度为 50 cm，用的是 1:100 的比例，其实际长度是(　　)m。

A. 5　　B. 50　　C. 500　　D. 5000

3. 工程图纸上，拉丁字母、阿拉伯数字与罗马数字的字高，不应小于(　　)mm。

A. 2.5　　B. 3.5　　C. 5　　D. 7

四、简答题

1. 简述工程图纸编排顺序。

2. 查阅《房屋建筑制图统一标准》(GB 50001—2010)相关内容，画出沙土、碎砖三合土、石材、普通砖、钢筋混凝土、木材、石膏板、金属、防水材料、粉刷常用建筑材料的图例。

【知识拓展】

现代精品建筑库　　中国古典建筑库　　工程事故案例库

项目 2 几何绘图

[项目概述]

虽然现在的建筑工程图基本上都是用计算机绘制的，但是手工绘制仍是一个工程技术人员的基本功，更何况后面的学习中很多地方都需要手工绘制。所以必须要了解各种绘图工具和用品，熟练掌握它们的正确使用方法，并经常注意维护和保养。

建筑工程图基本上都是由直线、圆弧、曲线等组成的几何图形。为了正确绘制和识读这些图形，必须掌握几种最基本的几何作图的方法。

[项目目标]

知识目标：

1. 能正确表述绘图仪器的种类与作用。

2. 能正确陈述几何绘图中几种几何体的绘制与连接原理。

技能目标：

1. 能利用徒手绘图的方法绘制基本的图形。

2. 能正确利用几何绘图的方法绘制较复杂的几何体。

[项目课时]

建议 6 ~ 8 课时。

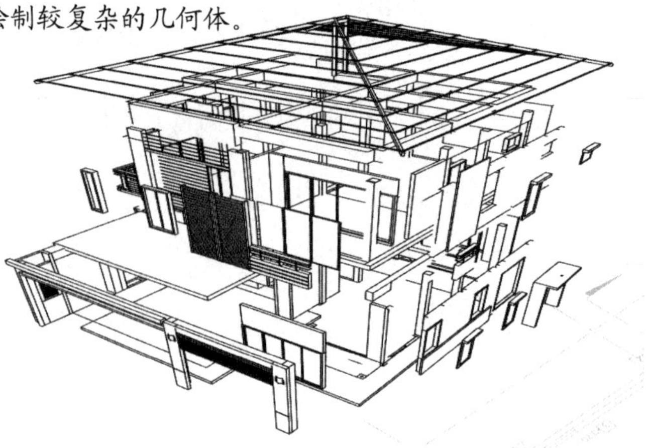

2.1 徒手绘图

徒手图又称草图，是一种不用绘图工具而以目测大小徒手绘制的图形。绘制草图时，无须精准地符合物体的尺寸，也没有比例规定，只要求物体各部分比例协调即可。绘制草图在产品设计及现场测绘中占有重要的地位，是工程技术人员构思、创作、记录、交流的有力工具，也是工程技术人员必须掌握的一项重要的基本技能。

但徒手绘图也应做到：图形正确、比例匀称、线型分明、字体工整。

绘制草图一般用 HB，B 铅笔，铅芯削成圆锥形。

2.1.1 工程图样的徒手绘图要求

如图 2.1 所示，工程图样的徒手绘图要做到以下几点：

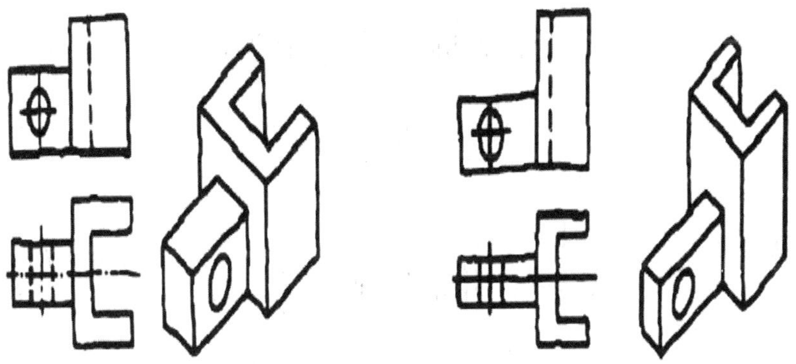

(a) 好　　(b) 不好（线型分不清，图形失真）

图 2.1 徒手作图

（1）分清线型。粗实线、细实线、虚线、单点画线等要能清楚地区分。

（2）图形不失真。图形基本符合比例，线条之间关系正确。

（3）符合制图标准规定。

2.1.2 徒手绘图的工具

除图纸、坐标网格纸或橡皮外，使用的铅笔有 2H、H 和 HB 铅笔。其用途分别为：2H 铅笔，削尖，用于画底稿；H 铅笔，削尖，用于加深宽度为 0.25b 的图线；HB 铅笔，削钝（一字形）用于加深宽度为 0.5b 和 b 的图线。

2.1.3 徒手绘图的基本方法

徒手绘图的基本方法见表 2.1。

表 2.1　徒手绘图的基本方法

名称	图例	画法
直线	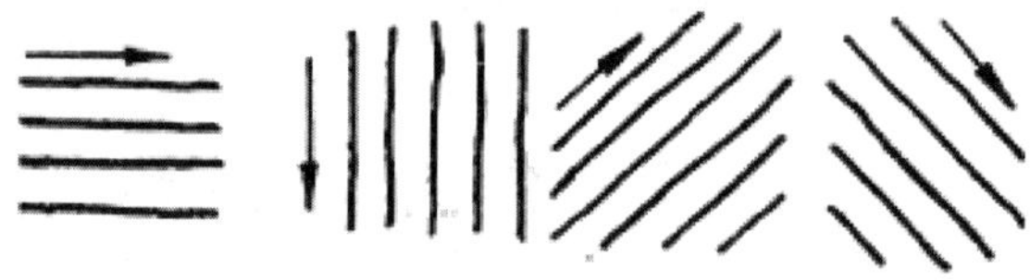	水平线：自左向右； 竖直线：自上向下； 斜线：自左下向右上或自左上向右下。 图纸可以放得稍斜
等分线段	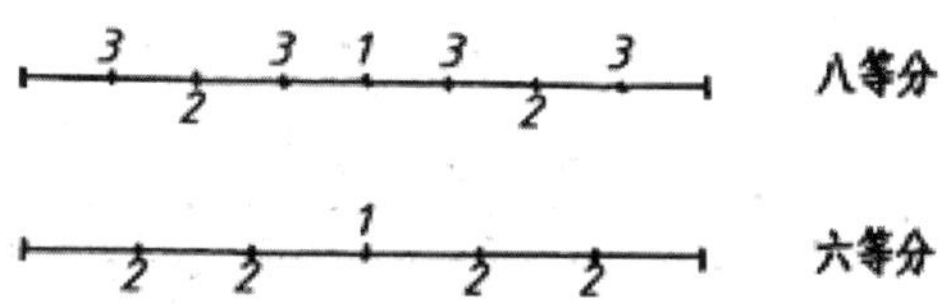	以目测估计徒手等分直线，等分的次序如图中上下方的数字顺序所示
特殊角或斜线	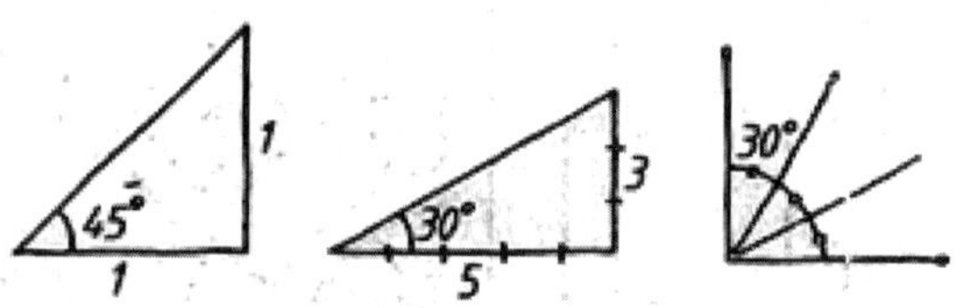	可按近似比例作直角三角形画出
圆	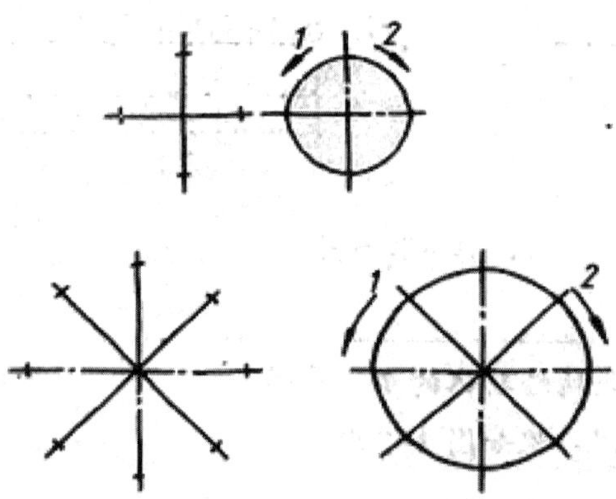	1. 直径较小的圆，在中心线上按半径目测画出四点，然后徒手连成圆； 2. 直径较大的圆，除中心线外，再画几条不同方向的直线，按半径目测确定点后，再徒手连成圆
椭圆	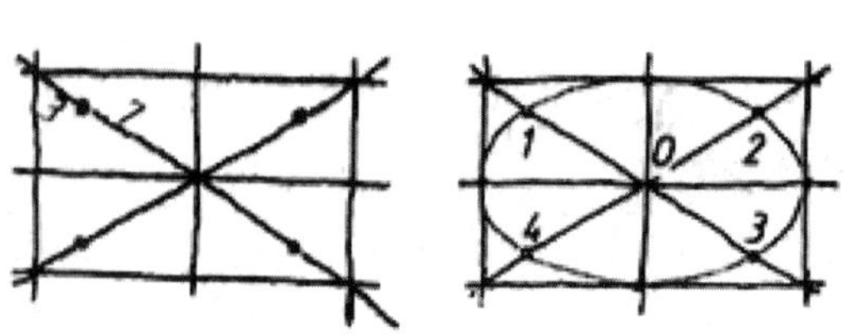	先画出椭圆的长短轴，再作出外切椭圆长短轴顶点的矩形，连接对角线，从椭圆中心点出发在四段半对角线上按目测 7∶3 比例作出诸分点，最后把这四个点和长短轴的端点顺序连成椭圆

2.2 手工仪器绘图

2.2.1 制图工具和仪器应用

常用的绘图工具和仪器有图板、丁字尺、三角板、比例尺、圆规、分规、曲线板、建筑模板、铅笔、直线笔、绘图小钢笔、绘图墨水笔等。

制图时还应准备好图纸、橡皮、小刀、胶带、擦图片、软毛刷和砂纸等制图用品。

正确使用绘图工具和仪器，既能提高绘图的准确性，保证绘图质量，又能加快绘图速度。下面介绍几种常用的绘图工具。

1. 图板、丁字尺和三角板

图板是铺放、固定图纸的垫板，它的工作表面必须平坦、光洁。图板左边用作导边，必须平直。

丁字尺主要用来画水平线。画图时，使尺头的内侧紧靠图板左侧的导边。画水平线必须自左向右画。绘图板和丁字尺如图 2.2 所示。

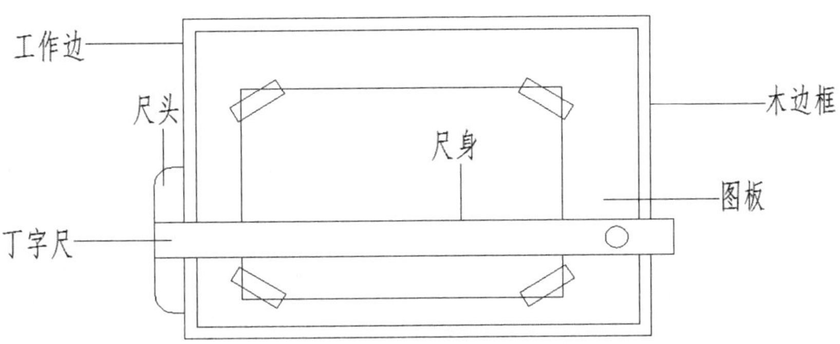

图 2.2 绘图板与丁字尺

三角板与丁字尺配合使用，可以画铅垂线和与水平线成 30°、45°、60° 的倾斜线，并且用两块三角板结合丁字尺可以画出与水平线成 15°、75° 的倾斜线。

图板、丁字尺、三角板的使用方法如图 2.3 所示。

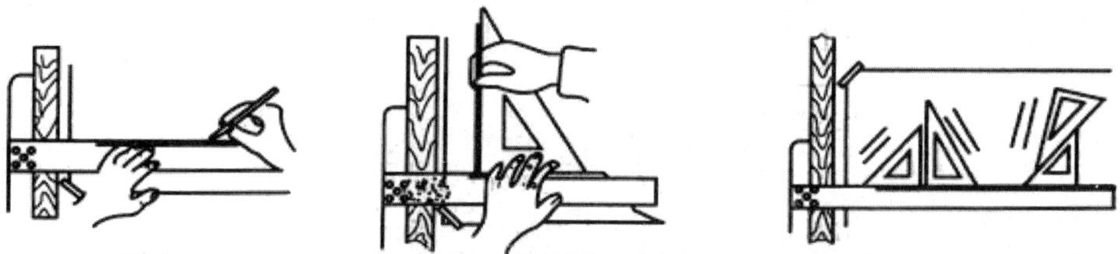

(a)丁字尺画水平线　(b)用三角板和丁字尺配合画垂直线　(c)用丁字尺和三角板配合画斜线

图 2.3 图板、丁字尺、三角板的使用方法

【技术点睛】

部分同学在画铅垂线时，直接用丁字尺靠在与工作边相邻的木边框上，这样作图是不对的，也不能保证所画直线与水平线是垂直关系。

2. 圆规和分规

（1）圆规。圆规用来画圆和圆弧。圆规有两个分枝，其中一枝固定脚是钢针，另一枝是活动插脚，可更换铅芯、钢针，分别用于绘铅笔图和作分规使用。圆规固定脚上的钢针一端的针尖为锥状，用它可以代替分规使用，另一端的针尖带有台阶，画圆时使用。使用圆规时钢针应比铅芯略长，特别要注意的是圆规上的铅芯也应削成和铅笔一样，画图时才好和铅笔配套使用，否则画出的图线粗细不一致，深浅也不一致。画圆和圆弧时应用右手大拇指和食指捏住圆规杆柄，钢针对准圆心，按顺时针方向一次画完。

圆规及圆规的用法如图 2.4、图 2.5 所示。

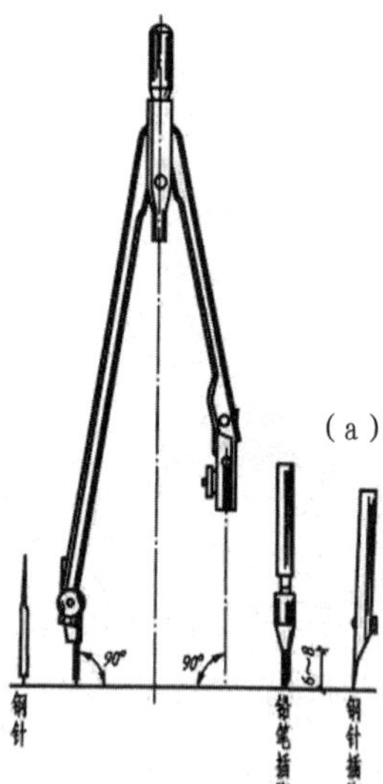

图 2.4　圆规

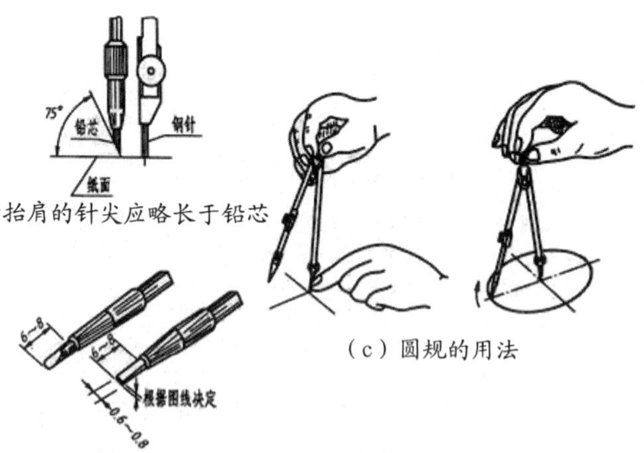

（a）带抬肩的针尖应略长于铅芯

（b）圆规铅芯的削法

（c）圆规的用法

图 2.5　圆规的用法

（2）分规。分规多用于量取线段和等分线段，如图 2.6 所示。为了保证量取线段和等分线段的准确性，分规两个针尖并拢时必须对齐。

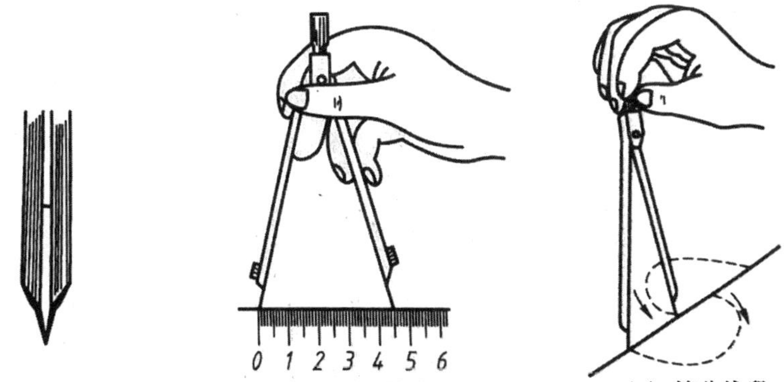

(a) 分规的两针脚应高低一致　　(b) 量取线段　　(c) 等分线段

图 2.6 分规及分规的用法

3. 比例尺

比例尺是刻有不同比例的直尺，有三棱式和板式两种，如图 2.7（a）（b）所示。如图 2.7（c）所示是刻有 1 ： 200 的比例尺。当它的每一小格（实长为 1 mm）代表 2 mm 时，比例是 1:2；当它的每一小格代表 20 mm 时，比例是 1:20。尺面上有各种不同比例的刻度，每一种刻度可用作几种不同的比例。比例尺只能用来量取尺寸，不可用来画线，如图 2.7（d）所示。

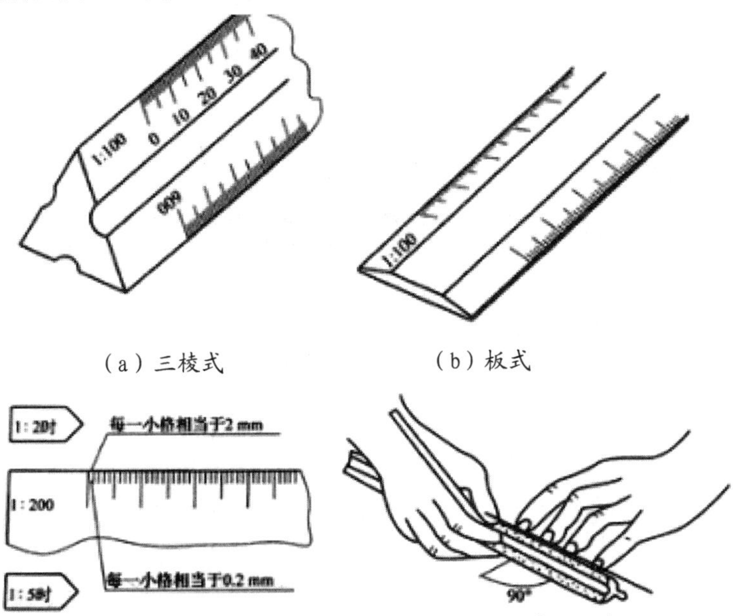

（a）三棱式　　（b）板式

（a）比例尺的刻度　　（b）用比例尺量取尺寸

图 2.7 比例尺

4. 曲线板

曲线板如图 2.8 所示，用来绘制非圆曲线。使用时，首先徒手用细线将曲线上各点轻轻地连成曲线；接着从某一端开始，找出与曲线板吻合且包含四个连续点的一段曲线，如

图 2.9 所示，沿曲线板画 1 ～ 4 点之间的曲线；再由 3 点开始找出 3 ～ 6 四个点，用同样的方法逐段画出曲线，直到画出最后的一段。点越密，曲线准确度越高。

图 2.8 曲线板

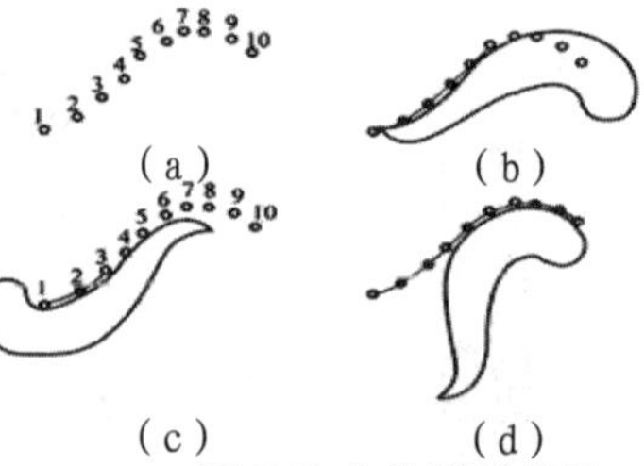

图 2.9 曲线板的用法

【技术点睛】

圆规使用方法：圆规稍向前进方向倾斜，画较大的圆时，可用加长杆来增大所画圆的半径，并且使圆规两脚都与纸面垂直。

5．铅笔

铅笔是绘图最常用的用品。绘图铅笔是木质的，有软硬之分。“H”表示硬，“B”表示软，“HB”表示中等软硬度的铅芯。“H”前的数字越大表示越硬，“B”前的数字越大表示越软。H ～ 3H 铅笔常用于打底稿，HB、B 铅笔用于加深图线，写字常用 H、HB 铅笔。铅笔应从没有标志的一端开始使用，以便保留标记辨认软硬。铅笔尖应削成约 25 mm 的圆锥形，铅芯露出 6 ～ 8 mm（不宜用卷笔刀削铅笔）。铅笔尖也可削成楔形，方便画粗实线。

铅笔的削法如图 2.10 所示。

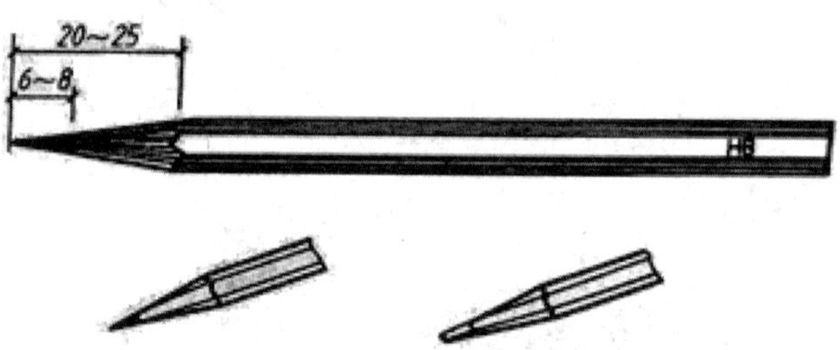

图 2.10 铅笔的削法

使用铅笔时用力要均匀，并应缓慢转动，以保持线条粗细一致。画粗线时要用铅笔反复几次，使图线达到一定的粗度为止。画线时铅笔从侧面看要铅直，从正面看向画线方向倾斜约 60°。

6．绘图笔

绘图笔有直线笔、绘图墨水笔等。

直线笔又称鸭嘴笔，是描图时用来描绘直线的工具。加墨水时，可用墨水瓶盖上的吸管或蘸水钢笔把墨水加到两叶片之间，笔内所含墨水高度一般为 5 ～ 6 mm，若墨水太少画墨线时会中断，太多则容易跑墨。如果直线笔叶片的外表面沾有墨水，必须及时用软布拭净，以免描线时沾污图纸。如图 2.11 所示，画线时，直线笔应位于铅垂面内，即笔杆的前后方向与纸张保持 90°，使两叶片同时接触图纸，并使直线笔向前进方向倾斜 5°～20°。画线时速度要均匀，落笔时用力不宜过重。画细线时，调整螺母不要旋得太紧，以免笔叶变形，用完后应清洗擦净，放松螺母收藏好。

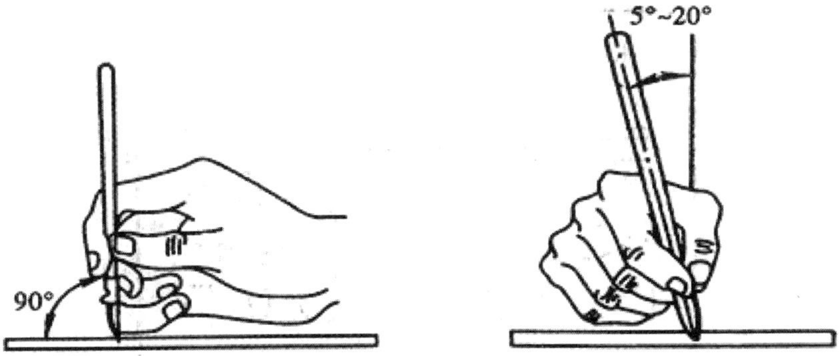

图 2.11 直线笔执笔方法

绘图墨水笔又称针管笔，是用来写字、修改图线的，也可用来为直线笔注墨。针管笔的外形似普通钢笔，笔尖是一根细针管，针管直径有 0.18 mm，0.25 mm,0.35 mm，0.5 mm，0.7 mm，0.9 mm 等数种，如图 2.12 所示。

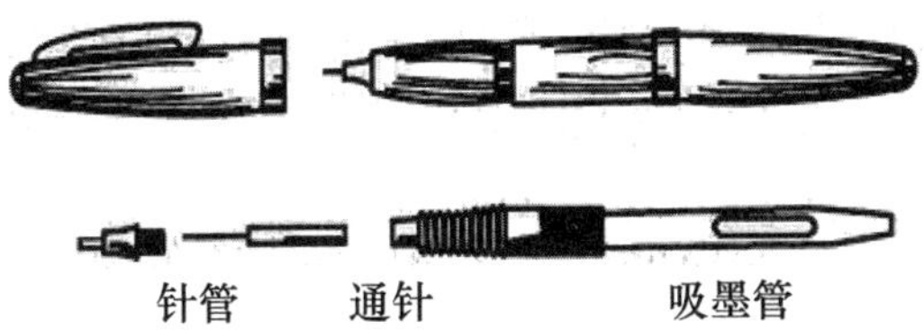

图 2.12 绘图墨水笔

除上述用品外，绘图工具和用品还有墨水、胶带纸、橡皮、刀片、擦图片、建筑模板、软毛刷、砂纸等。

2.2.2 几何作图

技术图样中的图形多种多样，但它们都由直线、圆弧、曲线等组成，因而在绘制图样时，常常要做一些基本的几何图形，下面就此进行简单介绍。

1. 直线段等分、两平行线间距离任意等分（以五等分为例）

（1）直线段等分。

如图 2.13 所示，已知直线段 AB，过点 A 作任意直线 AC，用直尺在 AC 上从点 A 起截取任意长度进行五等分，得 1, 2, 3, 4, 5 点，如图 2.13（b）所示。连接 B5，然后过其他点分别作直线平行于 B5，交 AB 于四个等分点，即为所求，如图 2.13（c）所示。

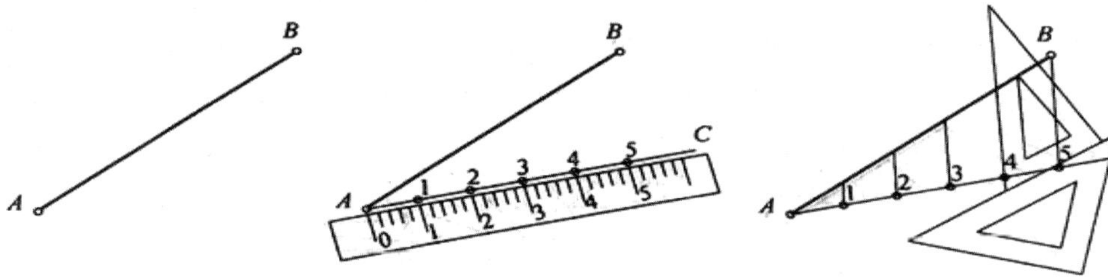

(a) AB 线段　(b) 过 A 作任意直线、任意等分　(c) 作 B5 平行线

图 2.13　五等分直线 AB

（2）两平行线间距离任意等分。

如图 2.14 所示，已知两平行直线 AB，CD，置直尺 0 点于 CD 上，摆动尺身，使刻度 5 落在 AB 上，截 1,2,3,4 各等分点，如图 2.14（b）所示，过各等分点作 AB 或 CD 的平行线，即为所求，如图 2.14（c）所示。

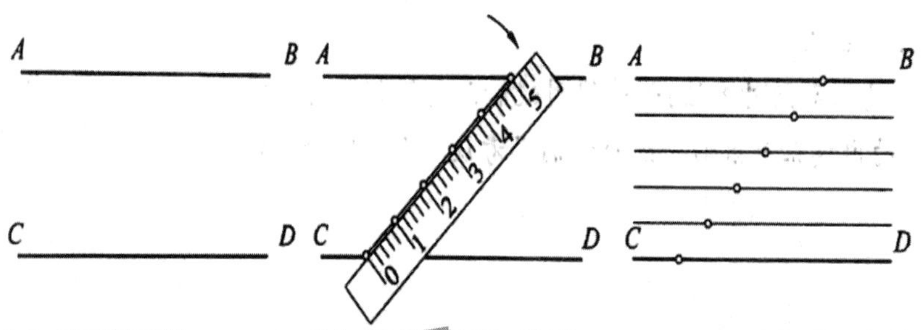

(a) 两平行直线　(b) 任意等分两平行线　(c) 作平行线段

图 2.14　分两平行线 AB 和 CD 之间的距离为五等份

2. 圆的内接正多边形

（1）正三边形

方法一：尺规作图，如图 2.15（a）

方法二：丁字尺、三角板作图，如图 2.15（b）

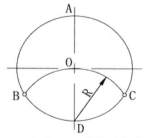

a）以 D 为圆心，R 为半径作圆弧交圆 0 于 B、C

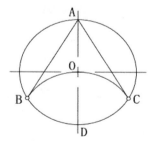

b）连接 AB、BC、CA，即得圆内接正三边形

图 2.15 (a) 尺规作圆内接正三边形

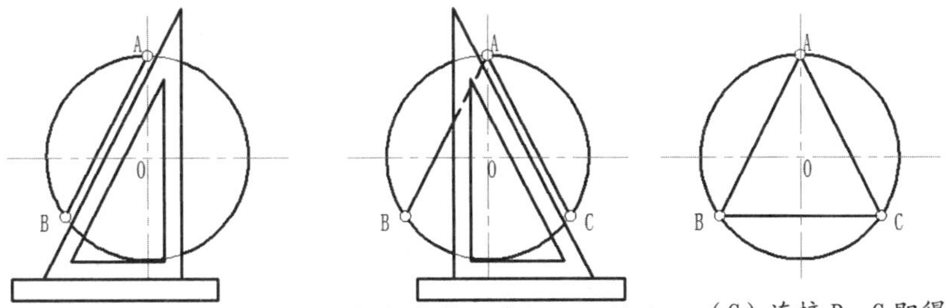

（a）将 300 三角板的短直角边紧靠

（B）翻转三角板，沿斜边过 A 作 AC

（C）连接 B、C 即得圆内接正三边形

图 2.15　圆的内接正多边形

（2）正四边形。如图 2.16 所示。

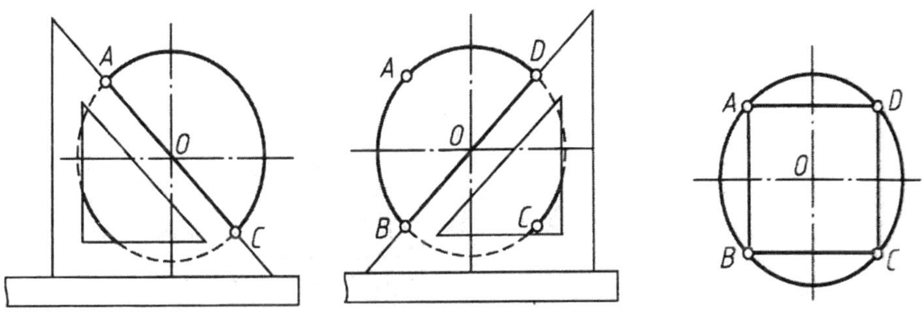

（a）将 450 三角板的直角边紧靠丁字尺工作边，过圆心 0 沿斜边作直径 AC

（b）翻转三角板，过圆心 0 沿斜边作直径 BD

（C）依次连接 AB、BC、CD、DA，即得圆内接正四边形

图 2.16　圆内接正四边形

（3）正五边形。如图 2.17 所示。

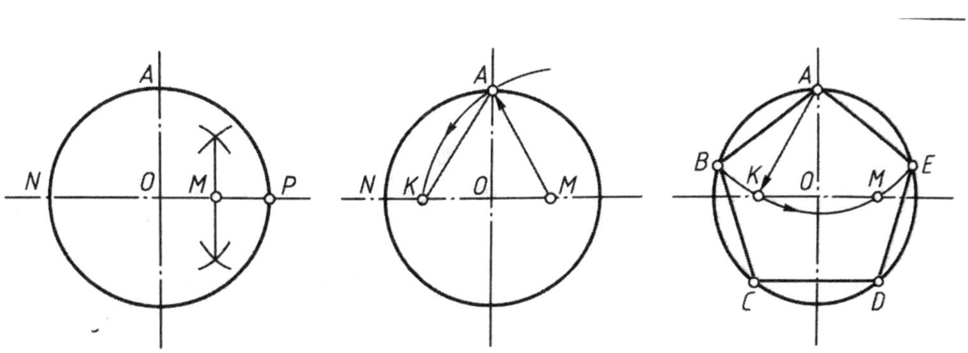

（a）作 OP 中点 M

（b）以 M 为圆心、MA 为半径作弧交 ON 于 K，AK 即为圆内接正五边形的边长

（c）自点 A 起，以 AK 为边长五等分圆周得点 B、C、D、E，依次连接 AB、BC、CD、DE、EA，即得圆内接正五边形

图 2.17　圆内接正五边形

（4）正六边形。如图 2.18 所示。

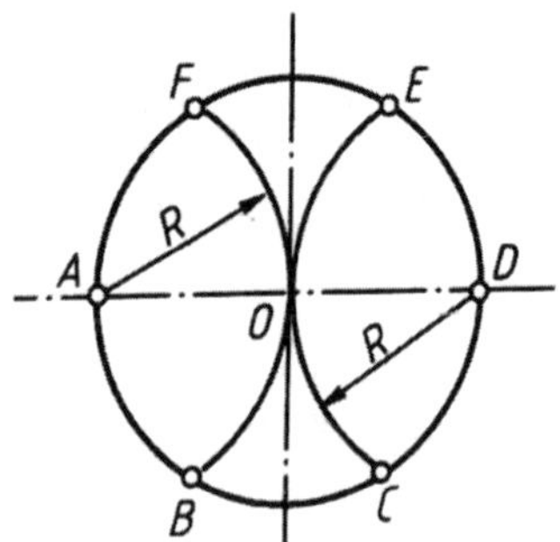

（a）分别以 AD 为圆心，R 为半径作弧得 B、F、C、E 点

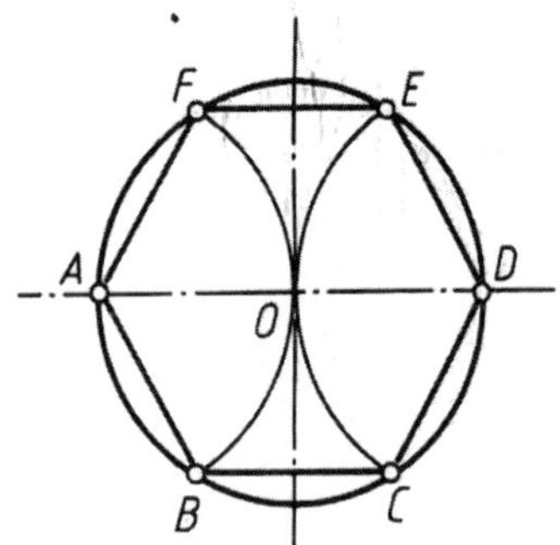

（b）依次连接 AB、BC、CD、DE、EF、FA，即得圆内接正六边形

图 2.18　圆内接正六边形

（5）正 n 边形。如图 2.19 所示。

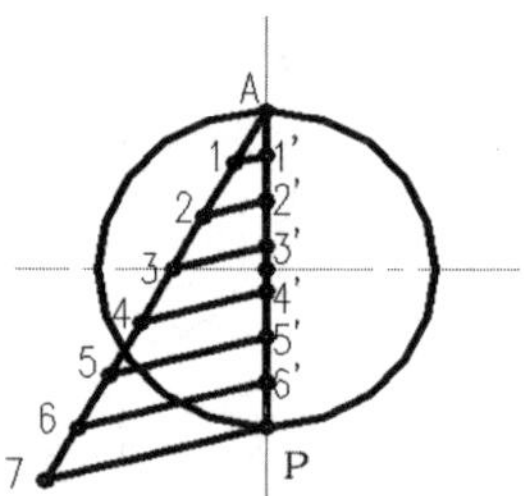

（a）将直径 AP 七等分，得 1′、2′、3′、4′、5′、6′ 各点

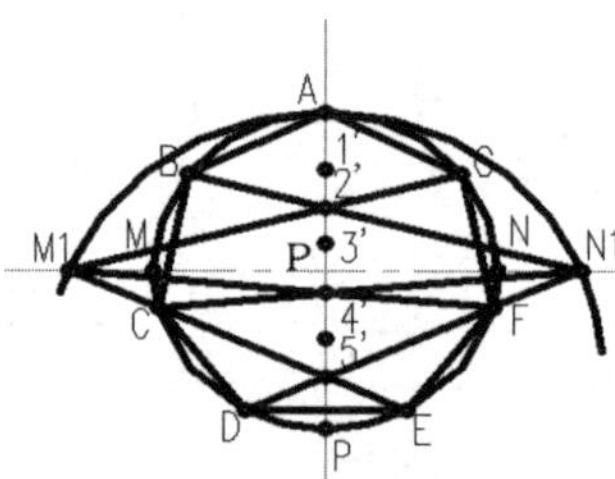

（b）以 P 为圆心，PA 为半径作弧，在直径 MN 延长线上截得 M1、N1。分别自 M1、N1 连偶数点 2′、4′、6′。并延长与圆周相交得 G、F、E、B、C、D，依次连接 AB、BC、CD、DE、EF、FG、GA，即得圆内接正七边形

图 2.19　圆内接正 n 边形

3．椭圆

（1）四心法画椭圆。如图 2.20 所示。

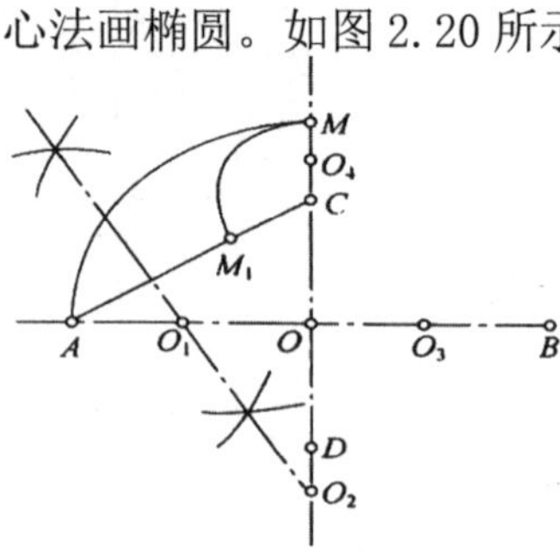

(a) 连接并垂直平分

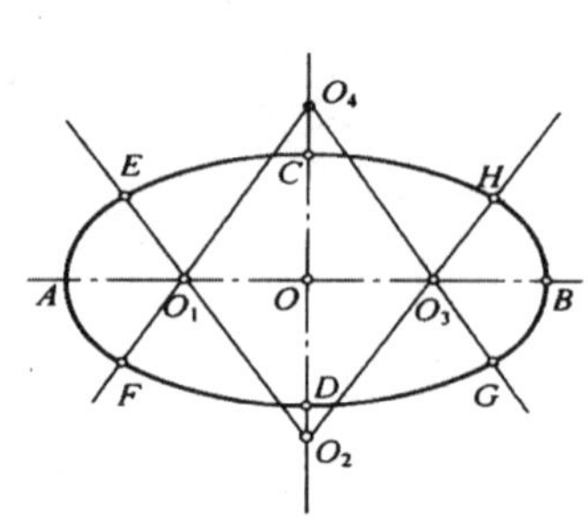

(b) 连接并延长

图 2.20　四心法画椭圆

（2）八点法画椭圆。如图 2.21 所示。

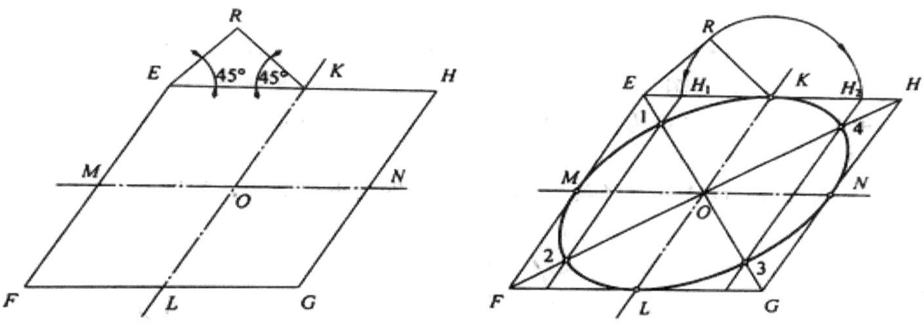

(a) 作平行四边形　　(b) 求作圆弧、依次平滑连接

图 2.21　八点法画椭圆

4．圆弧连接

用已知半径的圆弧将两已知线段（直线或圆弧）光滑地连接起来，这一作图过程称为圆弧连接，即圆弧与圆弧或圆弧与直线在连接处是相切的，其切点称为连接点，起连接作用的圆弧称为连接弧。画图时，为保证光滑地连接，必须准确地求出连接弧的圆心和连接点的位置。

（1）用圆弧连接两已知直线。如图 2.22 所示。

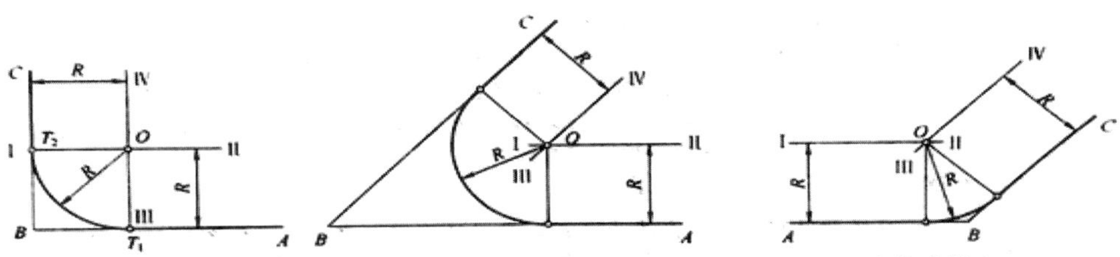

(a) 两直线成直角　　(b) 两直线成锐角　　(c) 两直线成钝角

图 2.22　圆弧连接两直线

（2）用圆弧连接两已知圆弧。如图 2.23 所示。

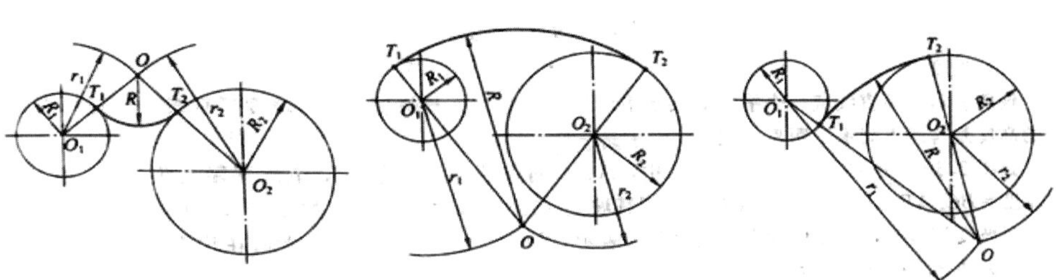

(a) 外切时　　(b) 内接时　　(c) 内接、外切时

图 2.23 圆弧连接两圆弧

（3）用圆弧连接已知直线与圆弧。如图 2.24 所示。

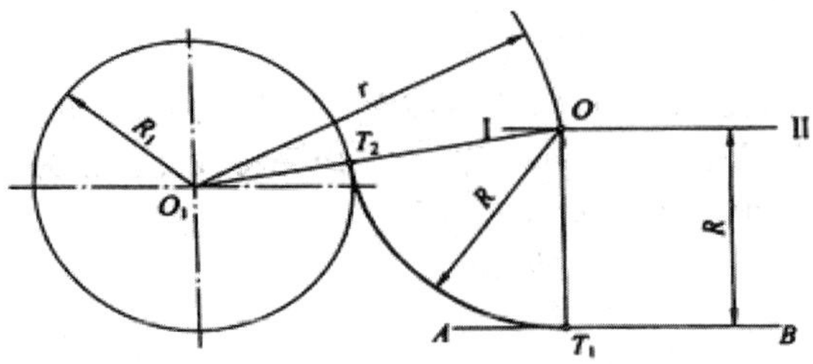

(a) 外切时

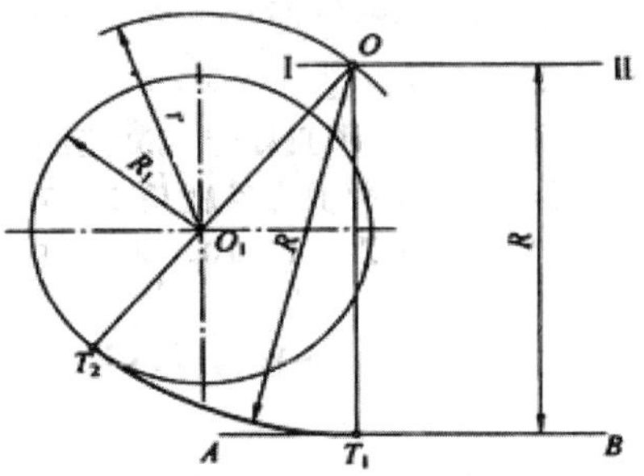

(b) 内接时

图 2.24 圆弧连接直线和圆弧

【基础同步】

一、填空题

1. 铅笔是绘图最常用的工具，打底稿常用＿＿＿＿＿＿＿＿＿，加深图线常用＿＿＿＿＿＿。

2. 丁字尺主要用来画＿＿＿＿＿＿＿＿线。

3. 圆规用来画＿＿＿＿＿和＿＿＿＿＿。分规多用于＿＿＿＿＿＿＿＿＿和＿＿＿＿＿＿＿＿＿＿。

4. 比例尺是刻有不同比例的直尺，有＿＿＿＿＿＿和＿＿＿＿＿＿两种。

二、选择题

1. 三角板不能画出什么角度的斜线（　　）。

A. 15°　　B. 50°　　C. 60°　　D. 75°

2. 作圆内接正五边形时需要作出几个点（　　）。

A. 3　　B. 4　　C. 5　　D. 6

3. 作圆内接正七边形时需要把直径几等分（　　）。

A. 4　　B. 5　　C. 6　　D. 7

4. 圆规的钢针应比铅芯（　）。

A. 长　　B. 短　　C. 一样　　D. 无所谓

三、判断题

1. 绘图前削铅笔应从没有标志的一端开始，以便保留标记辨认软硬。（　　）

2. 圆规和分规均是画圆和圆弧的工具。（　　）

3. 丁字尺与三角板配合使用便可画出 65° 倾斜线。（　　）

四、简答题

1. 四心法画椭圆的步骤？

2. 画圆内接正五边形的步骤？

【实训提升】

一、填空题

1. 图板是用来固定________和绘图的工具。

2. 丁字尺是画________及配合三角板画________和斜线的工具。

3. 曲线板用来绘制________。

二、判断题:

1. 绘图钢笔一般用代号“H”“B”“HB”表示其软硬，“B”表示淡而硬。（　　）

2. 丁字尺只能靠图板左边缘上下滑动到需要画线的位置，即可从左向右画水平线。（　　）

3. 画图时，应用 B 型铅笔画底稿，用 H 型铅笔加粗。（　　）

4. 将 AB 线段作六等分时直接用直尺等分线段 AB 即可。（　　）

5. 将已知 AB、CD 两直线间距作六等分，可以直接等分间距。（　　）

6. 比例尺只能用来量取尺寸，不可用来画线。（　　）

三、选择题

1. 绘图铅笔有软硬之分，下列铅笔最硬的是（　）。

A. H　　B. B　　C. 2H　　D. 2B

2. 手工绘制工程图的底图时，常用的工具和用品是（　）。

A. 三角板、圆规、钢笔　　B. 丁字尺、三角板、圆规、铅笔

C. 曲线板、直尺、圆珠笔　　D. 三角板、分规、描图笔

3. 以下哪项是椭圆的画法（　　）。

A. 四心法　　B. 九点法　　C. 平行等分法　　D. 辅助线法

项目 3 形体投影图的绘制与识读

[项目概述]

一幢建筑物通常由各种基本形体（如棱柱、棱锥、圆柱、圆锥、球等）用叠加、切割和混合等方式组合构成，而点、线（直线或曲线）、面（平面或曲面）是构成立体的基本元素，要想正确绘制和识读建筑图，必须先掌握点、线、面、体的基本投影知识。

[项目目标]

知识目标:

1. 能正确表述点、直线、平面的作用、形成、类型、常用术语和规律;
2. 能正确陈述点、直线、平面的作图方法及步骤;
3. 能熟练陈述组合体的组合形式;
4. 熟练陈述组合体的画法、尺寸标注及识读方法;

能力目标:

1. 能正确利用投影规律，绘制三面投影图;
2. 利用组合体的读图方法正确识读建筑形体的投影图;
3. 通过组合体的读图和绘制，提升空间想象能力。

[项目课时]

28 ~ 36 课时。

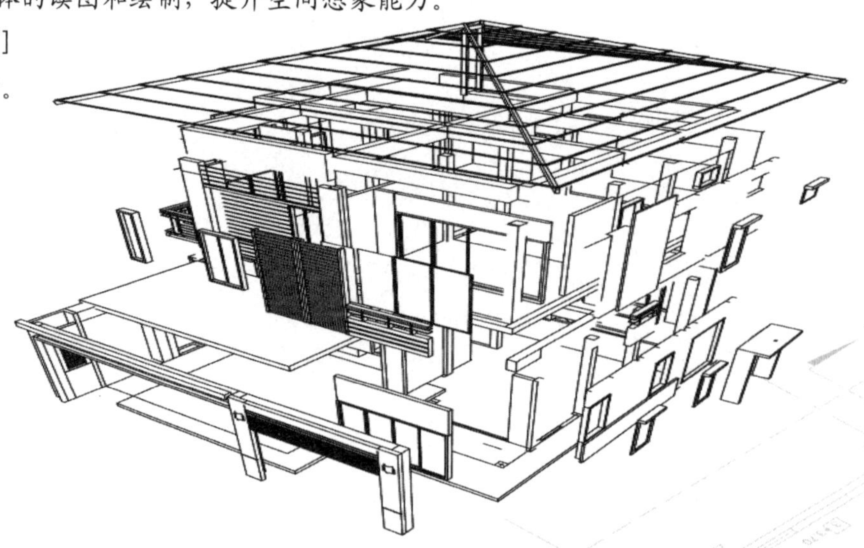

3.1 投影的基本知识

3.1.1 投影的概念

在日常生活中，我们对“立竿见影”“形影不离”这些自然现象习以为常，即物体在灯光或阳光的照射下，会在附近的地面或墙面上产生影子，这就是自然界的落影现象，人们从这一现象中认识到光线、物体和影子之间存在一定的关系，并对这种关系进行科学的归纳和总结，得到了投影的概念。

“影子”只能概括反映物体的外轮廓形状，而物体内部则被黑影代替，因此影子不能作为施工的图样。假设光线穿透物体，就能清楚地表达出物体的形状和大小了。在投影的概念中，把发出光线的光源称为投射线，落影的平面称为投影面，投射线通过空间物体，在投影面上获得图形的方法，称为投影法，如图 3.1 所示。光源照射空间物体 A，在平面 P 上得到该物体的影子 a，即是常见的投影现象。

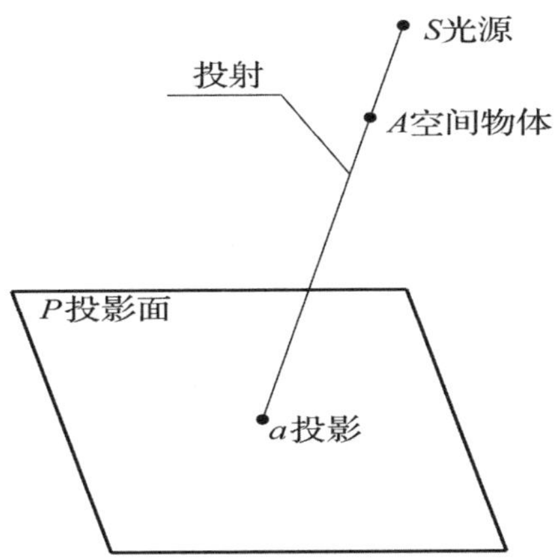

图 3.1　投影法

3.1.2 投影的分类

1. 中心投影法

投射线汇交于一点的投影法称为中心投影法，如图 3.2（a）所示。这种投影法产生的投影直观性较强，富有真实感，主要用于建筑透视图，如图 3.2（b）所示。

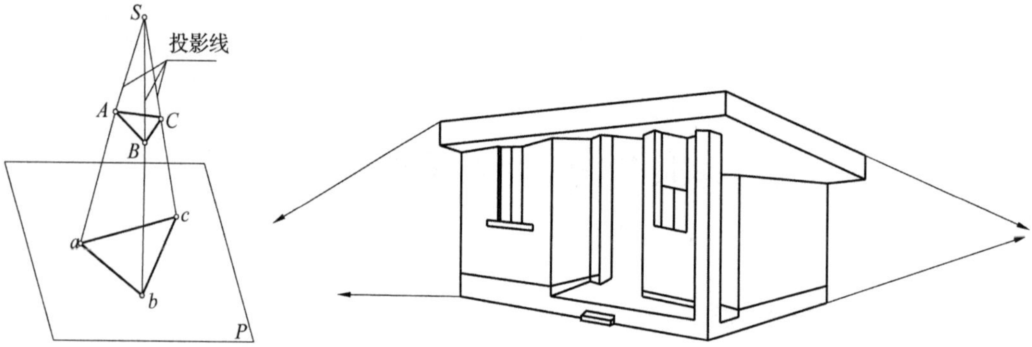

(a)点的中心投影法

(b)透视图

图 3.2　中心投影法

2. 平行投影法

投射线相互平行的投影方法称为平行投影法。平行投影法又根据投射线和投影面的相对位置不同，分为正投影法和斜投影法，如图 3.3 所示。

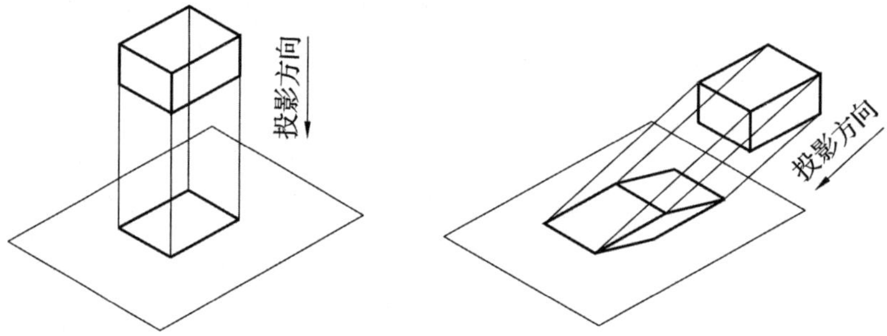

(a)正投影法

(b)斜投影法

图 3.3　平行投影法

正投影法是指投射线与投影面垂直的平行投影法，能真实地表达空间物体的形状和大小。其中标高投影是带有数字的正投影图，在测量工程和建筑工程中常用标高投影表示高低起伏不平的地面，作图时，将不同高程的等高线投影在水平投影面上，并标注其高程值，相邻等高线的高程差相同，如图 3.4 所示。斜投影法是指投射线与投影面倾斜的平行投影法，主要用于绘制有立体感的图形、轴测图等，如图 3.5 所示。

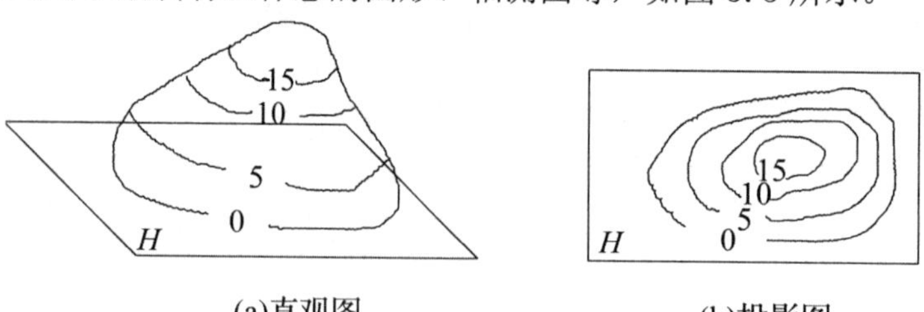

(a)直观图

(b)投影图

图 3.4　等高线图

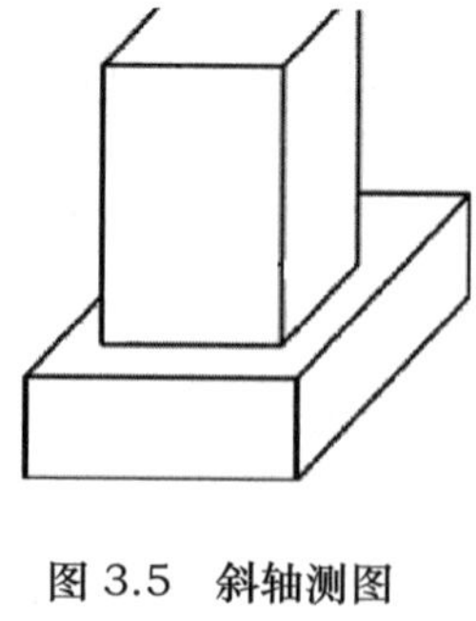

图 3.5　斜轴测图

3.1.3 三投影面体系

1. 三投影面体系的建立

通常情况下，只用一个投影是不能完整、清晰地表达物体的形状和结构的，如图 3.6 所示，三个物体在同一个方向投影完全相同，但是三个物体的空间结构却不相同，因此一个投影不能确定物体的形状，必须建立一个投影体系，将物体同时向几个投影面投影，用多个投影图来表达物体的形状。

通常把平行于水平面的投影面称为水平投影面，用字母 H 表示。形体从上向下在水平投影面上的投影为水平投影，反映形体的长度和宽度。位于观察者正对面的投影面称为正立投影面，用字母 V 表示。形体从前向后的正投影为正立面投影，形体的正立面投影反映了形体的长度和高度。在水平投影面和正立投影面的右侧有一个侧立投影面，用字母 W 表示。形体在侧立投影面的投影称为侧面投影，反映形体的宽度和高度。

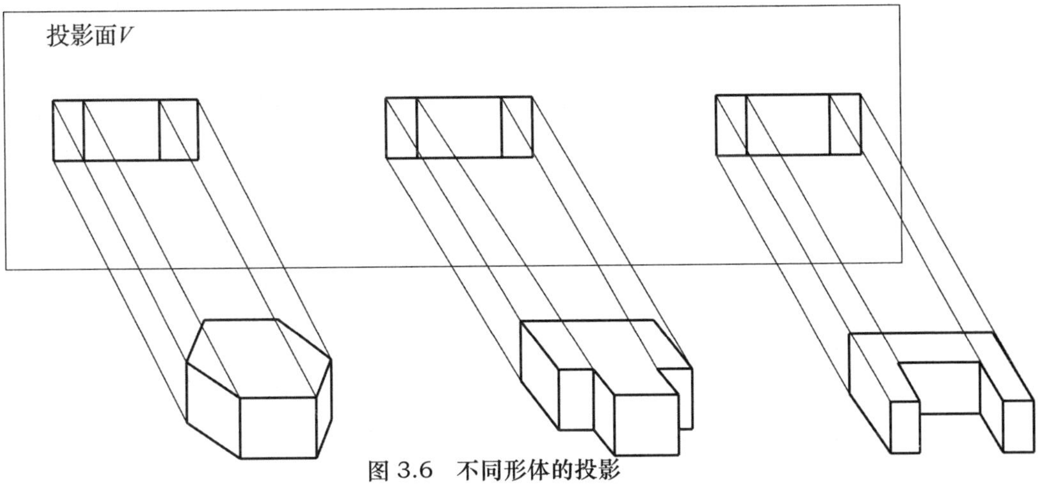

图 3.6　不同形体的投影

在作形体投影图时，通常建立三面投影体系，即水平投影面（H）、正立投影面（V）和侧立投影面（W），它们互相垂直相交，交线称为投影轴，水平投影面和正立投影面的交线用 OX 轴表示，水平投影面和侧立投影面的交线用 OY 轴表示，正立投影面与侧立投影面的交线用 OZ 轴表示，如图 3.7 所示。形体在三面投影体系中的投影，称为三面投影图。

2. 三面投影图的展开

作形体投影图时，按正投影法从前向后投影，得到正面投影；从上向下投影，得到水平投影；从左向右投影，得到侧面投影。规定 V 面保持不动之后，将水平投影面绕 OX 轴向下旋转 90°，与正立投影面在一个平面内，将侧立投影面绕 OZ 轴向右旋转 90°，也使其与正立投影面在一个平面内，三个投影面在一个平面内的方法，称为三面投影图的展开，如图 3.8 所示。

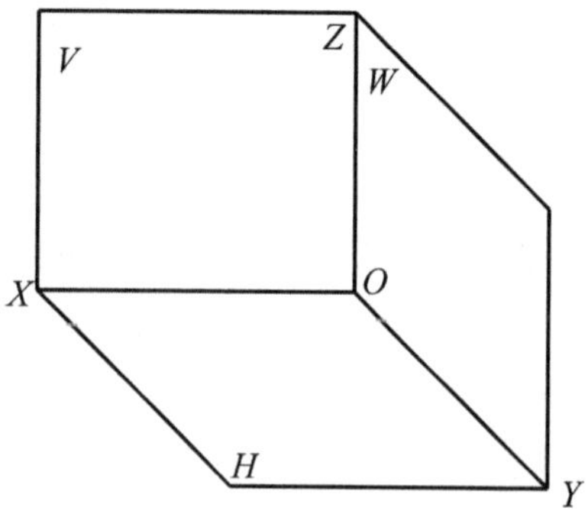

图 3.7　三面投影体系的建立图

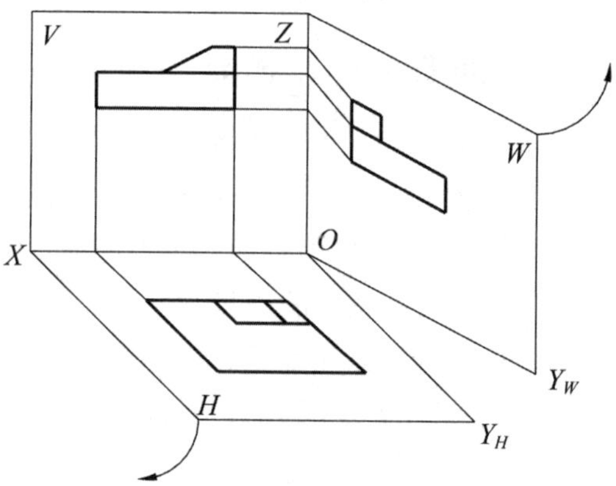

图 3.8　三面投影图的展开

3. 三面投影图的规律

三面投影图展开后，同时水平投影和正面投影左右对齐反映形体长度（长对正），正面投影和侧面投影上下对齐反映形体高度（高平齐），水平投影和侧面投影前后对齐反映形体宽度（宽相等），如图 3.9 所示。

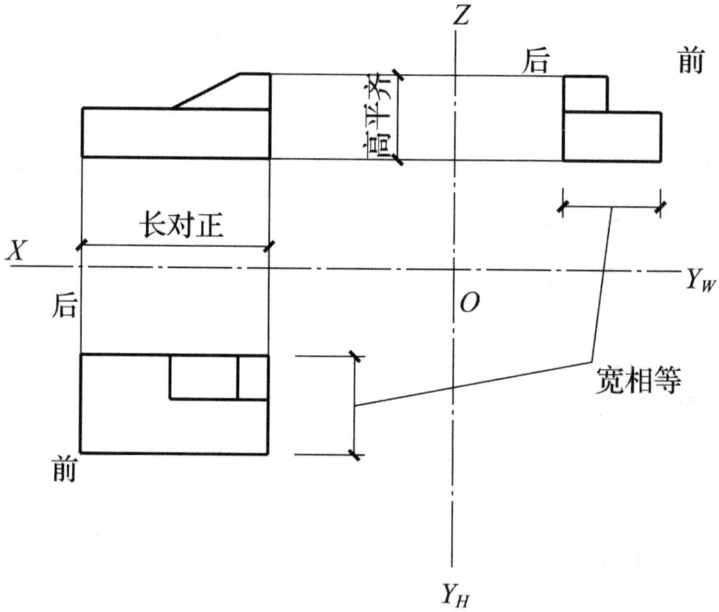

图 3.9　三面投影的规律

【技术点睛】

只用一个或者两个投影是不能完整、清晰地表达物体的形状和结构的，那么需要几个投影图才能确定空间形体的形状和大小呢？我们生活的世界是三维的，即任何形体都有长度、宽度和高度三个度，所以通常需要三个或三个以上的投影图才能完整、正确地表示出它的形状和大小。

长对正、高平齐、宽相等是形体的三面投影图之间最基本的投影关系，也是绘图和读图的基础。

3.2 点的投影

3.2.1 点的正投影特性

点的投影仍然是点，如图 3.10 所示。

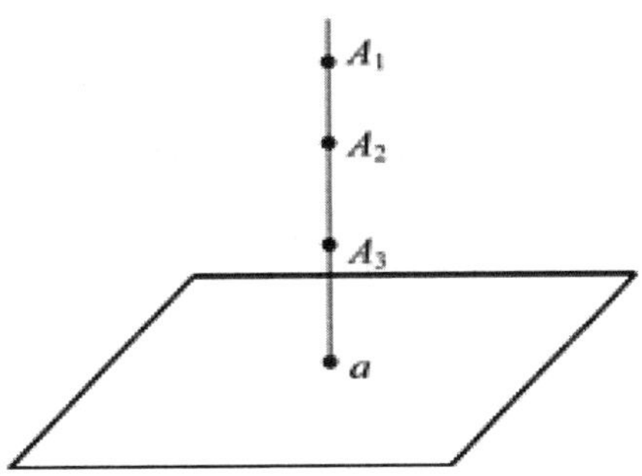

图 3.10　点的正投影特性

3.2.2 点的三面投影及其投影标注

在三面投影体系中规定空间点用大写字母表示，如 A 、B 、C 等；水平投影用相应的小写字母表示，如 a 、b 、c 等；正面投影用相应的小写字母加一撇表示，如 a' 、b' 、c' 等；侧面投影用相应的小写字母加两撇表示，如 a'' 、b'' 、c'' 等。

我们常用涂黑或空心的小圆圈或直线相交来表示点的投影。

3.2.3 点的投影规律

建立三投影面体系，用正投影法，将空间点 A 分别向三个投影面投影，得到 A 点的水平投影 a ，正面投影 a' 和侧面投影 a'' ，过 A 点的三面投影，向投影轴作垂线，和投影轴交于 a_x 、a_y 和 a_z 。将 A 点的三面投影图展开，去掉边框线，形成点 A 的三面投影图，如图 3.11 所示。

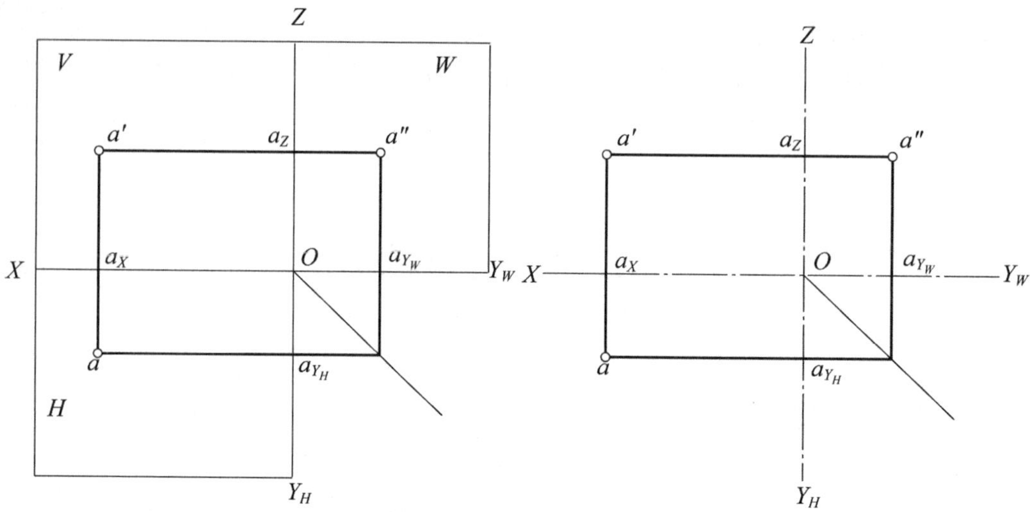

图 3.11　点的投影

（1）正面投影和水平投影的连线垂直于 OX 轴，即 $aa'\perp OX$；

（2）正面投影和侧面投影的连线垂直于 0Z 轴，即 $a'a''\perp OZ$；

（3）水平投影到 OX 轴的距离等于侧面投影到 0Z 轴的距离，即 $a_x\perp a''a_z$。

点的投影规律是形体的投影规律“长对正、高平齐、宽相等”的理论依据，根据这个规律，可以解决已知点的两面投影，求第三面投影。

【例 3.1】如图 3.12 所示，已知点 A 的水平投影 a 和正面投影 a'，求它的侧面投影 a''。

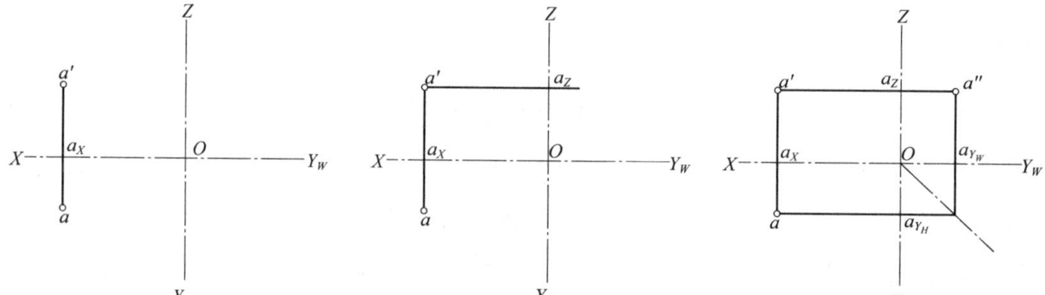

(a)已知条件　　(b)高平齐　　(c)作图结果

图 3.12　求点 A 的侧面投影

作图步骤：过 a' 作 OZ 轴垂线段与 OZ 轴交于 a_Z，并延长；在 $a'a_Z$ 的延长线上截取 $a''a_z=aa_x$，a'' 即为所求第三面投影。

从投影规律可知，点的正面投影和侧面投影的连线垂直于 OZ 轴，因此，过正面投影 a' 作 OZ 轴垂线，并且延长；点的水平投影到 OX 轴的距离等于侧面投影到 OZ 轴的距离，因此，过投影轴的交点 O，在右下方作 45° 斜线；再过 a 点向 OY_H 轴作垂线，与 45° 斜线相交；过该交点向上作 OY_W 轴的垂线，延长到 OZ 轴垂线的交点，就是点的侧面投影。

特殊位置点的投影规律：

点在投影面上，那么它的三个投影中有两个位于不同的投影轴上，一个在投影面上；点在投影轴上，那么它的三个投影中有两个在同一投影轴的同一点上，另一个在原点；f点在坐标原点，那么它的三个投影都在原点上。

3.2.4 点的坐标

在三面投影体系中，点的空间位置可由该点到三个投影面的距离来确定。如果把三面投影体系看作直角坐标系，把投影面 H 面、V 面、W 面看作坐标面，投影轴 OX、OY、OZ 轴为直角坐标轴。点的空间位置可由直角坐标值表示，点到三投影面的距离也可以用坐标值来表示。其中 X 坐标值表示点到侧立投影面的距离，Y 坐标值表示点到正立投影面的距离，Z 坐标值表示点到水平投影面的距离，如图 3.13 所示。

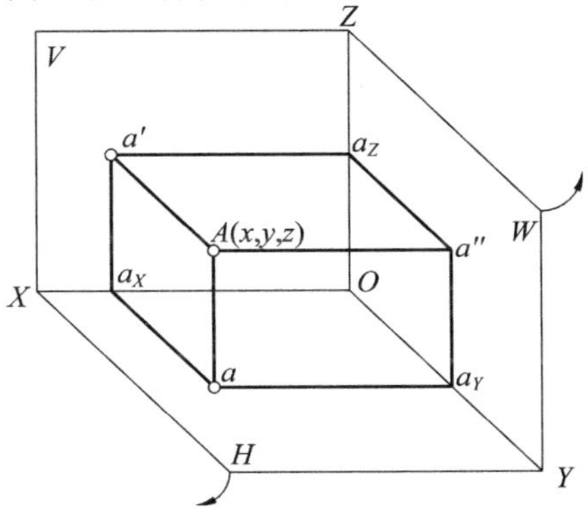

(a)直观图

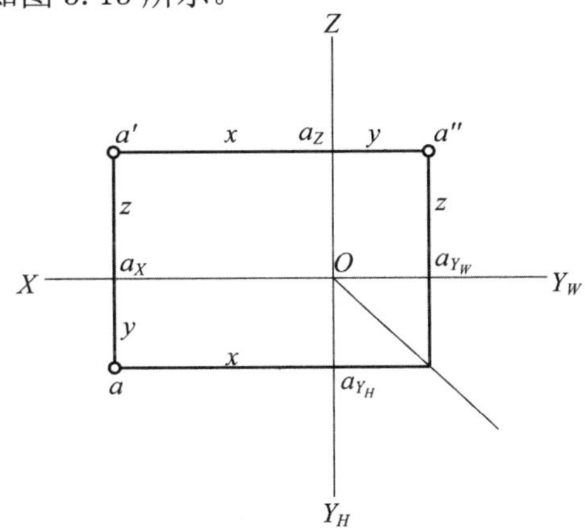

(b)三面投影图

图 3.13　点的三面坐标图

【例 3.2】已知点 A 到水平投影面的距离为 20，到正立投影面的距离为 10，到侧立投影面的距离为 14，作出 A 点的三面投影图。

作图步骤略。

作图结果如图 3.14 所示。

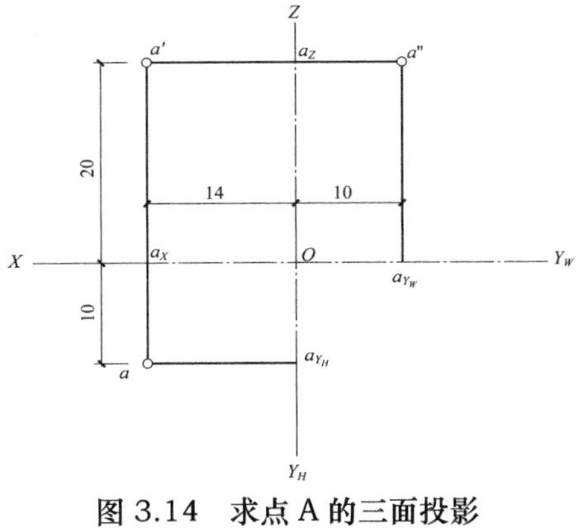

图 3.14　求点 A 的三面投影

3.2.5 两点的相对位置

由点的投影图判别两点在空间的相对位置，首先应该了解空间点有前、后、上、下、左、右等六个方位，如图 3.15a 所示，这六个方位在投影图上也能反映出来，如图 3.15b 所示。

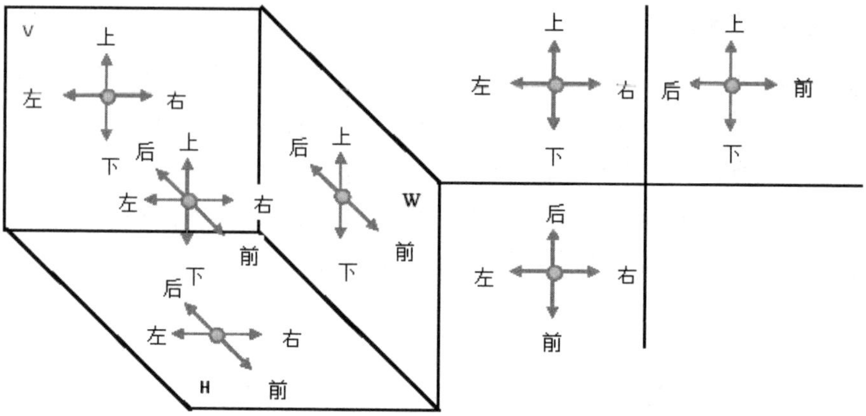

(a) (b)

图 3.15 投影图上的方向

从图中可以看出：

在 *V* 面上的投影，能反映左、右和上、下的位置关系。

在 H 面上的投影，能反映左、右和前、后的位置关系。

在 *W* 面上的投影，能反映前、后和上、下的位置关系。

根据方位就可判断两点在空间的相对位置。

【例 3.3】试判断图 3.16 中 *A* 、*B* 两点的相对位置。

从两点的正面投影和侧面投影来看，*A* 在 *B* 的下方；从两点的正面投影和水平投影来看，*A* 在 *B* 的左方；从两点的水平投影和侧面投影来看，*A* 在 *B* 的前方；由此可判断，*A* 在 *B* 的下左前方。

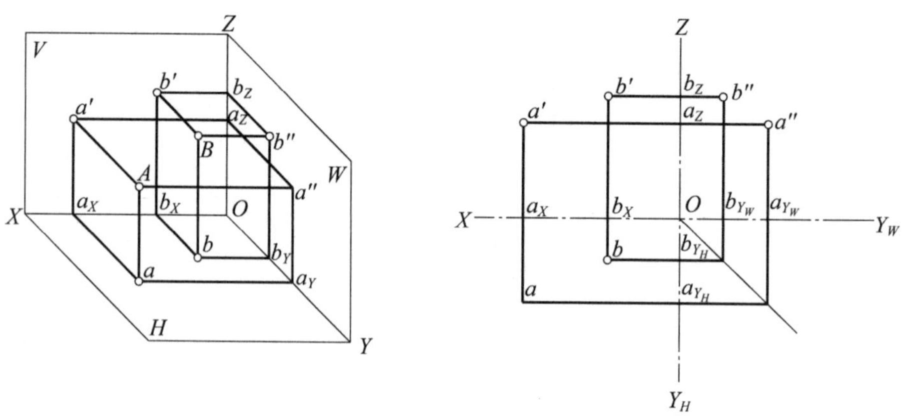

(a)直观图 (b)投影图

图 3.16 两点的相对位置关系

3.2.6 重影点

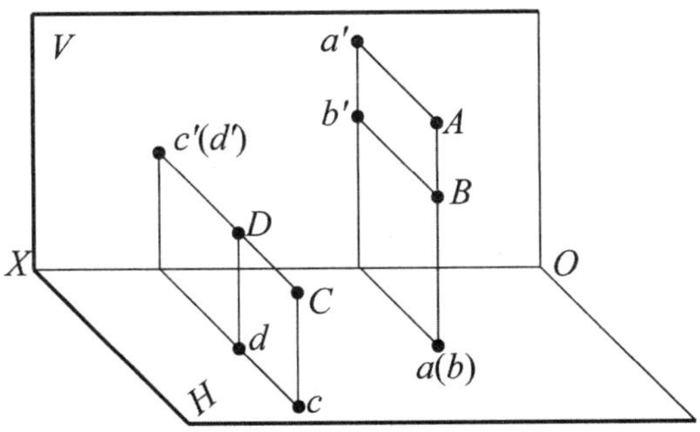

(a)直观图

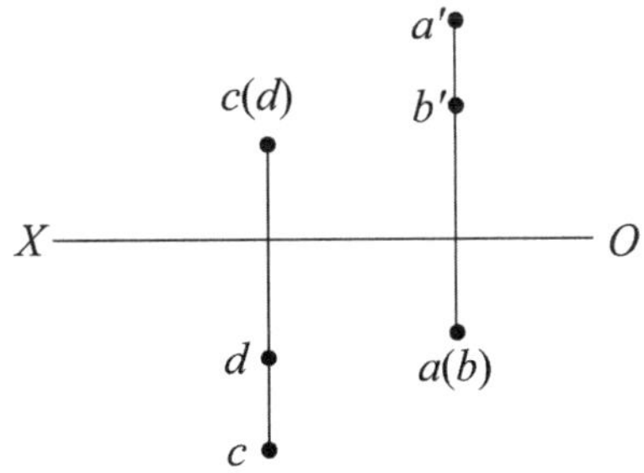

(b)两面投影图

图 3.17　重影点

当空间两点处于某一投影面的同一投影线上，则它们在该投影面上的投影必然重合，这两点称为重影点。其中，位于左、前、上方的点为可见点，位于右、后、下方的点被遮挡，为不可见点，两点投影重合时，可见点写在前，不可见点写在后，可加括号，如图 3.17 所示。

【技术点睛】

点的三面投影满足“长对正、高平齐、宽相等”的三等关系；注意重影点的表示，如 a’（b’）表示在 V 面的重影，点 A 在点 B 的正前方，c”（d”）表示点 CD 在 W 面有重影，点 C 在点 D 的正左方。

3.3 直线的投影

直线的投影一般情况下仍为直线，特殊情况下为点。由几何性质可知，直线是由直线上任意两个点的位置来确定的。因此，求直线的投影，只要作出直线上两个点的投影，再将同一投影面上两个点的投影连接起来，即是直线的投影。

3.3.1 直线的正投影特性

直线与投影面有三种位置关系，当直线平行于投影面时，其投影反映直线的实长，如图 3.18 中直线 AB 的投影 ab。当直线垂直于投影面时，其投影积聚为一点，如图 3.18 中直线 CD 的投影 $e(f)$。当直线倾斜于投影面时，其投影仍然是直线，但长度缩短，如图 3.18 中直线 EF 的投影 ef。

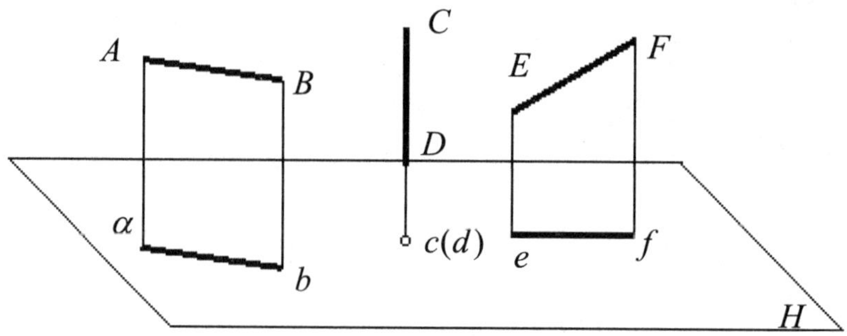

图 3.18　直线的正投影特性

3.3.2 各种位置直线的投影

在三投影面体系中，直线对投影面的相对位置可以分为三种：投影面平行线、投影面垂直线、一般位置直线。直线倾斜，与水平投影面的倾角用 α 表示，与正立投影面的倾角用 β 表示，与侧立投影面的倾角用 γ 表示。

1. 投影面平行线

平行于一个投影面而倾斜于另两个投影面的直线称为投影面平行线，包括以下三种情况：

（1）水平线——平行于水平投影面 H，倾斜于正立投影面 V 和侧立投影面 W 的直线。

（2）正平线——平行于正立投影面 V，倾斜于水平投影面 H 和侧立投影面 W 的直线。

（3）侧平线——平行于侧立投影面 W，倾斜于水平投影面 H 和正立投影面 V 的直线。

投影面平行线的投影特征是：所平行的投影面上的投影反映直线的实长，投影与投影轴的夹角，也反映了直线对另外两个投影面的倾角；另外两个投影面上的投影平行于相应的投影轴，长度缩短。投影面平行线的投影特征见表 3.1。

表 3.1　投影面平行线的投影特征

名称	水平线	正平线	侧平线
立体图	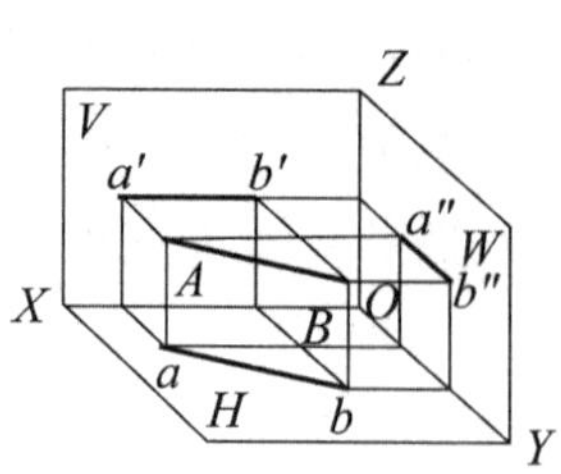	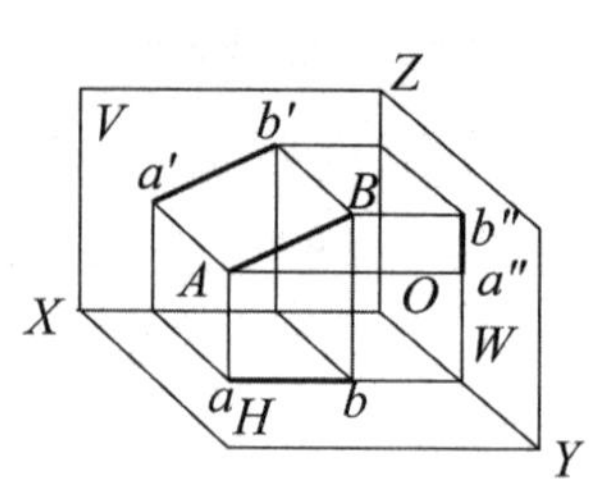	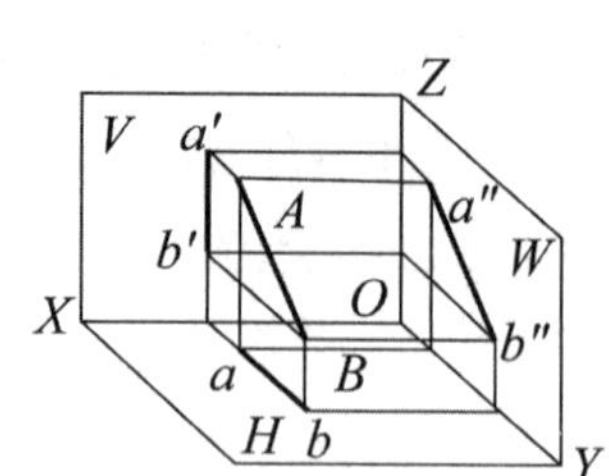

投影图	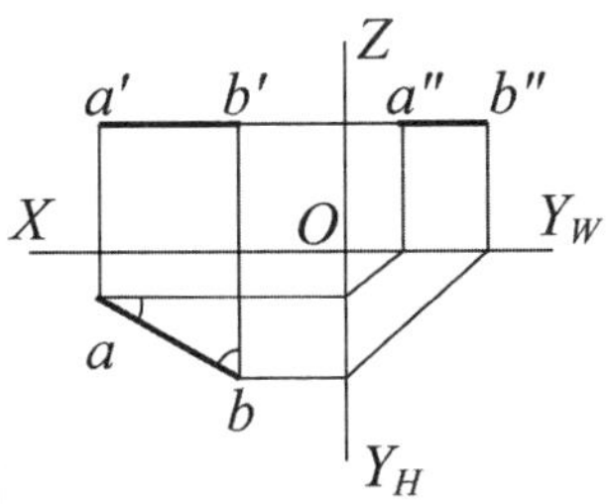	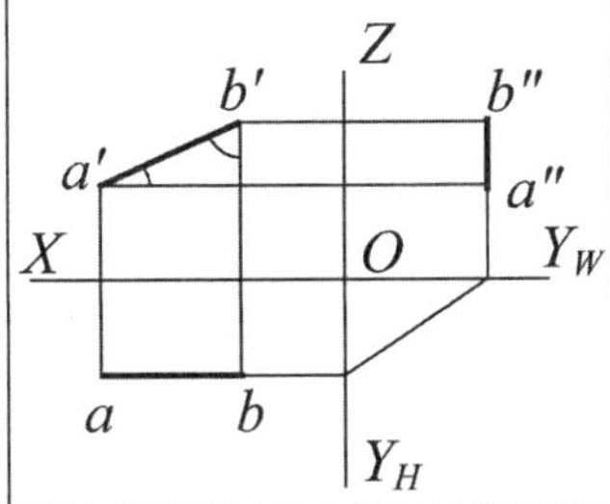	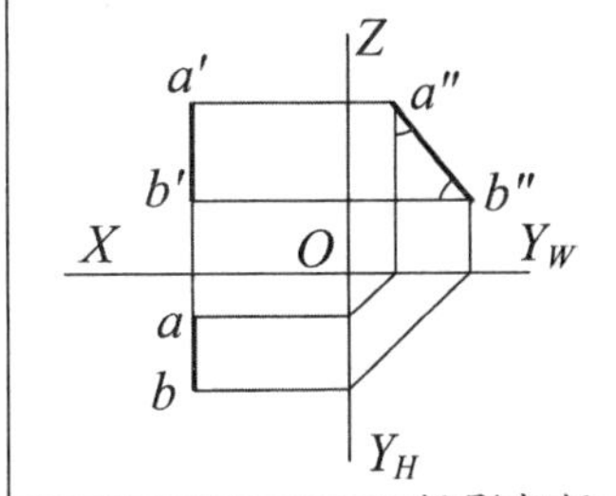
投影特征	1. 在它所平行的投影面上的投影倾斜于投影轴，但反映实长，其倾斜的投影与投影轴的夹角反映直线对其他两投影面的倾角 α、β、γ； 2. 另外两个投影面上的投影平行于相应的投影轴，长度缩短。		
判别空间位置	一斜两直线，定是平行线，斜线在哪面，平行哪个面。		

2. 投影面垂直线

表 3.2　投影面垂直线的投影特征

名称	铅垂线	正垂线	侧垂线
立体图	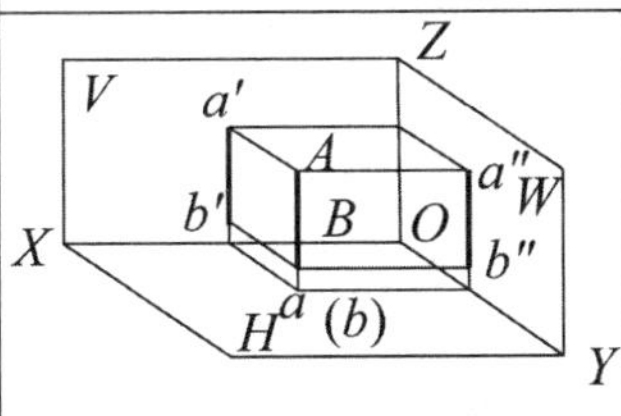	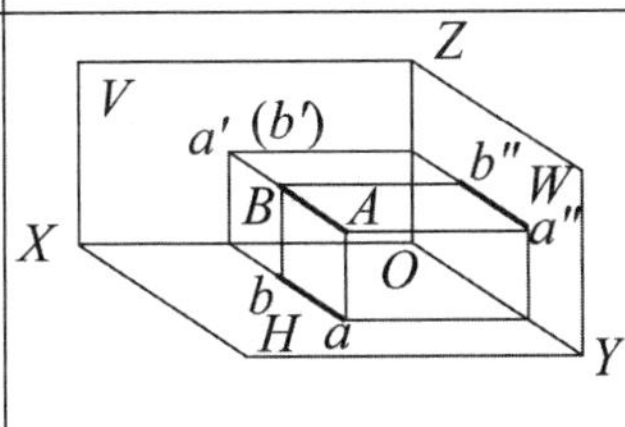	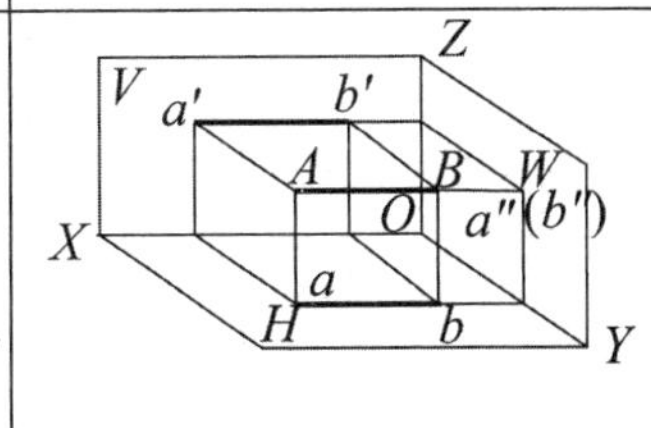
投影图	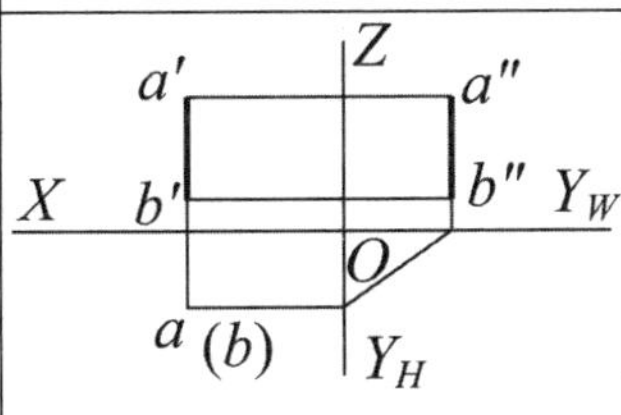	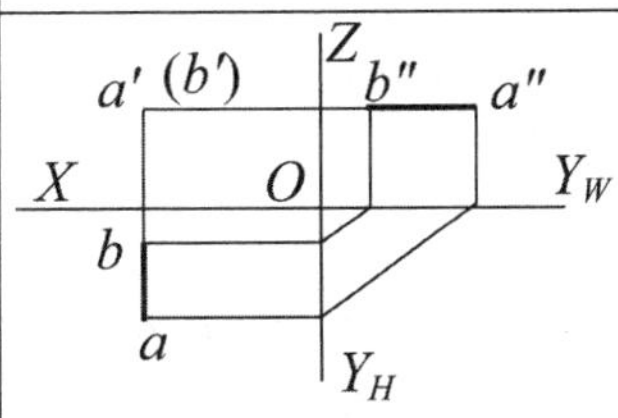	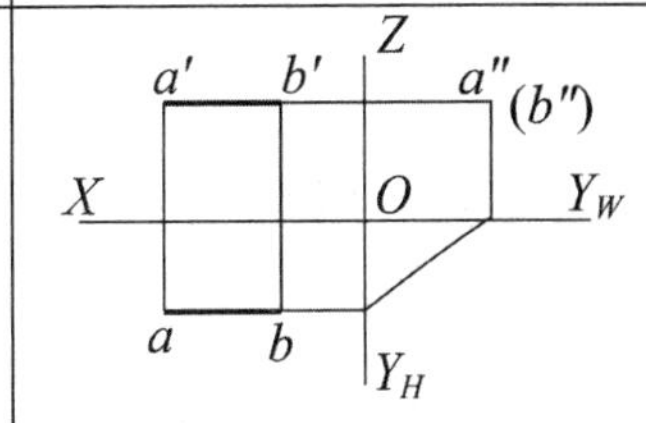
投影特征	1. 在它所垂直的投影面上的投影积聚为一点； 2. 另外两个投影面上的投影平行于同一投影轴，且反映实长。		
判别空间位置	一点两直线，定是垂直面，点在哪个面，垂直哪个面。		

垂直于一个投影面，并与另外两个投影面平行的直线称为投影面垂直线。包括以下三种情况：

①铅垂线——垂直于水平投影面 H，平行于正立投影面 V 和侧立投影面 W 的直线。

②正垂线——垂直于正立投影面 V，平行于水平投影面 H 和侧立投影面 W 的直线。

③侧垂线——垂直于侧立投影面 W，平行于水平投影面 H 和正立投影面 V 的直线。

投影面垂直线的投影特征是：在所垂直的投影面上的投影积聚成一个点，另外两个投影面上的投影平行于同一投影轴，且反映实长。投影面垂直线的投影特征见表 3.2。

3. 一般位置直线

与三投影面都倾斜的直线称为一般位置直线，其投影如图 3.19 所示，它在三个投影面上的投影都为倾斜于投影轴的缩短线段。

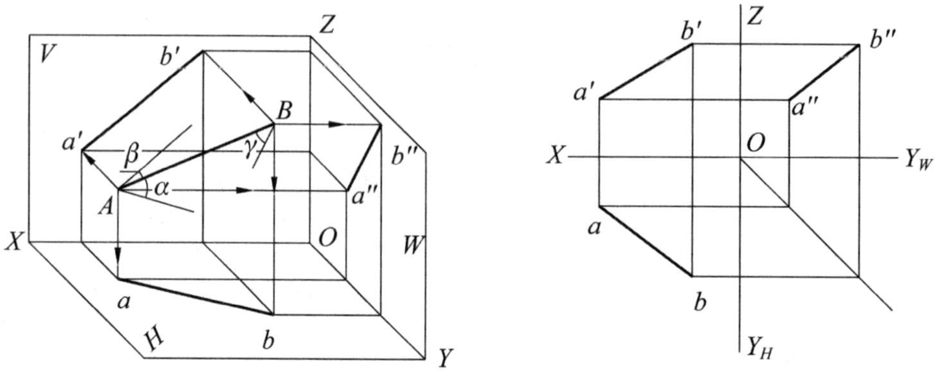

(a)直观图　　(b)三面投影图

图 3.19　一般位置直线

3.3.3 直线上的点

直线上的点，其投影在直线的同名投影上，且符合点的投影规律。

1. 从属性

点在直线上，则点的各面投影必定在该直线的同面投影上，反之若一个点的各面投影都在直线的同面投影上，则该点必在直线上。

2. 定比性

若点属于直线，则点分线段之比，投影之后保持不变。如图 3.20 所示，$AC : CB = ac : cb = \alpha' c' : c' b' = \alpha'' c'' : c'' b''$。

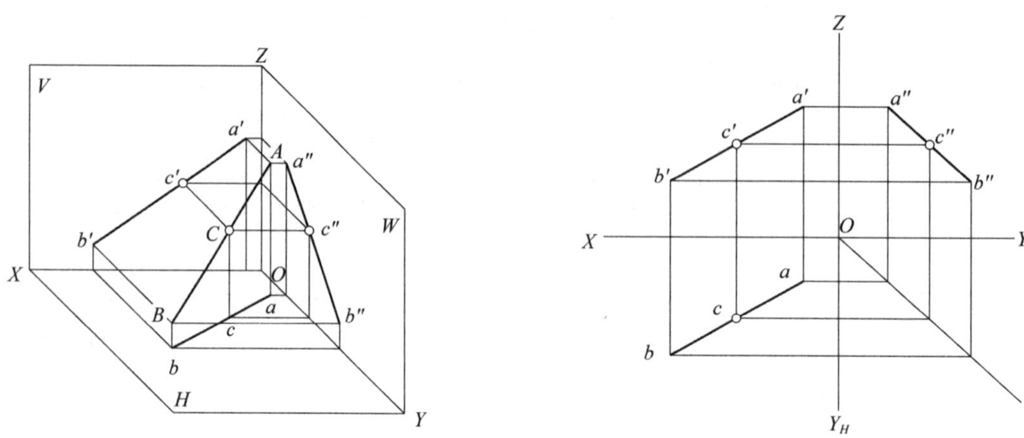

(a)　　(b)

图 3.20　点的定比性

一般情况下，当直线为一般位置直线或投影面的垂直线时，判别点是否在直线上，通过两面投影即可；当直线为投影面平行线时，应根据投影情况通过两面或三面投影或定比性才能判别。

【例 3.4】已知直线 AB 的投影 ab 和 $a'b'$，如图 3.21a 所示，点 M 在 AB 上，且 $AM：MB$ =2 ：3，求点 M 的投影。

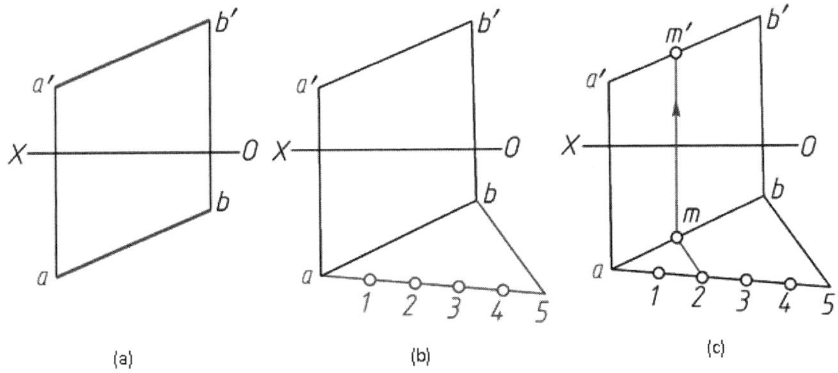

图 3.21　求直线 AB 上点 M 的投影

作法：如图 3.21（b）所示，过 a 作任意直线，然后在其上任取等长 5 个单位，再连 5 b。如图（c）所示，过点 2 做 5 b 的平行线交 ab 于 m，过 m 做 OX 轴的垂直线交 $a'b'$于 m'，m、m'即为点 M 的两投影。

【技术点睛】

判断点是否在直线上，一定要满足点的从属性和点的定比性。记住特殊位置直线的投影特性及口诀，如一点两直线是投影面垂直线，一直两斜线是投影面的平行线等，有益于掌握直线的空间位置。

3.4 平面的投影

3.4.1 平面的表示法

平面可以由以下图形来决定平面在空间的位置，如图 3.22 所示。

（1）不属于同一直线的三点；

（2）一直线和不属于该直线的一点；

（3）相交两直线；

（4）平行两直线；

（5）任意平面图形。

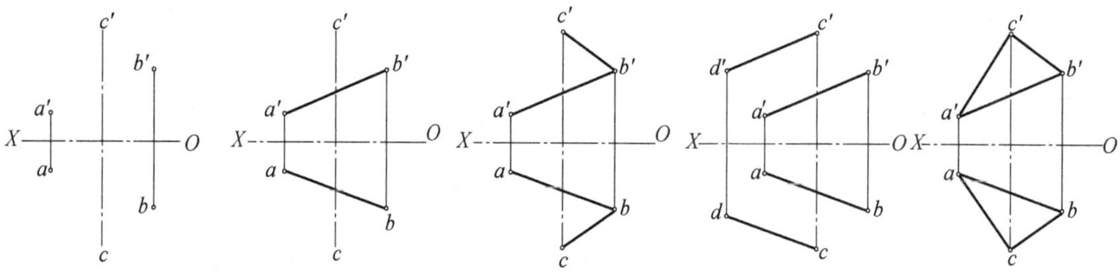

图 3.22　点、直线、平面的空间位置关系

3.4.2 各种位置平面的投影

在三投影面体系中，根据平面在投影面体系中的位置关系，可以分为三种情况：投影面平行面、投影面垂直面和一般位置平面。

1. 投影面平行面（表 3.3）

表 3.3　投影面平行面

名称	水平面	正平面	侧平面
立体图	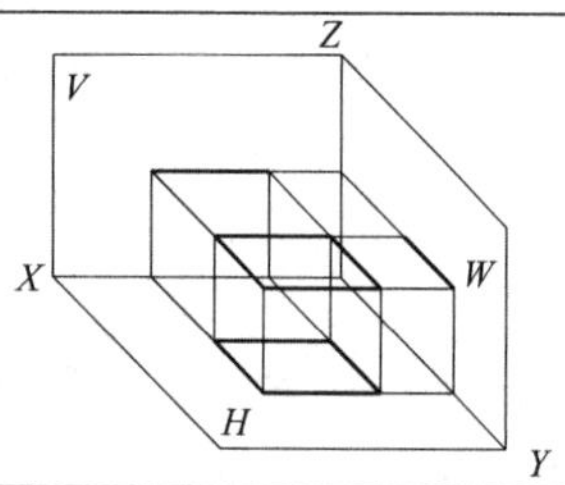	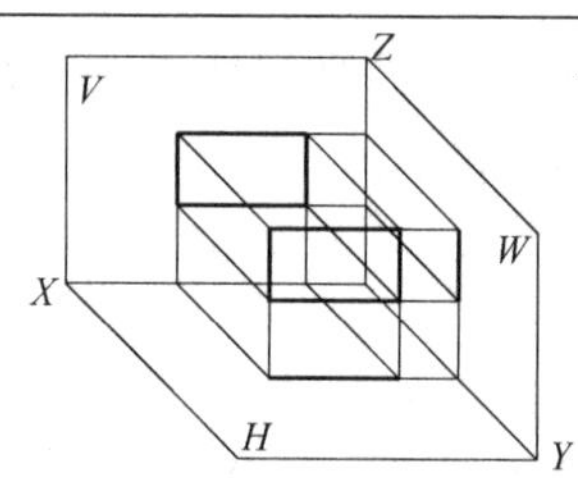	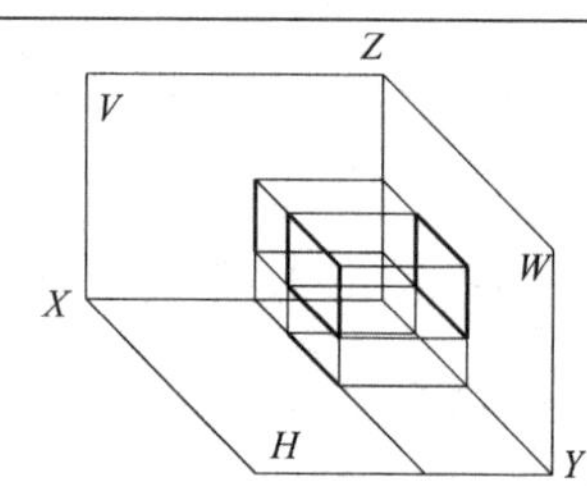
投影图	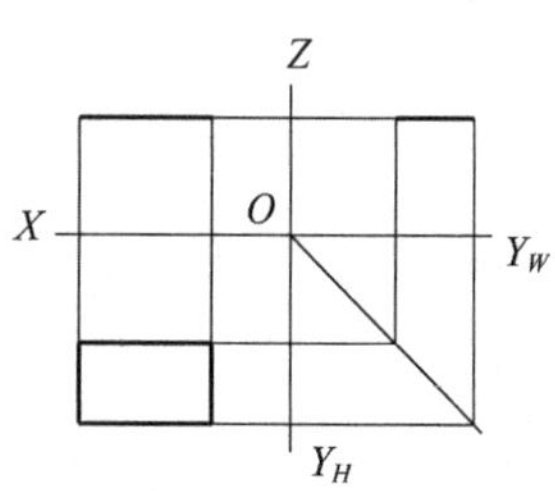	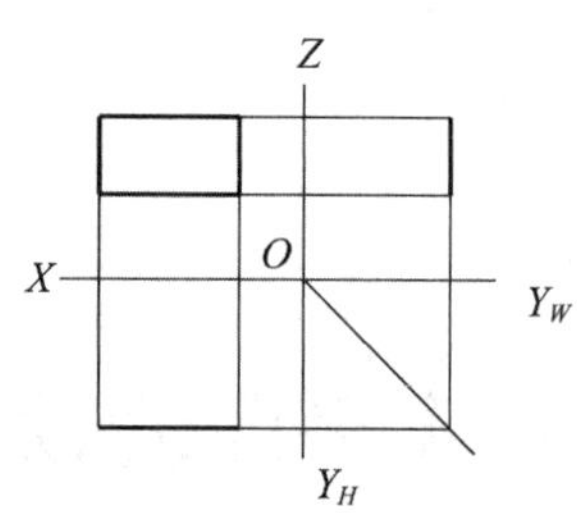	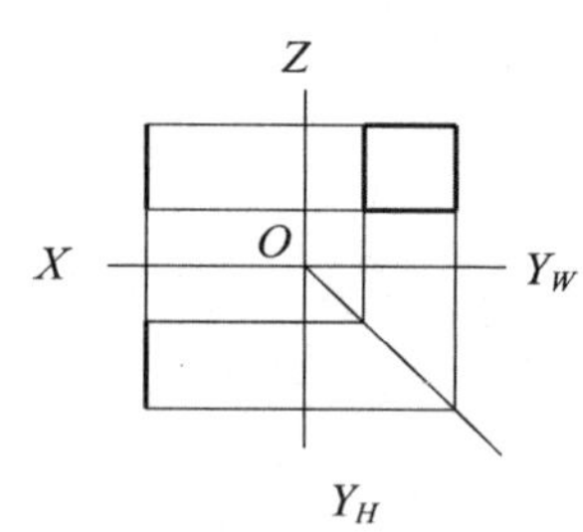
投影特性	1. 在它所平行的投影面上个的投影反映实形； 2. 在其他两个投影面上的投影积聚为直线，并分别平行于相应的投影轴。		
判别空间位置	一框两直线，定是平行面，框在哪个面，平行哪个面。		

平行于一个投影面，而垂直于另外两个投影面的平面称为投影面平行面，包括以下三种：

（1）正平面——平行于正立投影面 V，垂直于水平投影面 H 和侧立投影面 W。

（2）水平面——平行于水平投影面 H，垂直于正立投影面 V 和侧立投影面 W。

（3）侧平面——平行于侧立投影面 H，垂直于正立投影面 V 和水平投影面 H。

2. 投影面垂直面（表 3.4）

表 3.4　投影面垂直面

名称	铅垂面	正垂面	侧垂面
立体图	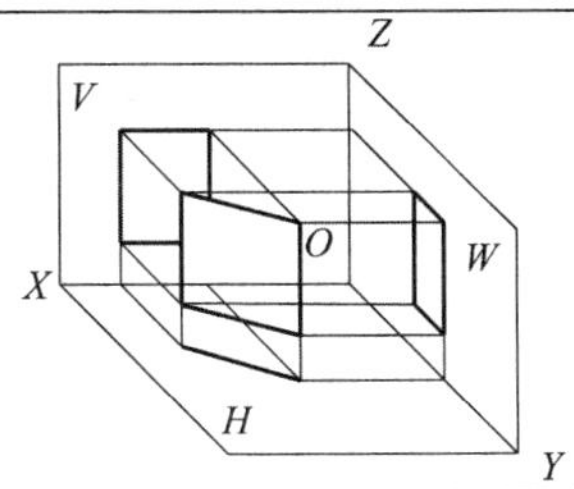	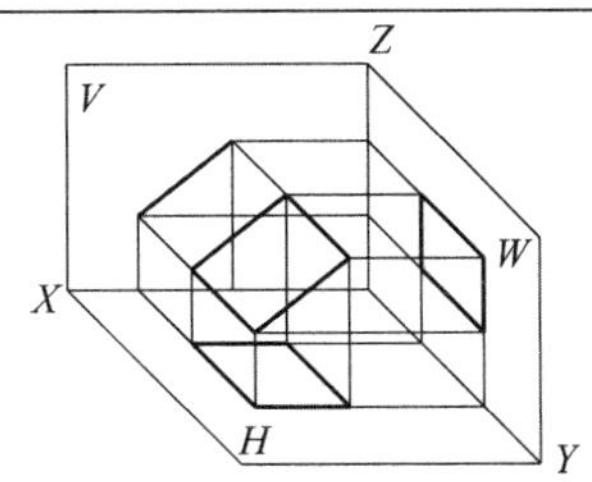	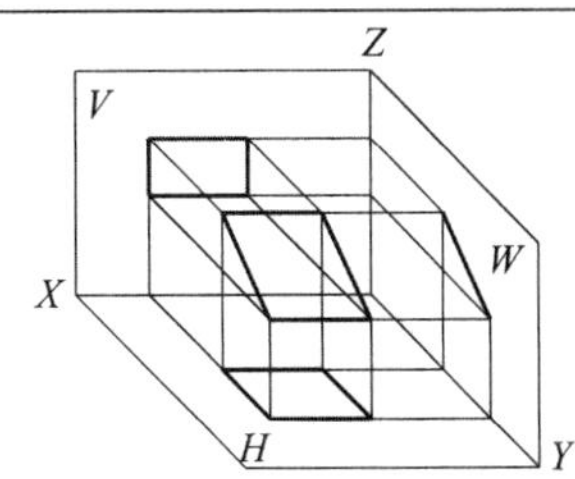
投影图	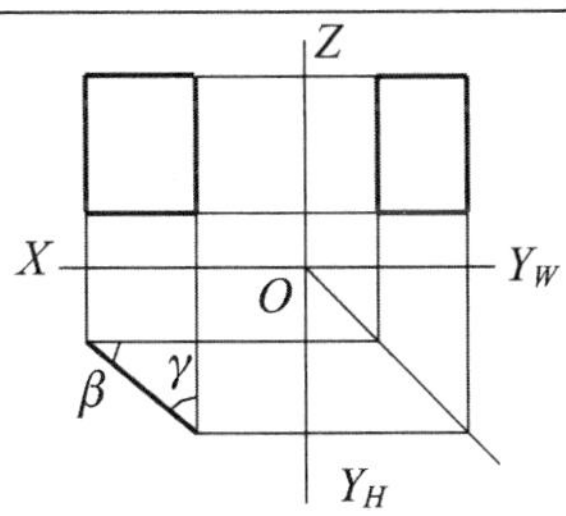	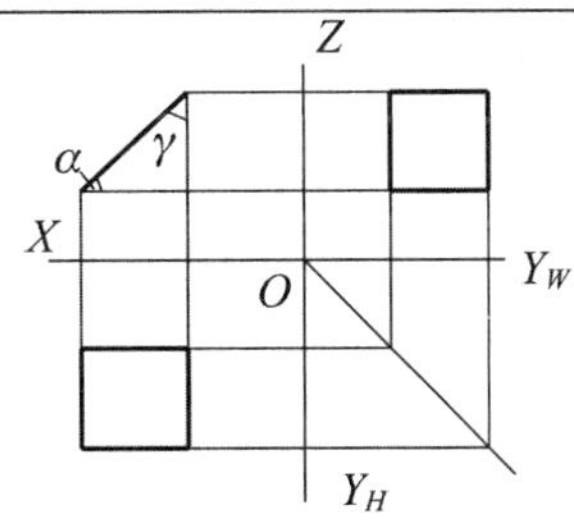	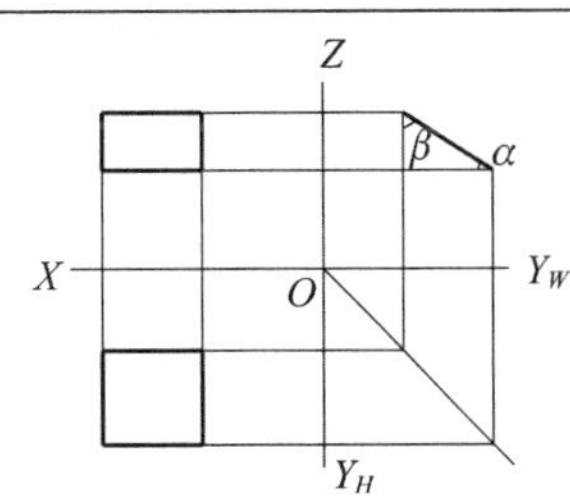
投影特性	1. 在它所垂直的投影面上个的投影积聚为一条与投影轴倾斜的直线； 2. 在其他两个投影面上的投影不反映实形，是缩小的类似形。		
判别空间位置	两框一斜线，定是垂直面，斜线在哪面，垂直哪个面。		

垂直于一个投影面，而与另外两个投影面均倾斜的平面称为投影面垂直面，包括以下三种：

（1）正垂面——垂直于正立投影面 V 而倾斜于水平投影面 H、侧立投影面 W。

（2）铅垂面——垂直于水平投影面 H 而倾斜于正立投影面 V、侧立投影面 W。

（3）侧垂面——垂直于侧立投影面 W 而倾斜于正立投影面 V、水平投影面 H。

3. 一般位置平面

一般位置平面与三个投影面都倾斜，因此在三个投影面上的投影都不反映实形，而是类似形。如图 3.23 所示。

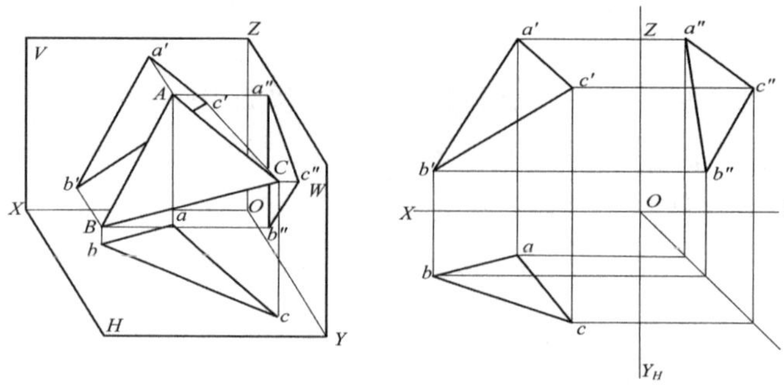

(a) 直观图　　(b) 投影图

图 3.23　一般位置平面图

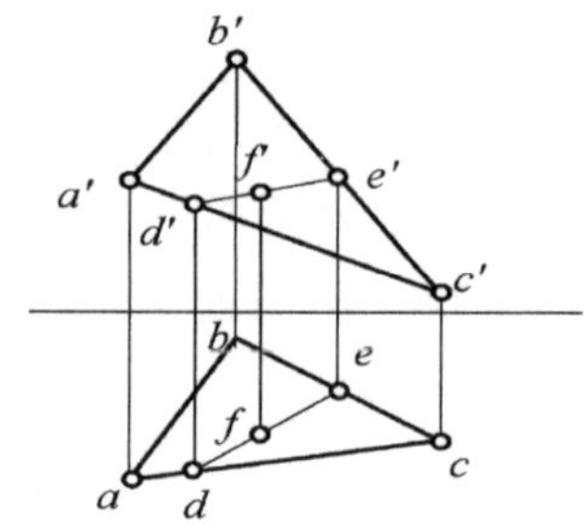

图 3.24　点在直线上

3.4.3 平面上的点和直线

1. 平面上的点

如果点在平面内的任一条直线上，则点一定在该平面上。因此，要在平面内取点，必须过点在平面内取一条已知直线。如图 3.24 所示，点 F 在直线 DE 上，而 DE 在△ ABC 上，因此，点 F 在△ ABC 上。

2. 平面上的直线

一直线经过平面上两点，则该直线一定在已知平面上。

一直线经过平面上一点且平行于平面上的另一已知直线，则此直线一定在该平面上，如图 3.25 所示。

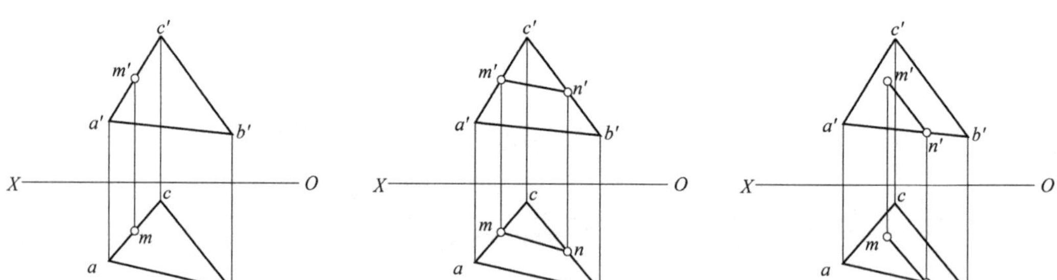

(a)点在面上　　(b)线在面上　　(c)线在面上

图 3.25　平面上的直线

【例 3.5】在一般位置平面 ABC 中，任意作出一条正平线和水平线。

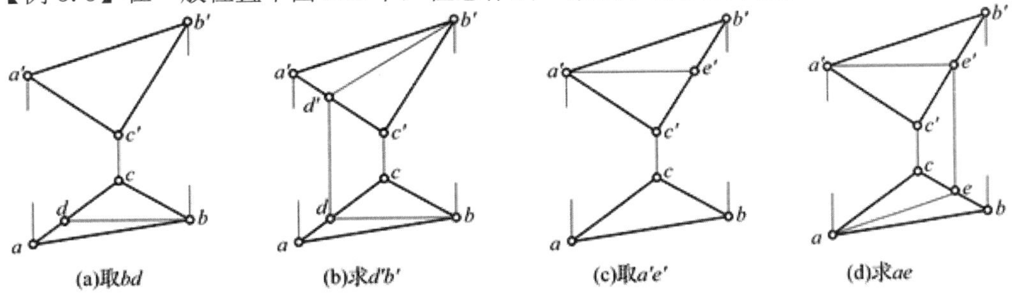

图 3.26 在平面上作投影面平行线

作图时，根据投影面平行线的特点，先作平行于投影轴的线，再作另一投影，如图 3.26 所示。

【技术点睛】

平面的空间位置判断要记忆口诀，如一框两直线是投影面平行面，一斜线两框是投影面的垂直面等。平面上的点的判断原则是：点在线上，线在面上，点一定在面上。要做平面上的点，首先要做平面上的线，让点在这条线上，则该点一定在平面上。

3.5 基本体的投影绘制与识读

任何复杂的建筑物都是由若干简单的立体组合而成的，简单立体也称基本形体。基本形体一般分为两大类：平面体和曲面体。

3.5.1 平面体的投影

所谓平面体，就是由平面图形所围成的形体，建筑工程中的绝大部分形体均属此类。平面体又分为棱柱体和棱锥体两类。

1. 棱柱体

底面为多边形，各棱线互相平行的立体就是棱柱体。棱线垂直于底面的棱柱称为直棱柱，直棱柱的各侧棱面为矩形；棱线倾斜于底面的棱柱称为斜棱柱，斜棱柱的各侧棱面为平行四边形。

（1）棱柱的投影

图 3.27(a)为一铅垂放置的正六棱柱，其六个棱面在 H 面上积聚，上下底投影反映实形；V 面上投影对称，一个棱面反映矩形的实形，两个棱面为等大的矩形类似形；W 面上为两个等大的对称矩形类似形。三个投影面展开后得六棱柱的三面投影，如图 3.27（b）所示。

在图 3.27（a）、(b）中我们把 X 轴方向称为立体的长度，Y 轴方向称为立体的宽度，Z 轴方向称为立体的高度，从图中可见 *V*、*H* 投影都反映立体的长度，展开后这两个投影左右对齐，这种关系称为“长对正”。*H*、*W* 投影都反映立体的宽度，展开后这两个投影宽度相等，这种关系称为“宽相等”。*V*、*W* 投影都反映立体的高度，展开后这两个投影上下对齐，这种关系称为“高平齐”。

同时，从图 3.27（b）中我们也可以看到 *V* 投影反映立体的上下和左右关系，*H* 投影反映立体的左右和前后关系，*W* 投影反映立体的上下和前后关系。

至此，立体三个投影的形状、大小、前后均与立体投影面的位置无关，故立体的投影均不需再画投影轴、投影面，而三个投影只要遵守“长对正、宽相等、高平齐”的关系，就能够正确地反映立体的形状、大小和方位，如图 3.27（c）所示。

该立体作图时先作 *H* 面上反映实形的正六边形，再在合适的位置对应作出 *V*、*W* 投影。

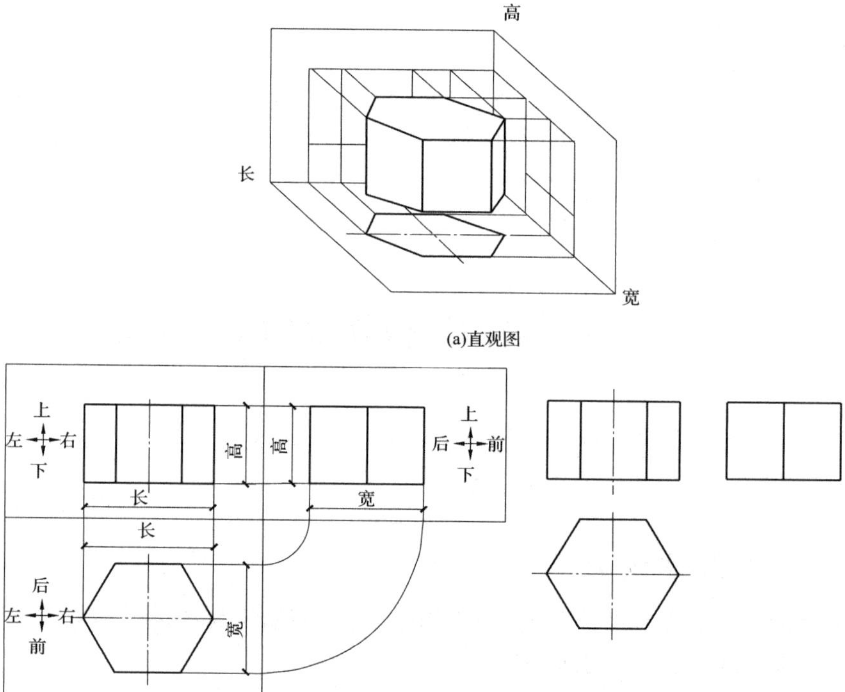

图 3.27　正六棱柱的投影

“长对正、宽相等、高平齐”是画立体正投影的投影规律，画任何立体的三投影必须严格遵守。

图 3.28（a）为一水平放置的正三棱柱（可视为双坡屋顶），两个棱面垂直于 *W*，一个棱面平行于 *H*，两个端面平行于 *W*，按照“长对正、宽相等、高平齐”作正投影后，*V* 面投影为矩形的类似形；*H* 面投影为可见的两个矩形的类似形和一个不可见的矩形的实

形； W 面投影为三角形的实形，如图 3.28（b）所示。有关点、线的投影性质请读者进一步分析。

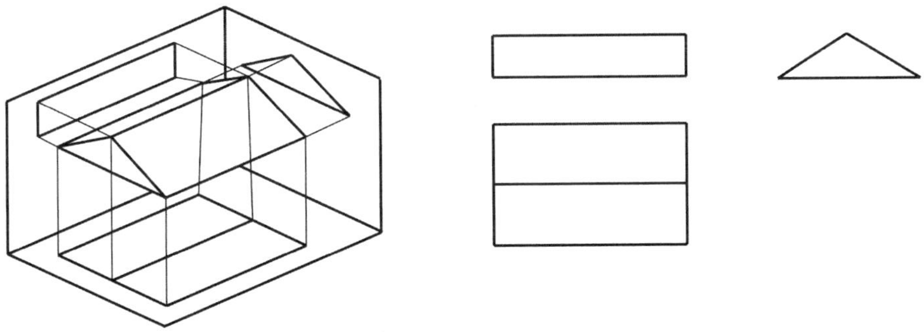

(a)直观图　　　　(b)三面投影图

图 3.28　三棱柱的投影

（2）棱柱表面上的点

在平面体表面上取点，其方法与平面内取点相同，只是平面体是由若干个平面围成的，投影时总会有两个表面重叠在一起，就有一个可见性问题。只有位于可见表面上的点才是可见的，反之不可见。所以要确定体表面上的点，先要判断它位于哪个平面上。

【例 3.6】如图 3.29（a）所示，六棱柱的表面分别有 A、B、C 三个点的一个投影，求其他的两个投影。

投影分析：从 V 面投影看，a' 在中间图框内且可见，则 A 点应在六棱柱最前的棱面上；（b'）在右面的图框内且不可见，B 点应在六棱柱右后方的棱面上；从 H 投影看，c 点在六边形内且可见，c 点应在六棱柱的表面上。

作图：由于六棱柱的六个侧面均积聚在 H 投影上，所以 A、B 两点的 H 投影应在相应侧面的积聚投影上，利用积聚性即可求得，如图 3.29（b）所示，它们的 W 面投影和 c 点的 V、W 面投影则可根据“长对正、宽相等、高平齐”求得。注意判断可见性。

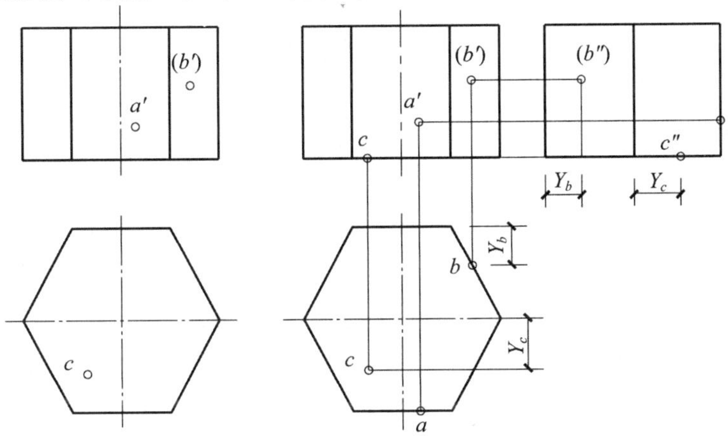

(a)已知　　　　(b)作图

图 3.29　六棱柱表面上点的投影

2. 棱锥体

底面为多边形，所有棱线均相交于一点的立体就是棱锥体。正棱锥底面为正多边形、其侧棱面为等腰三角形。

（1）棱锥的投影

图 3.30（a）为一正置的正四棱台，H 面投影外框为矩形，反映四个梯形棱面的类似形，顶面反映矩形实形，而底面为不可见的矩形；在 V、W 面上的棱台均反映棱面的类似形。其三面投影图如图 3.30（b）所示。

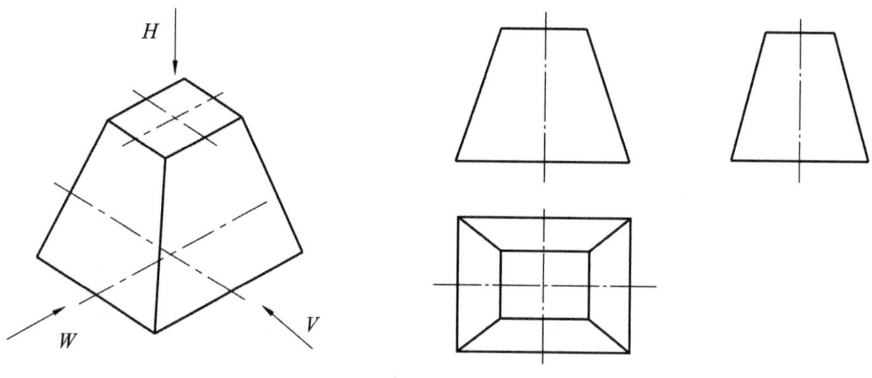

(a)直观图　　(b)三面投影图

图 3.30　正四棱台

（2）棱锥表面上的点

棱锥表面取点的方法和棱柱有相似之处，不同的是棱锥表面绝大多数没有积聚性，不能利用积聚性找点。这里的关键是点与平面从属性的应用。

【例 3.7】如图 3.31（a）所示，已知正三棱锥 SABC 表面上的点 M、N 的一个投影，求其他两个投影。

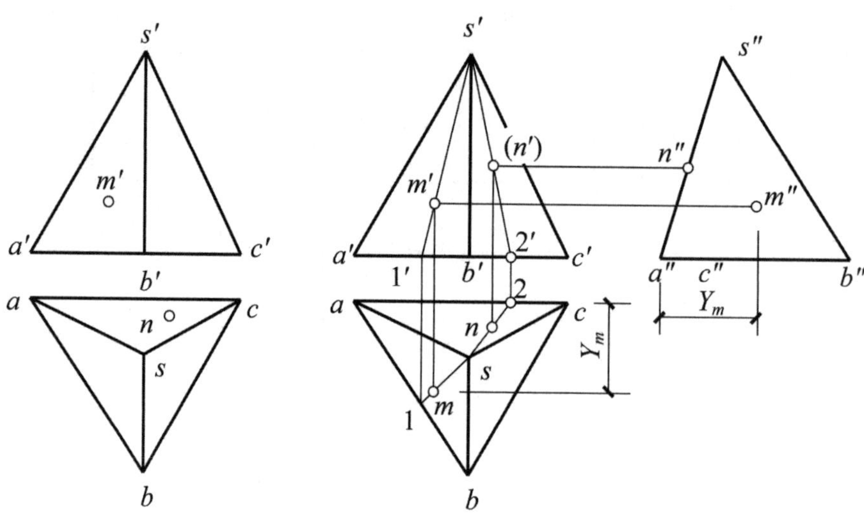

(a)已知　　(b)作图

图 3.31　棱锥表面上的点

投影分析：从 V 面投影看 M 点应在三棱锥的左前面 SAB 上，从 H 面投影上看 N 点应在三棱锥的后面 SAC 上。由于三棱锥的三个棱面均处于一般位置，没有积聚性可利用，所以要利用平面内取点的方法（辅助线法）。

作图：如图 3.31（b）所示，过 M 点作辅助线 SM，即连 $s'm'$ 并延长交于底边得 $s'1'$，向 H 面上投影得 s_1，由 m' 向下作竖直线交于 s_1 上得 m，利用宽度 y_m 相等，确定 m''，因为 SAB 棱面在三投影中都可见，所以 M 点的三面投影也可见。

按同样的作图方法可得 n' 和 n''。连 s_2，求出 $s'2'$，过 n 作竖直线交 $s'2'$ 得 n'，根据投影规律求得 n''。因为 SAC 棱面处于三棱锥的后面，故 n' 不可见，n'' 则积聚在 $s''a''c''$ 上。如图 3.31（b）所示。

讨论：这里的辅助线并不一定都要过锥顶，我们还可以作底边的平行线、棱面上过已知点的任意斜线。读者可以自己尝试。

3. 平面体的尺寸标注

确定基本形体大小所需的尺寸，称为定形尺寸，一般标注形体的长、宽、高，如图 3.32 所示为常见的几种平面形体尺寸标注法，但由于正六边形和等边三角形的几何关系，图中宽度 b 与长度 a 相关，常作为参考尺寸标出，用括号加以区别；此外，若棱锥锥顶偏移、还须加注定位尺寸，请读者留意。

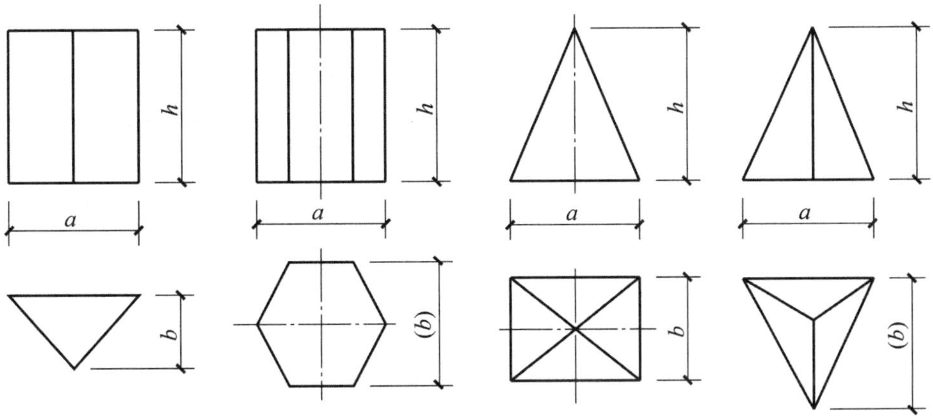

图 3.32　平面体的尺寸标注

3.5.2 曲面体的投影

所谓曲面体，是指由曲面或曲面与平面所围成的形体。常见的曲面体是圆柱体、圆锥体、球体等。曲面是直线或曲线按一定规律运动形成的轨迹。运动的线称为母线，母线的任一位置称为素线。

1. 圆柱体

（1）圆柱体的投影

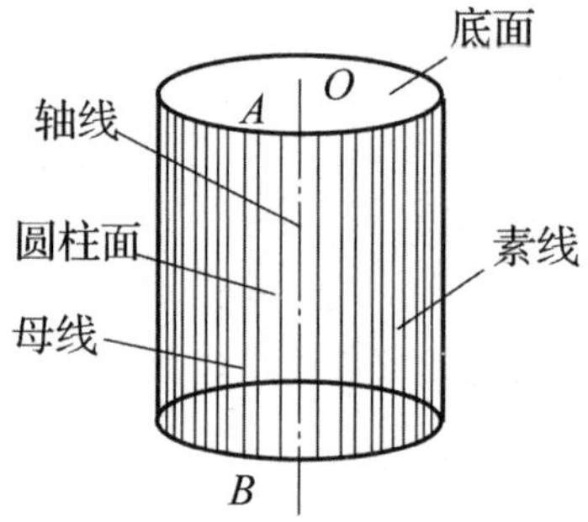

(a)直观图

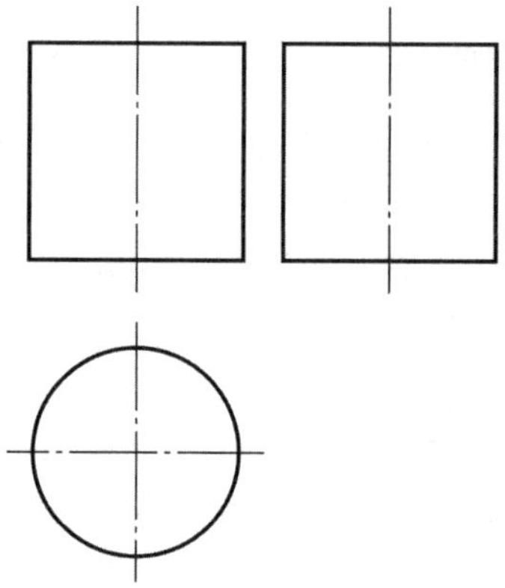
(b)三面投影图

图 3.33 圆柱体的投影

圆柱体是直母线 AB 绕轴线旋转形成的圆柱面与两圆平面为上下底所围成的立体。如图 3.33（a）所示。

H 面投影：为一圆周，反映圆柱体上、下两底面圆的实形，圆柱体的侧表面积聚在整个圆周上。

V 面投影：为一矩形，由上、下底面圆的积聚投影及最左、最右两条素线组成。这两条素线是圆柱体对 V 面投影的转向轮廓线，它把圆柱体分为前半圆柱体和后半圆柱体，前半圆柱体可见，后半圆柱体不可见，因此它们也是正面投影可见与不可见的分界线。

W 面投影：亦为一矩形，是由上、下两底面圆的积聚投影及最前、最后两条素线组成。这两条素线是圆柱体对 W 面投影的转向轮廓线，它把圆柱体分为左半圆柱体和右半圆柱体，左半圆柱体可见，右半圆柱体不可见，因此它们也是侧面投影可见与不可见的分界线，如图 3.33（b）所示。

由于圆柱体的侧表面是光滑的曲面，实际上不存在最左、最右、最前、最后这样的轮廓素线，它们仅仅是因投影而产生的。因此，投影轮廓素线只在相应的投影中存在，在其他投影中则不存在。

（2）圆柱体表面上的点

由于圆柱侧表面在轴线所垂直的投影面上投影积聚为圆，故可利用积聚性来作图。

【例3.8】如图3.34（a）所示，已知圆柱表面上的点K、M、N的一个投影，求其他两个投影。

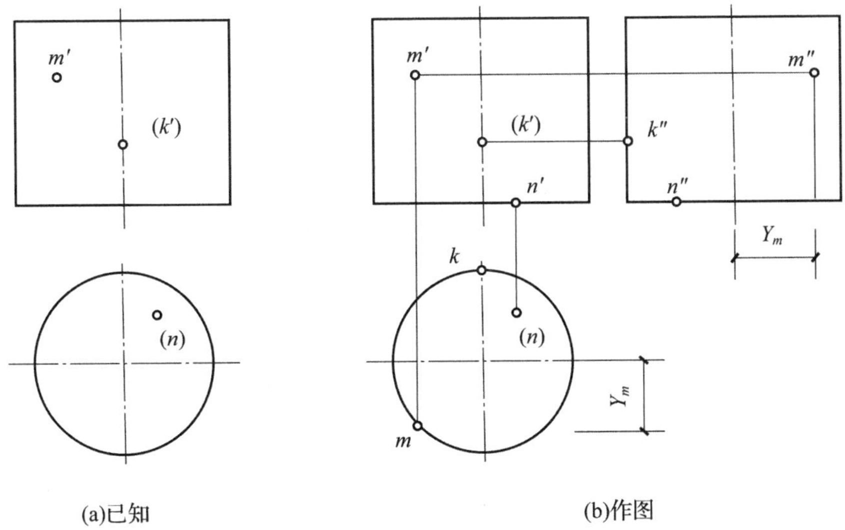

图3.34　圆柱体表面上的点

投影分析与作图：

①特殊点。从V面投影看，K'在正中间且不可见，则K点应在圆柱最后的素线上（转向轮廓线上），其他两个投影也应该在这条素线上。像这样转向轮廓线上的点可直接求得，如图3.34（b）所示。

②一般点。从V面投影看，m'可见，M点在左前半圆柱上，由于整个圆柱面水平投影积聚在圆周上，所以m也应该在圆周上，“长对正”可直接求得。m''则通过“宽相等、高平齐”求得。

从H面投影看，N点应在圆柱的下底面上，其他两个投影也应该在相应的投影上，利用“长对正、宽相等”可以求出n'、n''。

2. 圆锥体

（1）圆锥体的投影

圆锥体是直母线SA绕过S点的轴线旋转形成的圆锥面与圆平面为底所围成的立体，如图3.35（a）所示。

图3.35（b）为正置圆锥体的三面投影图。

H面投影：为一圆周，反映圆锥体下底面圆的实形。锥表面为光滑的曲面，其投影与底面圆重影且覆盖在其上。

V面投影：为一等腰三角形。三角形的底边为圆锥体底面圆的积聚投影，两腰为圆锥体最左、最右两轮廓素线的投影。它是圆锥体前、后两部分的分界线。其另两面投影不予画出。

W 面投影：亦为一等腰三角形。其底边为圆锥体底面圆的积聚投影，两腰为圆锥体最前、最后两轮廓素线的投影。它是圆锥体左、右两部分的分界线。其另两面投影也不予画出。

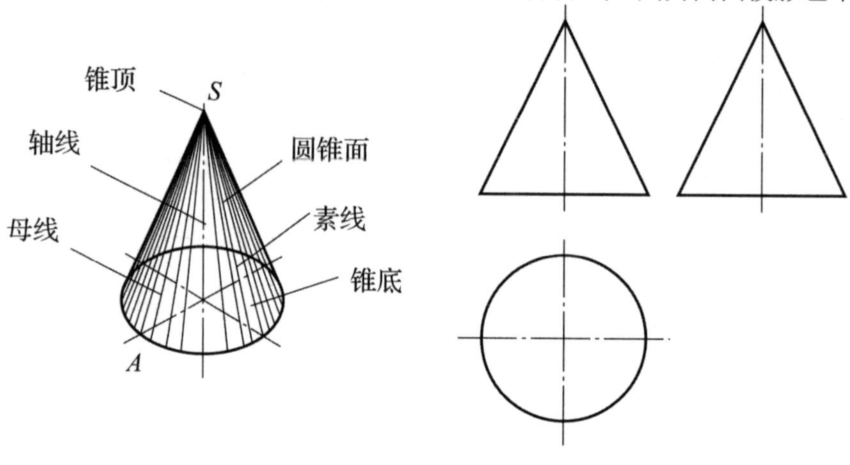

(a)直观图　　(b)投影图

图 3.35　圆锥体

（2）圆锥体表面上的点

由于圆锥体表面投影均不积聚，所以求圆锥体表面上的点就要作辅助线。点属于曲面，也应该属于曲面上的一条线。曲面上最简单的线是素线和圆。下面分别介绍素线法和纬圆法。

【例 3.9】如图 3.36（a）所示，已知圆锥表面上的点 *K*、*M*、*N* 的一个投影，求其他两个投影。

投影分析与作图：

①特殊点。从 *V* 面投影看，*k'* 在转向轮廓线上，即 *K* 点在圆锥最右的素线上，其他两个投影也应该在这条素线上。*k*、*k"* 可直接求得。注意：不可见，如图 3.36（c）所示。

②一般点。

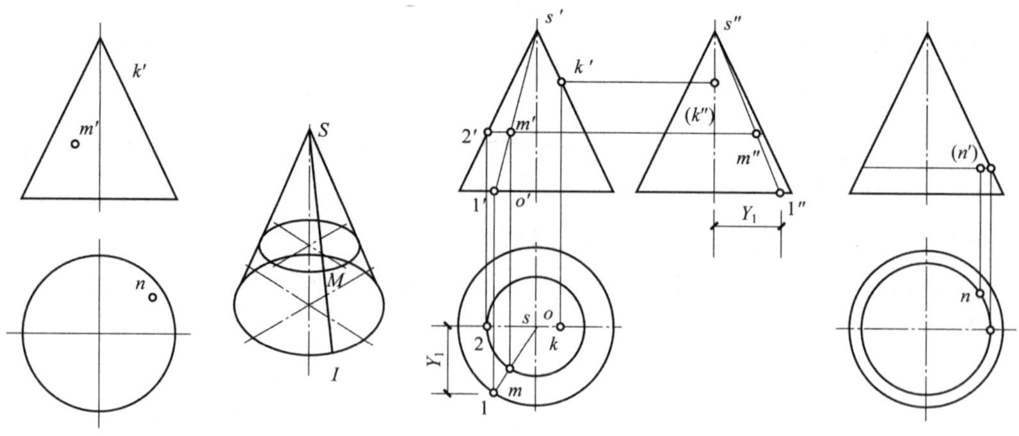

(a)已知　　(b)立体图　　(c)素线法定点　　(d)纬线圆法定点

图 3.36　圆锥表面上的点

素线法：从图3.36（a）V面投影看，m'可见，M点在左前半圆锥面上。在V面投影上连$s'm'$延长与底面水平线交于$1'$，$s'1'$即素线SⅠ的V面投影，如图3.36（c）所示；过$1'$作铅垂线与H面上圆周交于前后两点，因m'可见，故取前面一点，s_1即为素线SL的H面投影；再过m'引铅垂线与s_1交于m，即为所求M点的H面投影；根据点的投影规律求出$s''1''$，过m'作水平线与$s''1''$交于m''。作图过程如图3.36（c）所示。

纬圆法：母线绕轴线旋转时，母线上任意点的轨迹是一个圆，称为纬圆，且该圆所在的平面垂直于轴线，如图3.36（b）中M点的轨迹。

过m'作水平线与轮廓线交于$2'$，$o'2'$即为辅助线纬圆的半径实长，在H面上以$s(o)$为中心，$o'2'$为半径作圆周即得纬圆的H面投影，此纬圆与过m'的铅垂线相交得m点。这一交点应与素线法交于同一点。

从图3.36（a）的H面投影看，N点位于右后锥面上，用纬线圆法求解，其作图过程与图3.36（c）相反，即先过n作纬圆的H面投影，再求纬圆的V投影而求得n'点，作图如图3.36（d）所示。

3．球体

（1）球体的投影

球体是半圆（EAF）母线以直径EF为轴线旋转而成的球面体，如图3.37（a）所示。

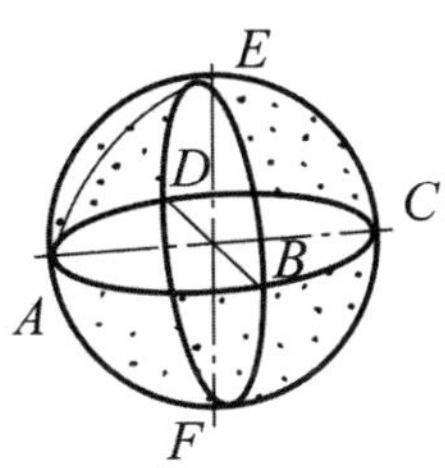

(a)直观图

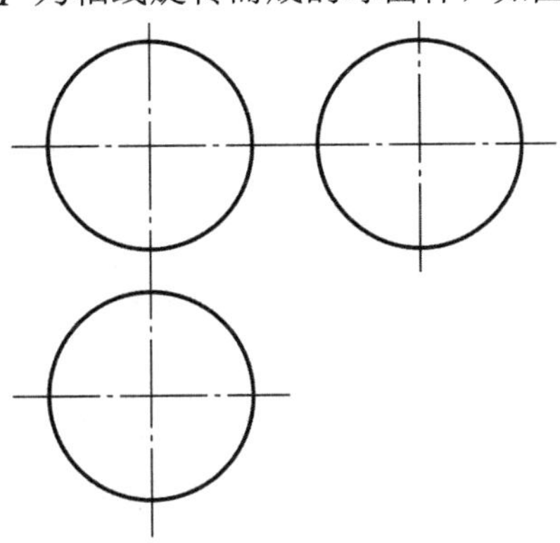

(b)三面投影

图3.37　球体

如图3.37（b）所示，球的三面投影均为圆，并且大小相等，其直径等于球的直径。所不同的是，H面投影为上、下半球之分界线，在圆球上半球面上的所有的点和线的H面投影均可见，而在下半球面上的点和线其投影不可见；V面投影为前、后半球之分界线，在圆球前半球面上所有的点和线的投影为可见，而在后半球面上的点和线则不可见；W面投影则为左、右半球之分界线，在圆球左半球面上所有的点和线其投影为可见，而在右半球上的点和线则不可见。这三个圆都是转向轮廓线，其另两面投影落在相应的对称点画线上，不予画出。

（2）球体表面上的点

点属于球体，也必须属于球体表面上的一条线，而球体表面只有圆。理论上可用球体表面上的任意纬圆作辅助线，但方法上所用纬圆要简单易画，所以只能用投影面平行圆。

【例 3.10】如图 3.38（a）所示，已知球体表面上的点 K、M 的一个投影，求其他两个投影。投影分析与作图：

①特殊点。从 H 面投影看，k 在前半圆球面上，在水平投影转向轮廓线上，则其他两个投影也应该在这条轮廓线上。k'、k'' 可直接求得，注意：k'' 不可见，如图 3.38（b）所示。

②一般点。从图 3.38（a）的 V 面投影看，M 点应在左后上部圆球面上，先用水平圆来作图。在图 3.38（b）中过（m'）作水平线与 V 面圆交与 1′，根据 1′求出纬圆 OL 的 H 面投影 OL，过（m'）作铅垂线与圆 o1 交于两点，因（m'）不可见，取后半圆上一点 m，然后根据（m'）、m 求得 m''。

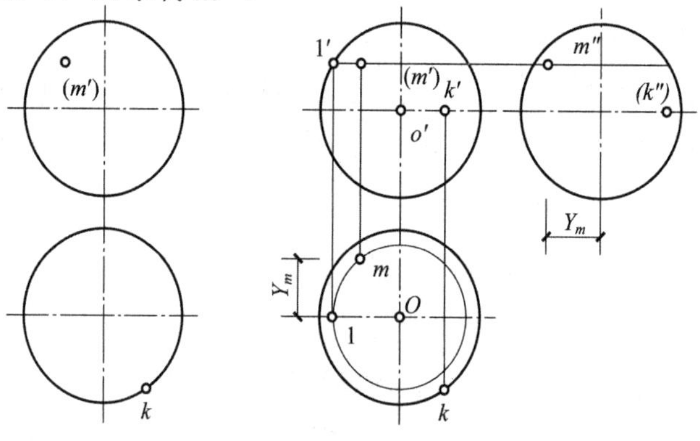

(a)已知　　(b)作图

图 3.38　圆球表面上的点

讨论：按同样的方法，在（m'）处还可以用正平圆作辅助圆、用侧平圆作辅助圆，得到的答案都是一致的，读者可以自己尝试。

4. 曲面体的尺寸标注

图 3.39 为常见曲面体的定型尺寸标注法。由于回转体的长宽相同只需标注 ϕ ×× 和高度 H 即可，而圆球体则只标注一个球体直径 $S\phi$ ××。从图中可以看出，若将直径 $S\phi$ ×× 都标注在 V 面投影上（括号处），可以取消水平投影。

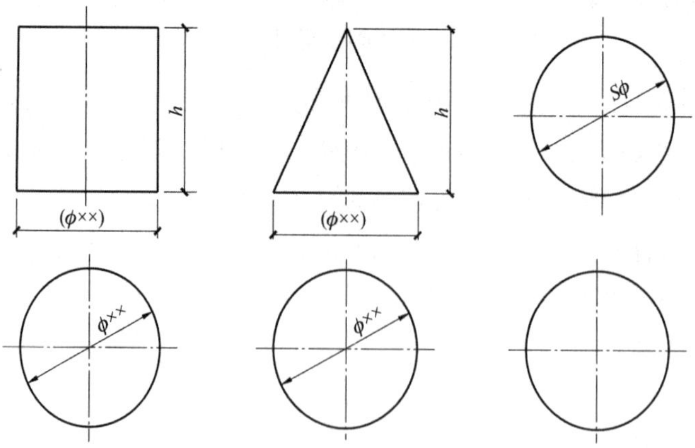

图 3.39　曲面体的尺寸标注

【技术点睛】

基本体包括平面体和曲面体。平面体有棱柱、棱台、棱锥，曲面体有圆柱、圆锥、圆台及球体。每种形体的侧表面的投影是不相同的，可以通过形体的投影识读形体，如侧表面为矩形的可以判断为柱体，侧表面为三角形的可以判断为锥体，侧表面为梯形的可以初步判断为台体等。形体表面的点，在投影图中要注意可见性。

3.6 组合体投影图的绘制与识读

3.6.1 组合体投影的画法

1. 组合体的组合方式

任何复杂的建筑构件，从形体角度来看，都可以看成是由一些基本几何体组合而成，这种由两个或两个以上基本体按一定的方式组合而成的立体，称为组合体。根据基本形体组合方式的不同，通常可将组合体分为叠加型、切割型和混合型三种。

（1）叠加型组合体

组合体的主要部分由若干个基本形体叠加而成，则该组合体被称为叠加型组合体，如图 3.40（a）所示。

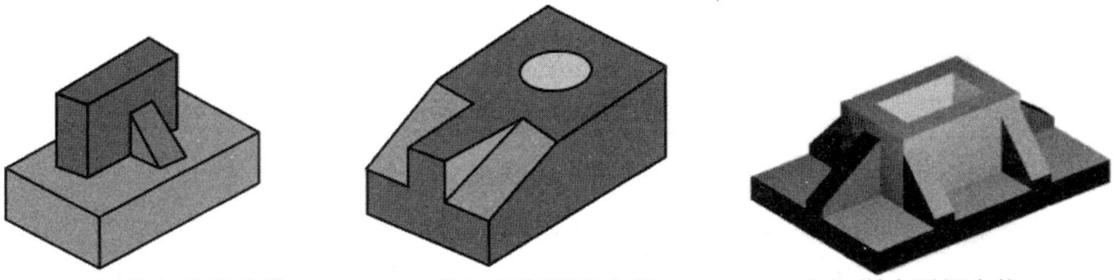

(a) 叠加性组合体　(b) 切割型组合体　(c) 混合型组合体

图 3.40　组合体的组合方式

（2）切割型组合体

从一个基本形体上切割去若干基本形体而形成的组合体被称为切割型组合体，如图 3.40（b）所示。

（3）混合型组合体

混合型组合体是既有叠加又有切割的组合体，如图 3.40（c）所示。

2. 组合体投影图的画法

组成组合体的基本形体，其表面结合成不同的情况，分析它们的连接关系，才能避免绘图中出现漏线或多画线的问题。

组合体表面交接处的连接关系，可分为平齐、不平齐、相切和相交四种。

（1）形体分析

通常把一个较复杂的形体假想分解为若干较简单的组成部分或多个基本形体（棱柱、棱锥、圆柱、圆锥、圆球等），然后逐一弄清它们的形状、相对位置及其衔接方式，以便能顺利地进行绘制和阅读组合体的投影图，这种化繁为简、化大为小、化难为易的思考和分析方法称为形体分析法。

形体分析的内容：

①平面体相邻组成部分间的表面衔接与投影图的关系。对齐共面衔接处无线。

②曲面体相邻组成部分间的表面衔接与投影图的关系。两表面相切时，以切线位置分界光滑过渡不能画线。

应注意的问题：形体分析法是假想把形体分解为若干基本几何体或简单形体，只是化繁为简的一种思考和分析问题的方法，实际上形体并非被分解，故需注意整体组合时的表面交线。

（2）投影选择

①选择安放位置。通常指将形体的哪一个表面放在 H 面上，或者说确定形体的上下。

②选择正面投影方向。尽量反映各个组成部分的形状特征及其相对位置；尽量减少图中的虚线；尽量合理利用图幅。

（3）选择投影图数量

基本原则是用最少的投影图把形体表达得清楚、完整。即清楚、完整地图示整体和组成部分的形状及其相对位置的前提下，投影图的数量越少越好。

（4）画组合体投影图的一般步骤

①形体分析。

②投影选择。选择安放位置；选择正面投影方向；选择投影图的数量。

③先选比例、后定图幅或先定图幅、后选比例。

④画底稿线（布图、画基准线、逐个画出各基本形体投影图）。

⑤检查整理底稿、加深图线。

【例 3.11】画图 3.41 所示组合体的投影图。

解：绘图步骤如下，画基准线、底板→画中间棱柱→画肋板→画楔形杯口→整理加深图线→完成柱基础投影图。图 3.41 对应的组合体投影图如图 3.42 所示。

图 3.41　组合体立体图

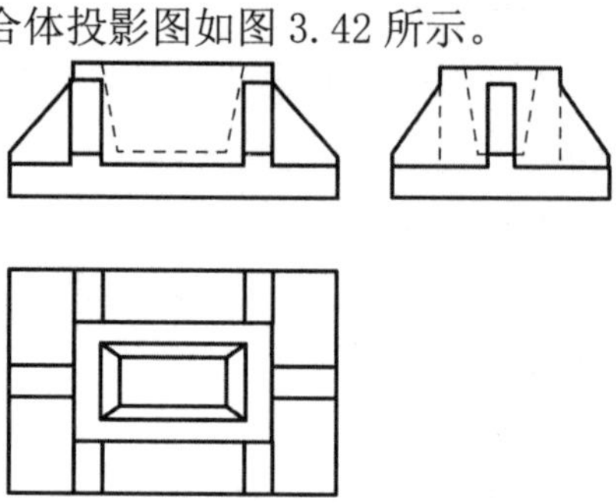

图 3.42　组合体的画法

3. 组合体的尺寸标注

（1）定形尺寸。表示构成建筑形体的各基本形体的大小尺寸称为定形尺寸。这类尺寸确定了各基本形体的形状。如图 3.43 所示。

（2）定位尺寸。确定各基本形体在建筑形体中的相对位置的尺寸称为定位尺寸。标注定位尺寸时，要选好一个或几个标注尺寸的起点，长度方向常选形体左、右侧面为起点；宽度方向常选前、后侧面为起点；高度方向常选上、下面为起点。形体为对称图形时，常选对称中心线为长度和宽度方向的起点。这些用作标准尺寸的起始的点、线、面称为尺寸基准。如图 3.43 所示。

（3）总体尺寸。表示建筑形体的总长、总宽和总高的尺寸称为总体尺寸。

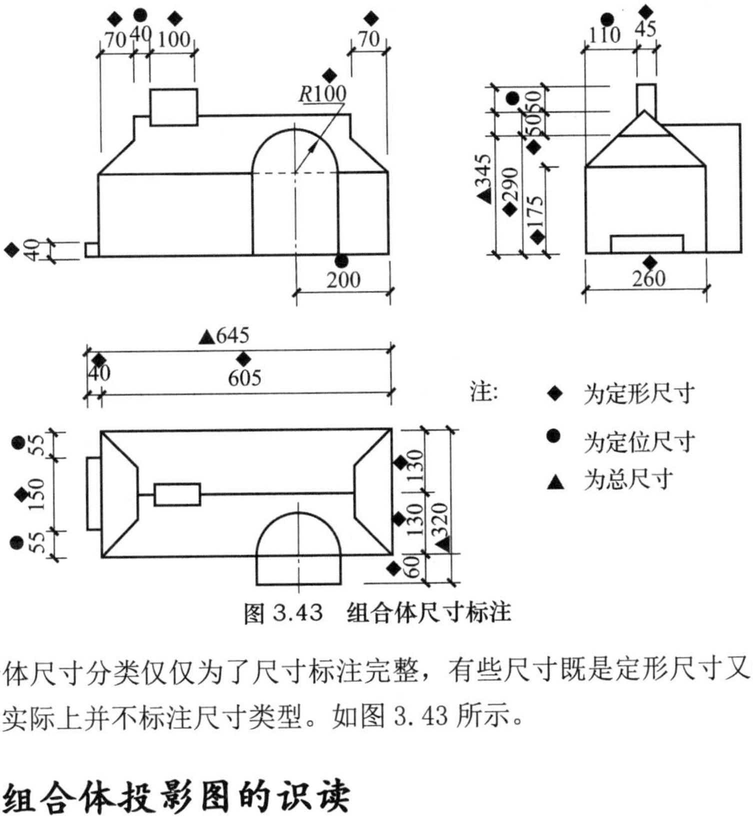

图 3.43 组合体尺寸标注

注意组合体尺寸分类仅仅为了尺寸标注完整，有些尺寸既是定形尺寸又是定位尺寸或总尺寸，所以实际上并不标注尺寸类型。如图 3.43 所示。

3.6.2 组合体投影图的识读

组合体的读图，就是根据图纸上的投影图和所注尺寸，想象出形体的空间形状、大小、组合形式和构造特点。也可以说读图就是从平面图形到空间形体的想象过程。读图是工程技术人员必须掌握的知识。

一般情况下，一个投影不能反映形体的形状，常用三个甚至更多的投影来表示，因此读图时，不能孤立地看一个投影，一定要抓住重点投影，常以正立面图为主要投影图，同时将几个投影联系起来看。这样才能正确地确定形体的形状和结构。

1. 形体分析法

运用各种基本体的投影特性及其三面投影关系——数量关系和方位关系，尤其是“长对正、高平齐、宽相等”的对应关系。对组合体的投影图进行形体分析，如同组合体画图一样，把组合体分解成若干简单形体，并想象其形状、投影面的相对位置，再按各组成部分之间的相对位置，像搭积木一样将其拼装成整体。

形体分析法读图步骤如下：

①将形体划分成若干部分，根据投影特性分析出各个部分的形状。

②根据投影确定各组成部分在整个形体中的相对位置。

③综合以上分析，想象出整个形体的形状与结构。

【例 3.12】根据组合体投影图想象其空间形状，如图 3.44 所示。

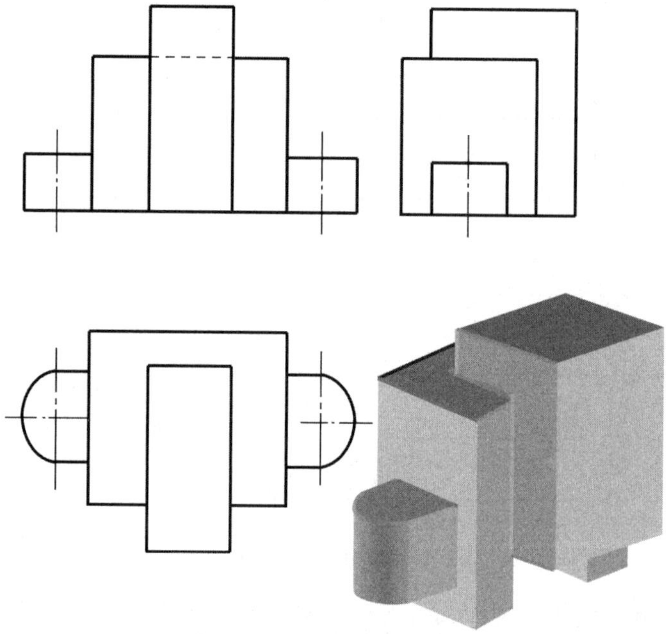

图 3.44　形体分析法读图

2. 线面分析法

这种方法是以线和面的投影特点为基础，对投影图中的每条线和由线围成的各个线框进行分析，根据它们的投影特点，明确它们的空间形状和位置，综合想象出整个形体的形状。

【例 3.13】根据组合体投影图想象其空间形状。如图 3.45 所示。

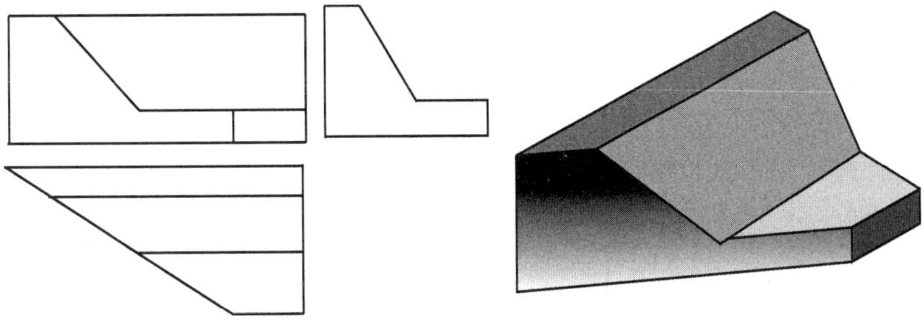

图 3.45 线面分析法识图

3. 读图的一般步骤

一般以形体分析法为主，线面分析法为辅。对于叠加式组合体较多采用形体分析法，对切割式组合体较多采用线面分析法。通常先用形体分析法获得组合体粗略的大体形象后，对于图中个别较复杂的局部，再辅以线面分析法进行较详细的分析，有时还可以利用标注的尺寸帮助分析。

① 浏览投影图，概略了解。分析有无曲线，判断是平面体或曲面体，是否对称等。

② 形体分析。

③ 线面分析。

④ 综合想象形体，仔细对照印证。

3.6.3 组合体投影图的补图

由组合体的两个投影图补画第三个投影图，简称“二补三”，是读图训练的重要手段。

1. 思路

首先要正确读懂投影图，再根据所想象的空间形体补画出第三投影图，最后检查所补投影图与已知投影图是否符合投影关系。

2. 手段

读图初期或疑难部分最好徒手勾画相应轴测图。有一定基础后，可边想边画。最后一定要将所补投影图与已知投影图对照印证。

3. 一般步骤

浏览投影图，概略了解；形体分析；线面分析；对照检查，加深图线。

所补画的投影图和已知的投影图以及想象出的空间形体进行对照，检查是否符合投影关系。常用线面分析法来印证。

【例 3.14】已知组合体 V、H 投影图，补画其 W 投影图。如图 3.46 所示。

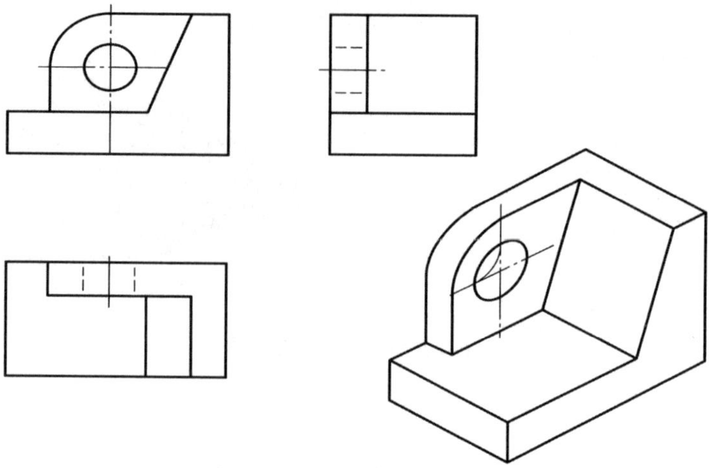

图 3.46 组合体投影图补图

3.6.4 切割体

1. 立体的截交线

基本形体被截切后称为截切体，截割形体的平面，称为截平面。截平面与形体的交线称为截交线，它是截平面与形体的共有线。截交线所围成的平面图形称为截面，求作截切体的投影，实际上就是求作截交线的投影。

（1）平面体的截切

平面体的截交线为一封闭多边形，其顶点是棱线与截平面的交点，而各边是棱面与截平面的交线，可由求出各顶点连接而成。

【例 3. 15】图 3. 47（a）为切口正六棱柱，被相交两平面截切，完成其三面投影。

分析：切口形体作图一般按“还原切割法”进行，先按基本形体补画出完整的第三投影，再利用截平面的积聚性，在截平面积聚的投影面上直接找到截平面与棱线的交点，再找这些交点的其他投影。

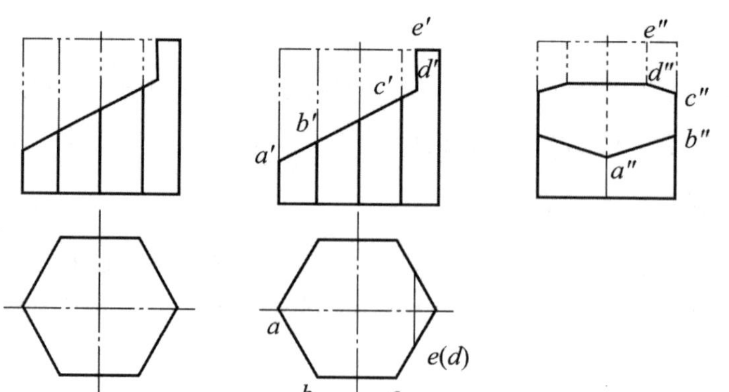

(a)已知　　(b)作图

图 3.47 切口六棱柱

作图如图3.47（b）所示，先补画出完整六棱柱的*W*面投影，再利用正面投影上截平面(一为正垂面，一为侧平面)的积聚性直接求得截平面与棱线的交点a′，b′，c′，d′，e′（只标出可见点），对应得其水平投影a～e和侧面投影a″～e″。由于六棱柱的水平投影有积聚性，实际上只增加侧平面的截面积聚后的一条直线，其左边为斜截面所得七边形的类似形投影，右边是六棱柱顶面截切后余下的三角形实形投影。在*W*面投影上，斜截面所得七边形仍为类似形，侧平截面所得矩形反映实形，其分界线就是两截平面的交线，此外，在连线时应注意棱线（轮廓线）的增减和可见性变化。

（2）曲面体的截切

曲面体被平面所截而在曲面体表面所形成的交线即为曲面体的截交线。它是曲面体与截平面的共有线，而曲面体的各侧面是由曲面或曲面加平面所组成，因此，曲面体的截交线一般情况下为一条封闭的平面曲线或平面曲线加直线段所组成。特殊情况下也可能成为平面折线。

圆柱体被平面截切，由于截平面与圆柱轴线的相对位置不同，其截交线（或截断面）有三种情况，见表3.5。

表3.5 圆柱体的截切

截平面位置	倾斜于圆柱轴线	垂直于圆柱轴线	平行于圆柱轴线
截交线形状	椭圆	圆	两条素线
立体图	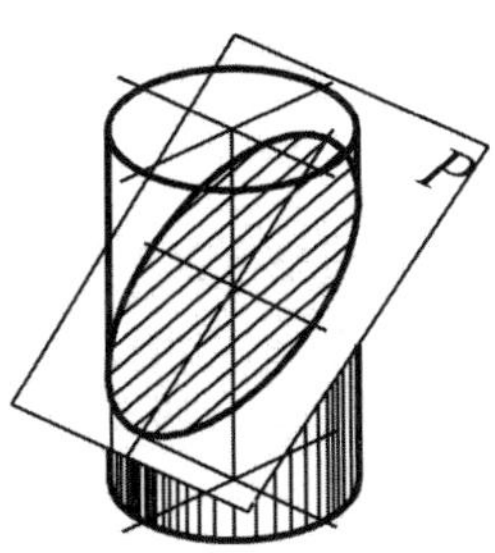	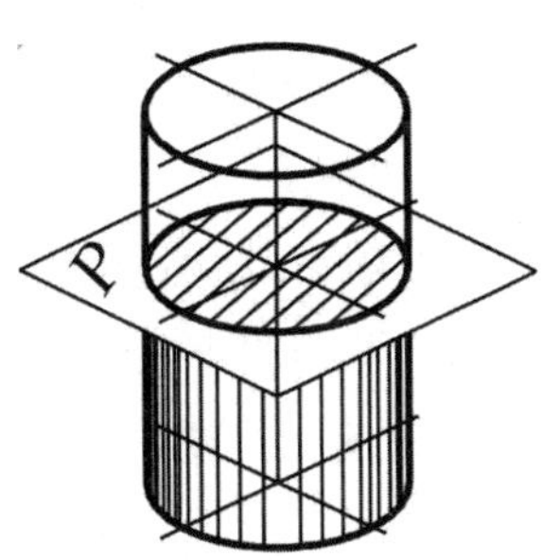	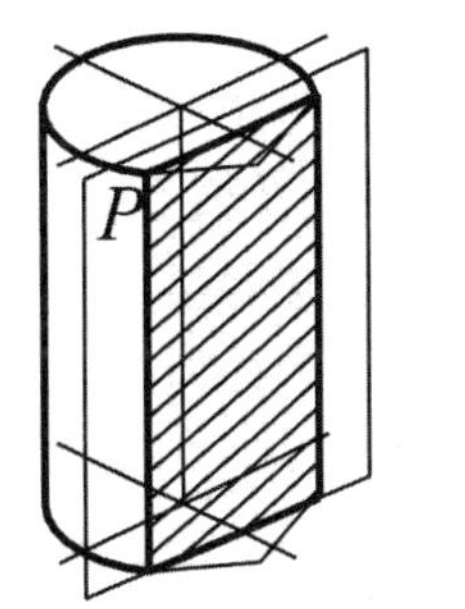
投影图	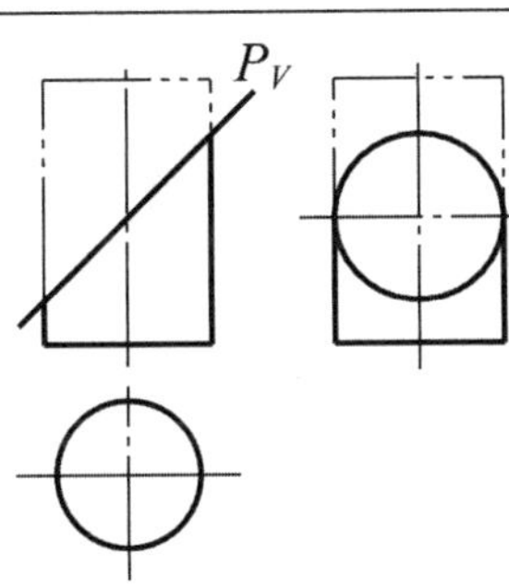	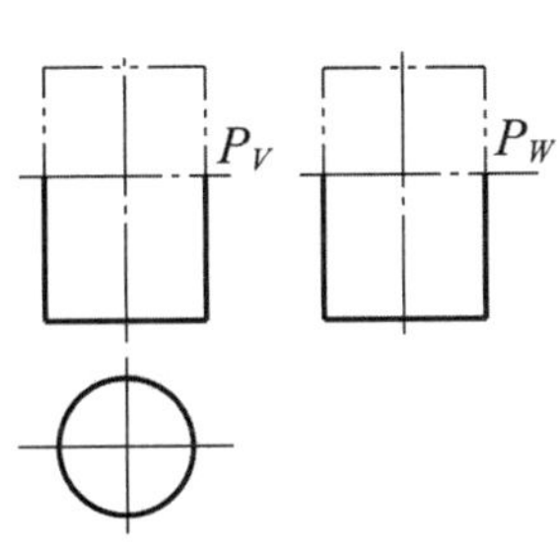	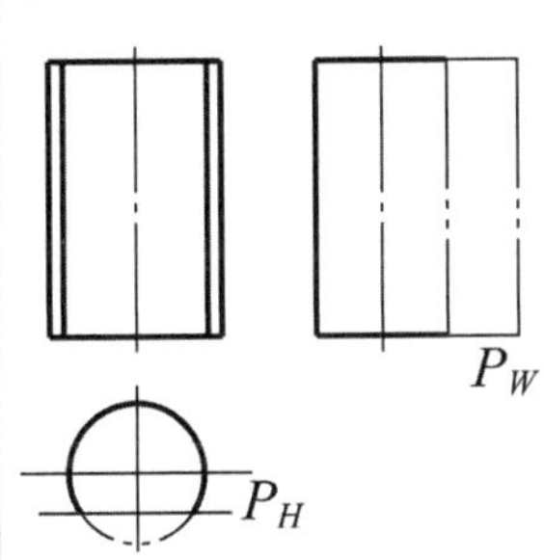

2. 立体的相贯线

两个以上基本形体相交称为相贯形体，其表面产生的交线称为相贯线，它是形体表面的共有线，一般为封闭的空间线段。

由于形体的类型和相对位置不同，有两平面立体相贯、平面立体与曲面立体相贯、两曲面立体相贯；两外表面相交、两内表面相交和内外表面相交；全贯和互贯等形式。本节只介绍一些常见的相贯实例。

（1）两平面立体相贯

图 3.48 为两种平面立体相贯的直观图，图 3.48（a）为两个三棱柱全贯，形成两条封闭的空间折线；图 3.48（b）为一四棱柱与一三棱柱互贯，形成一条封闭的空间折线。

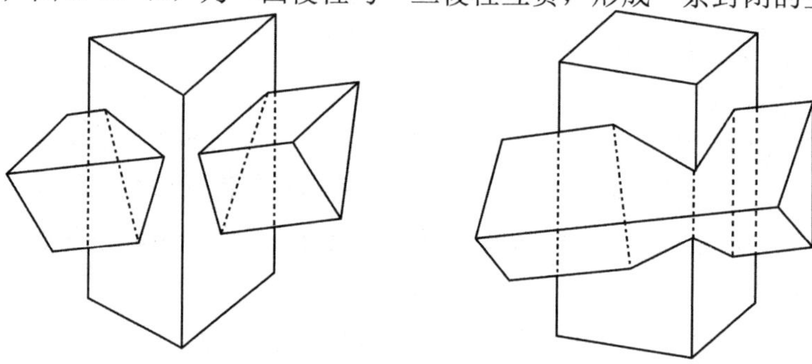

(a)两三棱柱全贯　　(b)四棱柱与三棱柱互贯

图 3.48　两平面立体相贯

观察图 3.48（a）、图 3.48（b），求两平面立体的相贯线，实质上是求棱线与棱线、棱线与棱面的交点（空间封闭折线的各顶点）、求两棱面的交线（各折线段），而各顶点依次连接就是各折线段，可得出求两平面立体相贯线的作图步骤如下：

1）形体分析，先看懂投影图的对应关系，相贯形体的类型，相对位置、投影特征，尽可能判断相贯线的空间状态和范围；

2）求各顶点，其做法因题型而异，常利用积聚性或辅助线求得；

3）顺连各顶点的同面投影，并判明可见性，特别注意连点顺序和棱线、棱面的变化。

【例 3.16】求四棱柱与五棱柱的相贯线，补全三面投影。如图 3.49（a）所示。

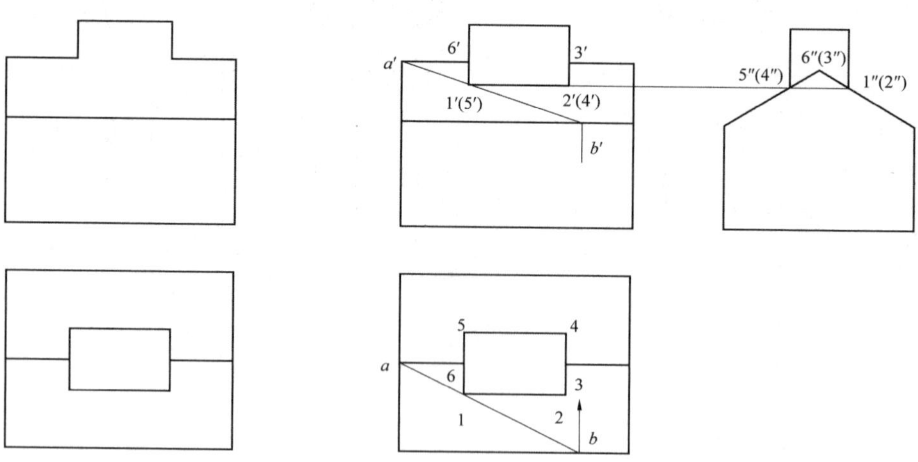

(a)已知　　(b)作图

图 3.49　四棱柱与五棱柱相贯

（2）平面立体与曲面立体相贯

图 3.50 显示两种相贯体的直观图，图 3.50（a）为三棱柱与半圆柱全贯；图 3.50（b）为四棱柱与圆锥全贯，都形成一条空间封闭的曲折线。

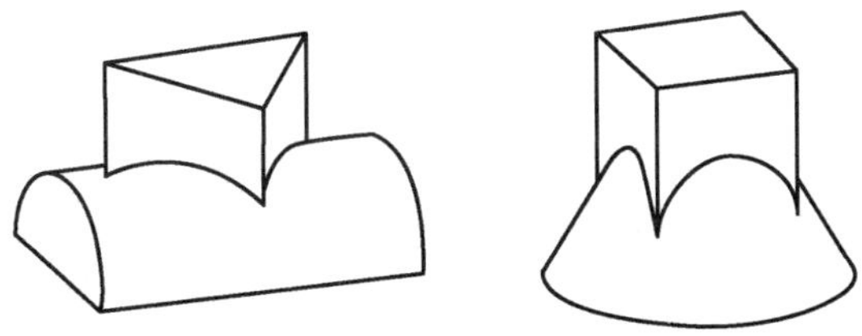

(a)三棱柱与半圆柱全贯　　(b)四棱柱与圆锥全贯

图 3.50　平面立体与曲面立体相贯

观察图 3.50（a）、图 3.50（b），可以看出求这类相贯线的实质是求相关棱线与曲面的交点（曲折线的转折分界点）和相关棱面的交线段（可视为截交线），因此求此类相贯线的步骤是：

1）形体分析（同前）。

2）求各转折点，常利用积聚性或辅助线法求得。

3）求各段曲线，先求出全部特殊点（如曲线的顶点、转向点），再求出若干中间点。

4）顺连各段曲线，并判明可见性。

【例 3.17】求四棱柱与圆柱的相贯线，如图 3.51（a）所示。

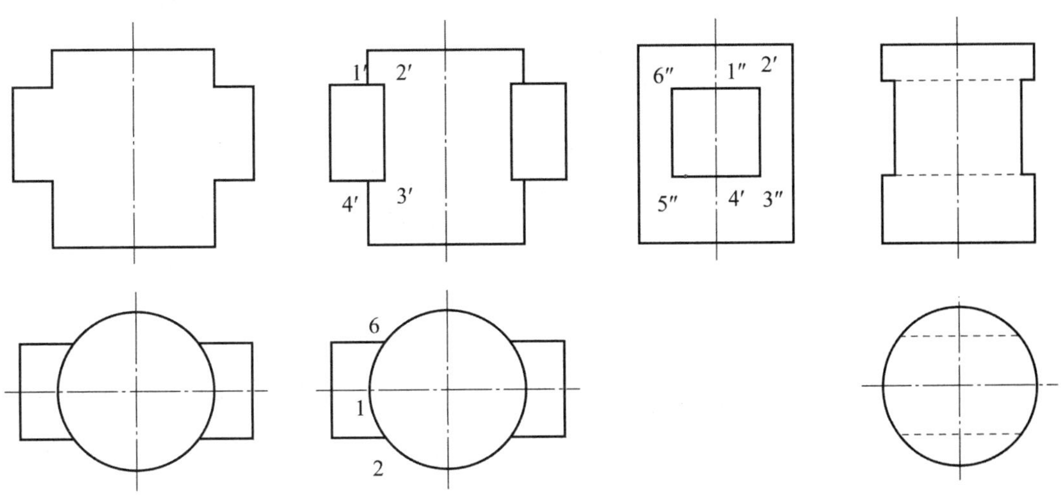

(a)已知　　(b)作图　　(c)穿孔

图 3.51　四棱柱与圆柱的相贯

（3）同坡屋面

1）坡屋面的类型

坡屋面是屋顶的一种类型，利于排水，当屋面与地面（H 面）倾角 α 相同时，称为同坡屋面。常见型式的水平投影如图 3.52 所示。

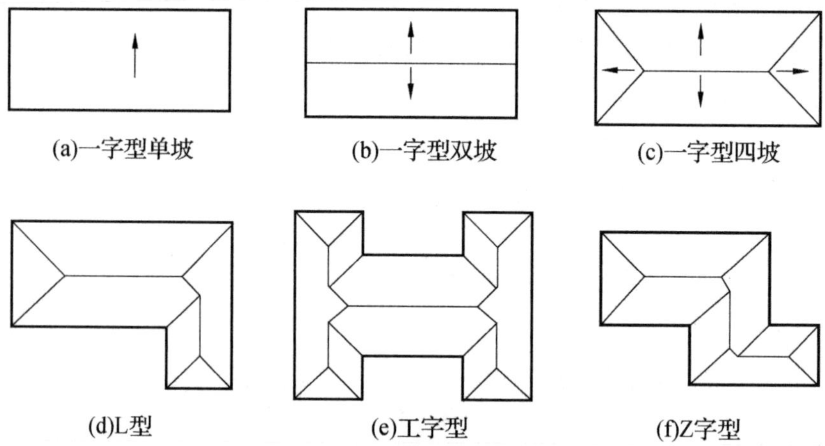

图 3.52　同坡屋面的常见形式

2）同坡屋面的组成和特点

如图 3.53 所示，同坡屋面一般由屋檐、屋脊、斜脊、天沟（斜沟）和坡屋面组成，当屋檐等高时，为使人字形屋架跨度和高度最小，省工省料，屋脊应平行于长屋檐，且等距；由凸墙角形成斜脊，由凹墙角形成斜沟，都是墙角的分角线（45°）；屋面基本形状为等腰三角形，等腰梯形和平行四边形。

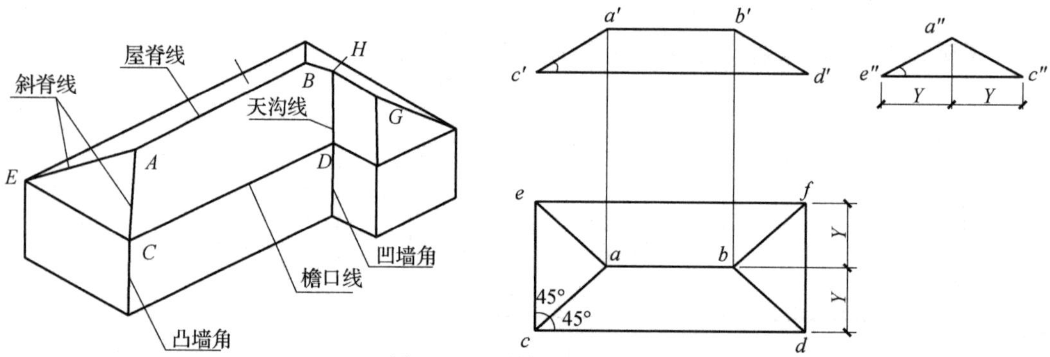

图 3.53　同坡屋面

3）同坡屋面的作图

对于形状较复杂的同坡屋面（如 Z 字形）作其三面投影图时，一般先确定平面型式（H 面投影)，运用“脊线定位、依次封闭”法作出屋面交线，再对应作出 V 面、W 面投影。

【例 3.18】图 3.54（a）为设定的平面型式，并知墙檐高 h =10，屋面坡度 α =30°，作其三面投影如图 3.54（c）所示。

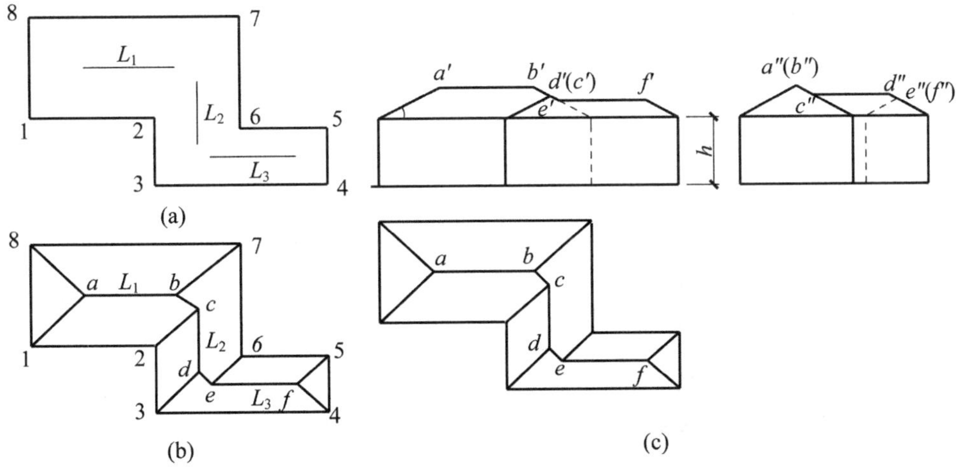

图 3.54　坡屋顶形体的三面投影

首先在平面型式上确定屋脊线 L_1、L_2 和 L_3，依次标记墙角编号 1 ～ 8，如图 3.54（a）所示，再从一端墙角（如 1、8）开始依次作 45° 分角线，其中先交于 L，由 4、5 作 45° 分角线必交于脊点 f，如图 3.54（b）所示。

根据图 3.54（b）对应作出 V 面、W 面投影墙体（高 h）和屋檐，最后各墙角与檐口交点作坡屋面（α =30°）并对应作出脊点脊线 $\alpha'b'$，$d'(c')$，$e'f'$ 和 $\alpha''(b'')$；$c''d''$；$e''(f'')$，即完成作图，如图 3.54（c）所示。

【技术点睛】

组合体识读是本项目的学习难点，需要大家储备投影的知识及基本体的投影特点。在识读过程中要运用形体分析法、线面分析法等方法，根据形体的空间相互关系，注意形体的交线，综合识读组合体。

【基础同步】

一、填空题

1. 投影法分______和平行投影法，其中平行投影法又分为________和__________。

2. 正投影的投射线相互__________，且____________于投影面。

3. 工程中常用的投影图有__________、__________、__________和__________四种。

4. 在三面正投影图中能反映形体宽度的投影面是____________，能反映上下、左右位置关系的投影图是______________。

5. 三面正投影图具有的三等关系是______________________。

6. 点的正投影仍然是______________，而且在该点垂直于__________________的投射线的垂足处。

7. 点 A 在 V 面上的投影用______________表示，直线 BC 在 H 面上的投影用表示，平面M在W面上的投影用______________表示。

8. 与两个投影面平行，且与第三个投影面垂直的直线称为__________；与两个投影面倾斜，且与第三个投影面垂直的平面称为______________。

9. 如果平面的三个投影面均为__________，则该平面为________或________________。

10. 基本几何体称为基本形体，基本形体可以分为____________和____________两种。

11. 圆柱体是由圆柱面和平面所围成的形体。圆柱面是直线按一定规律运动形成的轨迹，_______________________的线叫母线，母线的任一位置称为_______________。

12. 圆锥体表面上的一般位置点的投影用____________或____________求得，球体表面上的一般位置点的投影只能用___________________求得。

13. 组合体的组合类型有_______________、_______________和_________________三种。

14. 识读组合体投影图的基本方法有________________和_________________________。

15. 被平面截割后的形体称为________________。截割形体的平面称为_______________。截平面与形体表面的交线称为_______________________。

16. 同坡屋面的正投影图中，空间互相平行的屋面其投影必定__________________。

17. 圆柱被平面截切后的截交线形状有______________________、___________________和三种。

18. 当截平面与圆锥轴线倾斜时，其截交线一般为________________。

19. 两立体相交称为_______________，这样的立体称为________________，它们表面的交线称为__________________________。

二、选择题

1. 中心投影法是投射线（　　）的投影法。

A. 相互平行　　B. 相互垂直　　C. 相互倾斜　　D. 相交一点

2. 三面正投影图是用（　　）绘制的。

A. 正投影法　　B. 斜投影法　　C. 中心投影法　　D. 轴测投影法

3. 在三面正投影图中正立面图反映形体的（　　）。

A. 长度和宽度　　B. 长度和高度　　C. 宽度和高度　　D. 空间角度

4. 展开三面正投影图说法正确的是（　　）。

A. H面保持不动　　B. W面保持不动

C. H面绕OX轴向下旋转90°　　D. W面绕OZ轴向左旋转90°

5. 正平线在（　　）上的投影反映实长和真实倾角。

A. H面　　B. V面　　C. W面　　D. 轴测投影面

6. 水平面在（　　）上的投影反映实形。

A. H面　　B. V面　　C. W面　　D. 轴测投影面

7. 四棱台的一个投影反映底面实形，另两个投影为（　　）。

A. 圆　　B. 三角形　　C. 矩形　　D. 梯形

8. 在曲面体中，母线是曲线的是（　　）。

A. 圆柱　　B. 圆锥　　C. 圆台　　D. 球

9. 同坡屋面中檐口线相交的两个坡面相交，其交线为（　　）。

A. 屋脊线和斜脊线　　B. 屋脊线和天沟线　　C. 斜脊线和天沟线　　D. 斜脊线和檐口线

【实训提升】

一、判断题

1. 侧面投影能反映形体上下、左右的位置关系。（　　）

2. 空间一点的三个投影可能都落在轴线上。（　　）

3. 如果空间两点位于同一投射线，则此两点在该投影面上的投影为重影点。（　　）

4. 点在投影面上的投影为点，直线在投影面上的投影必为直线。（　　）

5. 若一直线的 V、W 面投影分别平行于各自投影轴且垂直于共有投影轴，则该直线为水平线。（　　）

6. 直线上任意一点的投影必在该直线的投影上。（　　）

7. 已知两直线的两面投影相互平行，则这两条直线在空间也一定相互平行。（　　）

8. 空间一平面 P 垂直于正平面 V，则平面 P 与水平面 H 的位置关系是平行或垂直。（ ）

9. 与水平面 H 平行的平面一定垂直于正平面 V 和侧平面 W。（　　）

10. 平面的三个投影中最多只有一个投影反映实形。（　　）

11. 两个投影为矩形的形体一定是四棱柱。（　　）

12. 一个投影为圆，另两个投影为三角形的形体一定是圆锥。（　　）

13. 圆柱体的三面投影中，其中两个投影是相同的。（　　）

14. 球体表面上的一般点可采用素线法或纬圆法求得。（　　）

15. 两个基本形体叠加后，其表面必有交线产生。（　　）

16. 平面体的截交线是直线，曲面体的截交线是曲线。（　　）

17. 檐口线相交的相邻两个坡屋面相交，其交线一定是天沟线。（　　）

18. 同坡屋面的水平投影中，若两条脊线交于一点，则至少还有一条线通过该交点。（ ）

19. 底面平行于 H 面的圆柱被正垂面截切后的截交线的空间形状为圆。（　　）

20. 两相贯体的相贯线一定是封闭的。（　　）

二、选择题

1. 空间点 A 到（　　）的距离等于空间点 A 的 X 坐标。

A. H 面　　B. V 面　　C. W 面　　D. 轴测投影面

2. 若空间点的两个投影在不同的投影轴上，则第三面投影必在（　　）。

A. 第三条投影轴上　　B. 某一投影面上　　C. 原点　　D. 不确定

3. 某直线段在 H 面和 V 面上的投影都平行于 OX 轴，则此直线段是（　　）。

A. 正平线　　B. 水平线　　C. 侧垂线　　D. 侧平线

4.. 一平面的正立面投影图是一条斜线，另两个投影是封闭图形，则此平面是（　　）。

A. 水平面　　B. 铅垂面　　C. 侧垂面　　D. 正垂面

5. 体表面数最少的形体是（　　）。

A. 三棱柱　　B. 三棱锥　　C. 圆锥　　D. 球

6. 圆锥的四条轮廓素线在投影为圆的投影图中的投影位置（　　）。

A. 在圆心　　B. 在中心线上　　C. 在圆上　　D. 分别积聚在圆与中心线相交的四个交点上

7. 若圆锥面上某个点的 W、V 面投影均不可见，则该点在圆锥面上的位置正确的是（　）。

A. 左前方　　B. 右前方　　C. 左后方　　D. 右后方

8. 若球面上某个点的 H、V 面投影均可见，W 面投影不可见，则该点在球面上的位置正确的是（　　）。

A. 左后上方　　B. 左前下方　　C. 右后下方　　D. 右前上方

9. 与 H 面呈 45° 的正垂面，截切轴线为铅垂线的圆柱面，截交线的侧面投影是（　）。

A. 圆　　B. 椭圆　　C. 1/2 圆　　D. 抛物线

10. 一个圆柱与一个球共轴相交，相贯线为（　　）。

A. 椭圆　　B. 圆　　C. 空间曲线　　D. 直线

项目 4 轴测投影

[项目概述]

正投影图能够完整地、确切地反映物体的真实形状和大小，因此它是工程设计和施工中的主要图样。但这种图样缺乏立体感，在识读时必须把三个投影图联系起来，才能想象出空间形体的全貌。当形体复杂时，其正投影图就较难看懂，因此有时采用立体感较强的轴测投影图作为工程上的辅助图样，帮助技术人员理解较复杂形体的投影。

[项目目标]

知识目标:

1. 了解轴测图的形成原理及基本特性;
2. 掌握轴测图的参数及分类;
3. 掌握轴测图的绘制方法及步骤。

能力目标:

1. 能熟悉轴测投影的特性;
2. 能掌握正等轴测图，斜二轴测图等的表达方法;
3. 能利用轴测投影规律，正确绘制正等测、斜等测等轴测图;
4. 通过轴测图的绘制，提升空间想象能力，并掌握其在工程中的应用。

[项目课时]

建议 8 ~ 10 课时。

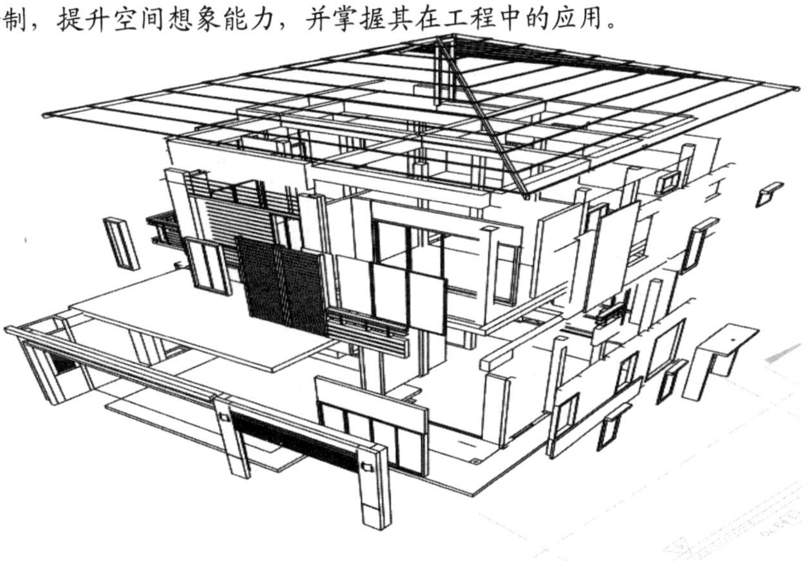

4.1 轴测投影图的基本知识

4.1.1 轴测投影作用

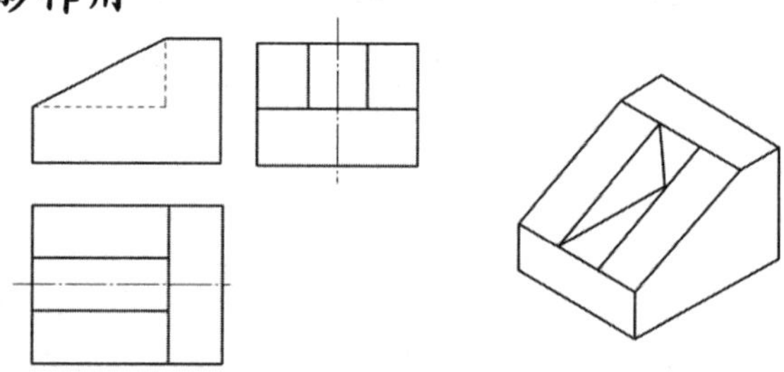

(a) 正投影图　　(b) 轴测图

图 4.1　正投影图与轴测图对比

轴测图是一种能够在一个投影图中同时反映形体三维结构的图形。

如图 4.1 所示，是一形体的正投影图和轴测投影。显而易见，轴测图直观形象，易于看懂。因此工程中常将轴测投影用作辅助图样，以弥补正投影图不易被看懂之不足。与此同时，轴测投影也存在着一般不易反映物体各表面的实形，因而度量性差，绘图复杂、会产生变形等缺点。

4.1.2 轴测投影的形成

轴测投影是用一组互相平行的投射线沿不平行于任一坐标轴的方向将形体连同确定其空间位置的三个坐标轴一起投影到一个投影面（称为轴测投影面）上，所得到的投影叫轴测投影。应用轴测投影的方法绘制的投影图称为轴测投影图，简称轴测图。轴测投影的形成如图 4.2 所示。

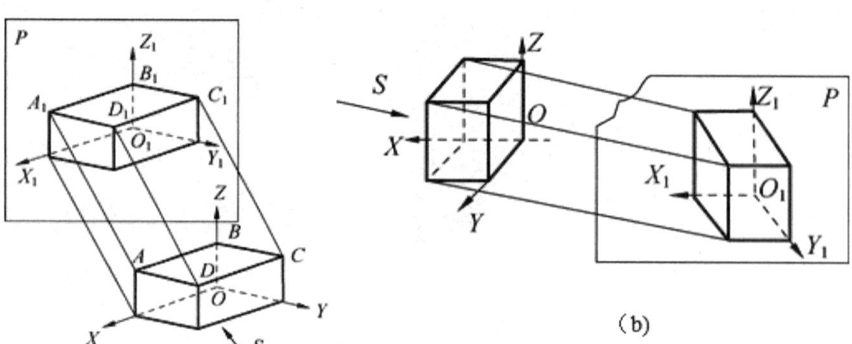

(a)　　(b)

图 4.2　轴测图的形成

4.1.3 测投影参数

（1）轴测投影面

作轴测投影的平面，称为轴测投影面。

（2）轴测投影轴

空间形体直角坐标轴 OX、OY、OZ 在轴测投影面上的投影 O_1X_1、O_1Y_1、O_1Z_1 称为轴测投影轴，简称轴测轴。

（3）轴间角

轴测轴之间的夹角 $\angle X_1O_1Z_1$、$\angle X_1O_1Y_1$、$\angle Y_1O_1Z_1$ 称之为轴间角。

（4）变形系数

轴测轴与空间直角坐标轴单位长度之比称为轴伸缩系数，简称变形系数。

由于空间形体的直角坐标轴可与投影面 P 倾斜，其投影都比原来长度短，它们的投影与原来长度的比值称为轴伸缩系数，分别用 p、q、r 表示，即

$$p = O_1X_1 / OX，q = O_1Y_1 / OY，r = O_1Z_1 / OZ$$

4.1.4 轴测投影的分类

根据投影方向 S 与轴测投影面 P 的相对关系，轴测投影可分为两大类：

（1）正轴测投影：投射线垂直于轴测投影面，形体的三个方向的面及坐标轴与投影面倾斜，如图 4.2（a）所示。

（2）斜轴测投影：投射线倾斜于轴测投影面，形体的一个方向的面及其两个坐标轴与投影面平行，如图 4.2（b）所示。

4.1.5 轴测投影的特点

轴测投影属于平行投影，所以轴测投影具有平行投影中的所有特性。

（1）两直线平行，它们的轴测投影也平行。

（2）凡是与坐标轴平行的直线，必平行于相应的轴测轴，均可沿轴的方向量取尺寸。

（3）两平行线段的轴测投影长度与空间长度的比值相等。

【技术点睛】

所画线段与坐标轴不平行时，不可在图上直接量取，而应先作出线段两端点的轴测图，然后连线得到线段的轴测图。另外，在轴测图中一般不画虚线。

4.2 正等轴测投影图的绘制

4.2.1 正等轴测图的形成

正 —— 采用正投影方法。

等 —— 三轴测轴的轴伸缩系数相同，即 $p = q = r$。

由于正等测图绘制方便，因此在实际工作中应用较多。如本教材中的许多例图都采用了正等测画法。

1. 轴间角

由于空间坐标轴 OX、OY、OZ 对轴测投影面的倾角相等，可计算出其轴间角 $\angle XOY = \angle XOZ = \angle YOZ = 120°$，如图 4.3 所示，其中 OZ 轴画成铅垂方向。

2. 轴伸缩系数

由于空间形体的直角坐标轴可与投影面 P 倾斜，其投影都比原来长度短，它们的投影与原来长度的比值，称为轴伸缩系数，分别用 p、q、r 表示，即

$$p = O_1X_1 / OX,\quad q = O_1Y_1 / OY,\quad r = O_1Z_1 / OZ$$

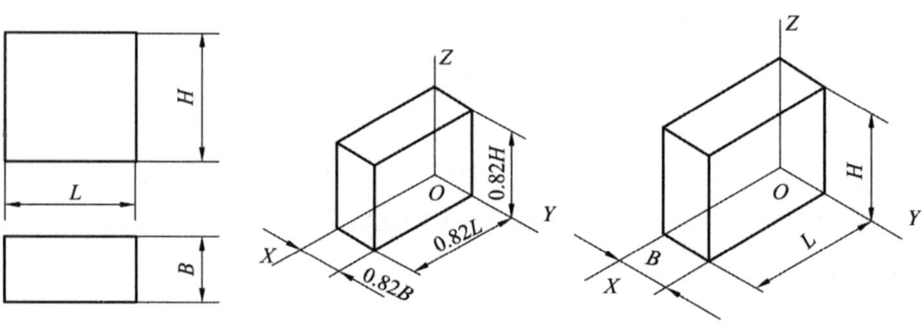

(a)正投影图　　(b)正等测　　(c)采用简化系数的正等测

图 4.3　正等测图绘制

由理论计算可知：三根轴的轴伸缩系数为 0.82，如按此系数作图，就意味着在画正等测图时，物体上凡是与坐标轴平行的线段都应将其实长乘以 0.82。为方便作图，轴向尺寸一般采用简化轴伸缩系数：$p = q = r = 1$。这样轴向尺寸即被放大 $k = 1/0.82 \approx 1.22$ 倍，所画出的轴测图也就比实际物体大，这对物体的形状没有影响，两者的立体效果是一样的，如图 4.3 所示，但却简化了作图。

4.2.2 平面体正等轴测图的画法

画平面立体正等轴测图的最基本的方法是坐标法，即沿轴测轴度量定出物体上一些点的坐标，然后逐步由点连线画出图形。在实际作图时，还可以根据物体的形体特点，灵活运用各种不同的作图方法如坐标法、切割法、叠加法、端面法等。

1. 坐标法

坐标法是绘制轴测图的基本方法。画图时沿坐标轴测量出各顶点的坐标，然后再沿着对应的轴测轴画出各顶点的轴测图，最后将对应点用直线连接。

【技术点睛】

坐标法不但适用于平面立体，也适用于曲面立体；不但适用于正等测，也适用于其他轴测图的绘制。

2. 切割法

对于不完整的形体，可先用坐标法按完整形体画出，然后再用切割的方法画出不完整的部分。

【技术点睛】

切割法适用于以切割方式构成的平面立体。

3. 叠加法

叠加式的组合体可以用坐标法依次画出每个形体。为简化作图，尽量避免画出不可见的线段。

【技术点睛】

叠加法适于绘制主要形体是由堆叠形成的形体轴测图，但应准确定位。

4. 端面法

端面法的组合体先画出反映形体特征的一个可见端面，再画出其余的可见的轮廓线（棱线）

以上四种方法都需要定坐标原点，然后按各线、面端点的坐标在轴测坐标系中确定其位置，故坐标法是画图的最基本方法。当绘制复杂物体的轴测图时，上述四种方法往往综合使用。

【例 4.1】已知长方体的三视图，用坐标法画出正等测图，如图 4.4 所示。

作法：

①如图 4.4（a）所示，在正投影图上定出原点和坐标轴的位置；

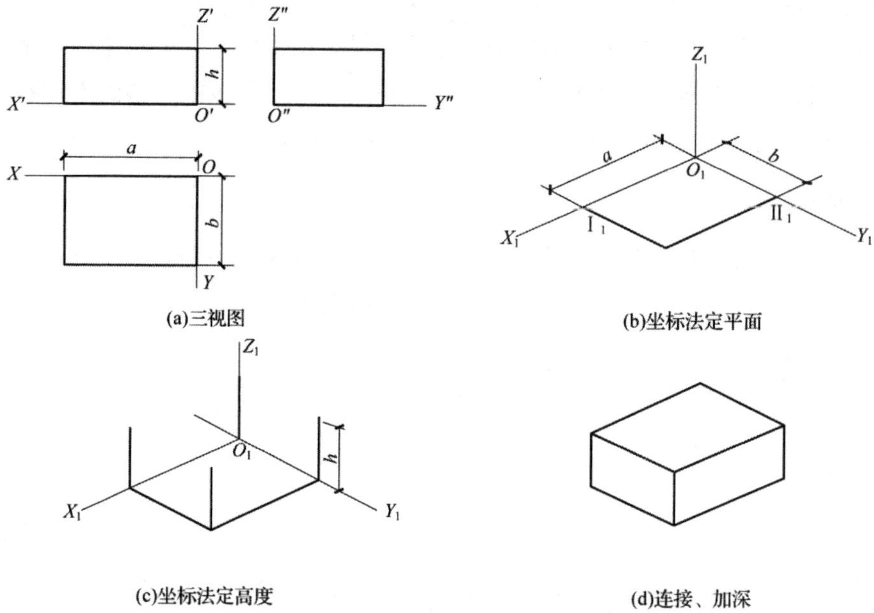

(a)三视图　(b)坐标法定平面

(c)坐标法定高度　(d)连接、加深

图 4.4　坐标法画正等测图的步骤

②如图 4.4(b)所示，画轴测轴，在 O_1X_1 和 O_1Y_1 上分别量取 a 和 b，对应得出点Ⅰ和Ⅱ，过Ⅰ、Ⅱ作 O_1X_1 和 O_1Y_1 的平行线，得长方体底面的轴测图；

③如图 4.4（c）所示，过底面各角点作 O_1Z_1 轴的平行线，量取高度 h，得长方体顶面各角点；

④如图 4.4（d）所示，连接各角点，擦去多余图线、加深，即得长方体的正等测图，图中虚线可不必画出。

【例 4.2】已知切割体的三视图，用切割法画出正等测图，如图 4.5 所示。

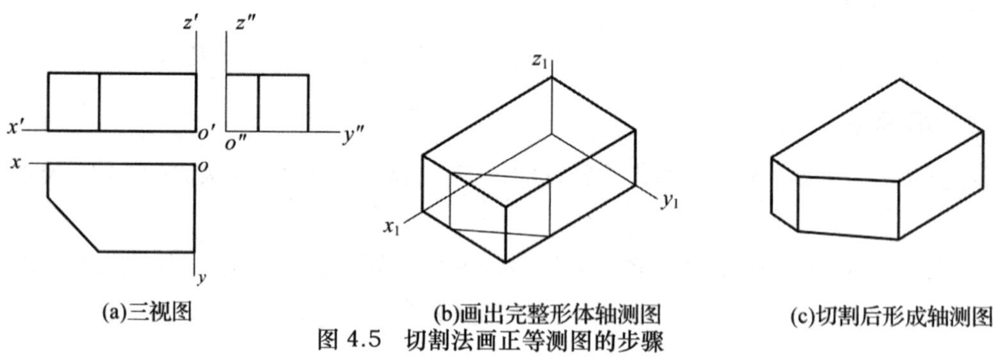

(a)三视图　(b)画出完整形体轴测图　(c)切割后形成轴测图

图 4.5　切割法画正等测图的步骤

练习：用切割法画出图 4.6 所示正等测图。

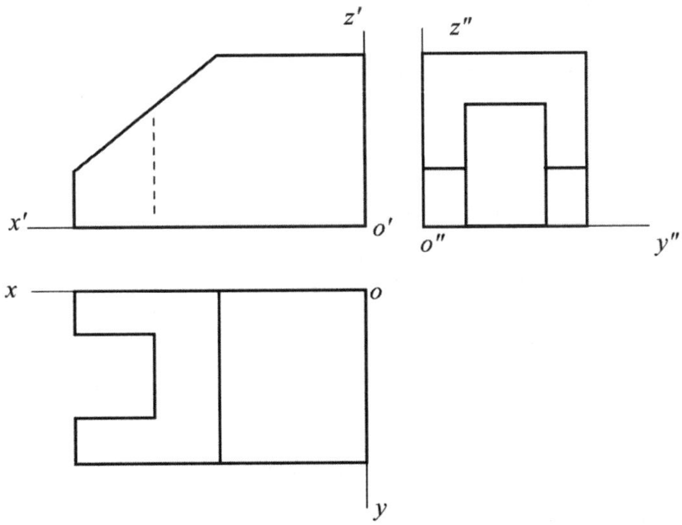

图 4.6　用切割法画出正等测图

【例 4.3】已知组合体的三视图，用叠加法画出正等测图，如图 4.7 所示。

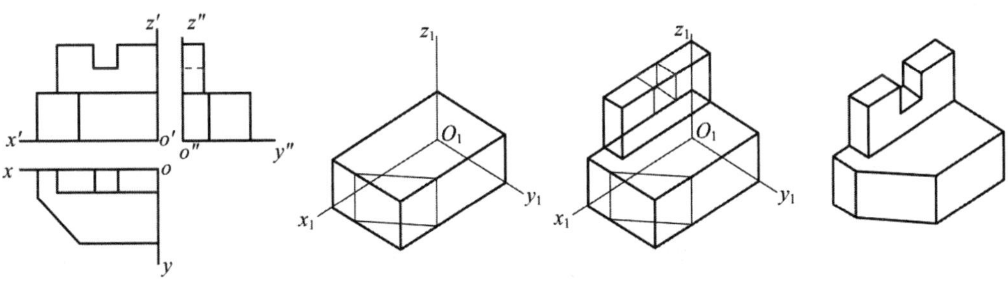

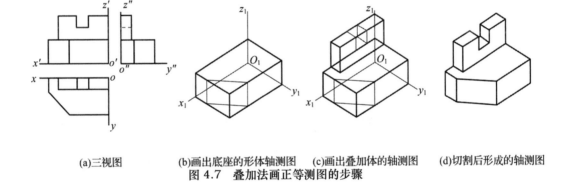

(a)三视图　(b)画出底座的形体轴测图　(c)画出叠加体的轴测图　(d)切割后形成的轴测图

图 4.7　叠加法画正等测图的步骤

练习：用叠加法画出图 4.8 所示正等测图。

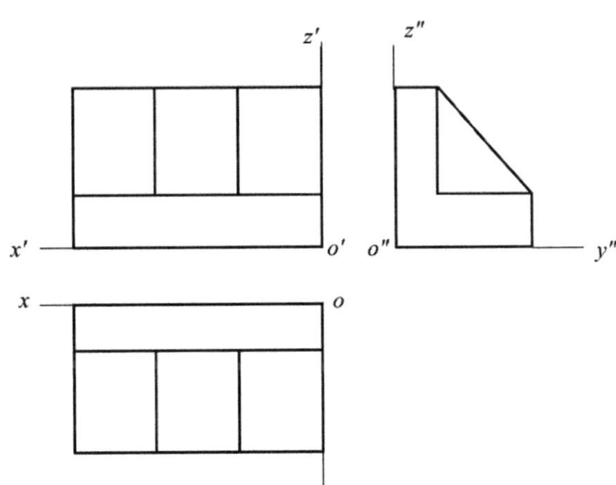

图 4.8　用叠加法画出正等测图

4.2.3 曲面体正等轴测图的画法

1. 平行于坐标平面的圆的正等轴测图特点

画曲面体时经常遇到圆或圆弧，由于各坐标面对正等轴测投影面都是倾斜的，因此平行于坐标平面的圆的正等轴测投影是椭圆。而圆的外切正方形在正等测投影中变形为菱形，因而圆的轴测投影就是内切于对应菱形的椭圆，如图 4.9 所示。

2. 圆的正等测的画法

圆的正等测椭圆的近似画法如下：

①在正投影视图中作圆的外切正方形，1、2、3、4 为四个切点，并选定坐标轴和原点，如图 4.10（a）所示。

②确定轴测轴，并作圆外切正方形的正等测图菱形，如图 4.10（b）所示。

③以钝角顶点 O_2、O_3 为圆心，以 $O_2 1_1$ 或 $O_3 3_1$ 为半径画圆弧 $1_1 2_1$、$3_1 4_1$，如图 4.10（c）所示。

④ $O_3 4_1$、$O_3 3_1$ 与菱形长对角线的交点为 O_4、O_5，并以 O_4、O_5 为圆心，画圆弧 $1_1 4_1$、$2_1 3_1$，如图 4.11 所示。

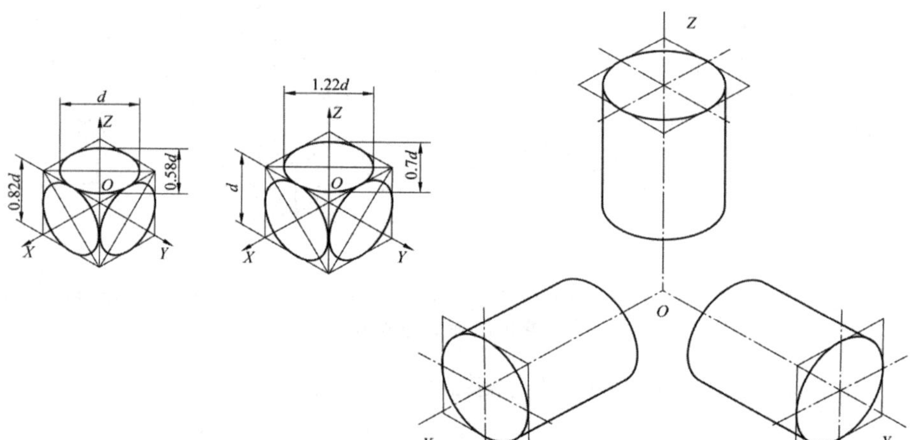

图 4.9　平行于坐标面的圆的正等测图

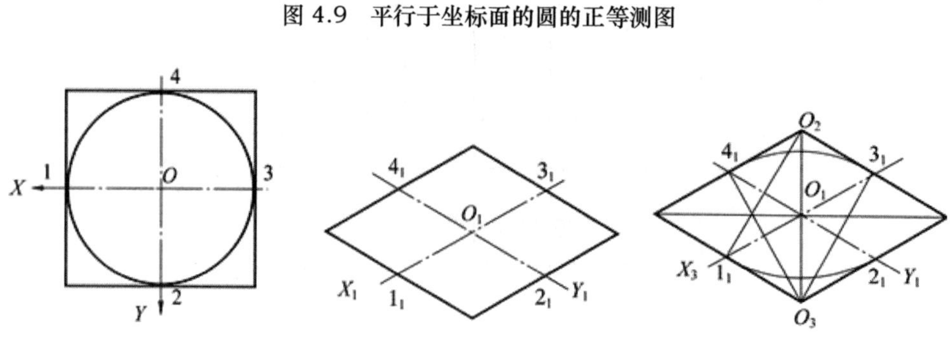

(a)圆及外切四边形的平面图　　(b)圆外切四边形的正等测　　(c)四心圆法

图 4.10　圆轴测图的近似画法图

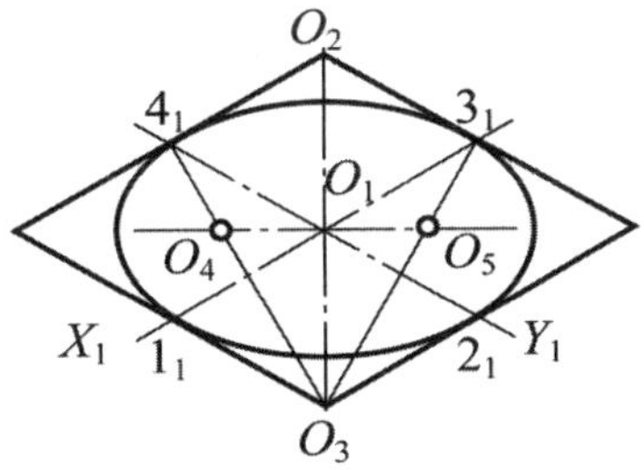

图 4.11　菱形四心法求圆的轴测图

【例 4.4】根据圆柱体的正投影图，如图 4.12 所示，作圆柱体的正等测。

作法：

掌握了圆的正等测画法，圆柱体的正等测也就容易画出了。只要分别作出其顶面和底面的椭圆，再作其公切线就可以了。图 4.12（a）～图 4.12（*f*）为绘制圆柱体正等测图的步骤。

①根据投影图定出坐标原点和坐标轴，如图 4.12（a）所示。

②绘制轴测轴，作出侧平面内的菱形，求四心，绘出左侧圆的轴测图，如图 4.12（b）所示。

③沿 X 轴方向平移左面椭圆的四心，平移距离为圆柱体长度 h，如图 4.12（c）所示。

④用平移得的四心绘制右侧面椭圆，并作左侧面椭圆和右侧面椭圆的公切线，如图 4.12（d）所示。

⑤擦除不可见轮廓线并加深结果，如图 4.12（e）所示。

⑥用简便方法直接画圆找四心，如图 4.12（f）所示。

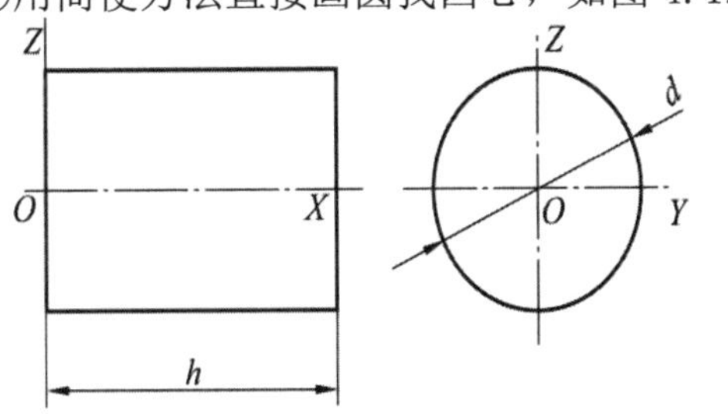

(a)定圆点和坐标轴

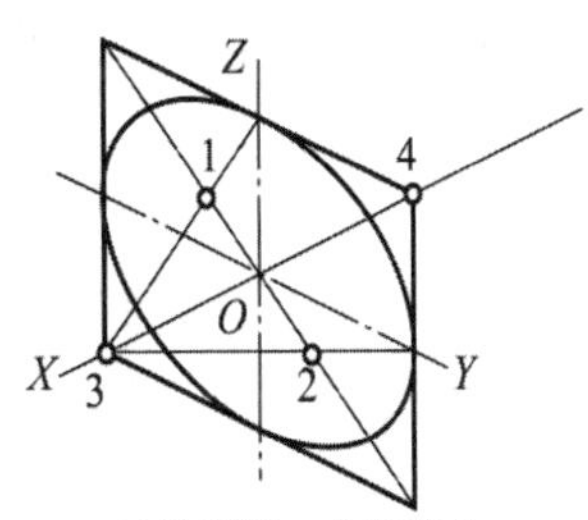

(b)绘轴测轴，求四圆心

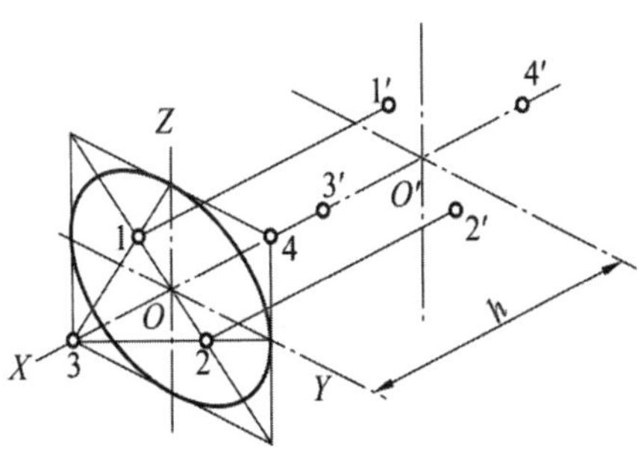

(c)平移四圆心

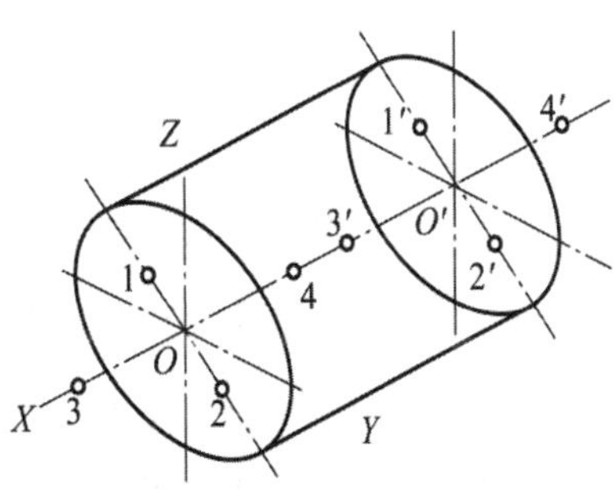

(d) 绘平移后的椭圆及公切线

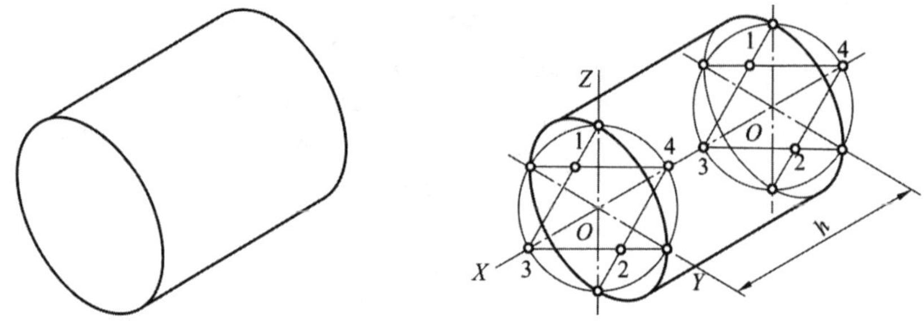

(e)检查、加深后的正等测图　　(f)简捷方法找四圆心

图 4.12　圆柱体正等测图的画法

4.3 斜等轴测投影图的绘制

4.3.1 正面斜二轴测图

1. 正面斜二轴测图的参数

轴伸缩系数：$p=r=1$，$q=0.5$。

轴间角：$\angle XOZ=90°$，$\angle XOY=\angle YOZ=135°$。

斜二等轴测图坐标如图 4.13 所示。

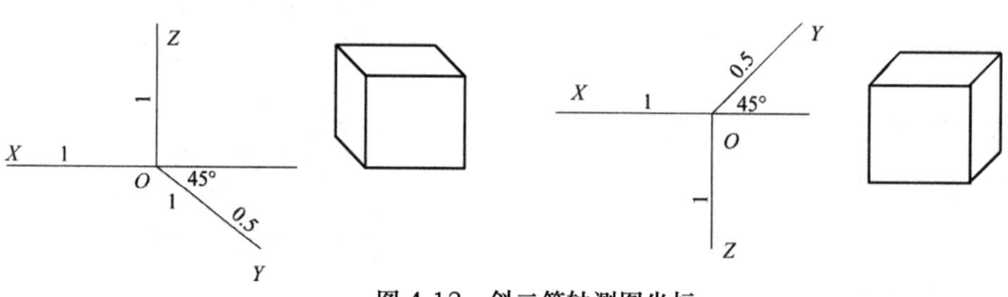

图 4.13　斜二等轴测图坐标

【技术点睛】

斜二轴测图中，物体上凡平行于 V 面的平面都反映实形。

2. 平行于各坐标面的圆的斜二轴测图画法

平行于 V 面的圆仍为圆，反映实形。

平行于 H 面的圆为椭圆，长轴对 OX 轴偏转 7°，长轴≈ 1.06 d，短轴≈ 0.33 d。

各种圆的斜二等轴测图如图 4.14 所示。

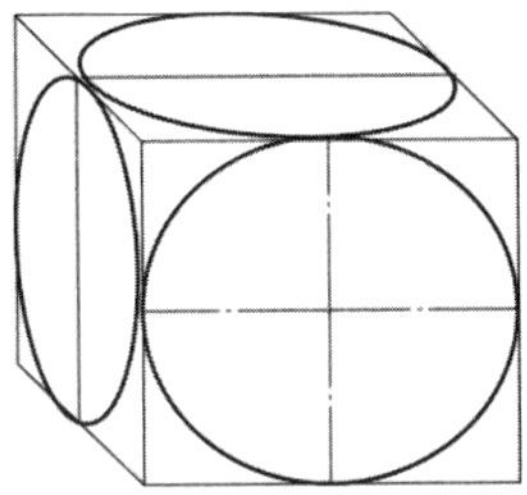

图 4.14　各种圆的斜二等轴测图

平行于 W 面的圆与平行于 H 面的圆的椭圆形状相同，长轴对 OZ 轴偏转 7°。

由于两个椭圆的作图相当烦琐，所以当物体这两个方向上有圆时，一般不用斜二轴测图，而采用正等轴测图。

3. 正面斜二轴测图画法

图 4.15 为已知物体主、俯视图，画其正面斜二轴测图。

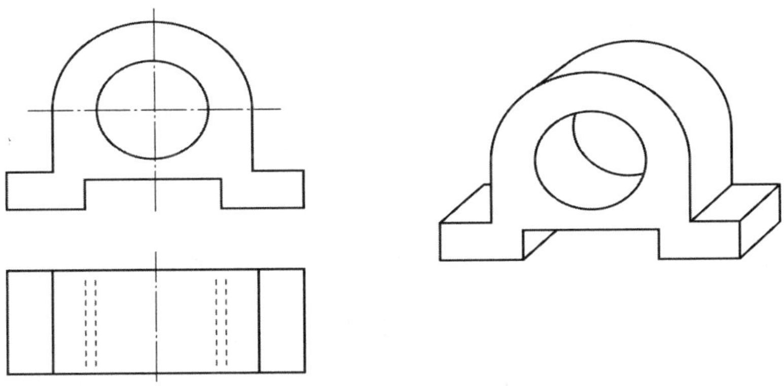

图 4.15　正面斜二轴测图

【技术点睛】

轴测：轴测就是沿着轴的方向可以测量尺寸的意思。在根据三面正投影图画轴测图时在正投影图中沿轴向（长、宽、高）量取实际尺寸后，再画到轴测图中。

4.3.2 水平斜等轴测图

1. 水平斜等轴测图的参数

轴伸缩系数：$p = q = r = 1$。

轴间角：$\angle XOZ = 120°$，$\angle XOY = 90°$，$\angle YOZ = 150°$。

2. 水平斜等轴测图的画法

图 4.16 为水平斜等轴测图的绘图步骤，最终结果如图 4.17 所示。

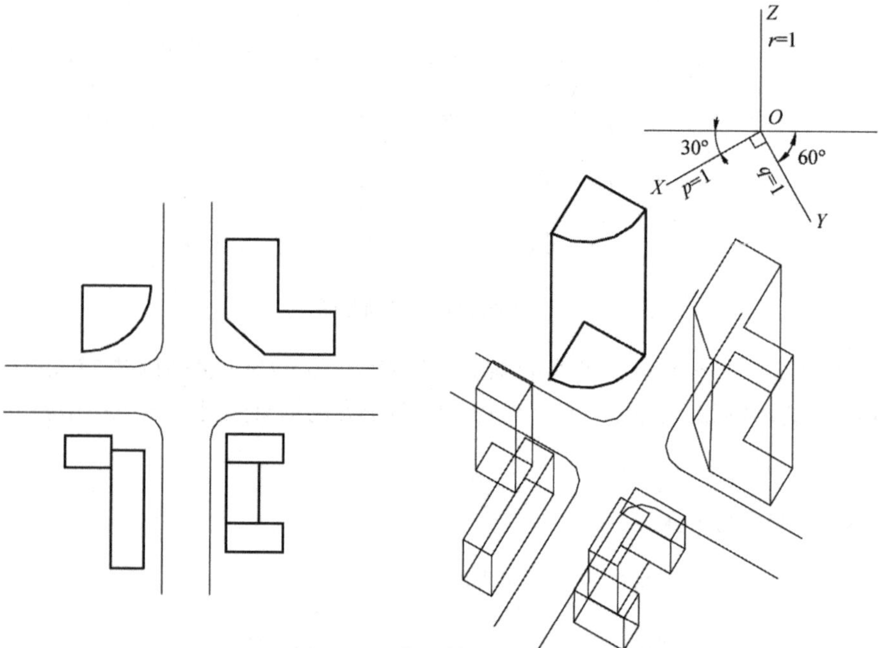

图 4.16 水平斜等轴测图的绘制步骤

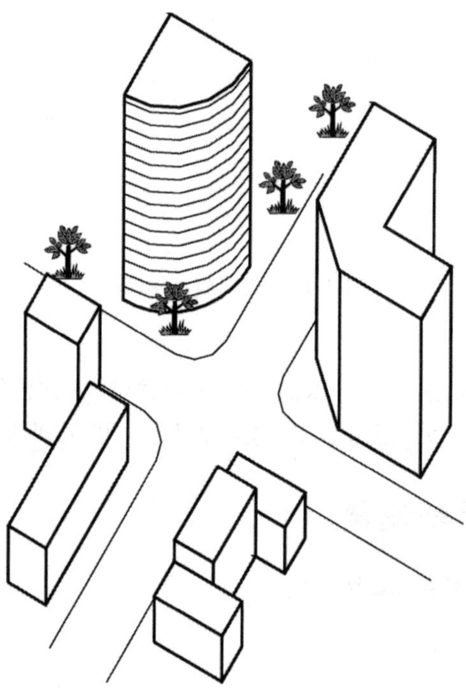

图 4.17 水平斜等轴测图的绘制结果

【基础同步】

一、填空题

1. 轴测投影图按投射线与轴测投影面的关系分为_______图和__________图。

2. 轴测投影图是用____________投影法画出的投影图，它用________________个投影图表示出形体的形状。

3. 确定轴测投影图种类的两个要素是___________和__________________。

4. 轴测就是_____________________方向可以测量尺寸的意思。

5. 在正等轴测中，轴间角均为________________，轴向伸缩系数为___________，轴向简化系数_____________________。

6. 在正面斜二测中，轴线伸缩系数 $p = r =$____________ $q =$____________。

7. 正面斜二测的特点是________面不变形，水平斜轴测的特点是_____________面不变形。

8. 在轴测投影中，当圆所在的平面倾斜于轴测投影面时，它的投影是________________，常用___________绘制。

9. 轴测投影图在工程中不能作为直接生产用的图样，仅能作为_______________图样。

二、选择题

1. 作出的投影图能真实地反映形体的真实形状和大小的投影方法是（　　）。

A. 轴测图　　B. 透视图　　C. 标高投影图　　D. 正投影图

2. 正等轴测图的轴向伸缩系数简化为（　　）。

A. 0.5　　B. 0.82　　C. 1　　D. 1.22

3. 相邻两轴测轴之间的夹角称为（　　）。

A. 夹角　　B. 两面角　　C. 轴间角　　D. 倾斜角

4. 空间三个坐标轴在轴测投影面上轴线伸缩系数相同的投影（　　）。

A. 正轴测投影　　B. 斜轴测投影　　C. 正等轴测投影　　D. 斜二轴测投影

【实训提升】

一、判断题

1. 轴测投影不属于平行投影。（　）

2. 轴测投影具有正投影的特点。（　）

3. 轴测轴是画轴测图的重要依据，因此要根形体的实际形状选择合适的轴测轴。（　）

4. 轴测图的轴间角相等，而轴向伸缩系数不相等。（　）

5. 空间互相平行的直线，在轴测投影图中一定互相平行。（　）

6. 斜二轴测图的三个轴向伸缩系数都取 1。（　）

7. 正等轴测图的三个轴间角均为 120°（　）

8. 对形体复杂或带有圆或圆弧的形体宜采用斜轴测投影。（　）

9. 画轴测图的方法有叠加法、坐标法、切割法、端面法等，但往往是几种方法混合使用。（　）

10. 作曲面体的轴测投影一定要画椭圆。（　）

二、选择题

1. 轴测投影的投射线（　　）。

A. 相互平行　　B. 相互不平行　　C. 与投影面平行　　D. 以上都不对

2. 绘制斜轴测图的投影方法是（　　）。

A. 中心投影法　　B. 平行投影法　　C. 正投影法　　D. 斜投影法

3. 正面斜二测的轴间角（　　）。

A. 都是 90°　　B. 都是 120°　　C. 90°、135°、135°　　D. 90°、120°、150°

4. 在斜轴测投影中，平行于投影面的圆的投影是（　　）。

A. 圆　　B. 椭圆　　C. 平面曲线　　D. 空间曲线

5. 平行于正立面的正方形，对角线分别平行于 x、z 轴，它的正等轴测图是（　　）。

A. 四边形　　B. 矩形　　C. 菱形　　D. 正方形

6. 形体只在正平面上有圆或者圆角时，作图简单的轴测图是（　　）。

A. 正等轴测　　B. 正二等测　　C. 正面斜二测　　D. 水平斜二测

项目 5 剖面图和断面图

[项目概述]

在建筑工程图中，物体上可见轮廓线用粗实线表示，不可见的轮廓线用虚线表示。但当物体的内部构造和形状较复杂时，在投影图中就会出现许多虚线，往往实线和虚线会交叉或重合在一起，无法表示清楚物体内部的构造，从而影响图形全面表达，且不利于标注尺寸和识读，同时又容易产生误解。若采用剖视的方法画出其剖视图，则上述缺点就能得到克服。剖视图包括剖面图及断面图。

[项目目标]

知识目标:

1. 了解剖面图、断面图的形成及相关的国家标准;
2. 掌握剖面图和断面图的分类及画法;
3. 掌握剖面图和断面图的区别。

能力目标:

1. 能正确利用投影规律，绘制剖面图和断面图;
2. 能区分剖面图和断面图的不同;
3. 能掌握建筑工程中常见的剖面图和断面图的表示方法;
4. 通过识读剖面图及断面图，提升空间想象能力。

[项目课时]

建议 8 ~ 10 课时。

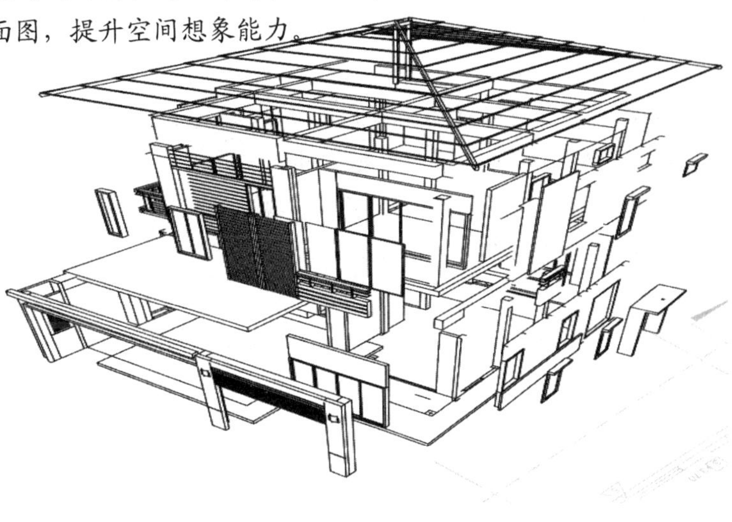

5.1 剖面图

三视图虽然能清楚地表达出物体的外部形状，但内部形状却需用虚线来表示，对于内部形状比较复杂的物体，就会在图上出现较多的虚线，虚实重叠，层次不清，看图和标注尺寸都比较困难。为此，标准中规定用剖视图表达物体的内部形状。

5.1.1 剖面图的形成与基本规则

1. 剖面图的形成

假想用一个剖切平面将物体切开，移去观察者与剖切平面之间的部分，将剩下的那部分物体向投影面投影，所得到的投影图就称为剖面图，简称剖面。如图 5.1 所示。

2. 画剖面图的基本规则

由剖面图的形成过程和识别需要，可概括出画剖面图的基本规则如下：

①假想的剖切平面通常为投影面平行面。

②剖面图除应画出剖切面剖切部分的图形外，还应画出沿投射方向看到的部分，被剖切到部分的轮廓线用中粗实线绘制，剖切面没有切到、但沿投射方向可以看到的部分，用中实线绘制。

③为了区分断面实体和空腔，并表现材料和构造层次。在断面上画上材料图例。其表示方法有三种：一是不需明确具体材料时，一律画 45° 方向的间隔均匀的细实线，且全图方向间隔一致；二是按指定材料图例（见表 5.1）绘制，若有两种以上材料，则应用中实线画出分层线；三是在断面很狭小时，用涂黑（如金属薄板，混凝土板）或涂红（如小比例的墙体断面）表示。

④标注剖切符号。剖切符号应由剖切位置线和投射方向线组成，均应以粗实线绘制。剖切位置线的长度宜为 6 ～ 10 mm；投射方向线应垂直于剖切位置线，长度宜为 4 ～ 6 mm。剖切符号不应与其他图线相接触。

⑤剖切符号的编号宜采用阿拉伯数字，按顺序由左至右，由下至上连续编排，并应注写在剖视方向线的端部。

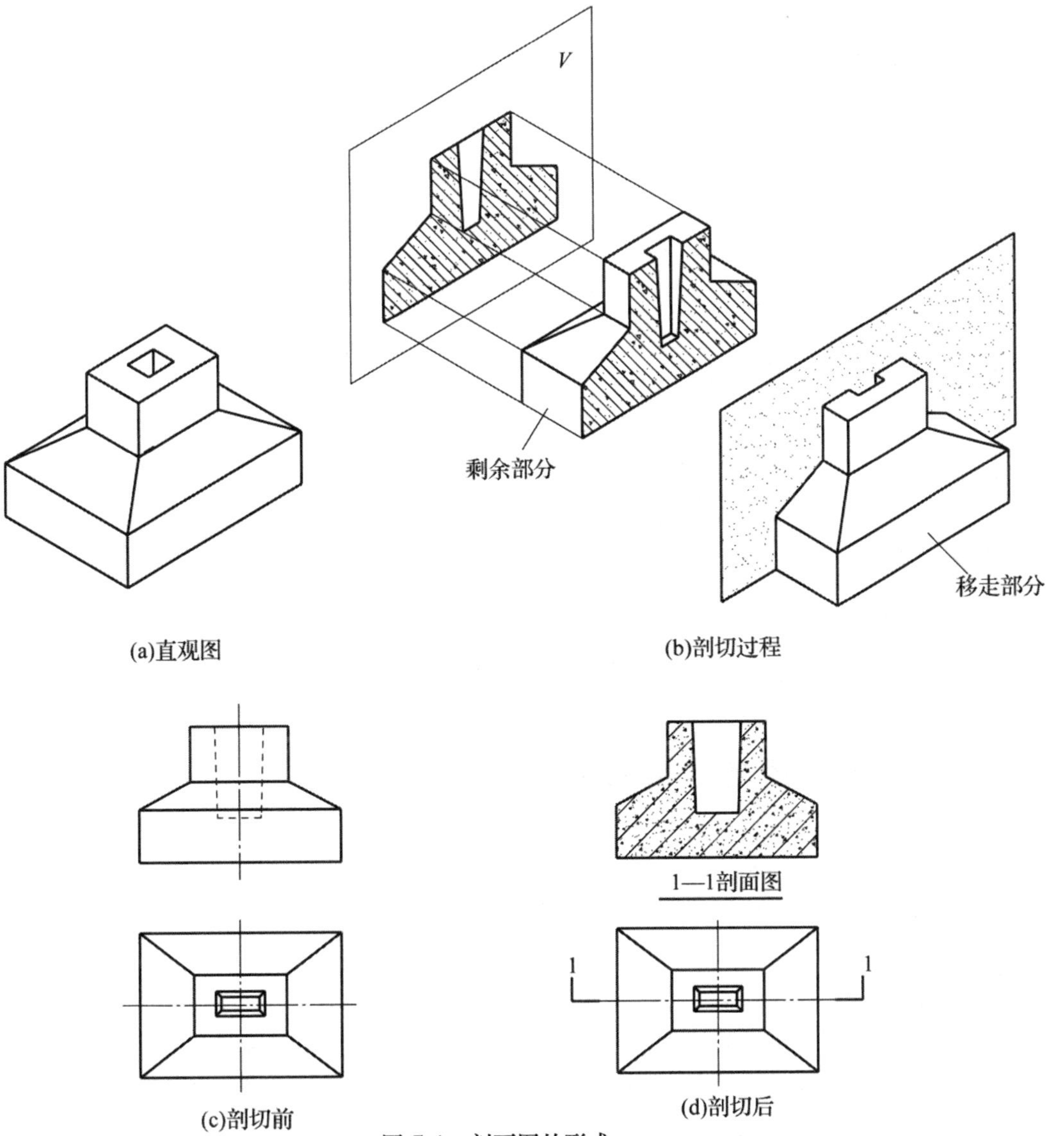

图 5.1　剖面图的形成

表 5.1　常用建筑材料图例

序号	名称	图例	说明	序号	名称	图例	说明
1	自然土壤		细斜线为 45°（以下均相同）	13	多孔材料		包括珍珠岩、泡沫混凝土、泡沫塑料
2	夯实土壤			14	纤维材料		各种麻丝、石棉、纤维板
3	砂、灰土粉刷		粉刷的点较稀	15	松散材料		包括木屑、稻壳

续表

序号	名称	图例	说明	序号	名称	图例	说明
4	砂砾石、三灰石	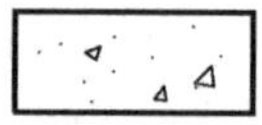		16	木材		木材横断面，左图为简化画法
5	普通砖		砌体断面较窄时可涂红	17	胶合板	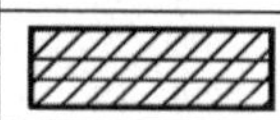	层次另注明
6	耐火砖	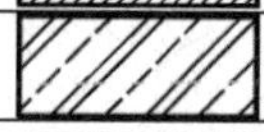	包括耐酸砖	18	石膏板	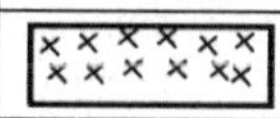	
7	空心砖	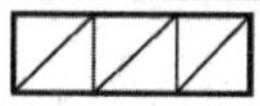	包括多孔砖	19	玻璃	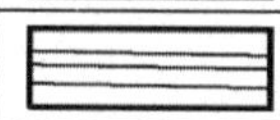	包括各种玻璃
8	饰面砖	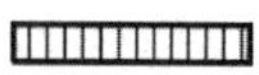	包括地砖、瓷砖、马赛克、人造大理石	20	橡胶	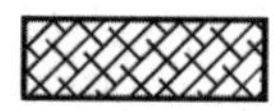	
9	毛石	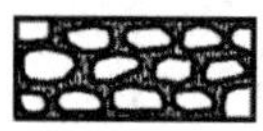		21	塑料		包括各种塑料及有机玻璃
10	天然石材	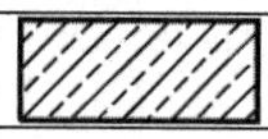	包括砌体、贴面	22	金属	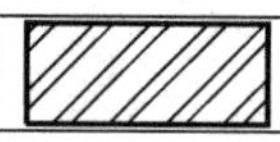	断面狭小时可涂黑
11	混凝土		断面狭窄时可涂黑	23	防水材料		上图用于多层或比例较大时
12	钢混凝土	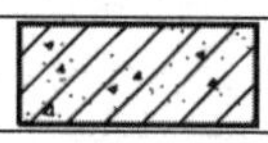	断面狭窄时可涂黑	24	网状材料		包括金属、塑料网

5.1.2 剖面图的类型与应用

为了适应建筑形体的多样性，在遵守基本规则的基础上，由于剖切平面数量和剖切方式不同而形成下列常用类型：全剖面图、半剖面图、局部剖面图和阶梯剖面图。

1. 全剖面图

全剖面图是用一个剖切平面把物体全部剖开后所画出的剖面图。它常应用在某个方向外形比较简单，而内部形状比较复杂的物体上。如图 5.1 所示，就是全剖面图。

图 5.2（a）内为一双杯基础的两面投影图。若需将其正立面图改画成全剖面，并画出左侧立面的剖面图，材料为钢筋混凝土，可先画出左侧立面图的外轮廓后，再分别改画成剖面图，并标注剖切代号，如图 5.2（b）所示。

从图中可以看出，为了突出视图的不同效果，平面图的可见轮廓线改用中实线；两剖面图的断面轮廓用中粗实线，而杯口顶用中实线，材料图例中的 45° 细线方向一致；剖面取在前后的对称面上，而 B—B 剖面取在右边杯口的局部对称线上。

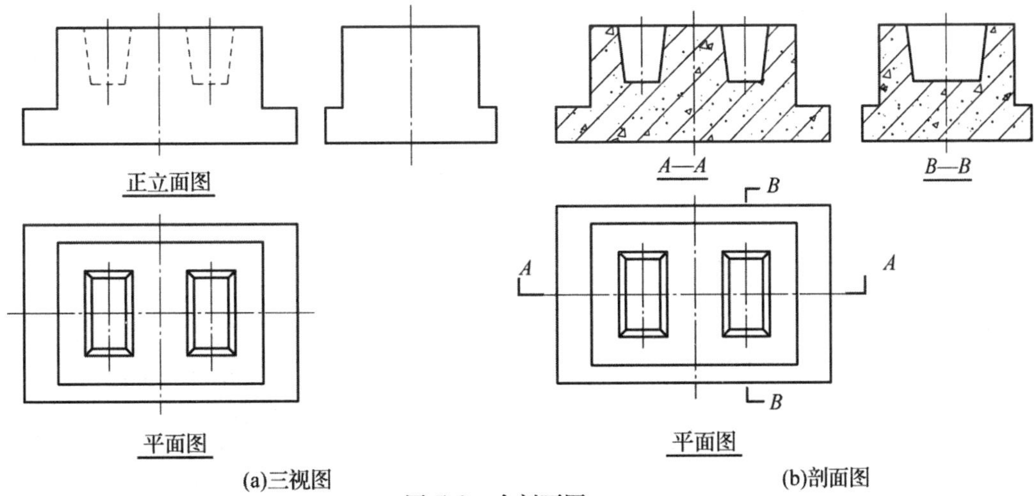

图 5.2 全剖面图

2. 半剖面图

在对称物体中，以对称中心线为界，一半画成视图，一半画成剖面图后组合形成的图形称为半剖面图，如图 5.3 所示，半剖面图经常运用在对称或基本对称，内外形状均比较复杂的物体上，同时表达物体的内部结构和外部形状。

在画半剖面图时，一般多是把半个剖面图画在垂直对称线的右侧或画在水平对称线的下方。必须注意：半个剖面图与半个视图间的分界线规定必须画成点画线。此外，由于内部对称，其内形的一半已在半个剖面图中表示清楚，所以在半个视图中，表示内部形状的虚线就不必再画出。

半剖面的标注方法与全剖面相同，在图 5.3 中由于正立面图及左侧立面图中的半剖面都是通过物体上左右和前后的对称面进行剖切的，故可省略标注；如果剖切平面的位置不在物体的对称面上，则必须用带数字的剖切符号把剖切平面的位置表示清楚，并在剖面图下方标明相应的剖面图名称：×—× 剖面图。

3. 局部剖面

用剖切平面局部地剖开不对称的物体，以显示物体该局部的内部形状所画出的剖面图称为局部剖面图。如图 5.4 所示的柱下基础，为了表现底板上的钢筋布置，对正立面和平面图都采用了局部剖的方法。

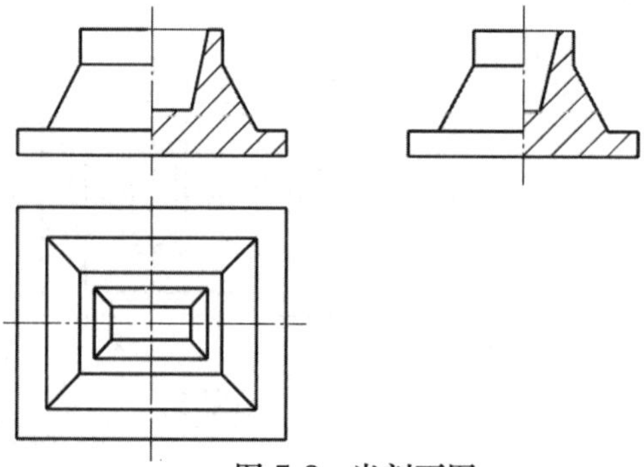

图 5.3　半剖面图

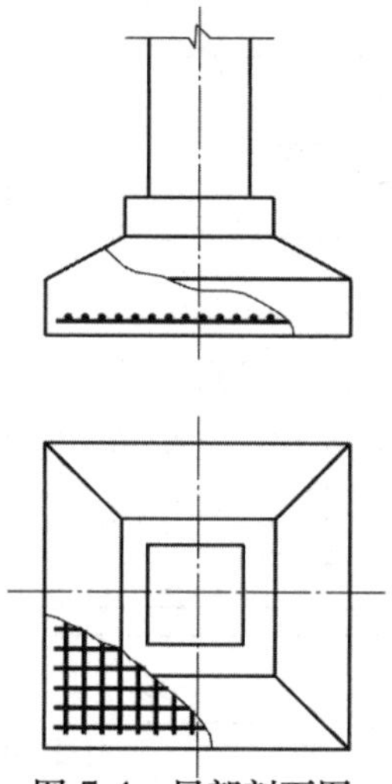

图 5.4　局部剖面图

当物体只有局部内形需要表达，而仍需保留外形时，应用局部剖面就比较合适，能达到内外兼顾、一举两得的表达目的。局部剖只是物体整个外形投影图中的一个部分，一般不标注剖切位置。局部剖面与外形之间用波浪线分界。波浪线不得与轮廓线重合，也不得超出轮廓线之外，在开口处也不能有波浪线。

4. 分层剖面图

在建筑工程图中，常用分层局部剖面图来表达屋面、楼面和地面的多层构造，如图 5.5 所示。

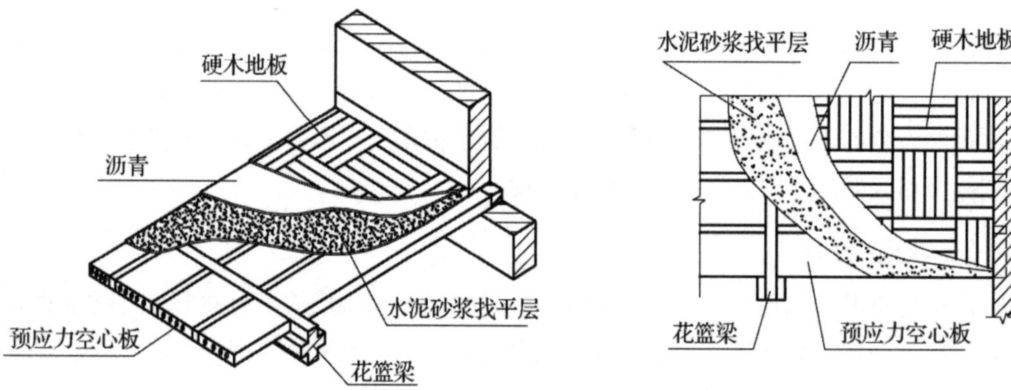

(a)立体图　(b)平面图

图 5.5　分层局部剖面图

5. 阶梯剖面图

用一组投影面平行面剖开物体，将各个剖切平面截得的形状画在同一个剖面图中所得到的图形称为阶梯剖面图。如图 5.6 所示。阶梯剖面图运用在内部有多个孔槽需剖切，而这些孔槽又分布在几个互相平行的层面上的物体，可同时表达多处内部形状结构，且整体感较强。

在阶梯剖面图中不可画出两剖切平面的分界线；还应避免剖切平面在视图中的轮廓线位置上转折。在转折处的断面形状应完全相同。

阶梯剖一定要完整地标注剖切面起始和转折位置，投影方向和剖面名称。

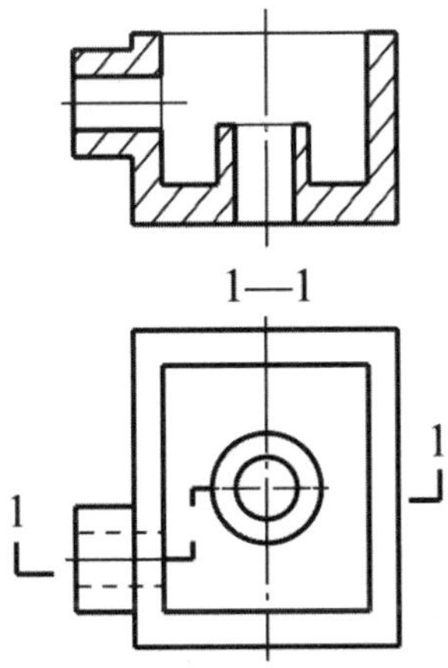

图 5.6 阶梯剖面图

【例 5.1】已知盥洗池的正立面图和平面图，将其改成适当的剖面图，并作左侧立面的剖面图，如图 5.7 所示。

作图：

（1）形体分析

根据图 5.7 视图的对应关系可以看出，该盥洗池由两部分组成，左边为一小方形池，靠左后方池壁上开有一排水孔；右边为一大池，外形为长方体搁置在两块支承板上，大池内左边为上大下小的梯形漏斗池，池底有一排水孔；右边为带小坡度的台面。

（2）剖面图选择

针对盥洗池的形体构造特征，正立面图上取剖面应兼顾大小池和两个排水孔，以取阶梯剖 1—1 为宜；平面图对右边支承板不宜取剖面图（仍保留虚线）。只需对左边小池的出水孔取局部剖；而原两视图（正立面图和平面图）在表现大池形状上是不充分的，若正立面图改为剖面图后，其横断面更是表达不清，必须以大池为重点补画 2—2 全剖面图，小池可以不考虑。

应该指出，正立面图和左侧立面图也可分别对大池和小池取局部剖面，有一定优点，但显得零散，缺乏整体性。

（3）作图步骤

①先补画出左侧立面图底稿，如图 5.7 所示，以便对盥洗池的内外形状构造有较充分的认识；

②在平面图上标注剖切平面的位置；

③将正立面图改画成 1—1 阶梯剖；

④将平面图左边小池改画成局部剖；

⑤将左侧立面图底稿改画成 2—2 全剖面图（图 5.7）。

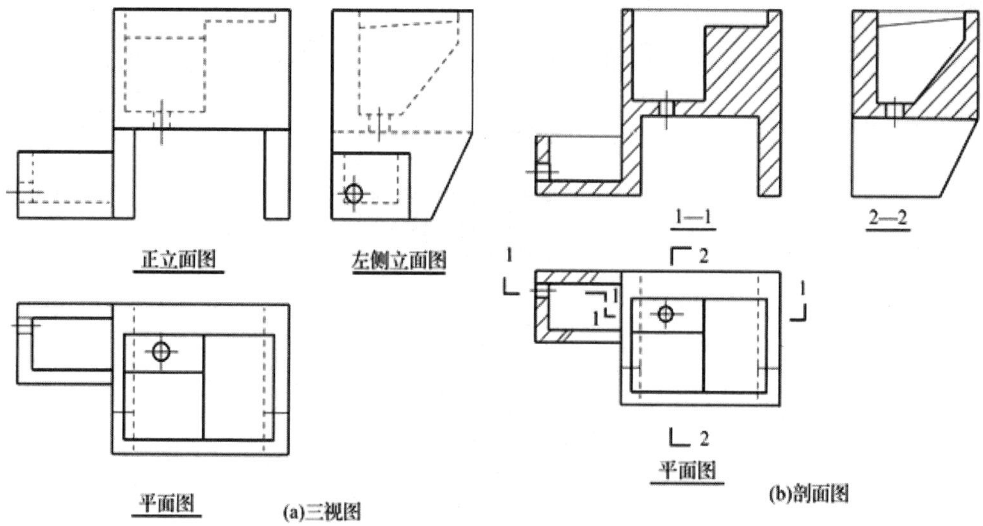

图 5.7　剖面图应用实例

【技术点睛】

国家制图标准对剖面图的符号、绘制要求做了相关规定，所以绘制的剖面图一定要遵守标准要求；要清楚剖切符号含义，注意投射方向，便于识图；有些剖面图可以没有剖切符号，如半剖、局部剖等，但是要注意相应的对称符号、波浪线等。

5.2 断面图

5.2.1 断面图与剖面图的区别

当某些建筑形体只需表现某个部位的截断面实形时，在进行假想剖切后只画出截断面的投影，而对形体的其他投影轮廓不予画出，称此截断面的投影为断面图（又称截面图）。

现以图 5.8（a）所示钢筋混凝土柱为例，在同一部位取剖面图和断面图的区别。

图 5.8（b）为剖面图，图 5.8（c）为断面图。在投影上 1—1 断面只反映了上柱正方形断面实形，2—2 断面只反映下柱工字形断面的实形；在断面符号标记上，断面图只画出剖切位置线，并应以粗实线绘制，长度宜为 6 ～ 10 mm。断面编号宜采用阿拉伯数字，按顺序连续编排，并应注写在剖切位置线的一侧，编号所在的一侧应为该断面的剖视方向。断面只需用中粗实线画出剖切面切到的图形。

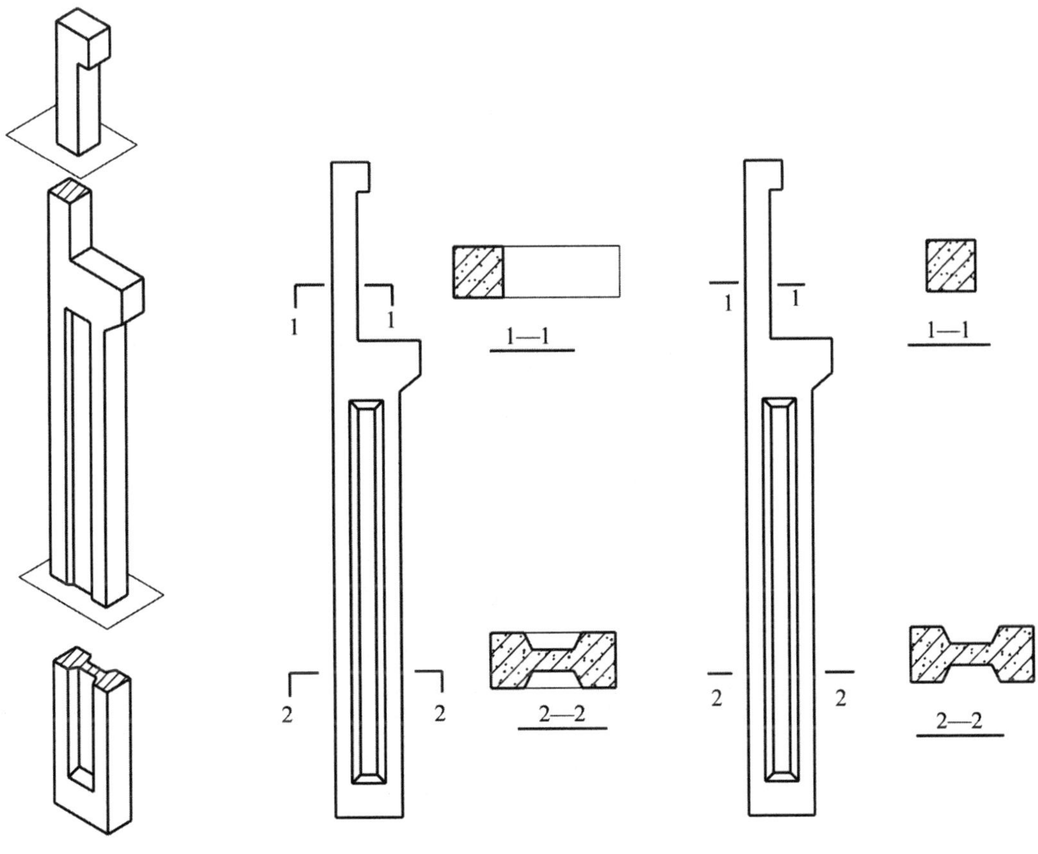

(a)直观图　(b)剖面图　(c)断面图

图 5.8　剖面图与断面图的区别

5.2.2 断面图的类型与应用

根据形体的特征不同和断面图的配置形式不同，可将断面图分为以下三类。

1. 移出断面

如图 5.9 所示槽形钢，断面图画在标注剖切位置的视图之外。断面图一般可布局在基本图样的右端或下方，图 5.8（c）的立柱也是移出断面。

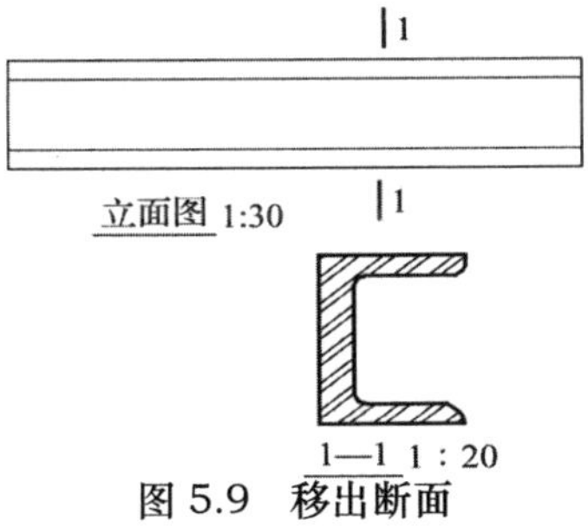

图 5.9　移出断面

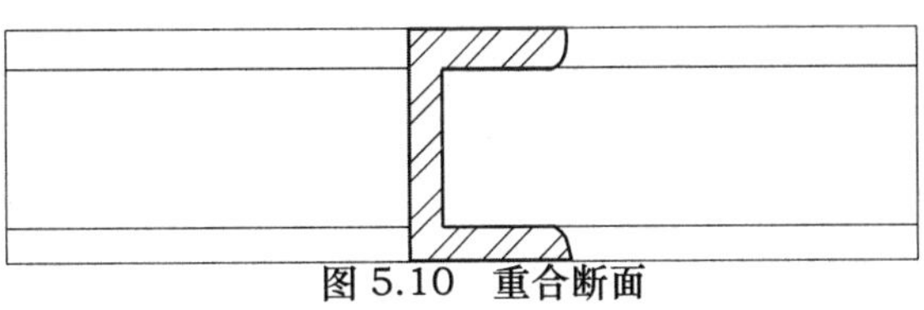

图 5.10　重合断面

2. 重合断面

当构件形状较简单时，可将断面直接画在视图剖切位置处，断面轮廓应加粗，图线重叠处按断面轮廓处理。这种画法的幅面利用紧凑、且可以省去剖切符号的标注。如图 5.10 所示。

3. 中断断面

当构件较长时，为了避免重合断面的缺点，将基本视图的剖切处用波浪线断开，在断开处画出断面图，也省去了剖切符号的标注，如图 5.11 所示。

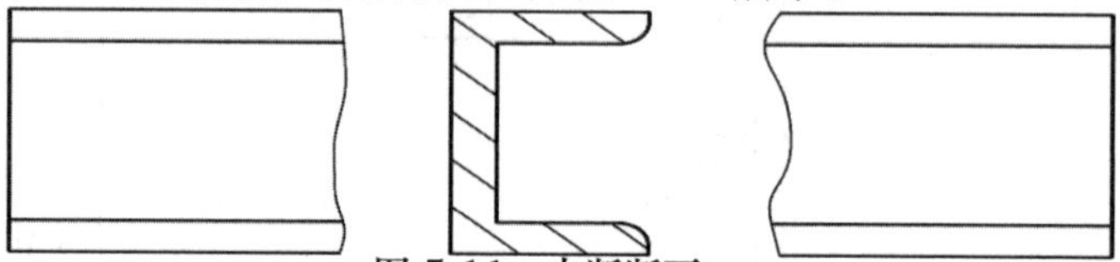

图 5.11　中断断面

图 5.12 中列举几种断面图实例供参考。

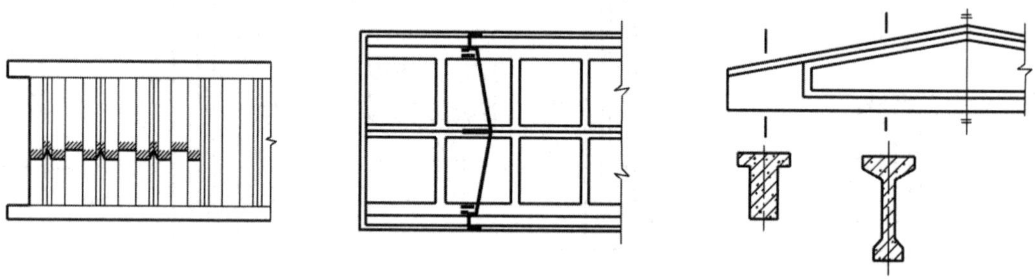

(a)墙壁上装饰的重合断面图　(b)屋面板、梁、天沟重合断面　(c)屋面梁移出断面

图 5.12　断面图应用实例

5.2.3 简化画法

在不影响生产和表达形体完整性的前提下，为了节省绘图时间，提高工作效率，《房屋建筑制图统一标准》规定了一些将投影图适当简化的处理方法，这种处理方法称为简化画法。

1. 对称图形的画法

（1）用对称符号

当视图对称时，可以只画一半视图（单向对称图形，只有一条对称线，如图 5.13（a）所示）或 1/4 视图（双向对称的图形，有两条对称线，如图 5.13（a）所示），但必须画出对称线，并加上对称符号。

对称线用细单点长画线表示，对称符号用两条垂直于对称轴线、平行等长的细实线绘制，其长度为 6 ～ 10　mm，间距为 2 ～ 3　mm，画在对称轴线两端，且平行线在对称线两侧长度相等，对称轴线两端的平行线到投影图的距离也应相等。

（2）不画对称符号

图形稍超出其对称线，此时不画对称符号，但尺寸要按全尺寸标注，尺寸一端画起止符号，另一端要超出对称线，不画起止符号，尺寸数字的书写位置与对称符号或对称线对齐。如图 5.13（b）所示。

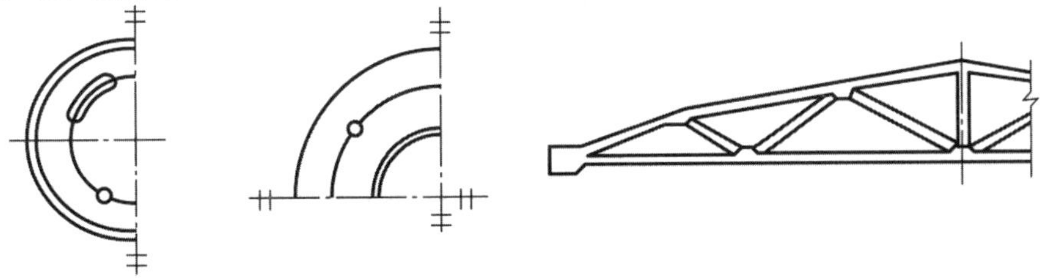

(a)画对称符号　　(b)不画对称符号

图 5.13　对称省略画法

2. 相同要素简化画法

形体内有多个完全相同而连续排列的构造要素，可仅在两端或适当位置画出其完整图形，其余部分以中心线或中心线交点表示，如图 5.14（a）、图 5.14（b）、图 5.14（c）所示。

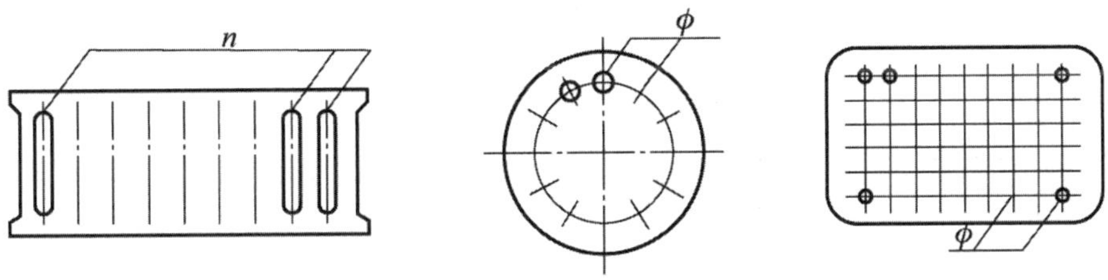

(a)两端画出　　(b)对称点上画出　　(c)适当位置画出

图 5.14　相同要素的简化画法

【技术点睛】

断面图与剖面图的区别是断面图只绘制剖切到的断面，没有剖切到但是投影能看到的部分不绘制，简单地说断面图是剖面图的一部分。

5.3 其他视图

视图是物体向投影面投射时所得的图形。在视图中一般只用粗实线画出物体的可见轮廓，必要时可用虚线画出物体的不可见轮廓。常用的视图有基本视图和辅助视图。

5.3.1 基本视图

在三投影面体系中，我们得到了主视图、俯视图和左视图三个视图。如果在三投影面的基础上再加三个投影面，也就是在原来三个投影面的对面，再增加三个面，就构成了一个空间六面体，然后将物体再从右向左投影，得到右视图；从下向上投影，得到仰视图；从后向前投影，得到后视图。这样加上原来的三视图就构成了六个视图，这六个视图称为基本视图。六个基本视图的展开方法如图 5. 15 所示。

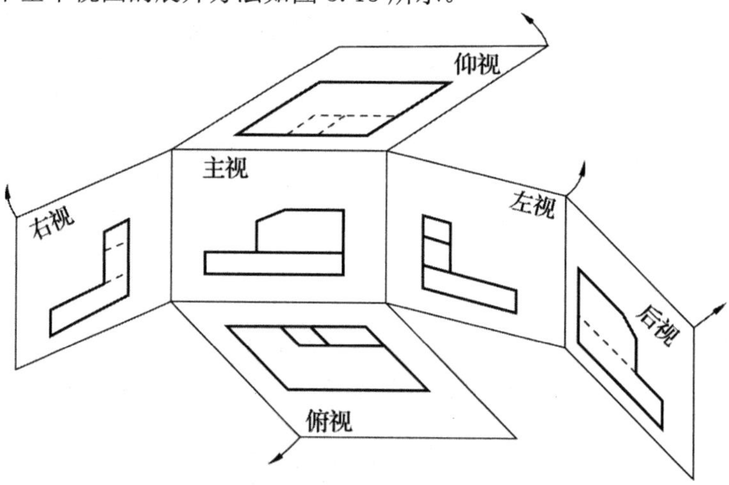

图 5.15　基本视图的展开

如将这六个视图放在一张图纸上，各视图的位置按图所示的顺序排列。六个基本视图之间仍遵守“三等”规律。如图 5. 16 所示。

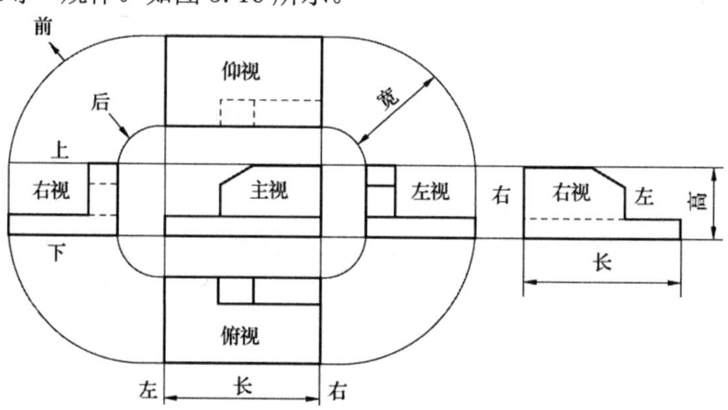

图 5.16　基本投影图的配置

5.3.2 辅助视图

1. 局部视图

局部视图是将物体的某一部分向基本投影面投射所得到的视图。用带字母的箭头指明要表达的部位和投射方向，并在所画视图上方注明视图名称。局部视图的范围用波浪线表示。当局部的外形轮廓线封闭时，可不画波浪线。如图 5. 17 所示。

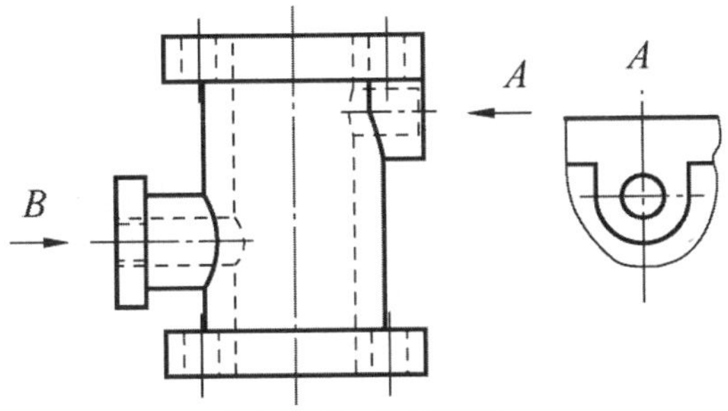

图 5.17　局部视图

2. 斜视图

斜视图是物体向不平行于基本投影面的平面投影所得到的视图。斜视图的断裂边界用波浪线表示。如图 5.18 所示。

3. 旋转视图

当形体的某一部分与基本投影面倾斜时，假想将形体的倾斜部分旋转到与某一选定的基本投影面平行，再向该基本投影面投影，所得的视图称为旋转视图（又称展开视图），其目的是用于表达形体上倾斜部分的外形。展开视图应在图名后加注“展开”字样。如图 5.19 所示。

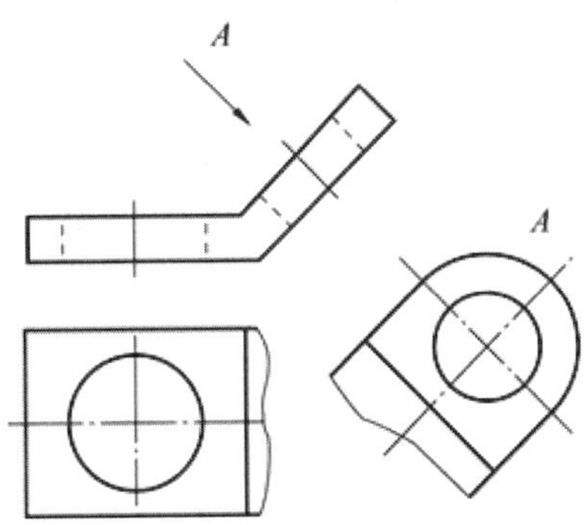

图 5.18　斜视图

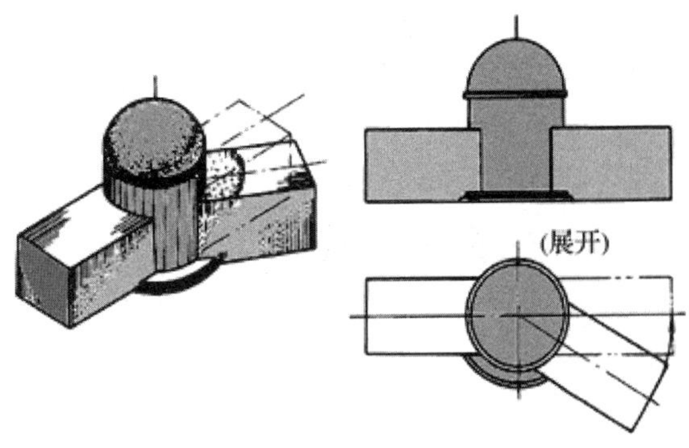

(a)旋转体直观图　(b)旋转体投影图

图 5.19　旋转视图

4. 镜像视图

把一镜面放在形体的下面，代替水平投影面，在镜面中得到形体的垂直映像，这样的投影即为镜像投影。镜像投影所得的视图应在图名后注写“镜像”二字。

在建筑装饰施工图中，常用镜像视图来表示室内顶棚的装修、灯具等构造。如图 5.20 所示。

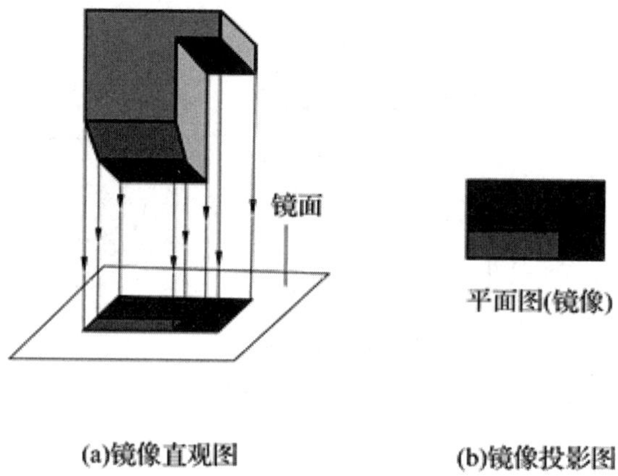

图 5.20　镜像视图

【技术点睛】

了解其他识图方法，如展开剖面图、镜像识图，可以帮助我们更好地识读图纸。在学习的过程中要注重学习国家制图相关标准。

【基础同步】

一、填空题

1. 剖面图的剖切符号由__________线和__________线组成，并在____________线的端部注写剖切符号的____________。

2. 剖面图是形体在剖视投影中能见到的断面部分和其他可见部分的____________图。

3. 常见的剖面图有____________、__________和____________、__________等几种。

4. 在剖面图和断面图中，被剖切到的轮廓线内一般应画出______或__________。

5. 当用__________剖切平面将形体____________剖开，得到的剖面图称为全剖面图。

6. 半剖面图一般用于____________形体的剖切。

7. 当半剖面图的对称线为垂直线时，投影图一般应画在____________。

8. 当形体的局部内部构造需要表达清楚时，常采用____________的方法得到剖面图。

9. 断面图的剖切符号只有______，并应以_______线绘制，长度宜为__________。

10. 断面图有__________、__________和____________。

二、选择题

1. 剖切位置线用一组不穿越图形的粗实线表示，一般长度为（　　）mm。

A. 4 ~ 6　　B. 6 ~ 8　　C. 6 ~ 10　　D. 8 ~ 10

2. 剖面图剖切到的形体外轮廓线用（　　）表示。

A. 细实线　　B. 中实线　　C. 中粗实线　　D. 45° 斜线

3. 阶梯剖面图所用的剖切平面是（　　）。

A. 一个剖切平面　　B. 两个相交的剖切平面

C. 两个垂直的剖切平面　　D. 两个平行的制切平面

4. 半剖面图适用形体的条件是（　　）。

A. 不对称形体　　B. 对称形体　　C. 外形简单形体　　D. 内部复杂形体

5. 对称形体可以只绘制一半剖面图，但是在对称线上要绘制（　　）。

A. 对称符号　　B. 波浪线　　C. 细单点长画线　　D. 其他符号

【实训提升】

一、判断题

1. 剖切符号应由剖切位置线和投射方向线组成，它们均以细实线绘制。（　　）

2. 表示剖切平面的位置及投影方向的剖切符号表示在形体的轴测图上。（　　）

3. 剖面图和断面图的剖切平面通常为投影面的平行面。（　　）

4. 剖面图和断面图的图名一般以剖切符号的编号来命名。（　　）

5. 全剖面图选择的是外形复杂内部简单的形体。（　　）

6. 阶梯剖面转折处由于剖切所产生的轮廓线在剖面图中不必画出。（　　）

7. 半剖面图中视图部分与剖面部分的分界线是波浪线。（　　）

8. 半剖面图一般应画在水平投影图的上侧。（　　）

9. 对于墙体、楼地面等构造层次较多的建筑构件，可用分层局部剖面图来表示其内部的分层构造。（　　）

10. 断面图的剖切符号只有剖切位置线表示，因为它不需要表明剖视后的投射方向。（ ）

二、选择题

1. 若在平面图上作剖面图，应该在（ ）投影面上标注剖切符号。

A. V、W面　　B. V、H面　　C. H、W面　　D. 任意一个投影面

2. 局部剖面与视图的分界线是（　　）。

A. 细点画线　　B. 波浪线　　C. 细实线　　D. 虚线

3. 同一剖切位置处的断面图是剖面图的（　　）。

A. 全部　　B. 一部分　　C. 补充内容　　D. 无补充内容

4. 重合断面图应画在（　　）。

A. 视图的轮廓线以外　　B. 视图的轮廓线以内

C. 剖切位置线的延长线上　　D. 按投影关系配置

5. 必须画出剖切符号的断面图是（　　）。

A. 移出断面图　　B. 中断断面图　　C. 重合断面图　　D. 以上都对

项目 6 建筑工程图概述

[项目概述]

房屋即建筑物是人们生产、生活、工作和学习等各种活动的场所，与人类的生活密切相关。建造一栋房屋是一个复杂的工程，需要经过设计和施工两个阶段。建筑工程图就是将拟建的房屋按照设计的要求，以及国家的标准的规定，用正投影的方法，详细、准确的将房屋的造型和构造用图形表达出来的一套图纸，是建造房屋的依据。

要正确的识读建筑工程图首先应了解建筑工程图产生的过程及建筑工程图的分类，熟悉建筑工程图的相关国家标准，掌握建筑工程图的识图方法。

[项目目标]

知识目标:

1. 了解建筑工程图产生的过程;
2. 熟悉建筑工程图的分类及建筑工程图的排序;
3. 掌握国家相关的制图标准;
4. 熟悉建筑物的构成及作用。

能力目标:

1. 能熟悉建筑施工图产生的过程及分类;
2. 能具有识读建筑施工图的基础知识;
3. 能明确建筑物的构成及作用。

[项目课时]

建议 4 ~ 6 课时。

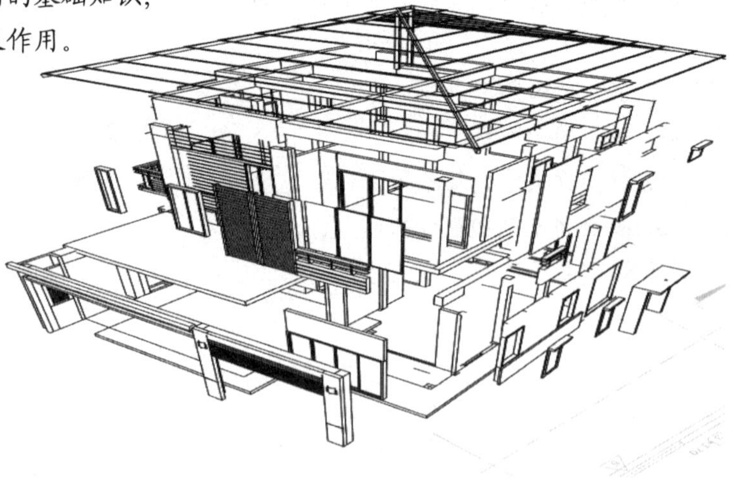

6.1 建筑工程图的产生和分类

【导入案例】

在实际工程中，一套完整的建筑工程图包括建筑施工图、结构施工图、设备施工图等，少则十几张，多则百余张。当给你一套建筑工程图时，你应该如何入手，如何分类，怎样开始读图直至看懂呢？这些都是本项目要解决的问题。

6.1.1 建筑工程图的产生

建筑工程图是建筑设计人员把将要建造的房屋的造型和构造情况，经过合理的布置、计算，各个工种之间进行协调配合而画出的施工图纸。

通常建筑设计分为初步设计和施工图设计两个阶段。对于大型的、比较复杂的工程，还可分成三个阶段，即在上述两个设计阶段之间，增加一个技术设计阶段，用来深入解决各专业之间协调等技术问题。

1. 初步设计阶段

初步设计是建筑设计的第一阶段，它的任务是提出设计方案。初步设计是根据建设单位提出的设计要求，通过调查研究、收集资料、合理构思，提出设计方案。初步设计的内容包括确定建筑物的组合方式，选择建筑材料和结构方案，确定建筑物在基地上的位置，说明设计意图，分析论证设计方案在技术上、经济上的合理性和可行性，并提出概算书。

初步设计的图纸和说明书包括以下几部分。

建筑总平面图：绘出建筑物在基地上的位置标高、道路、其他设施的布置以及绿化和说明。比例为 1: 500 ～ 1:2000。

各层平面图和主要剖面、立面图：应标注房屋的主要尺寸、房间的面积、高度以及门窗的位置，室内家具和设备的布置。比例为 1: 50 ～ 1: 200。

说明：说明设计方案的主要意图、主要结构方案和构造特点以及主要技术经济指标。

工程概算书：按国家有关规定，概略计算工程费用和主要建筑材料需要量。

另外，根据设计任务的需要常绘制建筑效果图并制作建筑模型沙盘，以表达房屋竣工后的外貌和周围的环境，便于比较和审定。

初步设计图纸和有关文件只是在提供研究方案和报上级审批时用，不能作为施工的依据，所以初步设计图也称为方案图。目前比较通行的方法是建设单位用招投标的方式请几家设计单位做几个不同的方案，经专家组评审后确定其中一个方案，并报有关部门批准。

2. 技术设计阶段

技术设计阶段的主要任务是在获批准的初步设计的基础上，进一步确定各专业工种（各专业工种包括建筑、结构、给水排水、采暖通风、电气等）之间的技术问题

技术设计的内容为在各专业工种之间提供资料，并提出要求的前提下，共同研究和协调编制拟建工程各工种的图纸和说明书，为绘制施工图打下基础。经批准的技术设计是编制施工图的依据。

技术设计的图纸和设计文件中，要求建筑图标注有关的详细尺寸，并编制建筑部分的技术说明书；要求结构图绘出房屋的结构布置方案，并附初步计算说明。其他专业也要提供相应的设备图纸及说明书。

3. 施工图设计阶段

施工图设计是建筑设计的最后阶段，它的主要任务是绘制满足施工要求的全套图纸。

施工图设计的内容包括确定全部工程尺寸和用料，绘制建筑、结构、设备、装饰等全部施工图纸、编制工程说明书、结构计算书和工程预算书。

施工图设计的图纸及设计文件有：建筑施工图中的建筑总平面图、建筑平面图、建筑立面图、建筑剖面图、建筑详图等。结构施工图中的基础平面图及基础详图，楼层平法施工图及详图，结构构造节点详图等；给水排水施工图，采暖通风施工图，电气施工图等；建筑、结构及设备等的说明书；结构及设备的计算书；工程预算书等。

6.1.2 建筑工程图的分类

一套完整的建筑工程图除了图纸目录，设计总说明等外，应包括以下图纸。

1. 建筑施工图（简称建施图）

它主要表明建筑物的外部形状、内部布置、装饰、构造、施工要求等。它包括首页图，建筑总平面图，建筑平面图、建筑立面图、建筑剖面图和建筑详图（楼梯、墙身、门窗详图等）。

2. 结构施工图（简称结施图）

它主要表明建筑物的承重结构构件的布置和构造情况。它包括基础结构图、柱平法施工图、梁平法施工图、墙平法施工图、板平法施工图及构件详图等。

3. 设备施工图（简称设施图）

它包括给水排水施工图、采暖通风施工图、电气照明（设备）施工图等。一般都由平面图、系统图和详图等组成。

一套完整的工程图纸应按专业顺序编排，一般是全局性图纸在前，表明局部的图纸在后；先施工的在前，后施工的在后；重要图纸在前，次要图纸在后。为了图样的保存和查阅，必须对每张图样进行编号，房屋施工图按照建筑施工图、结构施工图、设备施工图分别分类进行编号，如在建筑施工图中分别编出“建施 1”“建施 2”等。

6.1.3 建筑工程图的识读方法

1. 识读工程图应具备的基本知识

建筑工程图是根据投影原理绘制的，用图样表明房屋建筑的设计及构造做法。因此，要看懂工程图的内容，必须具备一定的基本知识。

1）掌握做投影图的原理和建筑形体的各种表示方法。

2）熟悉房屋建筑的基本构造。

3）熟悉工程图中常用的图例、符号、线型、尺寸和比例的意义。

2. 识读工程图的方法和步骤

看图的方法一般是： 从外向里看，从大到小看，从粗到细看，图样与说明对照看，建筑与结构对照看。先粗看一遍，了解工程的概貌，而后再细读。

读图的一般步骤：先看目录，了解总体情况，图样总共有多少张；然后按图样目录对照各类图样是否齐全，再细读图样内容。

【技术点睛】

工程图纸应按专业顺序编排，应为图纸目录、设计说明、总图、建筑图、结构图、给水排水图、暖通空调图、电气图等编排。各专业的图纸，应按图纸内容的主次关系、逻辑关系进行分类，做到有序排列。

6.2 建筑的分类及组成

【导入案例】

什么是建筑物、构筑物？建筑物如何分类？一般民用建筑的组成分为基础、柱、梁、内外墙、楼板和屋面板及屋面、门、窗、楼梯、地面、走道、台阶、花池、散水、勒脚、屋檐、雨篷等细部构造。这些建筑组成的作用是什么？

6.2.1 建筑的分类

建筑是指建筑物和构筑物的总称。建筑物是指人们直接在其内从事生产或生活活动的建筑。如：住宅、学校、商场、厂房等；构筑物是指人们一般不直接在其内从事生产或生活活动的建筑。如：烟囱、水塔、堤坝等。

1. 按建筑物的用途分类

1）民用建筑：供人们居住和进行公共活动的建筑物。

a. 居住建筑：供家庭和集体生活起居用的建筑物 ，如住宅、宿舍、公寓等

b. 公共建筑：供人们从事各种社会活动的建筑物，如医疗建筑、商业建筑、交通建筑、纪念性建筑等。

2）工业建筑：人们在其内从事生产性活动的建筑物，如各类厂房、辅助车间、仓库等。

3）农业建筑：供农业、牧业生产和加工用的建筑物，如温室、畜禽饲养场等。

2. 按建筑物的地上层数和高度分类

住宅建筑以层数划分，其他民用建筑以高度划分

1）住宅建筑：10 层及 10 层以上为高层住宅

2）公共建筑：建筑高度＞ 24 m 时为高层 ，建筑高度≤ 24 m 时为单层或多层

3）建筑物总高度超过 100 m 时为超高层建筑。

3. 按结构类型分

1）木结构

2）混合结构

包括砖木结构、砖混结构、钢与钢筋混凝土混合结构等。

3）钢筋混凝土结构

包括全框架承重结构、内框架承重结构、底层框架承重结构、钢筋混凝土剪力墙结构、框架 - 剪力墙承重结构、装配式钢筋混凝土大型板材建筑等。钢筋混凝土结构建筑的主要承重结构构件为钢筋混凝土制成，如钢筋混凝土柱、梁、板、屋面，砖或其他材料只作围护墙等。目前，我国多层或高层建筑大部分为此类结构。

4）钢结构

钢结构建筑主要结构构件为钢材制成。不少高层建筑和大跨度的影剧院、体育馆等采用此类结构。

6.2.2 民用建筑的构造及组成

一般民用建筑的组成分为主要部分和附属部分。主要部分包括基础、柱、梁、内外墙、楼板和屋面板及屋面；附属部分包括门、窗、楼梯、地面、走道、台阶、花池、散水、勒脚、屋檐、雨篷等细部构造，如图 6.1 所示。

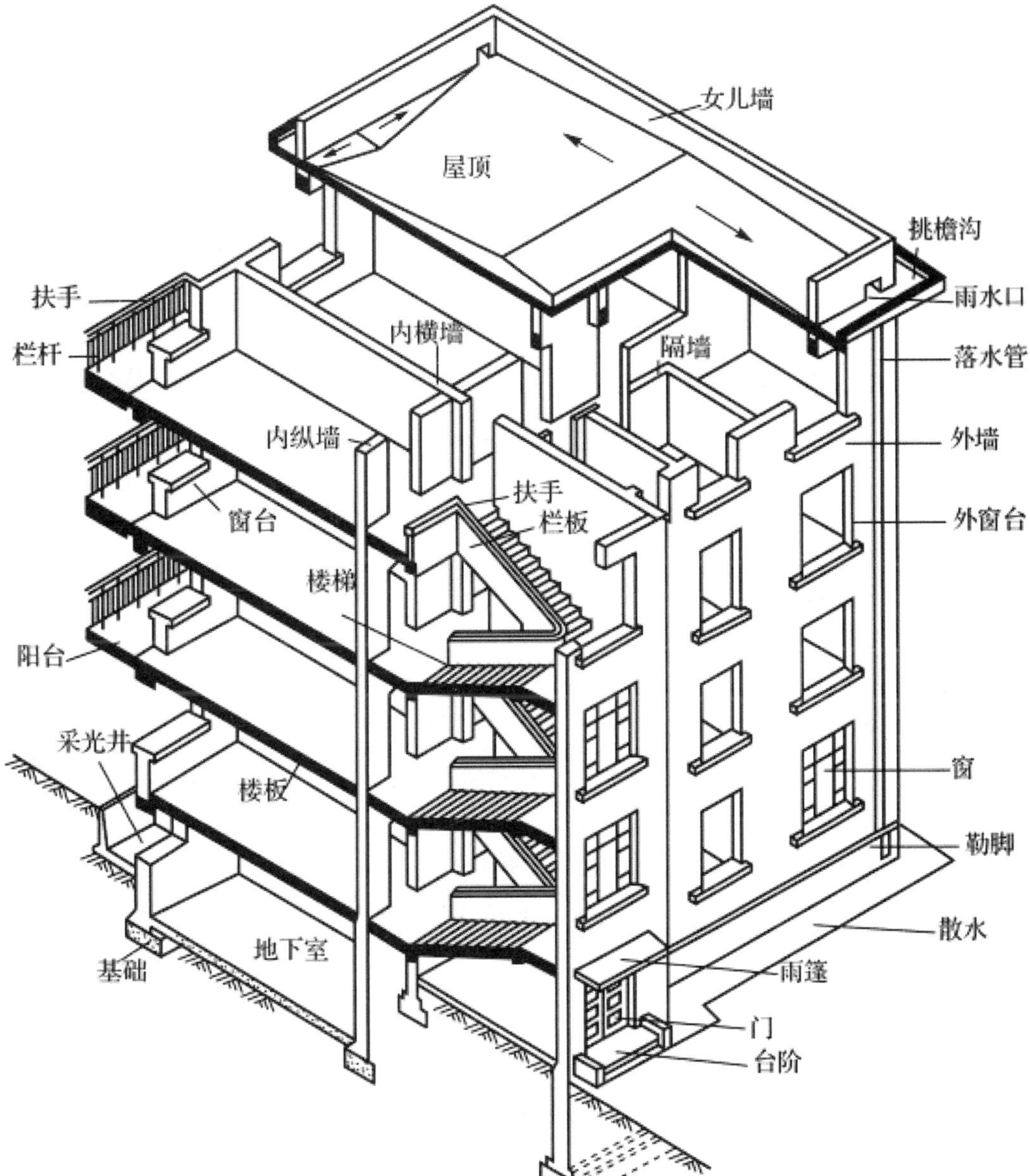

图 6.1 民用建筑组成

1. 基础

基础位于墙或柱的下部，作用是承受上部荷载（重量），并将荷载传递给地基（地球）

2. 柱、墙

柱、墙的作用是承受梁或板传来荷载，并将荷载传递给基础，它是房屋的竖向传力构件。墙还起围成房屋空间和内部水平分隔的作用。墙按受力情况分为承重墙和非承重墙(也称确墙），按位置分为内墙和外墙，按方向分为纵墙和横墙。

3．梁

梁的作用是承受板传来荷载，并将荷载传递给柱或墙，它是房屋的水平传力构件。

4．楼板和屋面板

楼板和屋面板是划分房屋内部空间的水平构件，同时又承受板上荷载作用，并把荷载传递给梁。

5．门、窗

门的主要功能是交通和分隔房间，窗的主要功能是通风和采光，同时还具有分隔和围护的作用。

6．楼梯

楼梯是各楼层之间垂直交通设施，为上下楼层用。

7．其他建筑配件

其他建筑配件包括地面、走道、台阶、花池、散水、勒脚、屋檐、雨篷等。

【技术点睛】

建筑各部分均由许多结构构件和建筑配件组成。因此，除了解上述主要构造之外，还应了解各种构配件的名称、作用和构造方法，如梁、过梁、圈梁、挑梁、梯梁、板、梯板、平台板、散水、明沟、勒脚、踢脚线、墙裙、檐沟、女儿墙、水斗、水落管、阳台、雨篷、顶棚、花格、通风道、卫生间、盥洗室等。还可参观有关民用建筑的各部分构造，建立感性认识。

6.3 房屋建筑制图国家标准

【导入案例】

为了确保图面质量，提高制图和识图的效率，在绘制施工图时，必须严格遵守国家标准中的有关规定。我国现行的建筑制图国家标准是建设部主编和批准的，包括《房屋建筑制图统一标准》（GB/T 50001—2017）、《总图制图标准》（GB/T 50103—2010）、《建筑制图标准》（GB/T 50104—2010）、《建筑结构制图标准》（GB/T 50105—2010）、《建筑给水排水制图标准》（GB/T 50106—2010）、《暖通空调制图标准》（GB/T 50114—2010）。要看懂图纸，一定要熟悉施工图中常用图例、符号、线型、尺寸、比例等。

6.3.1 图线

在建筑工程图中，为了表明不同的内容并使层次分明，须采用不同线型和不同粗细的图线来绘制。常用的有实线、虚线、单点长画线、双点长画线、折断线和波浪线 6 类。其中前两类线型按宽度不同又分为粗、中粗、中、细 4 种；单点长画线、双点长画线按宽度不同又分为粗、中、细 3 种；折断线、波浪线这两种线型一般均为细线。

工程建设制图的图线线宽及用途，见表 6.1 所示。

表 6.1 图线

名称		线型	线宽	用途
实线	粗		b	主要可见轮廓线
	中粗		$0.7b$	可见轮廓线、变更云线
	中		$0.5b$	可见轮廓线、尺寸线
	细		$0.25b$	图例填充线、家具线
虚线	粗		b	见各有关专业制图标准
	中粗		$0.7b$	不可见轮廓线
	中		$0.5b$	不可见轮廓线、图例线
	细		$0.25b$	图例填充线、家具线
单点长画线	粗		b	见各有关专业制图标准
	中		$0.5b$	见各有关专业制图标准
	细		$0.25b$	中心线、对称线、轴线等
双点长画线	粗		b	见各有关专业制图标准
	中		$0.5b$	见各有关专业制图标准
	细		$0.25b$	假想轮廓线、成型前原始轮廓线
折断线	细		$0.25b$	断开界线
波浪线	细		$0.25b$	断开界线

6.3.2 比例

图样的比例，应为图形与实物相对应的线性尺寸之比。绘图所用的比例应根据图样的用途与被绘对象的复杂程度，从表 6.2 中选用，并应优先采用表中常用比例。一般情况下，一个图样应选用一种比例。根据专业制图需要，同一图样可选用两种比例，见表 6.2 所示。

表 6.2 绘图所用的比例

常用比例	1∶1、1∶2、1∶5、1∶10、1∶20、1∶30、1∶50、1∶100、1∶150、1∶200、1∶500、1∶1000、1∶2000
可用比例	1∶3、1∶4、1∶6、1∶15、1∶25、1∶40、1∶60、1∶80、1∶250、1∶300、1∶400、1∶600、1∶5000、1∶10000、1∶20000、1∶50000、1∶100000、1∶200000

6.3.3 定位轴线

建筑工程图中的定位轴线是设计和施工中定位、放线的重要依据。凡承重墙、柱、梁等主要承重构件，都要画出定位轴线并对轴线进行编号，以确定其位置。对于非承重墙及次要的承重构件，有时用附加定位轴线表示其位置。

1. 定位轴线

定位轴线应用细的单点长画线绘制，轴线端部用细实线画直径为 8 ～ 10 mm 的圆圈并加以编号，圆心应在定位轴线的延长线上或延长线的折线上。

定位轴线应编号，编号应注写在轴线端部的圆内。平面图上定位轴线的编号，宜标注在图样的下方及左侧，或在图样的四面标注。横向编号（水平方向）应用阿拉伯数字，从左至右顺序编写，竖向编号（垂直方向）应用大写英文字母，从下至上顺序编写，其中 *I*、*O*、*Z* 不得用作轴线编号，如图 6.2 所示。

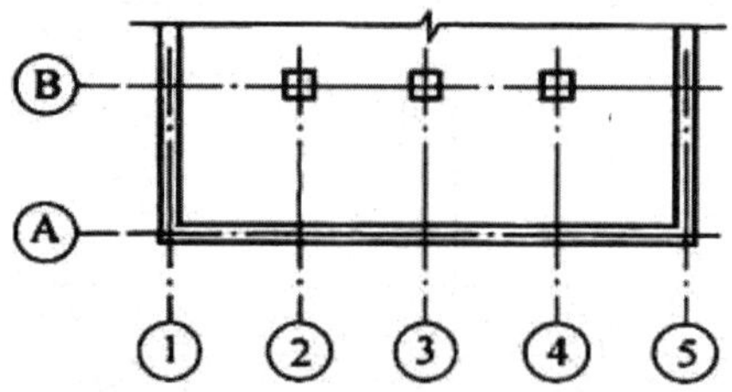

图 6.2　定位轴线的编号顺序

2. 附加定位轴线

附加定位轴线的编号应以分数形式表示，并应符合下列规定：

1）两根轴线的附加轴线，应以分母表示前一轴线的编号，分子表示附加轴线的编号，编号宜用阿拉伯数字顺序编写；

(1/2) 表示横向 2 轴线后的第一条附加定位轴线。

(3/C) 表示纵向 *C* 轴线后的第三条附加定位轴线。

2）1 号轴线或 *A* 号轴线之前的附加轴线的分母应以 *O*1 或 *OA* 表示。

(1/01) 表示横向 1 轴线前的第一条附加定位轴线。

(3/0A) 表示纵向 A 轴线前的第三条附加定位轴线。

3. 一个详图适用于几根定位轴线

图 6.3　详图的轴线编号图

6.4　通用详图的轴线编号

一个详图适用于几根轴线时，应同时注明各有关轴线的编号，如图 6.3 所示。

4. 通用详图的定位轴线

应只画圆圈，不注写轴线编号，如图 6.4 所示。

6.3.4 索引符号和详图符号

建筑工程图中某一局部或构件如无法表达清楚时，通常将其用较大的比例放大画出详图。为了便于查找及对照阅读，可通过索引符号和详图符号来反映基本图与详图之间的对应关系。

1. 索引符号

索引符号应由直径为 8 ～ 10 mm 的圆和水平直径组成，圆及水平直径线宽宜为细实线，如图 6.5（a）所示。

索引符号编写应符合下列规定：

1）当索引出的详图与被索引的详图同在一张图纸内，应在索引符号的上半圆中用阿拉伯数字注明该详图的编号，并在下半圆中间画一段水平细实线，如图 6.5（b）所示。

2）当索引出的详图与被索引的详图不在同一张图纸中，应在索引符号的上半圆中用阿拉伯数字注明该详图的编号，在索引符号的下半圆用阿拉伯数字注明该详图所在图纸的编号，如图 6.5（c）所示。

3）当索引出的详图采用标准图时，应在索引符号水平直径的延长线上加注该标准图集的编号，如图 6.5（d）所示。

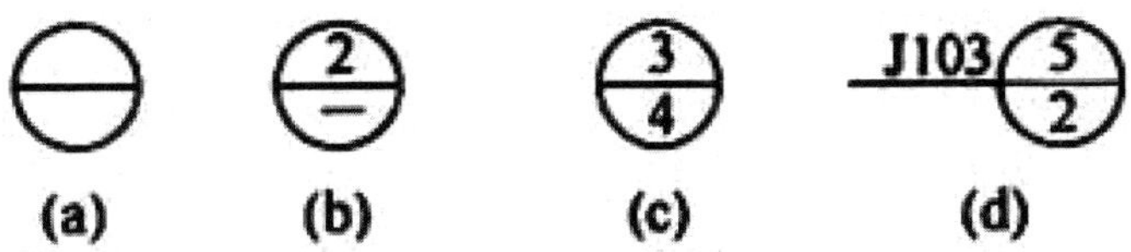

图 6.5　索引符号

4）当索引符号用于索引剖视详图时，应在被剖切的部位绘制剖切位置线，并以引出线引出索引符号，引出线所在的一侧应为剖视方向，如图 6.6 所示。

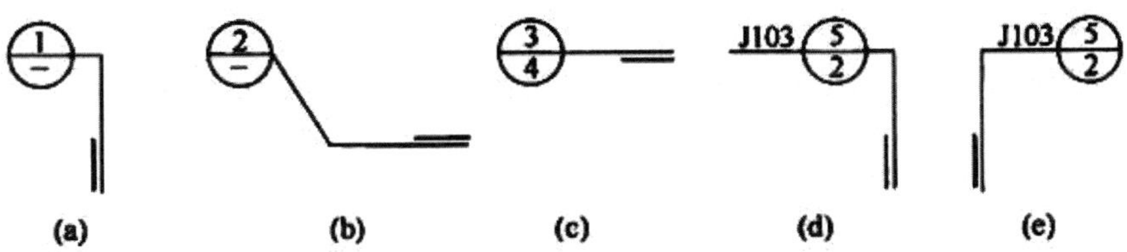

图 6.6　用于索引剖视详图的索引符号

2. 详图符号

详图符号的圆直径应为 14 mm，线宽为粗实线，详图编号应符合下列规定：

1）当详图与被索引的图样同在一张图纸内时，应在详图符号内用阿拉伯数字注明详图的编号，如图 6.7（a）所示；

2）当详图与被索引的图样不在同一张图纸内时，应用细实线在详图符号内画一水平直径，在上半圆中注明详图编号，在下半圆中注明被索引的图纸的编号，如图 6.7（b）所示。

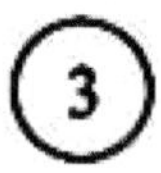

(a)

(b)

图 6.7 与被索引图样在（不在）同一张图纸内的洋图索引

6.3.5 尺寸标注和标高

1. 尺寸标注

图样上的尺寸，应包括尺寸界线、尺寸线、尺寸起止符号和尺寸数字，如图 6.8 所示。

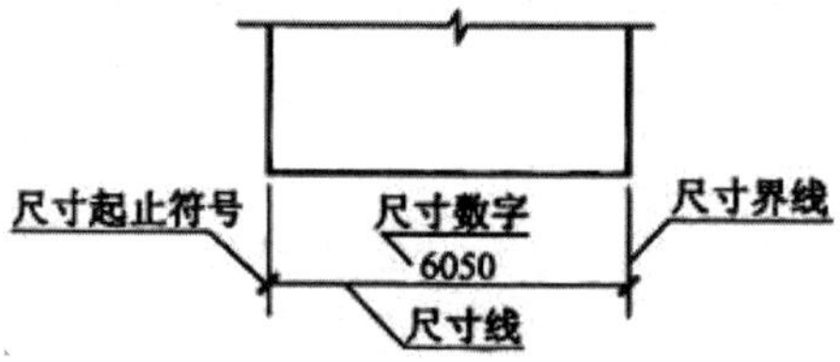

图 6.8 尺寸标注

建筑工程图尺寸可分为总尺寸、定位尺寸和细部尺寸。绘图时，应根据设计深度和图纸用途确定所需注写的尺寸。细部尺寸表示各部位构造的大小，定位尺寸表示各部位构造之间的相互位置，总体尺寸应等于各分尺寸之和。

尺寸除了总平面图及标高尺寸以 m（米）为单位外，其余一律以 mm（毫米）为单位，注写尺寸时，应注意使长、宽尺寸与相邻的定位轴线相联系。

2. 标高符号

（1）标高符号应以等腰直角三角形表示，高约 3 mm，用细实线绘制，如图 6.9 所示。L – 取适当长度注写标高数字；h – 根据需要取适当高度。

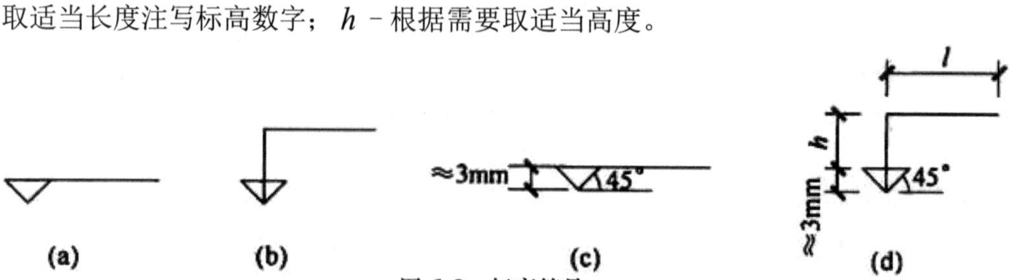

图 6.9 标高符号

（2）总平面图室外地坪标高符号，宜用涂黑的三角形表示，如图 6.10 所示。

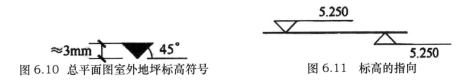

图 6.10 总平面图室外地坪标高符号

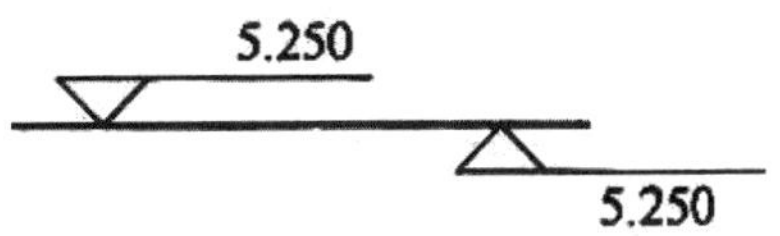

图 6.11 标高的指向

（3）标高符号的尖端应指至被注高度的位置。尖端一般应向下，也可向上。标高数字应注写在标高符号的上侧或下侧，如图 6.11 所示。

（4）标高数字应以米为单位，注写到小数点以后第三位。在总平面图中，可注写到小数点以后第二位。

（5）零点标高应注写成 ±0. 000，正数标高不注“＋”，负数标高应注“-”，例如 3. 000、-0. 600。

6）在图样的同一位置需表示几个不同标高时，标高数字可按图 6.12 所示的形式注写。

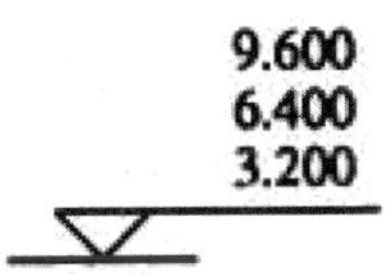

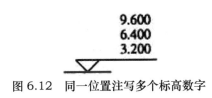

图 6.12 同一位置注写多个标高数字

3. 标高分类

1）绝对标高和相对标高

我国把青岛附近黄海的平均海平面定为绝对标高的零点，其他各地的标高都以它作为基准。建筑工程图中，一般只有总平面图中的室外地坪标高为绝对标高；凡标高的基准面（即零点标高 ±0.000）是根据工程需要而各自选定的标高称为相对标高。通常把新建建筑物的底层室内地面作为相对标高的基准面。

零点标高应注写成 ±0.000，高于建筑首层地面的高度均为正数，低于首层地面的高度均为负数，并在数字前面注写“-”，正数字前面不加“+”。

2）建筑标高和结构标高

标注在建筑物装饰面层处的标高为建筑标高，标注在梁底、板底等处的标高为结构标高，如图 6.13 所示。

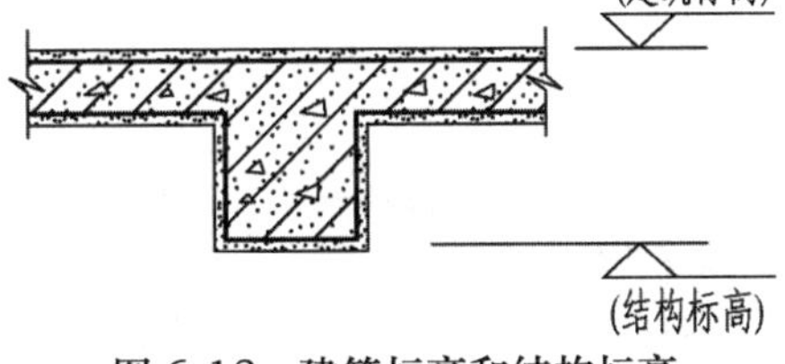

图 6.13 建筑标高和结构标高

建筑物平面、立面、剖面图，宜标注室内外地坪、楼地面、地下层地面、阳台、平台、檐口、层脊、女儿墙、雨棚、门、窗、台阶等处的标高。

6.3.6 引出线

在建筑工程图中，某些部位需要文字说明或详图说明的，可用引出线从该部位引出。

1. 引出线线宽应为细实线

宜采用水平方向的直线，或与水平方向成 30°、45°、60°、90° 的直线，并经上述角度再折成水平线。文字说明宜注写在水平线的上方，也可注写在水平线的端部，索引详图的引出线，应与水平直径线相连接，如图 6.14 所示。

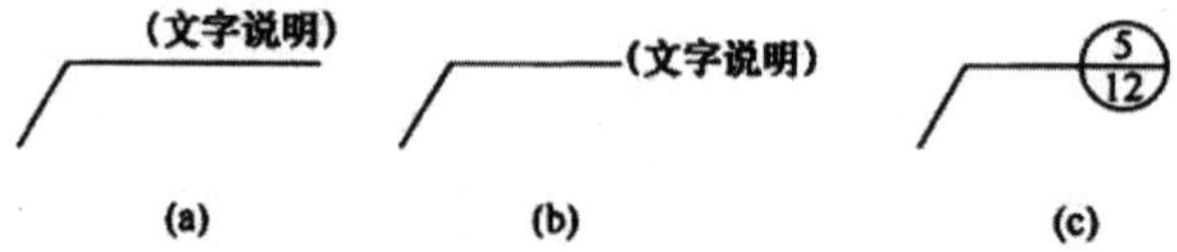

图 6.14 引出线

2. 同时引出的几个相同部分的引出线

宜互相平行，也可画成集中于一点的放射线，如图 6.15 所示。

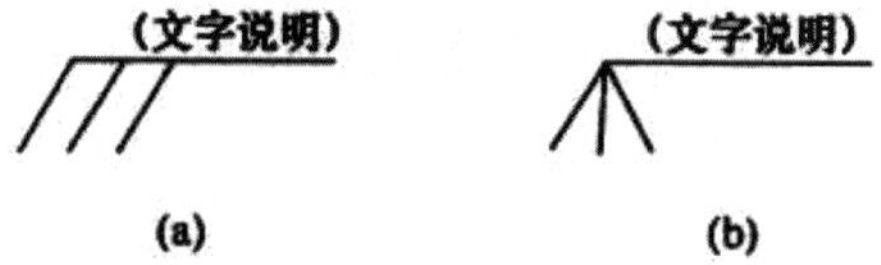

图 6.15 共用引出线

3. 多层构造或多层管道共用引出线

应通过被引出的各层，并用圆点示意对应各层次。文字说明宜注写在水平线的上方，或注写在水平线的端部，说明的顺序应由上至下，并应与被说明的层次对应一致；如层次为横向排序，则由上至下的说明顺序应与由左至右的层次对应一致，如图 6.16 所示。

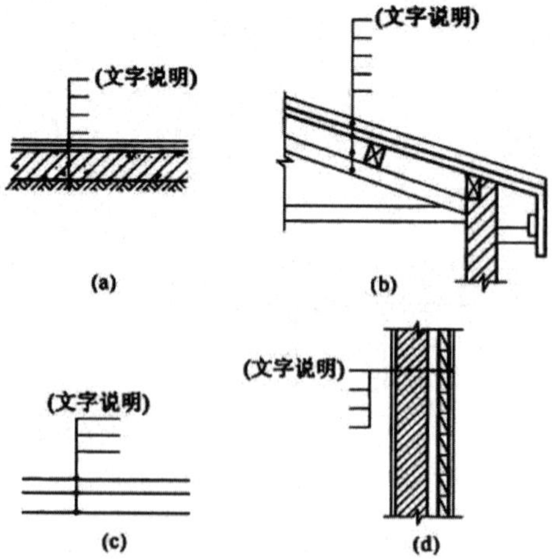

图 6.16 多层引出线

6.3.7 其他符号

1. 对称符号

对称符号应由对称线和两端的两对平行线组成。对称线应用细单点长画线绘制；平行线应用中实线绘制，其长度宜为6～10 mm，每对的间距宜为2～3 mm，；对称线应垂直平分于两对平行线，两端超出平行线宜为2～3 mm，如图6.17所示。

2. 连接符号

连接符号应以折断线表示需连接的部分。两部位相距过远时，折断线两端靠图样一侧应标注大写英文字母表示连接编号。两个被连接的图样应用相同的字母编号，如图6.18所示。

图6.17 对称符号

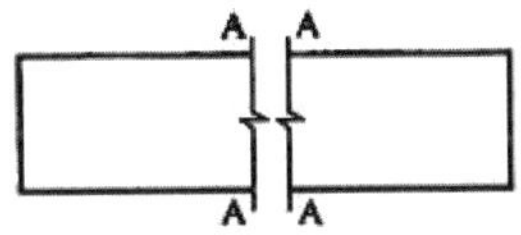

图6.18 连接符号

3. 指北针和风玫瑰图

1）指北针

指北针圆的直径宜为24 mm，用细实线绘制；指针尾部的宽度宜为3 mm，指针头部应注“北”或“N”字。需用较大直径绘制指北针时，指针尾部的宽度宜为直径的1/8，如图6.19所示。

2）风玫瑰图

“风玫瑰”图也叫风向频率玫瑰图，它是根据某一地区多年平均统计的各个方风向频率的百分数值，并按一定比例绘制，一般多用八个或十六个罗盘方位表示。玫瑰图上所表示风的吹向（即风的来向），是指从外面吹向地区中心的方向。风玫瑰折线上的点离圆心的远近，表示从此点向圆心方向刮风的频率的大小。实线表示常年风，虚线表示夏季风，如图6.19所示。

指北针与风玫瑰结合时宜采用互相垂直的线段，线段两端应超出风玫瑰轮廓线2～3 mm，垂点宜为风玫瑰中心，北向应注“北”或“N”字，组成风玫瑰所有线宽均宜为中实线。

3）变更云线

对图纸中局部变更部分宜采用云线，并宜注明修改版次。修改版次符号宜为边长0. 8 cm的正等边三角形，修改版次应采用数字表示，如图6.20所示。变更云线的线宽宜按中粗实线绘制。

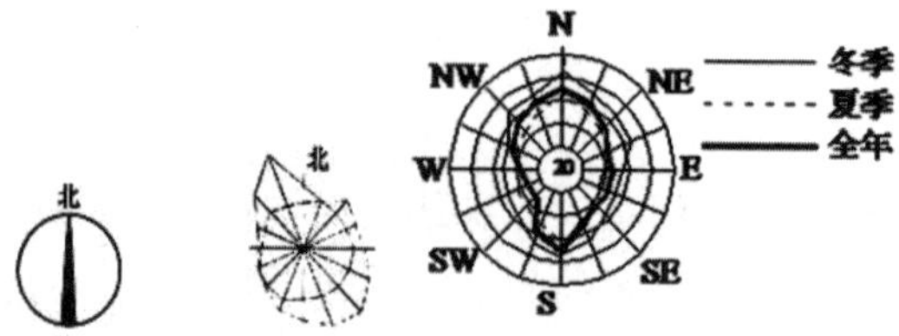

图 6.19　指北针和风玫瑰图图

6.20　变更云线

6.3.8 图例

1. 图例画法

常用建筑材料的图例，对其尺度比例不做具体规定。使用时，应根据图样大小而定，并应符合下列规定：

1）图例线应间隔均匀、疏密适度，做到图例正确、表示清楚；

2）不同品种的同类材料使用同一图例时，应在图上附加必要的说明；

3）两个相同的图例相接时，图例线宜错开或使倾斜方向相反，如图 6.21 所示；

图 6.21　相同图例相接时的画法

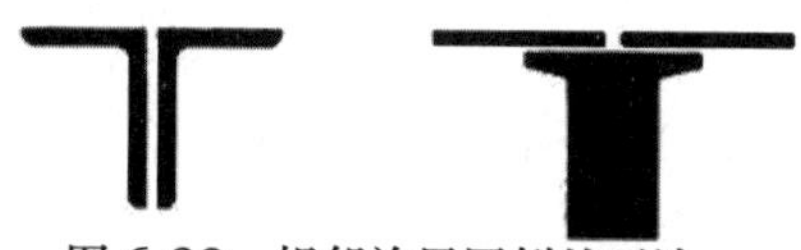

图 6.22　相邻涂黑图例的画法

4）两个相邻的填黑或灰的图例间应留有空隙，其净宽度不得小于 0. 5 mm，如图 6.22 所示。

2. 常用建筑材料图例

如表 5.1 所示。

【技术点睛】

国家制图标准是制图、识图的依据，掌握好符号、图例及制图标准才能正确识读图纸，并按图施工。图例是简化建筑工程施工图但不可缺少的，它除了包括建筑材料图例、总平面图图例、建筑构造及配件图例外，还有结构图例、卫生设备图例等，可以查阅相关的制图标准图集，为熟练识图必须熟记常用图例。

【基础同步】

一、填空题

1. 一套完整的建筑工程图包括＿＿＿＿＿＿、＿＿＿＿＿＿和＿＿＿＿＿＿＿。

2. 索引符号用＿＿＿＿线绘制，详图符号用＿＿＿＿绘制，轴线端部的圆用＿＿＿＿＿线绘制，指北针用＿＿＿＿＿绘制，对称符号的对称线用＿＿＿＿线绘制。

3. 附加定位转线的编号应以＿＿＿形式表示。用附加定位轴线表示的是＿＿及＿＿＿的位置。

4. 画指北针时，应在指针头部标注__________或___________字。

5. 建筑施工图上的尺寸可分为_________尺寸、____________尺寸和______________尺寸。

6. 索引符号的直径是___mm，详图符号的直径是___mm，轴线端部圈的直径是______mm，指北针的直径是__________mm。

7. 

表示__________号轴线___________附加的_____________轴线。

8. 

详图索引符号对应的详图在__________________________。

9. 索引符号和详图符号可以用来反映_____________图和____________图之间的对应关系。

10. 建筑标高是标注在______________标高，结构标高是标注在_____________等处的标高。

11. 图例是国家标准规定的图形符号，建筑施工图常用的图例有______________图例、图例、________图例、_____________图例等。

二、选择题

1. 建筑工程图是用（　）方法绘制的。

A. 中心投影　　B. 平行投影　　C. 正投影　　D. 斜投影

2. 下列图线或符号用粗实线绘制的是（　）。

A. 详图符号　　B. 指北针　　C. 定位轴线　　D. 尺寸界线

3. A 轴线之前附加第二道轴线正确的表示为（　）。

A. 

B. 

C. 

D. 

4. 　材料图例表示（　）。

A. 防水材料　　B. 网状材料　　C. 多孔材料　　D. 纤维材料

5 索引符号 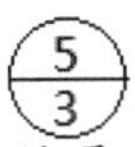

表示为（　）。

A. 5 为详图的编号，3 为索引图纸的编号

B. 5 为详图的编号，3 为详图所在图纸的编号

C. 3 为详图的编号，5 为索引图纸的编

D. 3 为详图的编号，5 为详图所在图纸的编号

【实训提升】

一、判断题

1. 　为自然土壤的图例符号。（ ）

2. 施工图中的引出线用中实线表示。（ ）

3. 一套图纸一般都是表明局部的图纸在前，全局性图纸在后。（　）

4. 定位轴线用单点长画线表示。（ ）

5. 拉丁字母中的 I.O.U 不得用为轴线编号。（ ）

6. 波浪线、折断线的线宽是 0.35b。(　　)

7. 一个详图适用于几根轴线时，应同时注明各有关轴线的编号。(　　)

8. 总平面图室外地坪标高符号宜用涂黑的三角形表示。(　　)

9. 标高符号应以等腰直角三角形表示,用细实线绘制,等腰直角三角形的高约为 3mm。( )

10. 指北针是用细实线画出的直径 24 mm 的圆，指针尾部的宽度宜为直径的 1/8。( )

11. 索引符号 $\frac{4}{5}$，则对应的详图符号可能 ④ 或 $\frac{4}{—}$ (　　)

12. 详图符 $\frac{2}{8}$ 则被索引的图纸编号为 8。(　　)

二、选择题

1. 建筑工程图的编排顺序是 (　　)。

a. 设备施工图 b. 建筑施工图 c. 结构施工图 d. 图纸目录 e. 设计总说明

A. ebcd　　B. abcde　　C. ebcda　　D. debca

2. 定位轴线竖向编号（垂直方向）正确的是 (　　)。

A. 大写英文字母从下至上　　B. 大写英文字母从上至下

C. 阿拉伯数字从左往右　　D. 阿拉伯数字从右往左

3. 下列符号中圆的直径为 14 mm 的是 (　　)。

A. 索引符号　　B. 详图符号　　C. 指北针　　D. 钢筋编号

4. 下列关于索引符号和详图符号的说法错误的是 (　　)。

A. 索引符号用细实线绘制，圆的直径为 10 mm

B. 索引符号用粗实线绘制，圆的直径为 14 mm

C. 图中需要另画详图的部位应编上详图号

D. 索引符号和详图符号反映房屋某部位与详图及有关图纸的关系。

5. 包括构件粉刷层在内的构件表面的标高称为 (　　)。

A. 绝对标高　　B. 相对标高　　C. 建筑标高　　D. 结构标高

项目 7 建筑施工图识读

[项目概述]

一套完整的建筑工程施工图包括图纸目录、总说明、总平面图、建筑施工图、结构施工图、设备施工图等；各个专业又有各个专业的编号、排列顺序及各专业的施工图，应按图样内容的主次关系系统编排。建筑施工图是各专业施工图的基础和先导，是指导土建工程施工的主要依据之一。

建筑施工图一般包含总平面图、建筑平面图、建筑立面图、建筑剖面图及建筑详图。主要任务在于表达房屋的总体布局、外部造型、内部布置、内外装修、细部构造及施工要求等。要正确识读建筑施工图应具备正投影的基础知识及国家相关的制图标准的知识储备，要掌握各建筑施工图的用途、图示内容及识读方法，要熟悉各建筑施工图的绘制步骤。

[项目目标]

知识目标:

1. 了解首页图及总平面图用途及内容;
2. 掌握建筑平面图、建筑立面图、建筑剖面图及建筑详图的用途、图示内容及图示方法;
3. 熟悉建筑平面图、建筑立面图、建筑剖面图及建筑详图的绘制步骤;
4. 掌握识读建筑施工图的识读过程。

能力目标:

1. 能识读建筑施工图首页、了解工程概况;
2. 能依据总图制图标准等识读建筑总平面图;
3. 能识读建筑平、立、剖面图的形成、用途、图示内容及绘制步骤;
4. 能识读建筑详图的用途、图示内容，掌握识图要点及绘图步骤。

[项目课时]

建议 18 ~ 22 课时。

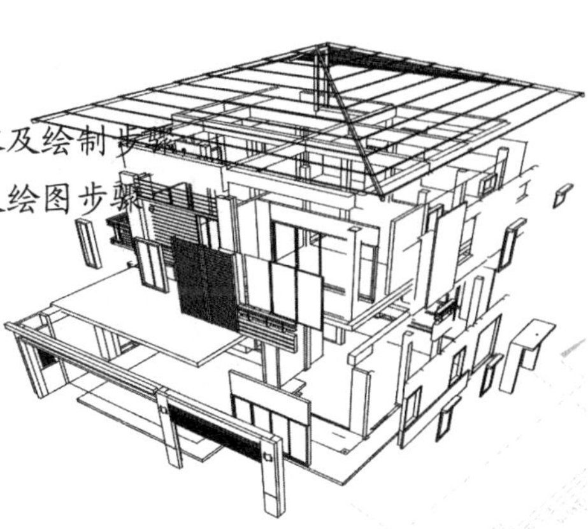

7.1 首页图和总平面图

【导入案例】

在实际工程中，一套完整的建筑工程图包括建筑施工图、结构施工图、设备施工图等，少则十几张，多则百余张。当给你一套建筑工程图时，建筑施工图的首页是什么内容？建筑物总体布局是什么样的？为快速了解新建房屋的设计概况，应查阅哪张图样？在施工前，要了解新建建筑物的周围环境，地形状况等内容，依据哪张图样？新建房屋如何定位？这是我们本项目重点解决的问题。

7.1.1 首页图

首页图是一套建筑施工图的第一页图纸，其内容包括图纸目录，设计（施工）总说明，门窗表，工程（材料）做法表等，有时还将建筑总平面图也放在首页图中。

1. 图纸目录

图纸目录如同一本书的目录，用表格的形式列出图纸编（序）号、图号、图纸名称、图幅、张数、备注等项目，以便查找图纸及对整套图纸有一个全面的了解。图纸目录分为项目总目录和各专业目录，如图 7.1 所示，为 ×× 办公大厦建筑施工图图纸目录及结构施工图图纸目录。

工程设计图纸目录及选用标准图集目录

工程名称 广联达办公大厦　工程编号 GLD06-01　工程造价 万元

项目名称 广联达办公大厦　建筑面积 　出图日期 年 月 日

目				录			
建筑				结构			
序号	图号	图名	图纸型号	序号	图号	图名	图纸型号
1	建施-0	建筑设计说明		1	结施-1	结构设计总说明(一)	
2	建施-1	工程做法		2	结施-2	结构设计总说明(二)	
3	建施-2	地下一层平面图		3	结施-3	基础结构平面图	
4	建施-3	一层平面图		4	结施-4	-4.400~-0.100剪力墙、柱平法施工图	
5	建施-4	二层平面图		5	结施-5	-0.100~19.500剪力墙、柱平法施工图	
6	建施-5	三层平面图		6	结施-6	剪力墙柱详图	
7	建施-6	四层平面图		7	结施-7	-0.100梁平法施工图	
8	建施-7	机房层平面图		8	结施-8	3.800梁平法施工图	
9	建施-8	屋面平面图		9	结施-9	7.700~11.600梁平法施工图	
10	建施-9	A-A、B-B剖面图		10	结施-10	15.500~19.500梁平法施工图	
11	建施-10	1-10轴立面图		11	结施-11	-0.100板平法施工图	
12	建施-11	10-1轴立面图		12	结施-12	3.800板平法施工图	
13	建施-12	A-E、E-A轴立面图		13	结施-13	7.700~11.600板平法施工图	
14	建施-13	一号楼梯详图		14	结施-14	15.500~19.500板平法施工图	
15	建施-14	二号楼梯详图		15	结施-15	一号楼梯平法施工图	
16	建施-15	一号卫生间详图、电梯详图		16	结施-16	二号楼梯平法施工图	

图 7.1　图纸目录

建筑专业施工图图纸目录编排顺序按：施工图设计说明、总平面图、建筑平面图、建筑立面图、建筑剖面图、建筑详图（一般包括墙身节点详图、楼梯间、卫生间、设备间、门窗立面等）。

2. 设计（施工）总说明

设计（施工）总说明是将该工程的概貌和要求用文字表达出来，如该工程的设计依据、设计标准、工程概况、建筑规模、标高、施工要求、建筑用料说明等。

（1）施工图设计的依据性文件、批文、相关规范和选用的标准图集。如 ×× 办公大厦设计依据摘抄：

1）国家及省市现行的有关法律法规等；

2）由建设单位提供的规划图及有关批建文件；

3）与建设用地有关的地质，地理及市政条例；

4）设计依据的主要规范：

《民用建筑设计通则》GB 50352—2005；

《公共建筑节能设计标准》GB 50189—2015；

《中华人民共和国消防法》2009 年 5 月日实施等。

（2）项目概况

内容一般包括建筑名称、建设地点、建设单位、建筑面积、建筑基底面积、建筑工程等级、建筑设计使用年限、建筑层数、建筑高度、防火等级、防水等级及抗震设防烈度等，以及能反映建筑规模的主要技术指标。

设计使用年限：指进行建筑物设计时，考虑各种影响因素的年限，也叫作设计基准期，我国规定的设计基准期是 50 年；但设计基准期并不等于建筑物的寿命，超过 50 年后，建筑物不一定损坏而不能使用，只是建筑物完成预定的各种功能的能力越来越差。

抗震设防烈度：按国家规定的权限批准作为一个地区抗震设防依据的地震烈度；地震烈度是一次地震对某一地区影响的强烈程度；抗震设防烈度为 6 度及以上地区的建筑，必须进行抗震设计。如 ×× 办公大厦的项目概况摘抄：

1）本建筑物为“×× 办公大厦”；

2）本建筑物建设地点位于 ×× 市郊；

3）本建筑物用地概貌属于平缓场地；

4）本建筑物为二类多层办公建筑；

5）本建筑物合理使用年限为 50 年；

6）建筑物抗震设防烈度为 8 度；

7）本建筑物结构类型为框架 - 剪力墙结构体系；

8）本建筑物建筑布局为主体呈“一”字形内走道布局方式；

9）本建筑物总建筑面积为 4745.6 平方米；

10）本建筑物建筑层数为地下 1 层，地上 4 层；

11）本建筑物高度为檐口距地高度为 15.6 米。

（3）设计标高

在房屋建筑中，规范规定用标高表示建筑物的高度。标高分为相对标高和绝对标高两种，以建筑物底层室内地面为零点的标高为相对标高；以青岛黄海平均海平面的高度为零点的标高为绝对标高。建筑设计说明中要说明相对标高与绝对标高的关系，如“相对标高±0.000 相当于绝对标高 41.50 米”，说明该建筑物底层室内地面的设计标高比黄海平均海平面高 41.50 米。标高也可以分为建筑标高和结构标高，标注在建筑物装饰面层处的标高为建筑标高，标注在梁底、板底等处的标高为结构标高。如 ×× 办公大厦的项目设计标高摘抄：

1）本工程 0.000 相当于绝对标高 41.50 米；

2）各层标注标高为建筑完成面标高，屋面标高为结构面标高；

3）除另有标注外总图以 m 为单位，其他图中尺寸以 mm 为单位，标高以 m 为单位；

4）室外道路、场地的标高及排水根据现场实测后调整按室外环境设计；

5）建筑单体按其定位坐标放线后应复核总平面图上所注明的距用地红线尺寸确定无误后方可施工。

（4）工程做法表

工程做法除了用文字说明外，更多的是用表格的形式，主要是对建筑各部位的构造做法加以详细说明。例如墙、地面、楼面、屋面以及踢脚、散水等部位构造做法的详细表达，若采用标准图集中的做法，应注明所采用标准图集的代号、做法编号。工程做法表也是现场施工、备料、施工监理、工程预决算的重要依据。如 ×× 办公大厦的工程做法摘抄，如图 7.2，图 7.3 所示。

室内装修做法表

房间名称		楼面/地面	踢脚/墙裙	内墙面	顶棚
地下一层	电梯厅	地面3	踢脚2	内墙面1	吊顶2
	楼梯间	地面3	踢脚2	内墙面2	顶棚1
	自行车库	地面1	踢脚1	内墙面1	顶棚1
	库房	地面2	踢脚1	内墙面1	顶棚1
	弱电室	地面2	踢脚1	内墙面1	顶棚1
	变配电室	地面2	踢脚1	内墙面1	顶棚1
一层	电梯厅.门厅	楼面1	踢脚2	内墙面1	吊顶1
	楼梯间	楼面1	踢脚2	内墙面2	顶棚1
	接待室、会议室、办公室	楼面3	踢脚3	内墙面1	吊顶1
	卫生间.清洁间	楼面2	/	内墙面2	吊顶2
	走廊	楼面3	踢脚3	内墙面1	吊顶2

图 7.2　室内装修做法表

二、室内装修设计

1.地面:

1).地面1: 细石混凝土地面:

1、40厚C20细石混凝上随打随抹撒1：1水泥砂子压实赶光
2、150厚5-32卵石灌M2.5混合砂浆，平板振捣器振捣密实
3、素土夯实，压实系数0.95

2).地面2: 水泥地面:

1、20厚1：2.5水泥砂浆磨面压实赶光
2、素水泥浆一道（内掺建筑胶）
3、30厚C15细石混凝土随打随抹
4、3厚高聚物改性沥青涂膜防水层
5、最薄处30厚C15细石混凝土
6、100厚3：7灰土夯实
7、素土夯实，压实系数00.95

3).地面3: 防滑地砖地面:

1、2.5厚石塑防滑地砖，建筑胶粘剂粘铺，稀水泥浆碱擦缝
2、20厚1：3水泥砂浆压实抹平
3、素水泥结合层一道
4、50厚C10混凝土
5、150厚5-32卵石灌M2.5混合砂浆，平板振捣器振捣密实
6、素土夯实，压实系数00.95

图 7.3　室内装修设计

本案例从室内装修做法表中可以看到，一层门厅地面做法为楼面 1，踢脚做法为踢 2，内墙做法为内墙 1，顶棚做法为吊顶 2。所以依据工程中的室内装饰设计可以知道，一层门厅的工程做法分别为：

1）地面（楼面 1）- 防滑地砖楼面（砖采用 400×400）：

5-10 厚防滑地砖，稀水泥浆擦缝；

6 厚建筑胶水泥砂浆黏结层；

素水泥浆一道（内掺建筑胶）；

20 厚 1：3 水泥砂浆找平层；

钢筋混凝土楼板。

2）踢脚（踢脚 2）- 地砖踢脚（用 400×100 深色地砖，高度为 100）：

5-10 厚防滑地砖踢脚，稀水泥浆擦缝；

8 厚 1：2 水泥砂浆（内掺建筑胶）粘结层；

5 厚 1：3 水泥砂浆打底扫毛或切出纹道。

3）内墙（内墙 1）- 水泥砂浆墙面：

喷水性耐擦洗涂料；

5 厚 1：2.5 水泥砂浆找平；

9 厚 1∶3 水泥砂浆打底扫毛；
素水泥浆一道甩毛（内掺建筑胶）。
4）顶棚（吊顶 2）- 铝合金条板吊顶 : 燃烧性能为 A 级 :
0.8 ～ 1.0 厚铝合金条板，离缝安装带插缝板；
U 型轻刚次龙骨 LB45×48，中距≤ 1500 ；
U 型轻钢主龙能 LB38×12，中距≤ 1500 与钢筋吊杆固定；
ϕ 6 钢筋吊杆，中距横向≤ 1500 纵向≤ 1200 ；
现浇混凝土板底预留 ϕ 10 钢筋吊环，双向中距≤ 1500 ；
（5）门窗表

门窗表是对建筑物中所有不同类型的门窗统计后列成的表，在门窗表中应反映门窗的类型、编号，对应的洞口尺寸、数量及对应的标准图集的编号等，如有特殊要求，应在备注中加以说明。门窗表是门窗现场加工或采购订货、施工监理、工程预决算的重要依据。如 ×× 办公大厦的门窗表摘抄，如图 7.4 所示。

门窗数量及门窗规格一览表:

编号	名称	规格 （洞口尺寸）		数量							选号
		宽	高	地下一层	一层	二层	三层	四层	机房层	总计	
M1	木质夹板门	1000	2100	2	10	8	8	8	/	36	甲方确定
M2	木质夹板门	1500	2100	2	1	3	6	7	/	19	甲方确定
JFM1	钢质甲级防火门	1000	2000	1	/	/	/	/	/	1	甲方确定
JFM2	钢质甲级防火门	1800	2100	1	/	/	/	/	/	1	甲方确定
YFM1	钢质乙级防火门	1200	2100	1	2	2	2	2	2	11	甲方确定
JXM1	木质丙级防火检修门	550	2000	1	1	1	1	1	/	5	甲方确定
JXM2	木质丙级防火检修门	1200	2000	1	1	1	1	1	/	5	甲方确定
LM1	铝塑平开门	2100	3000	/	1	/	/	/	/	1	甲方确定
TLM1	玻璃推拉门	3000	2100	/	1	/	/	/	/	1	甲方确定
LC1	铝塑上悬窗	900	2700	/	10	12	24	24	/	70	详见立面
LC2	铝塑上悬窗	1200	2700	/	16	16	16	16	/	64	详见立面
L3	铝塑上悬窗	1500	2700	/	2				/	2	详见立面
TLC1	铝塑平开飘窗	1500	2700	/	/	2	2	2	/	8	详见立面
LC4	铝塑上悬窗	900	1800	/	/	/	/	/	4	4	详见立面
LC5	铝塑上悬窗	1200	1800	/	/	/	/	/	2	2	详见立面

图 7.4 门窗表

7.1.2 总平面图

1. 总平面图的形成和用途

总平面图是假设在新建建筑所在基地一定范围内的正上方向下投射所得到的水平投影图，用来表明建筑工程总体布局，新建和原有建筑的位置、朝向、道路、室外附属设施、绿化布置及地形地貌等情况的图纸。

总平面图可以作为新建建筑定位、施工放线、土方施工和施工总平面布置的依据，也可作为绘制水、暖、电等管线总平面图及绿化总平面图的依据。

2. 总平面图的基本内容

（1）总平面图的图示内容

1）工程名称、比例和图例

工程名称见建筑总平面图或首页图的标题栏。

由于建筑总平面图表达的范围都比较大，所以采用 1:300、1:500、1:1000、1:2000 等较小的比例。

建筑总图中的常用图线参照《总图制图标准》（GB/T 50103—2010）

2）新建建筑所在地域的平面位置和新建建筑的平面位置的确定。

新建建筑所在地域的平面位置一般以规划红线确定，新建建筑的平面位置对于小型工程，一般依据原有建筑道路、围墙等永久固定设施来确定其位置，并标注出定位尺寸，以 m（米）为单位；对于建造成片建筑或大中型工程，为确保定位放线正确，通常用坐标网来确定其平面位置。新建建筑的定位是建筑总平面图最重要的内容之一。

【知识链接】

①在城镇建设中，新建建筑或新建建筑所在地域的平面位置，应由城镇建设的主管部门，如规划局批准决定。城镇建设的主管部门在地形图上用红线圈定使用土地的地点和范围大小，并注明尺寸，作为新建建筑或新建建筑所在地域的界线，这就是规划红线。在设计和施工中不能超越此建筑红线。

②对于小型工程，一般依据原有建筑、围墙、道路等永久固定设施来确定其位置，并标注出定位尺寸，以 m（米）为单位。对于大中型工程，为确保定位放线正确，通常用坐标网来确定其平面位置。坐标网格应以细实线表示，一般画成 100 m×100 m 或 50 m×50 m的方格网。常用的坐标有两种形式，一种是测量坐标网，即在地形图上画成交叉十字线，坐标代号宜用“X、Y”表示，即竖轴（南北方向）为 X，横轴（东西方向）为 Y；另一种是建筑坐标网，画成网格通线，坐标代号宜用“A、B”表示，即竖轴为 A，横轴为 B。建筑坐标网的“0”点定在本建筑区域内的某一点，如图 7.5 所示。新建建筑按测量坐标网或建筑坐标网来确定其平面位置。放线时应根据现场已有点的坐标，用仪器来测出新建建筑的坐标。对单体建筑或平面形状简单的建筑通常取两个对角点作为定位点，对体形庞大或平面形状复杂的建筑则至少要取四个点作为定位点。

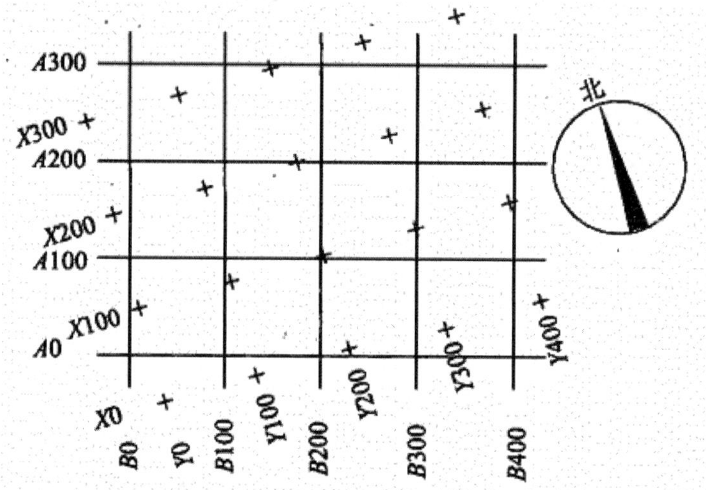

图 7.5　坐标网格

3）建筑物室内外地面的标高和建筑区的地形。

在建筑总平面图中标注的标高一般均是绝对标高，标注在新建建筑的底层室内地面和室外整平地面处。如果该建筑区地形起伏较大，还应画出地形等高线。新建建筑的标高也是建筑总平面图最重要的内容。

4）指北针或风向频率玫瑰图。

建筑总平面图中一般均画出指北针或带有指北方向的风向频率玫瑰图（简称风玫瑰图），以表示建筑物的朝向及当地的风向频率。

【知识链接】

风玫瑰图是根据当地多年的风向资料将全年 365 天中各不同风向的天数用同一比例绘在东、南、西、北、东南、东北、西北、西南等 8 个方位线上，并用实线连接成多边形。风玫瑰图上所表示风的吹向（即风的来向），是指从外面吹向地区中心的方向。在风玫瑰图中实线围成的折线图表示全年的风向频率，离中心点最远的风向表示常年中该风向的刮风天数最多，称为当地的常年主导风向。用虚线围成的封闭折线表示当地夏季 6.7.8 三个月的风向频率。

5）新建建筑室外附属设施及绿化情况。

在建筑总平面图中还应反映出新建建筑的室外附属设施，如道路，围墙等，以及花坛，草坪，植草砖铺地、树木、花草、绿篱等绿化情况。

（2）总平面图图例

总平面图图例参照《总图制图标准》GB/T 50103—2010，包含总图制图图线如表 7.1 所示、总平面图例如表 7.2 所示、园林景观绿化图例如表 7.3 所示。

表 7.1　总图制图图线

实线	粗		b	1. 新建建筑物 ±0.00 高度可见轮廓线 2. 新建铁路、管线
	中		0.7b 0.5b	1. 新建构筑物、道路、桥涵、边坡、墙、运输设施的可见轮廓线 2. 原有标准轨距铁路
	细		0.25b	1. 新建建筑物 ±0.00 高度以上的可见建筑物构筑物轮廓线 2. 原有建筑物、构筑物、原有窄轨、铁路、道路、桥涵、墙的可见轮廓线 3. 新建人行道、排水沟、坐标线、尺寸线、等高线
虚线	粗		b	新建建筑物、构筑物地下轮廓线
	中		0.5b	计划预留扩建的建筑物、构筑物、铁路、道路、运输设施、管线、建筑红线及预留用地各线
	细		0.25b	原有建筑物、构筑物、管线的地下轮廓线
单点长画线	粗		b	露天矿开采界限
	中		0.5b	土方填挖区的零点线
	细		0.25b	分水线、中心线对称线定位轴线

（续表）

双点长画线	粗		b	用地红线
	中		0.7b	地下开采区塌落界限
	细		0.5b	建筑红线
折断线			0.5b	断线
不规则曲线			0.5b	新建人工水体轮廓线

表 7.2　总图面图例

名称	图例	备注	名称	图例	备注
新建建筑物	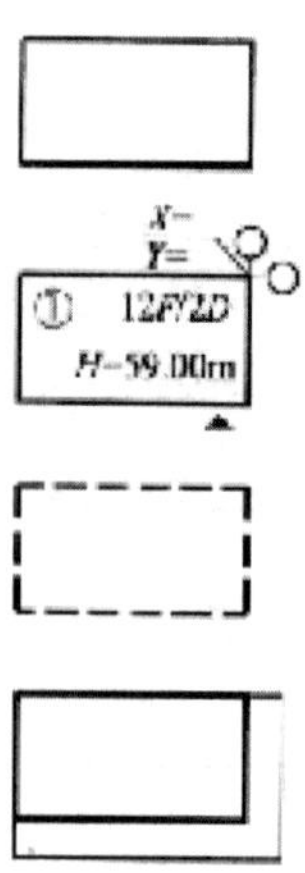	新建建筑物以粗实线表示与室外地坪相接处±0.00外建筑物一般以±0.00高度建筑物一般以±0.00高度处的外墙定位轴线交叉点坐标定位。轴线用细实线表示，并标明轴线号，根据不同设计阶段标注建筑编号，地上、地下层数，建筑高度，建筑出入口位置（两种表示方法均可，但同一图纸采用一种表示方法）地下建筑物以粗虚线表示其轮廓建筑上部（±0.00以上）外挑建筑用细实线表示建筑物上部连廊用细虚线表示并标注位置	水塔，贮罐	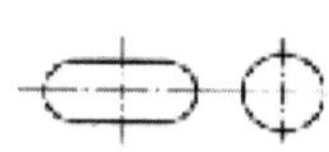	右图为水塔或立式贮罐
			水池，坑槽		也可以不涂黑
			明溜矿槽（井）		

（续表）

名称	图例	备注	名称	图例	备注
原有建筑物		用细实线表示	斜井或平硐	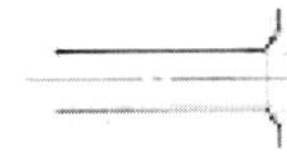	
计划扩建的预留地或建筑物		用粗虚线表示	烟囱	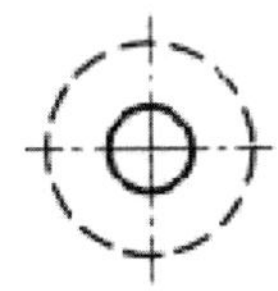	实线为烟囱下部直径，虚线为基础，必要时可注写烟囱高度和上、下口直径
拆除的建筑物		用细实线表示	围墙及大门	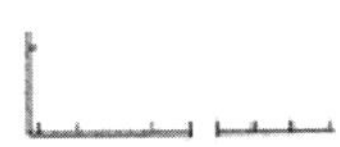	
建筑物下面的通道	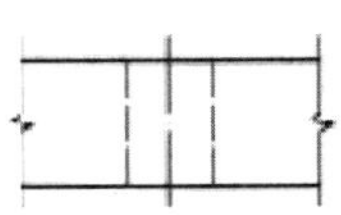		挡土墙	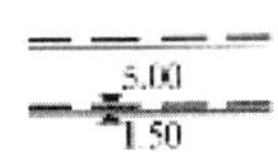	挡土墙根据不同设计阶段的需要标注墙顶标高墙底标高
散装材料露天堆场	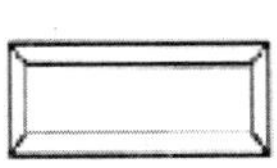	需要时可注明材料名称	挡土墙上设围墙		
其他材料露天堆场或露天作业场	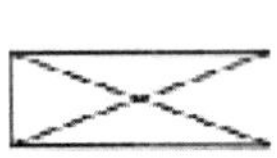	需要时可注明材料名称	台阶及无障碍坡道	1. 2. 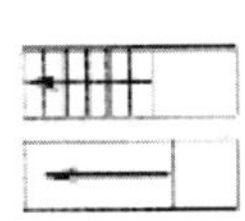	1. 表示台阶（级数仅为示意）2. 表示无障碍坡道

（续表）

名称	图例	备注	名称	图例	备注
辅砌场地	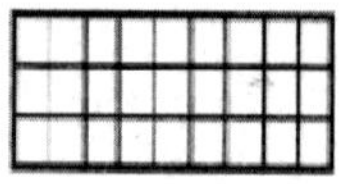		露天桥式起重机	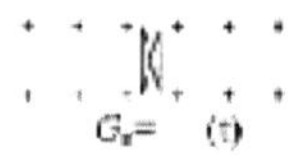	起重机起重量Gn，以吨计算“+”为柱子位置
散棚或敞廊	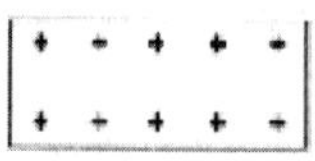		露天电动葫芦	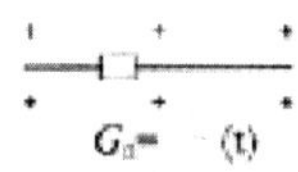	起重机起重量G，以吨计算“+”为支架位置
高架式料仓	 		门式起重机	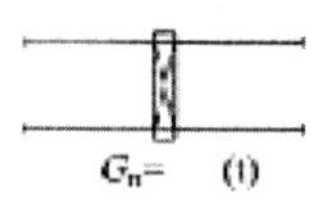 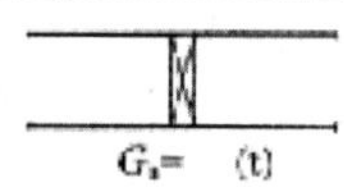	起重机起重量G。，以吨计算计算下图表示无外伸臂
漏斗式贮仓		左，右图为底卸式中图为侧卸式	架空索道		“I”为支架位置
冷却塔（池）	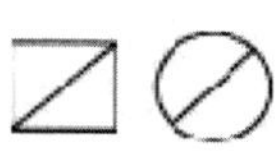	应注明冷却塔或冷却池	斜坡卷扬机道		
洪水淹没线		洪水最高水位以文字标注	斜坡栈桥（皮带廊等）	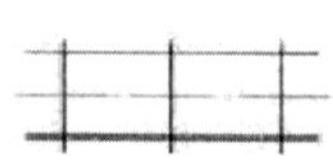	细实线表示支架中心线位置

（续表）

名称	图例	备注	名称	图例	备注
地表排水方向			坐标	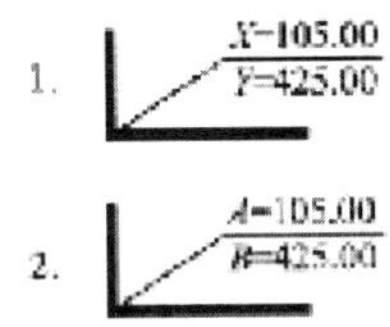	1. 表示地形测量坐标系 2. 表示自设坐标系坐标数字平行于建筑标注
截水沟		“1” 表示 1% 的沟底纵向坡度，“40. 00” 表示变坡点间距离，箭头表示水流方向			
排水明沟	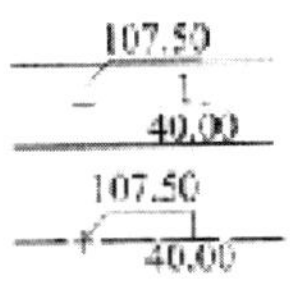	上图用于比例较大的图面下图用于比例较小的图面 “1" 表示 1% 的沟底纵向坡度，“40. 00” 表示变坡点间距离，箭头表示水流方向 “107. 50” 表示沟底变坡点标高（变坡点以“十”表示）	方格网交叉点标高	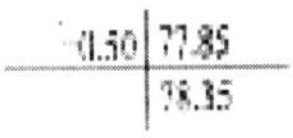	“78. 35” 为原地面标高 “77. 85” 为设计标高 “一 0. 50” 为施工高度 “一” 表示挖方（“十” 表示填方）
有盖板的排水沟	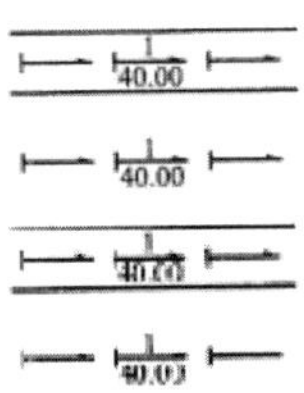		填方区、挖方区、未整平区及零线	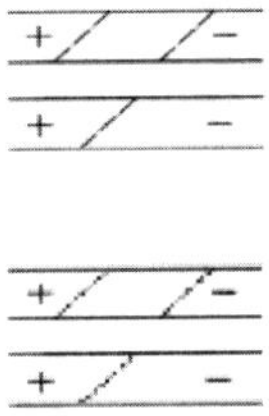	“十” 表示填方区 “–” 表示挖方区中间为未整平区点划线为零点线
雨水口	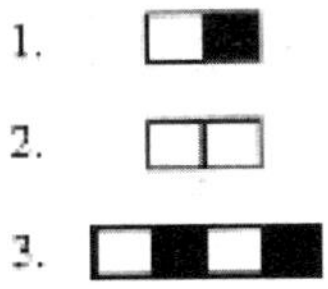	1. 雨水口 2. 原有雨水口 3. 双落式雨水口	填挖边坡	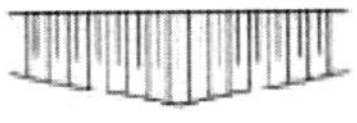	
消火栓井			分水脊线与谷线		上图表示脊线下图表示谷线
急流槽	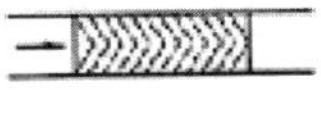				

（续表）

名称	图例	备注	名称	图例	备注
跌水	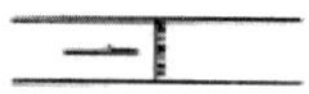	箭头表示水流方向	拦水（闸）坝	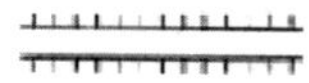	
透水路堤		边坡较长时，可在一端或两端局部表示	过水路面	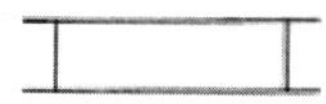	
室内地坪标高	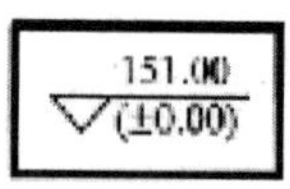	数字平行于建筑物书写	盲道		
室外地坪标高	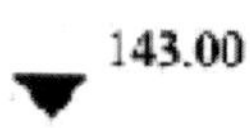	室外标高也可采用等高线	地下车库入口		机动车停车场
地面露天停车场			露天机械停车场	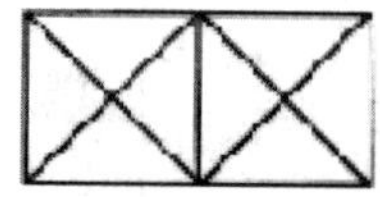	露天机械停车场
新建的道路	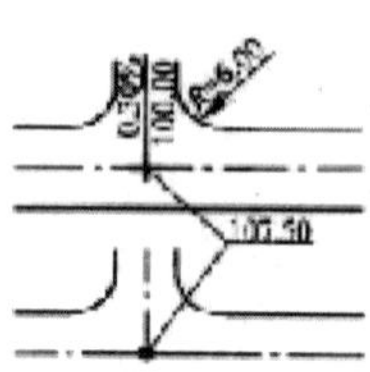	“R=6.00”表示道路转弯半径；“107.50”为道路中心线交叉点设计标高，两种表示方式均可，同一图纸采用一种方式表示；“100.00”为变坡点之间距离，“0.30%”表示道路坡度，一上表示坡向	道路断面	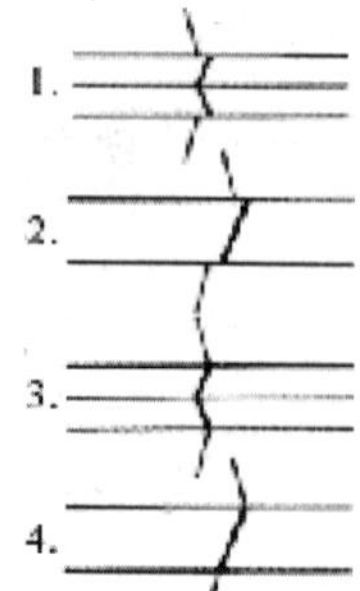	1. 为双坡立道牙 2. 为单坡立道牙 3. 为双坡平道牙 4. 为单坡平道牙

表7.3 园林景观绿化图例

常绿针叶乔木	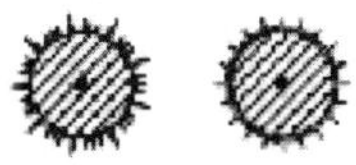	落叶针叶乔木	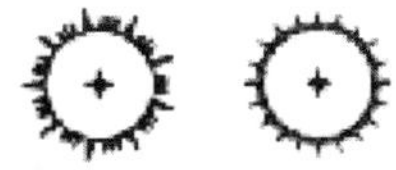	落叶针叶乔木林	
常绿阔叶乔木		落叶阔叶乔木		常绿针叶乔木林	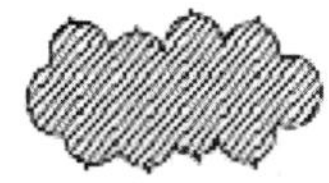
常绿阔叶灌木		落叶阔叶灌木		花卉	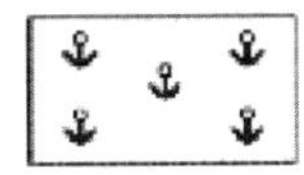
常绿阔叶乔木林		落叶阔叶乔木林		水生植物	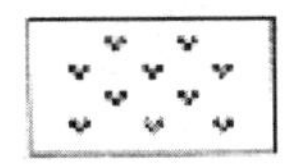
针阔混交林		草坪	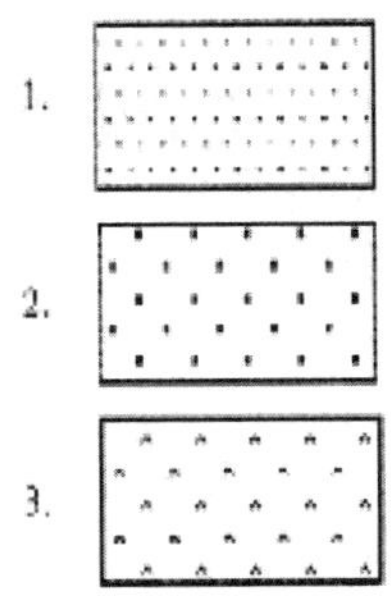	人工水体	
落叶灌木林				自然水体	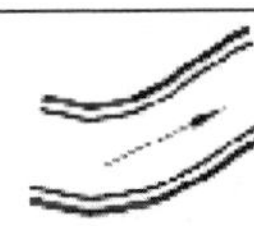
整形绿篱	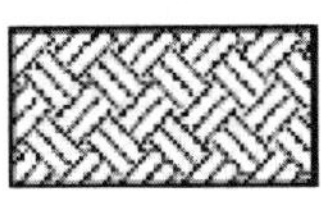			独立景石	
土石假山		植草砖	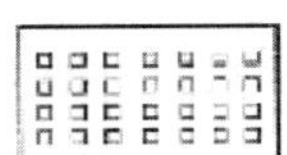	棕榈植物	
喷泉	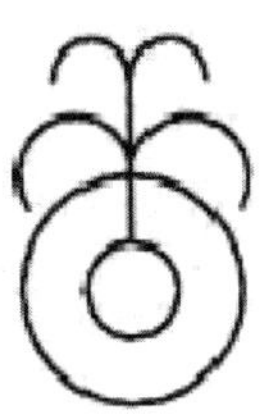	竹丛	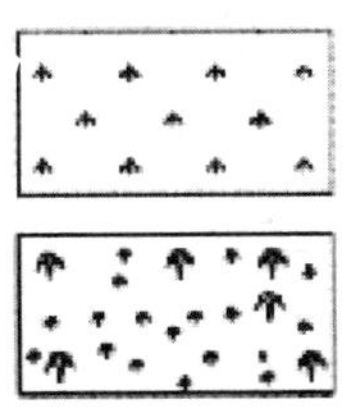		

3．总平面图的识读实例

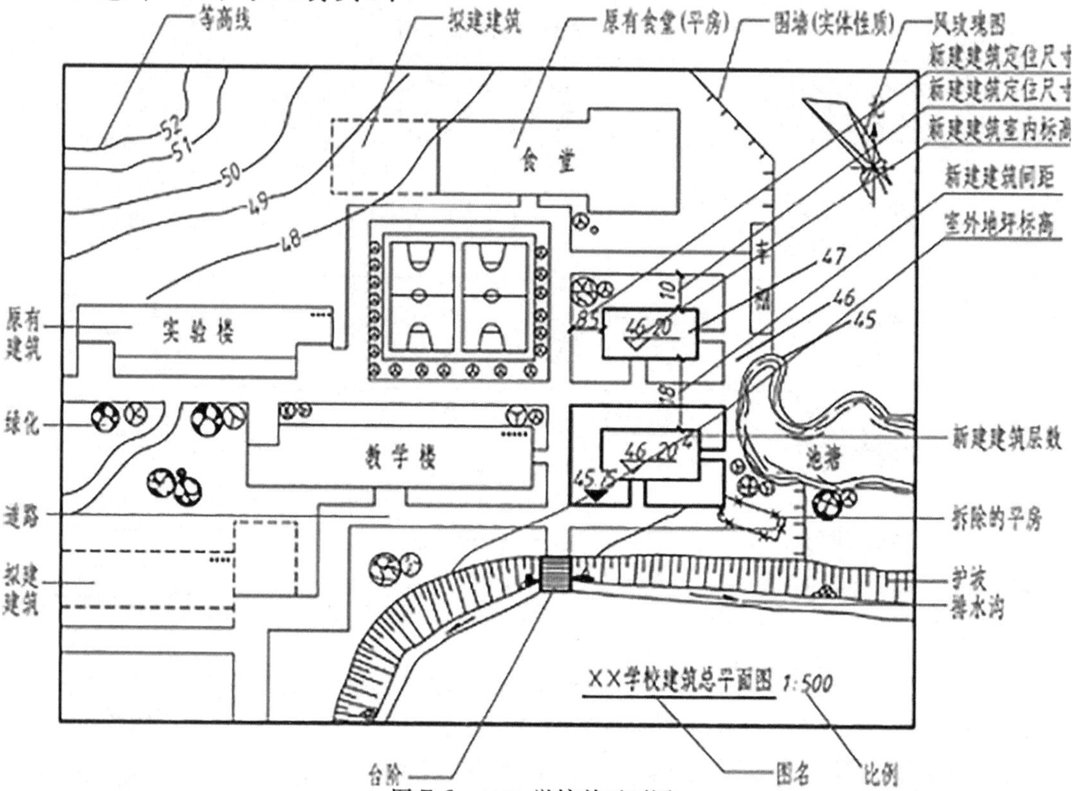

图 7.6　×× 学校总平面图

根据 ×× 学校建筑总平面图，如图 7.6 所示，可知本工程总平面图比例为 1: 500，两幢宿舍楼为新建建筑，用粗实线画出两幢相同的新建宿舍楼底层的平面轮廓，新建宿舍楼为四层；细实线画出的是原有建筑的平面轮廓和道路，包括原有的五层教学楼、四层的实验楼、食堂及车棚等；中粗虚线表示了学校西南拟建建筑及扩建的食堂；东南围墙边有要拆除的建筑。

新建宿舍楼的位置是这样确定的：以原有道路为依据，新建宿舍楼（北面）的西墙与原有道路平行，且相距 8.5 m，北墙与原有道路平行，且相距 10 m，两幢新建宿舍楼的间距为 18 m。

由等高线可以看出该学校的地形是西北方向较高，东南方向稍低。新建宿舍室外整平后的地面标高为绝对标高的 45.75 m，底层室内地面相对标高 ±0.00，相当于绝对标高的 46.20 m，室内外地面高差为 0.45 m。

从风玫瑰图可知，新建宿舍楼和校内其他原有建筑的朝向均为坐北朝南。

学校的东面有一围墙，一个池塘将其从中断开，南面有一护坡，护坡下有一排水沟，护坡中间有一台阶，以作上下交通之用。

4．总平面图识读注意事项

（1）总平面图的内容大多数是用符号表示的，所以在看图之前要先熟悉图例符号的意义。

（2）看清用地范围内新建、原有、拟建、拆除建筑物或构筑物的位置。新建建筑物以粗实线表示与室外地坪相接处 ±0.00 外墙定位轮廓线，建筑物一般以 ±0.00 高度处的外墙定位轴线交叉点坐标定位，轴线用细实线表示，并标明轴线号。地下建筑物以粗虚线表示其轮廓，建筑上部（±0.00 以上）外挑建筑用细实线表示，建筑物上部连廊用细虚线表示并标注位置。

a. 从平面图中了解工程性质，不但要看图，还要看文字说明；

b. 查看总图比例，了解工程规模，总图一般比例 1:300、1:500、1:1000、1:2000；

c. 看清用地范围内的新建、原有建筑，拟建以及需拆除的建筑物或构筑物的位置，新旧道路的布局，周围环境和建设地段内的地形、地貌等。

（3）查看拟建建筑物的室内外地面高差和道路标高，或有关部门给定的参照物的标高以及附近原有建筑物的标高、地面坡度及排水走向等，并可计算出施工中土方填挖数量。通常把总平面图上的标高，全部推算成以海平面为零点的绝对标高（我国是以青岛的黄海平均海水面为水准原点起算点）。

（4）根据指北针或风玫瑰图明确建筑物朝向。通常用风向频率玫瑰图，它既能表示朝向，又能显示出该地区的常年风和季候风的大小。

（5）查看图中尺寸是以坐标网形式表现的，还是相对位置表示，以便准确地知道建筑物或构筑物的占地面积和相对距离。

（6）总平面图中的各种管线要仔细看，有的复杂工程管线密如蜘蛛网，管线上的窨井、检查并要看清编号和数目。要看清管径、中心距离、坡度及从何处引进到建筑物或构筑物，看清具体位置。

（7）在绿化布置上要看清草坪、树丛、乔木、灌木、松墙等，树种以及花坛、小品、桌、凳、长椅、林荫小道、矮墙、栏杆等物体的具体尺寸、材料、做法及建造要求。

（8）以上全部内容要查清定位依据。总图中内容较多且繁杂，要仔细认真阅读。

【技术点睛】

首页图包含了新建工程的项目概况、依据标准及材料做法等重要信息，在识读图纸前，要认真阅读首页图。建筑总平面图的绘制参考《总图制图标准》GB/T 50103—2010，识读总平面图必须明确各种图例，了解建筑红线、用地红线的概念，掌握总平面图的图示内容。

7.2　建筑平面图

【导入案例】

我们在总平面图中可以看到新建建筑物的底层外轮廓线，在首页图中可以了解建筑各部位的工程做法。但是房屋面积的大小，内部房间平面布置情况，各房间、台阶、楼梯、门窗等局部的位置和大小，墙体结构的厚度等是什么样？ 这些需要识读建筑平面图，这就是本项目的主要内容。

7.2.1 建筑平面图的形成和用途

1. 建筑平面图的形成与用途

建筑施工图是根据正投影原理和相关的专业知识绘制的工程图样，建筑平面图是假设用一个水平的剖切平面，沿房屋各层门窗洞口处将房屋切开，移去剖切平面以上部分，向下投射所作的水平剖面图，简称平面图，如图 7.7 所示。

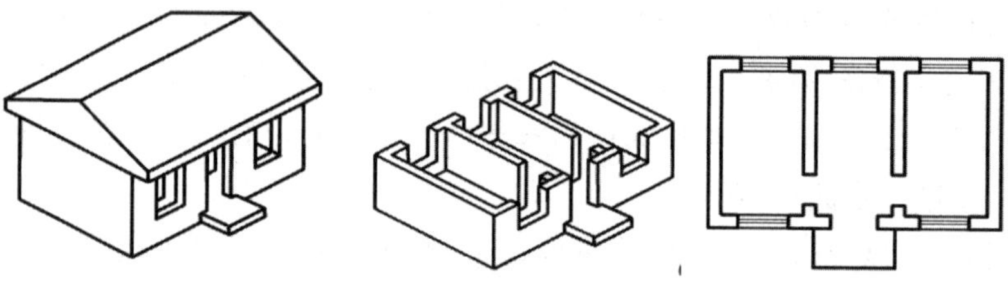

图 7.7 建筑平面图的形成

2. 建筑平面图的用途

建筑平面图反映了建筑物的平面形状、大小和房间布置，墙或柱的位置、材料和厚度，门窗的位置、尺寸和开启方向，以及其他建筑构配件的设置情况，是施工图中最基本、最重要的图样之一，是施工放线、砌墙、安装门窗、预留孔洞、室内装修及编制预算、备料的重要依据。

3. 建筑平面图的图线

在建筑平面图中，凡被剖切到的墙、柱断面轮廓用粗实线（b）表示（墙、柱轮廓线都不包括粉刷层厚度，钢筋混凝土柱可涂黑）。没有被剖切到，但投射时仍能见到的轮廓线，如墙身、窗台、楼梯段等用中实线（0.5b）表示，门的开启线也用中实线（0.5b）表示。其余的如尺寸线、引出线等用细实线（0.25b）表示。凡在地面以下，剖切平面以上的，如底层地面下的暖气沟，楼地面下的电缆槽，顶棚下的吊柜、搁板、爬入孔，还有悬窗（即高窗）等，用细虚线表示。

7.2.2 建筑平面图的基本内容

1. 建筑平面图的图示内容

（1）图名、比例和图例

建筑平面图的图名，一般是按其所表明层数来称呼，如底层平面图（一层平面图或首层平安图）、二层平面图、顶层平面图等。对于平面布置基本相同的楼层可用一个平面图来表达，这就是标准层平面图。除此之外还有屋顶平面图。

建筑平面图的常用比例一般是 1:50、1:100、1:200。

（2）定位轴线及其编号

在建筑平面图中应画有定位轴线，用它们来确定墙、柱、梁等承重构件的位置和房间的大小，并作为标注定位尺寸的基线。

定位轴线编号：横向编号应用阿拉伯数字，从左至右顺序编写；竖向编号应用大写英文字母，从下至上顺序编写。

（3）朝向和平面布置

根据底层平面图上的指北针可以知道建筑物的朝向。

建筑平面图可以反映出建筑物的平面形状和室内各个房间的布置、用途，还有出入口、走道、门窗、楼梯、爬入孔等的平面位置、数量、尺寸，以及墙、柱等承重构件的组成和材料等情况。除此之外，在底层平面图中还能看到建筑物的出入口、室外台阶、散水、明沟、雨水管、花坛等的布置及尺寸。在二房平面图中能看到底层出入口的雨篷等。

（4）尺寸标注

在建筑平面图中的尺寸标注有外部尺寸和内部尺寸两种。通过尺寸的标注，可反映出建筑物房间的开间、进深、门窗以及各种设备的大小和位置。

外部尺寸一般均标注三道。靠墙第一道尺寸是细部尺寸，即建筑物构配件的详细尺寸，如门窗洞口及中间墙的尺寸，标注这道尺寸时，应与轴线联系起来；中间一道是定位尺寸，即轴线尺寸，也是房屋的开间（两条相邻横轴线间的距离）或进深（两条相邻纵轴线间的距离）尺寸；最外一道是外包总尺寸，即建筑物的总长和总宽尺寸；此外对室外的台阶、散水、明沟等处可另外标注局部尺寸。

内部尺寸一般标注室内门窗洞口、墙厚、柱、砖垛和固定设备，如大便器、盥洗池、吊柜等的大小、位置，以及墙、柱与轴线间的尺寸等。

（5）标高

在建筑平面图中，对于建筑物的各组成部分，如地面、楼面、楼梯平台、室外台阶、走道、阳台、女儿墙、檐口等处，由于它们的竖向高度不同，一般都应分别标注标高。建筑平面图中的标高一般都是相对标高，标高基准面 ±0.000 为本建筑物的底层室内地面。在不同的标高的地面分界处，应画出分界线。

楼地面有坡度时，常通过单面箭头并加注坡度数字表示。

（6）门窗的位置和编号

在建筑平面图中，反映了门窗的位置、洞口宽度和数量及其与轴线的关系。为了便于识读，国家标准中规定门的名称代号用 M 表示，窗的名称代号用 C 表示，并要加以编号。编号可用阿拉伯数字顺序编写，如 $M1$ 、 $M2$ 等和 $C1$ 、 $C2$ 等，也可直接采用标准图上的编号。窗洞有凸出的窗台，应在窗的图例上画出窗台的投影。用两条平行的细实线表示窗框及窗扇的位置。一套图纸中一般都有门窗汇总表，它反映了门窗的规格、型号、数量和所选用的标准图集。

要注意的是，门窗虽然用图例表示，但门窗洞的大小及其形式都应按投影关系画出。

如窗洞有凸出的窗台时，应在窗的图例上画出窗台的投影。门窗平面图例按实际情况绘制。至于门窗的具体构造，则要看门窗的构造详图。

（7）剖切符号和索引符号

规范规定：建（构）筑物剖面图的剖切符号应注在 ±0.000 标高的平面图或首层平面图上。在底层平面图上标注剖切符号，它标明剖切平面的剖切位置、投射方向和编号，以便于与建筑剖面图对照查阅。

在建筑平面图中还标注有不少详图索引符号，可以根据所给的详图索引符号到其他图纸上去查阅另用详图表示的构配件和节点或套用的标准图集。

（8）楼梯的布置

在建筑平面图中反映了楼梯的数量和布置情况，关于楼梯的具体内容另有楼梯详图表示。

（9）室内的装修做法

在建筑平面图中，对室内楼地面、墙面、隔断、顶棚等的材料做法，一般直接用文字标明，较复杂的常采用明细表或材料做法表表示，也可另用详图表示。

（10）各种设备的布置

建筑物内的各种设备如电表箱、消火栓、吊柜、通风道、烟道等，卫生设备如浴缸、洗脸盆、大便器等的位置、尺寸、规格、型号等在建筑平面图中都有表示，它与专业设备施工图相配合可供施工等用。

（11）屋顶平面图

在屋顶平面图中反映了屋顶形状和尺寸，挑出的屋檐尺寸，屋面处的水箱、屋面出入口、烟囱、女儿墙及屋面变形缝等设施的布置情况和尺寸，以及屋面的排水分区、排水方向、排水坡度、檐沟、泛水、雨水口等的位置、尺寸、材料以及构造情况。屋面构造复杂的还要加示详图索引标志，画出详图。屋顶平面图形成不同于其他平面图，它是利用正投影原理，直接向下投影得到的水平面投影图。

规范规定：建筑物平面、立面、剖面图，宜标注室内外地坪、楼地面、地下层地面、阳台、平台、檐口、层脊、女儿墙、雨棚、门、窗、台阶等处的标高。平屋面等不易标明建筑标高的部位可标注结构标高，应进行说明。结构找坡的平屋面，屋面标高可标注在结构板面最低点，并注明找坡坡度。

2. 建筑制图图例

建筑专业制图图线及建筑构造及配件图例参照《建筑制图标准》GB/T 50104—2010，见表 7.4、表 7.5。卫生设备及水池图例参照《给水排水制图标准》GB/T 50106—2010，见表 7.6。

表 7.4 建筑专业制图图线（GB/T 50104—2010）

名称		线型	线宽	一般用途
实线	粗		b	2. 平、剖面图中被剖切的主要建筑构造（包括构配件）的轮廓线 2. 建筑立面图或室内立面图的外轮廓线 3. 建筑构造详图中被剖切的主要部分的轮廓线 4. 建筑构配件详图中的外轮廓线 5. 平、立、剖面的剖切符号
	中粗		0.7b	1. 平、剖面图中被剖切的次要建筑构造（包括构配件）的轮廓线 2. 建筑平、立、剖面图中建筑构配件的轮廓线 3. 建筑构造详图及建筑构配件详图中的一般轮廓线
	中		0.5b	小于 0.7b 的图形线、尺寸线、尺寸界限、索引符号、标高符号、详图材料做法引出线、粉刷线、保温层线、地面、墙面的高差分界线等
	细		0.25b	图例填充线、家具线、纹样线等
虚线	中粗		0.7b	1. 建筑构造详图及建筑构配件不可见的轮廓线 2. 平面图中的起重机（吊车）轮廓线 3. 拟建、扩建建筑物轮廓线
	中		0.5b	1. 建筑构造详图及建筑构配件不可见的轮廓线 2. 平面图中的起重机（吊车）轮廓线 3. 拟建、扩建建筑物轮廓线
	细		0.25b	图例填充线、家具线等
单点长画线	粗		b	起重机（吊车）轨道线
	细		0.25b	中心线、对称线、定位轴线
折断线	细		0.25b	部分省略表示时的断开界线
波浪线	细		0.25b	部分省略表示时的断开界线，曲线形构间断开界限构造层次的断开界限

表 7.5 建筑构造及配件图例（GB/T 50104—2010）

名称	图例	备注
墙体	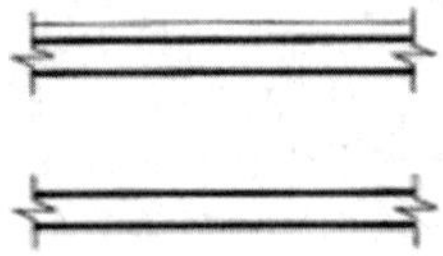	1. 上图为外墙，下图为内墙 2. 外墙细线表示有保温层或有幕墙 3. 应加注文字或涂色或图案填充表示各种材料的墙体 4. 在各层平面图中防火墙宜着重以特殊图案填充表示
隔断		1. 加注文字或涂色或图案填充表示各种材料的轻质隔断 2. 适用于到顶与不到顶隔断
玻璃幕墙		幕墙龙骨是否表示由项目设计决定
栏杆		
楼梯	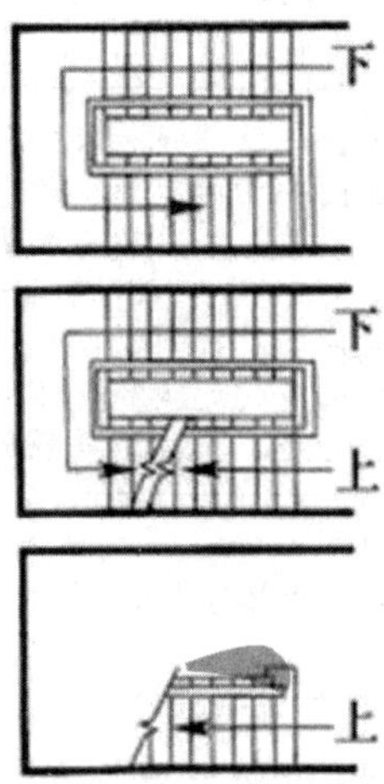	1. 上图为顶层楼梯平面，中图为中间层楼梯平面，下图为底层楼梯平面 2. 需设置靠墙扶手或中间扶手时，应在图中表示
坡道	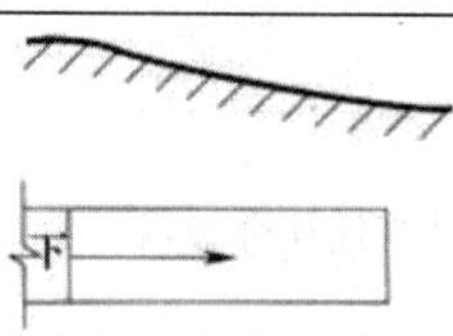	长坡道
	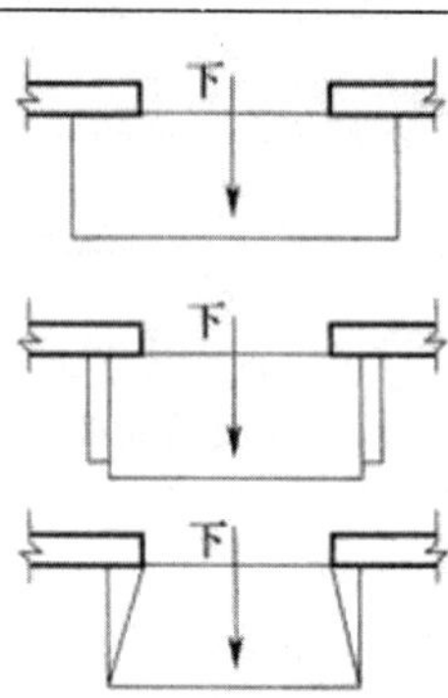	上图为两侧垂直的门口坡道，中图为有挡墙的门口坡道，下图为两侧找坡的门口坡道

（续表）

名称	图例	备注
平面高差	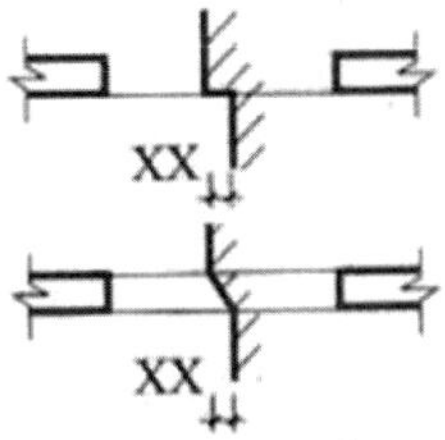	用于高差小的地面或楼面交接处，并应于门的开启方向协调
检查口		左图为可见检查口，右图为不可见检查口
孔洞		阴影部分亦可填充灰度或涂色代替
坑槽		
墙预留洞、槽	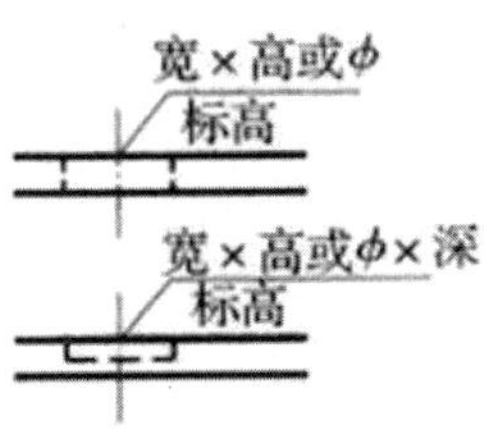	1. 上图为预留洞，下图为预留槽 2. 平面以洞（槽）中心定位 3. 标高以洞（槽）底或中心定位 4. 宜以涂色区别墙体和预留洞（槽）
地沟	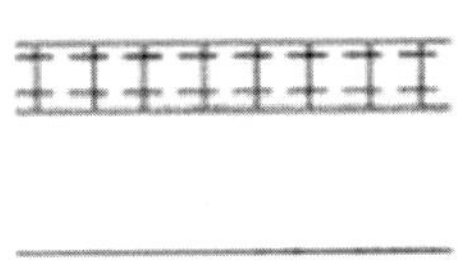	上图为有盖板地沟，下图为无盖板明沟

(续表)

名称	图例	备注
烟道	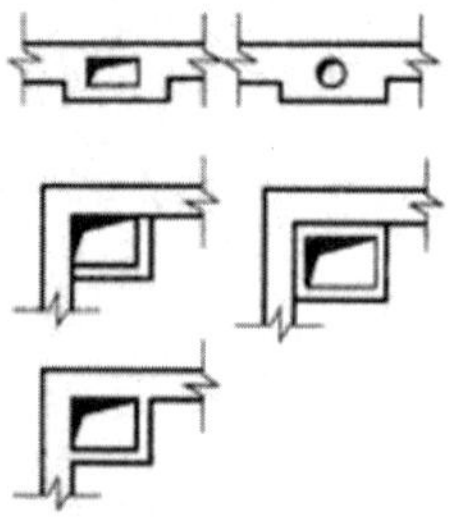	1. 阴影部分亦可填充灰度或涂色代替 2. 烟道、风道与墙体为相同材料，其相接处墙身线应连通 3. 烟道、风道根据需要增加不同材料的内衬
风道	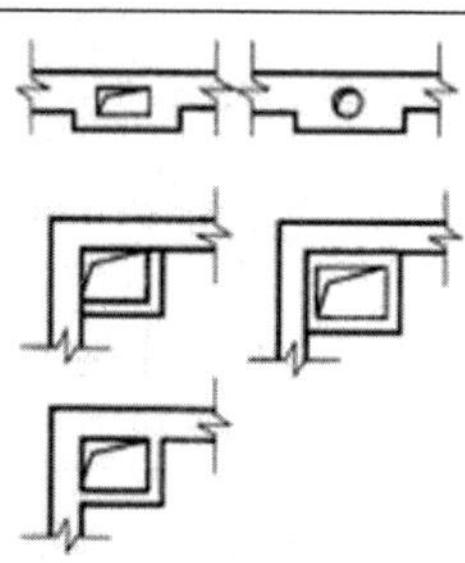	
新建的墙和窗	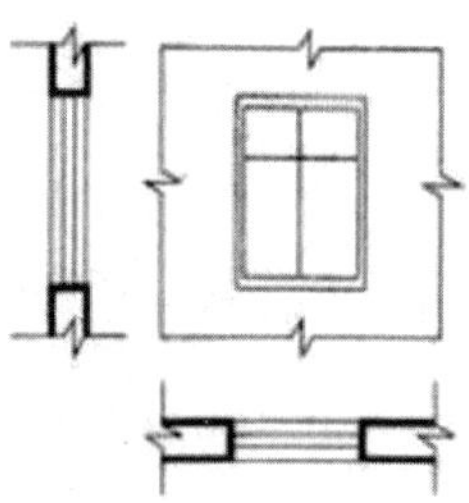	
改建时保留的墙和窗	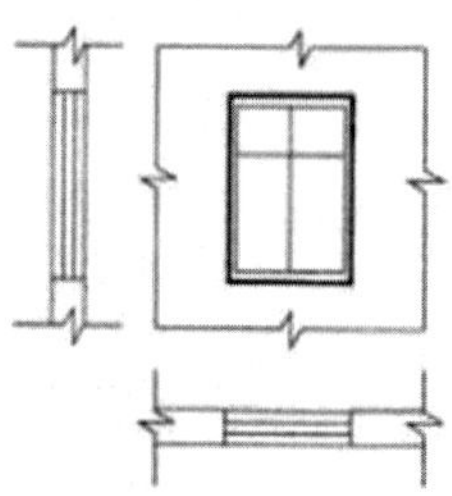	只更换窗，应加粗窗的轮廓线
拆除的墙	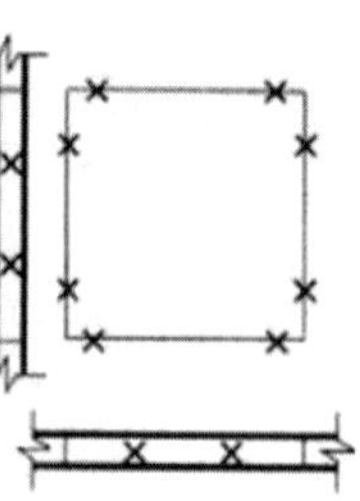	

(续表)

名称	图例	备注
改建时在原有墙或楼板新开的洞	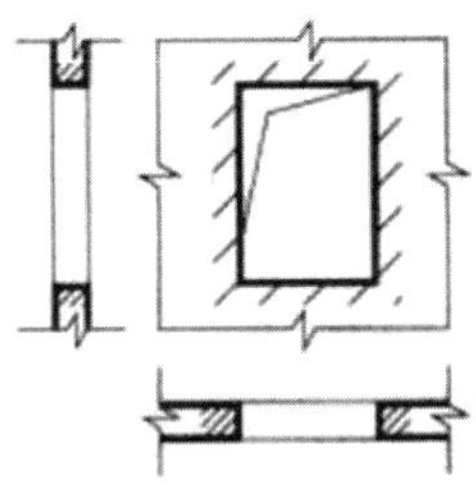	
在原有墙或楼板洞扩大的洞	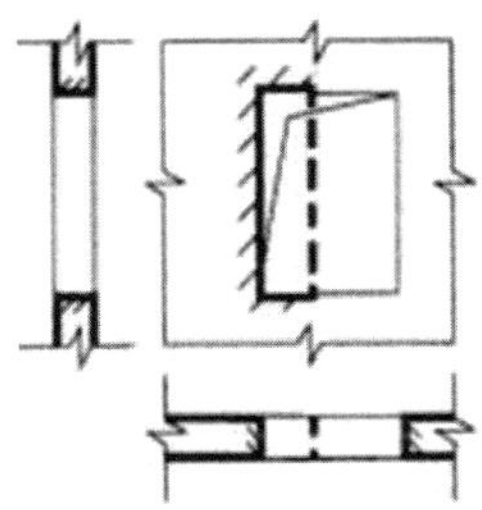	图示为洞口向左边扩大
在原有墙或楼板上全部填塞的洞	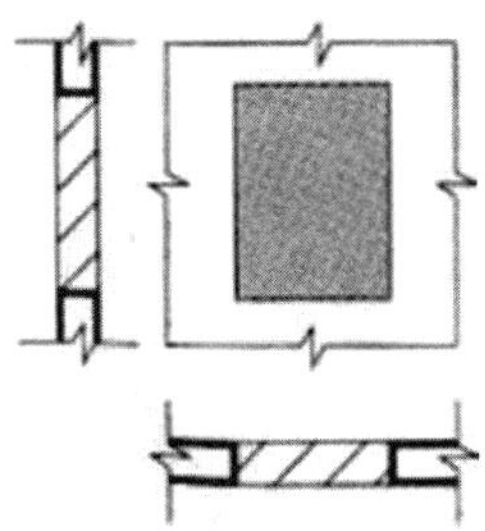	全部填塞的洞 图中立面填充灰度或涂色
在原有墙或楼板上局部填塞的洞	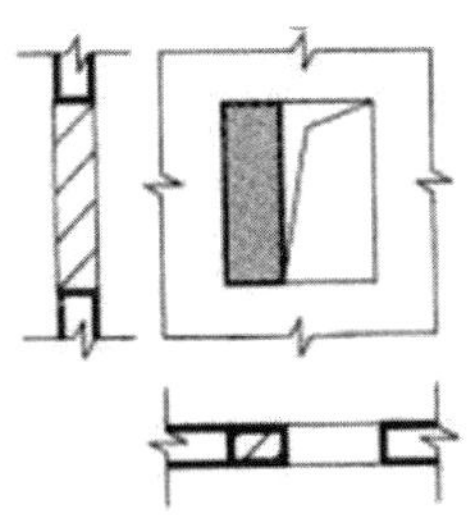	左侧为局部填塞的洞 图中立面填充灰度或涂色
空门洞	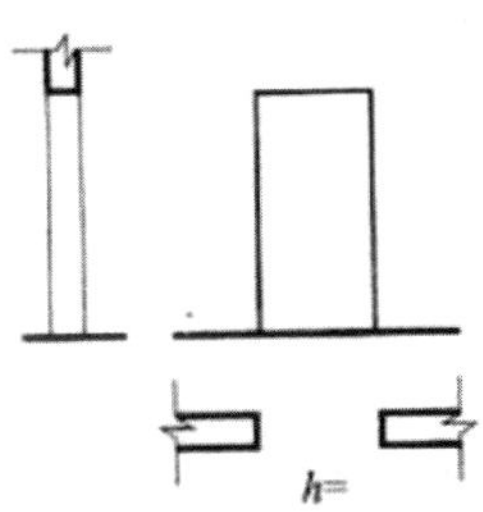	H 为门洞高度

（续表）

名称	图例	备注
单面开启单扇门（包括平开或单面弹簧）	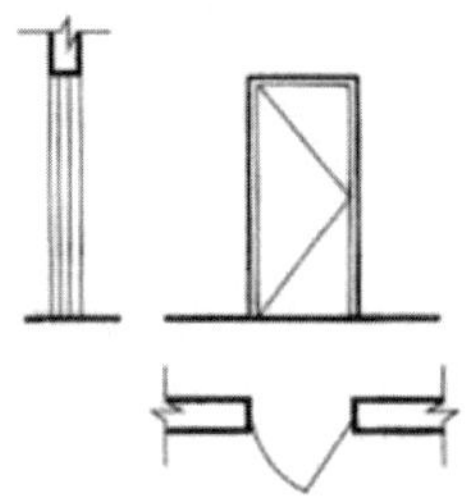	1. 门的名称代号用 M 表示 2. 平面图中，下为外，上为内 门开启线为 90°、60° 或 45°，开启弧线宜绘出 3. 立面图中，开启线实线为外开，虚线为内开。开启线交角的一侧为安装合页一侧。开启线在建筑立面图中可不表示，在立面大样图中可根据需要绘出 4. 剖面图中，左为外，右为内 5. 附加纱扇应以文字说明，在平、立，剖面图中均不表示 6. 立面形式应按实际情况绘制
双面开启单扇门（包括双面平开或双面弹簧）	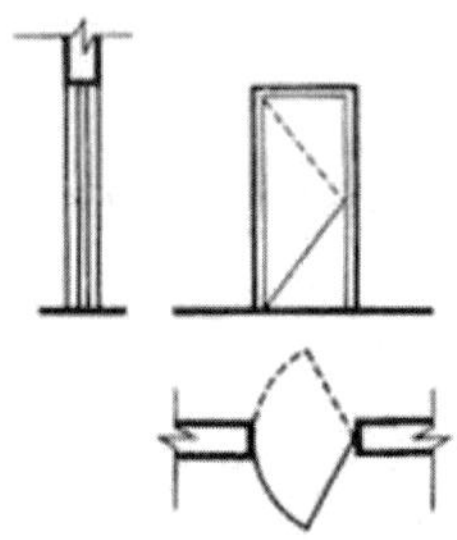	
双层单扇平开门	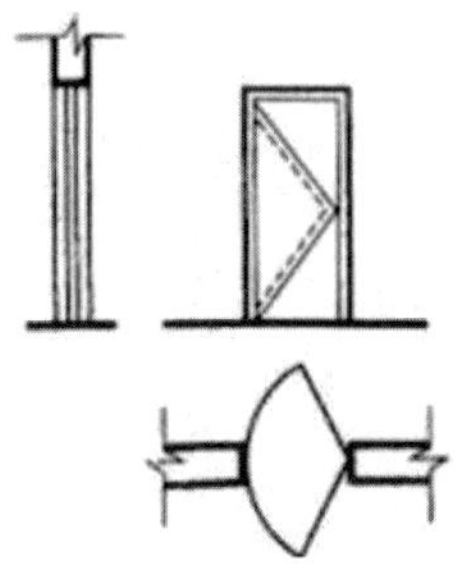	
折叠门	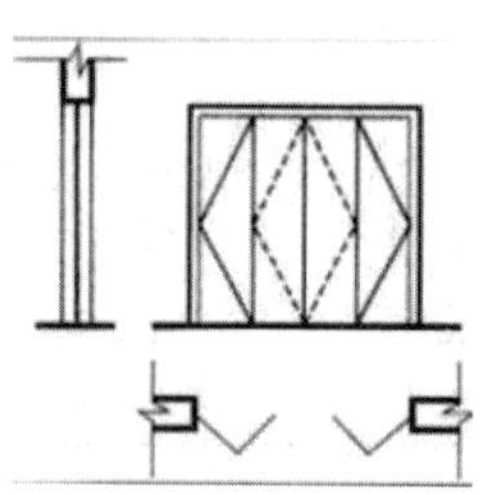	1. 门的名称代号用 M 表示 2. 平面图中，下为外，上为内 3. 立面图中，开启线实线为外开，虚线为内开。开启线交角的一侧为安装合页一侧 4. 剖面图中，左为外，右为内 5. 立面形式应按实际情况绘制
推拉折叠门	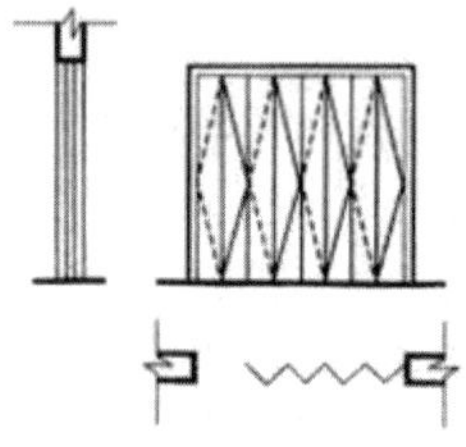	

（续表）

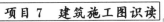

<table>
<tr><th>名称</th><th>图例</th><th>备注</th></tr>
<tr><td>墙洞外单扇推拉门</td><td>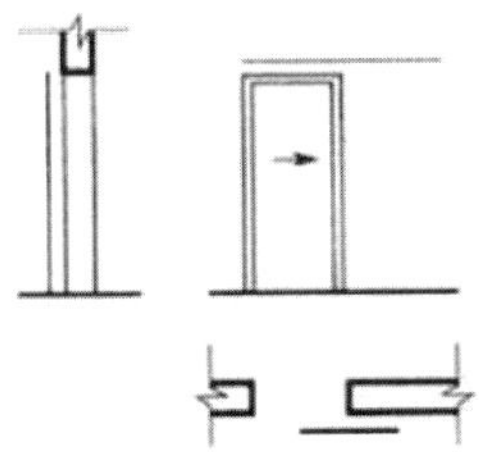</td><td rowspan="2">1. 门的名称代号用 M 表示
2. 平面图中，下为外，上为内
3. 剖面图中，左为外，右为内
4. 立面形式应按实际情况绘制</td></tr>
<tr><td>墙洞外双扇推拉门</td><td>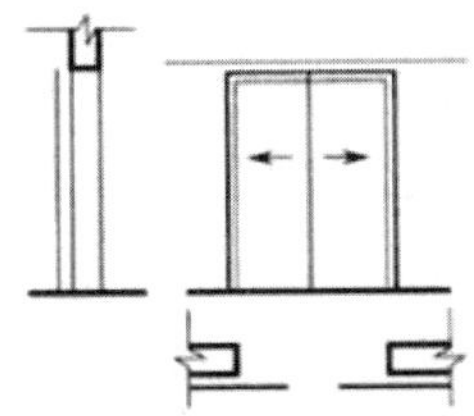</td></tr>
<tr><td>墙中单扇推拉门</td><td>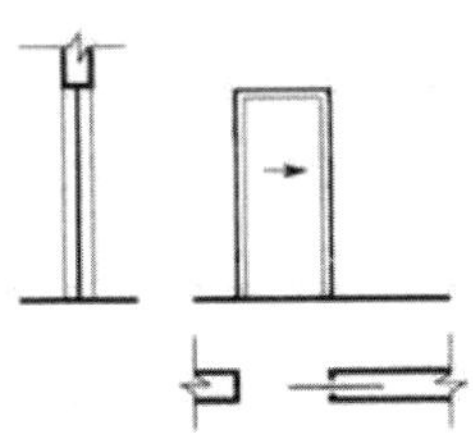</td><td rowspan="2">1. 门的名称代号用 M 表示
2. 立面形式应按实际情况绘制</td></tr>
<tr><td>墙中双扇推拉门</td><td>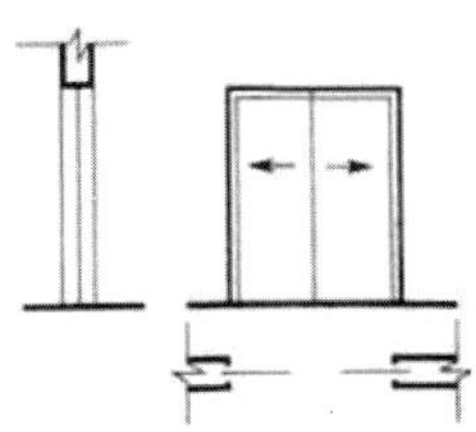</td></tr>
</table>

（续表）

<table>
<tr><th>名称</th><th>图例</th><th>备注</th></tr>
<tr><td>推杠门</td><td>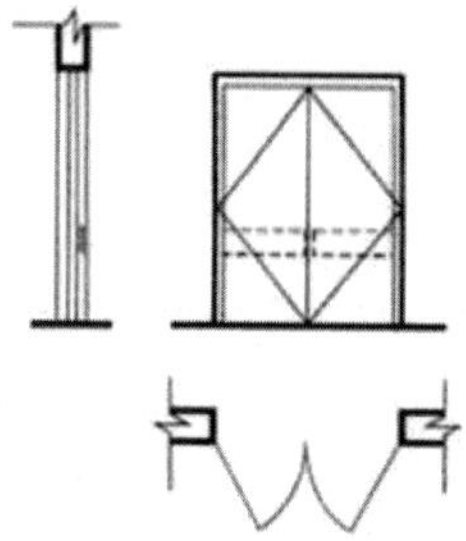</td><td rowspan="2">1. 门的名称代号用M表示
2. 平面图中，下为外,上为内门开启线为90°、60°或45°
3. 立面图中，开启线实线为外开，虚线为内开。开启线交角的一侧为安装合页一侧。开启线在建筑立面图中可不表示,在室内设计门窗立面大样图中需绘出
4. 剖面图中，左为外,右为内
5. 立面形式应按实际情况绘制</td></tr>
<tr><td>门连窗</td><td>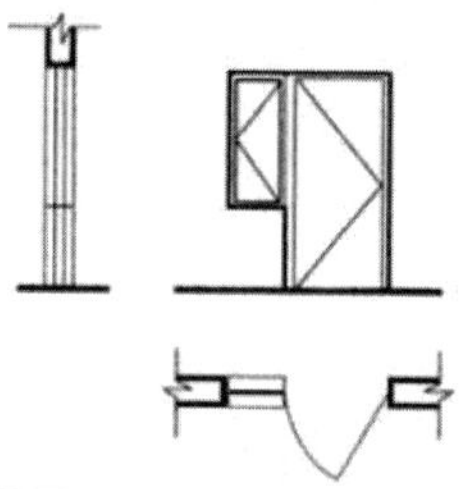</td></tr>
<tr><td>旋转门</td><td>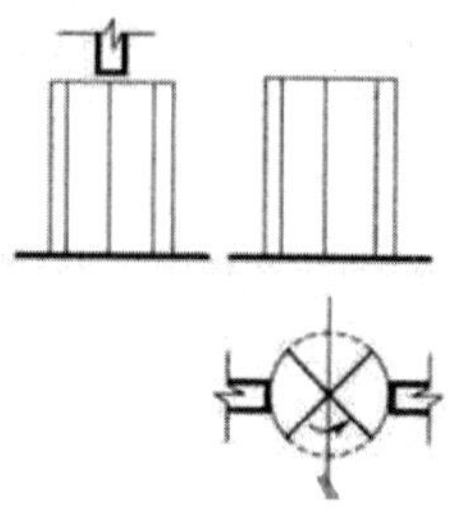</td><td rowspan="2">1. 门的名称代号用M表示
2. 立面形式应按实际情况绘制</td></tr>
<tr><td>两翼智能旋转门</td><td>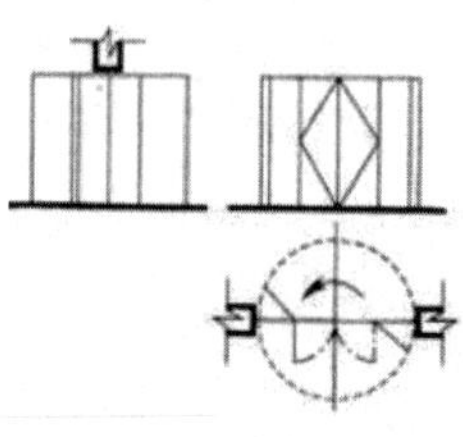</td></tr>
<tr><td>自动门</td><td>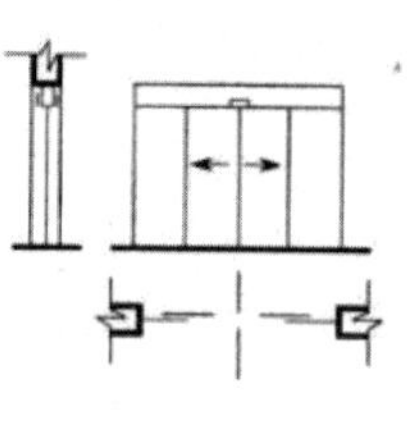</td><td>1. 门的名称代号用M表示
2. 立面形式应按实际情况绘制</td></tr>
</table>

（续表）

<table>
<tr><th>名称</th><th>图例</th><th>备注</th></tr>
<tr><td>折叠上翻门</td><td>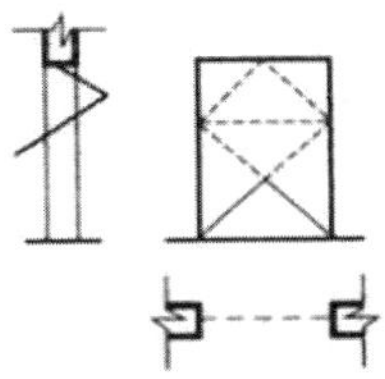</td><td>1. 门的名称代号用 M 表示
2. 平面图中，下为外，上为内
3. 剖面图中，左为外，右为内
4. 立面形式应按实际情况绘制</td></tr>
<tr><td>提升门</td><td>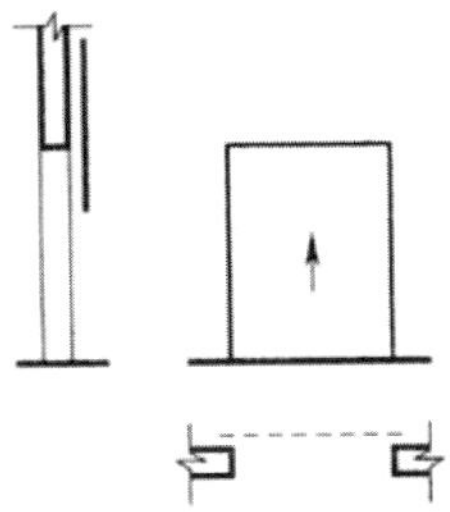</td><td rowspan="2">1. 门的名称代号用 M 表示
2. 立面形式应按实际情况绘制</td></tr>
<tr><td>分节提升门</td><td>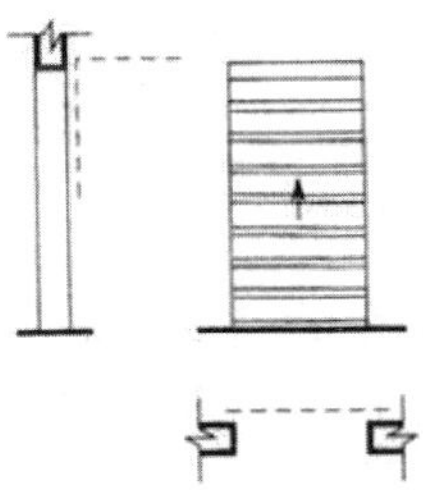</td></tr>
<tr><td>人防单扇防护密闭门</td><td>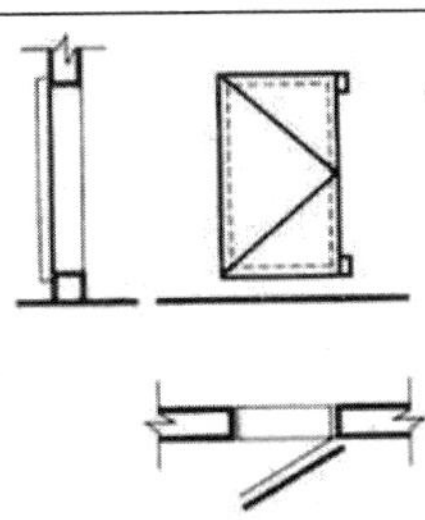</td><td rowspan="2">1. 门的名称代号按人防要求表示
2. 立面形式应按实际情况绘制</td></tr>
<tr><td>人防单扇防护密闭门</td><td>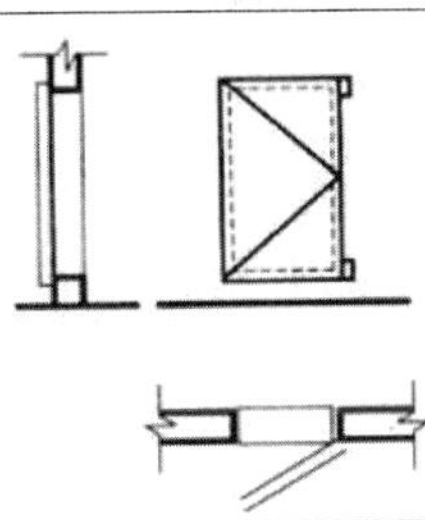</td></tr>
</table>

（续表）

名称	图例	备注
人防双扇防护密闭门	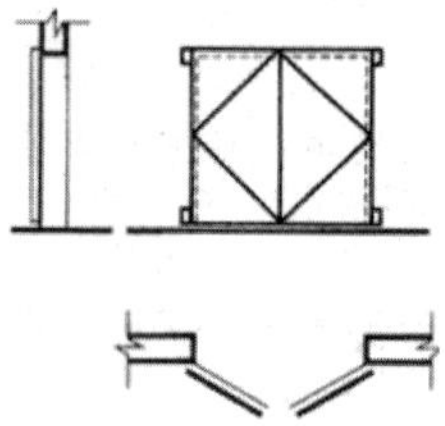	1. 门的名称代号按人防要求表示 2. 立面形式应按实际情况绘制
人防双扇防护密闭门	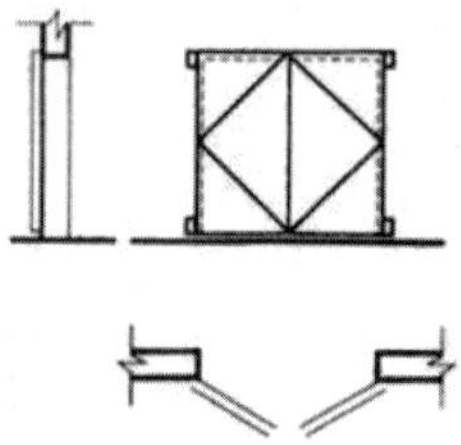	
横向卷帘门	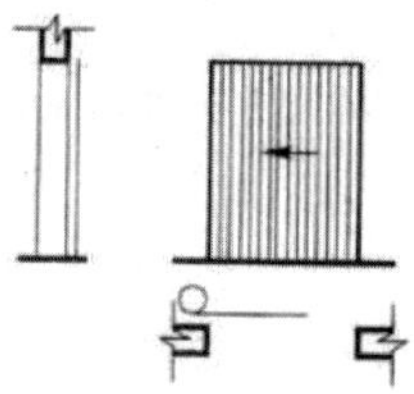	
竖向卷帘门	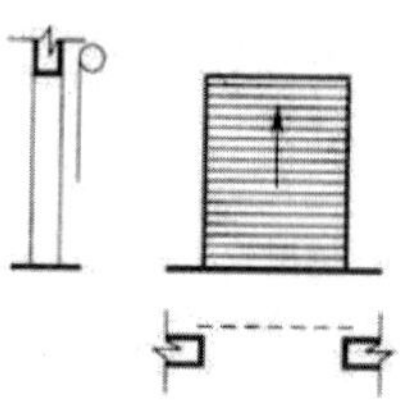	
单侧双层卷帘门	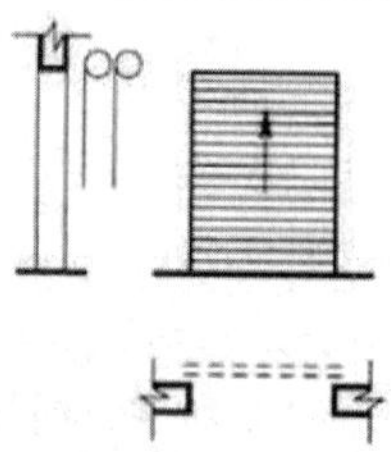	
双侧双层卷帘门	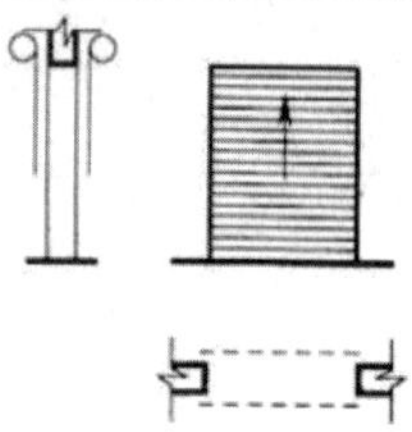	

（续表）

名称	图例	备注
固定窗	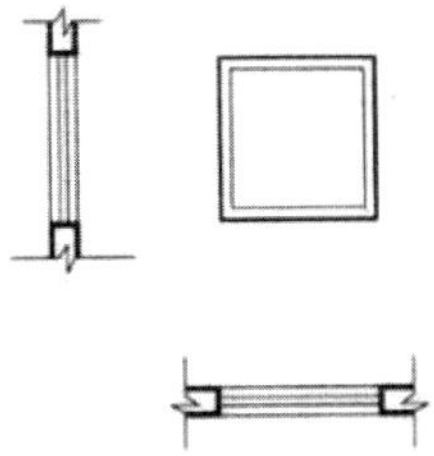	1. 窗的名称代号用 C 表示 2. 平面图中，下为外,上为内 3. 立面图中，开启线实线为外开，虚线为内开。开启线交角的一侧为安装合页一侧。开启线在建筑立面图中可不表示，在门窗立面大样图中需绘出 4. 剖面图中，左为外、右为内。虚线仅表示开启方向，项目设计不表示 5. 附加纱窗应以文字说明,在平、立、剖面图中均不表示 6. 立面形式应按实际情况绘制
上悬窗	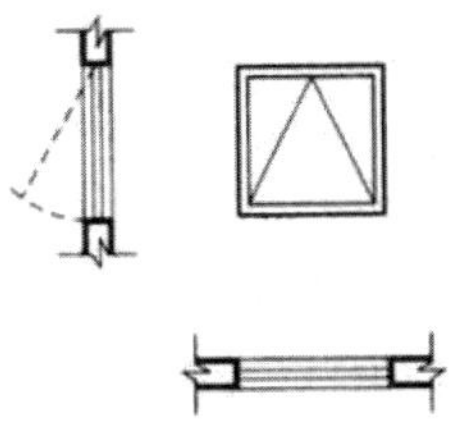	
中悬窗	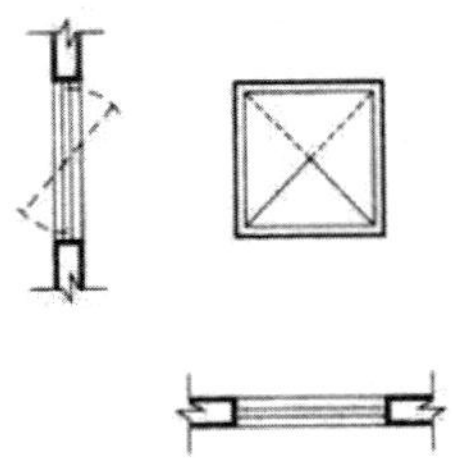	
下悬窗	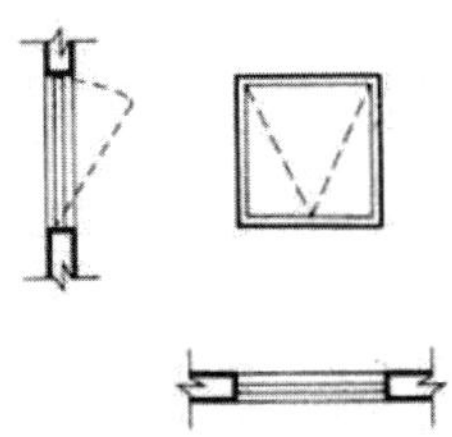	

（续表）

<table>
<tr><th>名称</th><th>图例</th><th>备注</th></tr>
<tr><td>立转窗</td><td>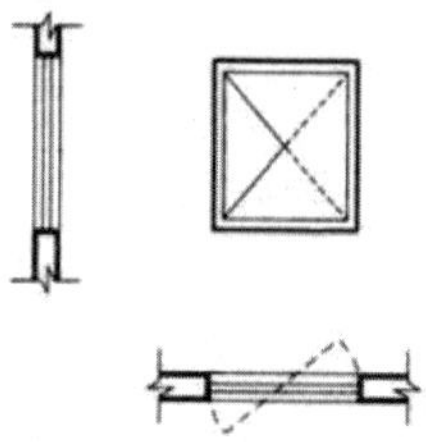</td><td rowspan="4">1. 窗的名称代号用 C 表示
2. 平面图中，下为外，上为内
3. 立面图中，开启线实线为外开，虚线为内开。开启线交角的一侧为安装合页一侧。开启线在建筑立面图中可不表示,在门窗立面大样图中需绘出
4. 剖面图中，左为外、右为内。虚线仅表示开启方向，项目设计不表示
5. 附加纱窗应以文字说明,在平、立、剖面图中均不表示
6. 立面形式应按实际情况绘制</td></tr>
<tr><td>内开平开内倾窗</td><td>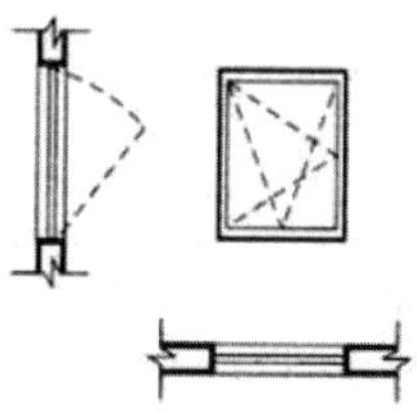</td></tr>
<tr><td>单层外开平开窗</td><td>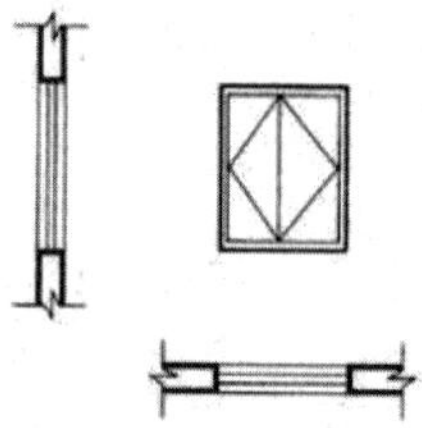</td></tr>
<tr><td>单层内开平开窗</td><td>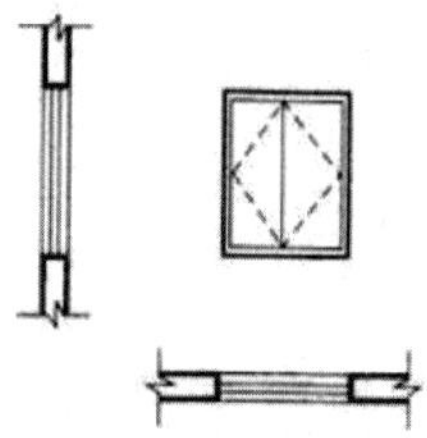</td></tr>
<tr><td>双层内外开平开窗</td><td>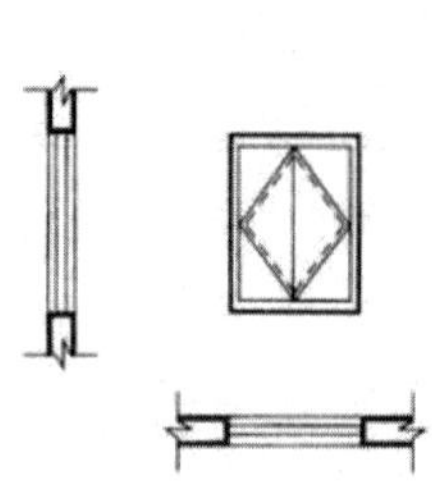</td><td>1. 窗的名称代号用 C 表示
2. 平面图中，下为外，上为内
3. 立面图中，开启线实线为外开，虚线为内开。开启线交角的一侧为安装合页一侧。开启线在建筑立面图中可不表示,在门窗立面大样图中需绘出
4. 剖面图中，左为外、右为内。虚线仅表示开启方向，项目设计不表示
5. 附加纱窗应以文字说明,在平、立．剖面图中均不表示
6. 立面形式应按实际情况绘制</td></tr>
</table>

（续表）

名称	图例	备注
单层推拉窗	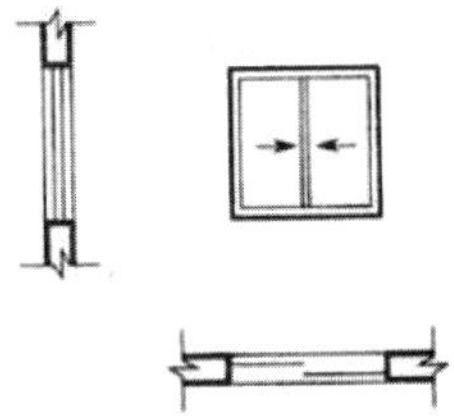	1. 窗的名称代号用 C 表示 2. 立面形式应按实际情况绘制
双层推拉窗	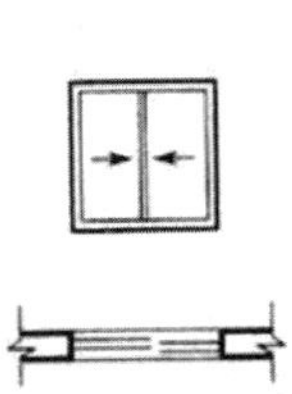	1. 窗的名称代号用 C 表示 2. 立面形式应按实际情况绘制
上推窗	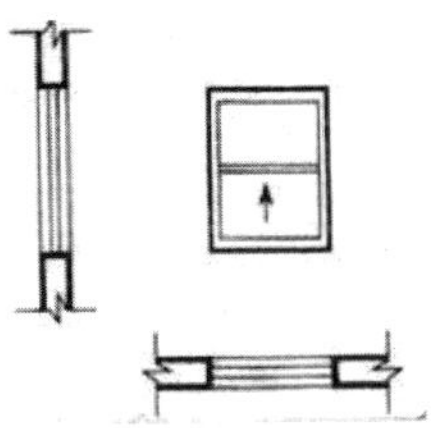	1. 窗的名称代号用 C 表示 2. 立面形式应按实际情况绘制
百叶窗	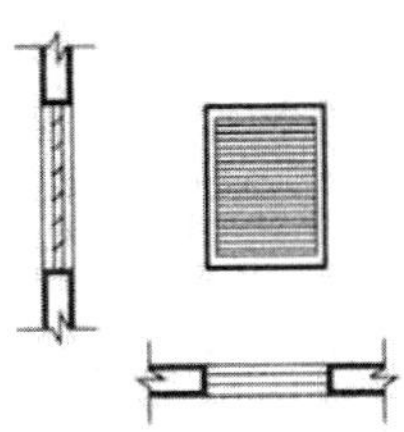	
高窗	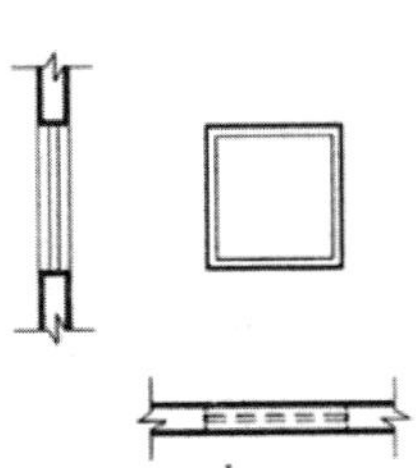	1. 窗的名称代号用 C 表示 2. 立面图中，开启线实线为外开，虚线为内开。开启线交角的一侧为安装合页一侧。开启线在建筑立面图中可不表示，在门窗立面大样图中需绘出 3. 剖面图中，左为外、右为内 4. 立面形式应按实际情况绘制 5. H 表示高窗底距本层地面高度 6. 高窗开启方式参考其他窗型

（续表）

名称	图例	备注
平推窗	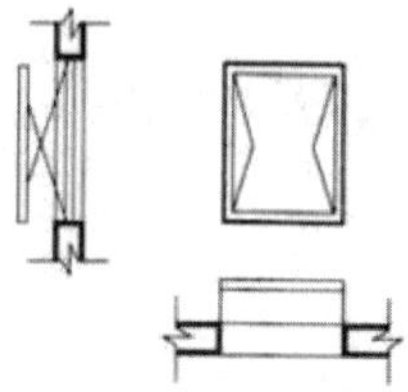	1. 窗的名称代号用 C 表示 2. 立面形式应按实际情况绘制

表 7.6　卫生设备及水池图例（GB/T50106—2010）

名称	图例	备注	名称	图例	备注
立式洗脸盆	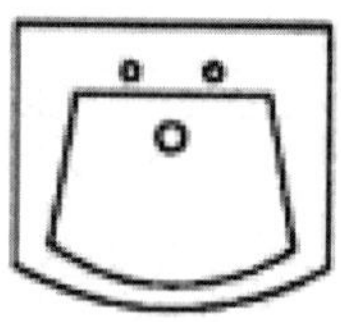		污水池		
台式洗脸盆	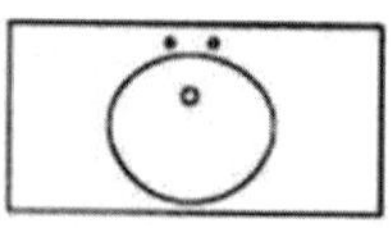		妇女净身盆	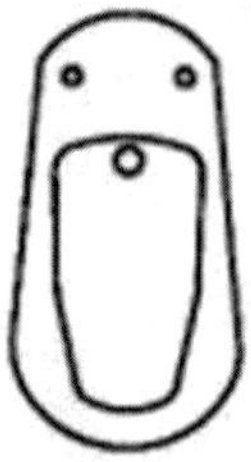	
挂式洗脸盆	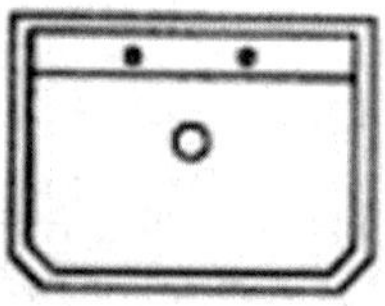		立式小便器	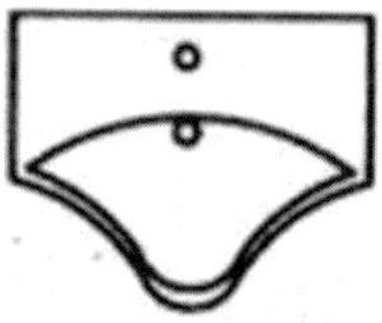	
浴盆	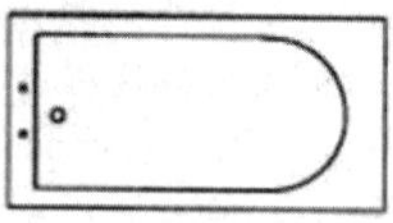		壁挂式小便器		
化验盆、洗涤盆			蹲式大便器	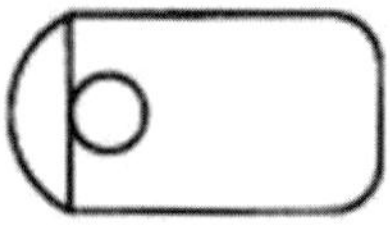	

（续表）

名称	图例	备注	名称	图例	备注
厨房洗涤盆	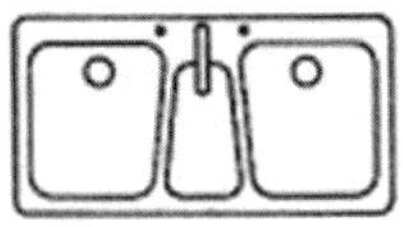	不锈钢制品	坐式大便器	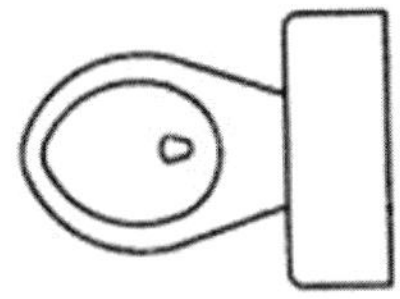	
带沥水板洗涤盆	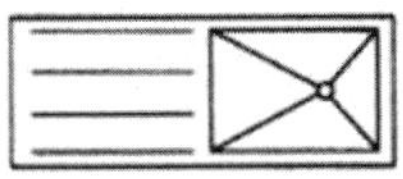		小便槽	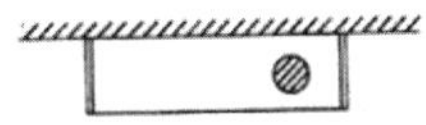	
盥洗槽	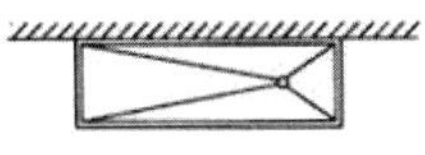		淋浴喷头		

7.2.3 建筑平面图的识读实例

一个建筑物有多个平面图，应逐层识读，注意各层的联系和区别。识读 ×× 办公大厦平面图，如附图。

1. 一层平面图识读步骤

（1）看图名、比例及有关文字说明

本图名为一层平面图，比例为 1:100。在本页图中有一层平面图的门窗表汇总、一层建筑面积及楼梯、卫生间等的文字说明。

（2）了解建筑物的朝向、纵横定位轴线及编号

从如图 7.8 一层平面图中可以找到指北针及主要出入口，通过指北针可以判定，该建筑物坐北朝南。横向有 1-11 共 11 条定位轴线，竖向有 A ～ E 共 5 条定位轴线。

（3）分析总体情况：包括建筑物的平面形状、总长、总宽、各房间的位置和用途

该建筑平面布置成“一”字型，内走廊形式。房间布置为南边有一个主出入口，北边有一个次出入口，东南有一个自行车坡道。有八个办公室、一个接待室、一个会议室、一个卫生间、一个电梯厅、两部电梯、两部楼梯、一个门厅、一个水暖井、一个电井。

根据最外一道尺寸线可以读出：建筑物总长为 50400+500=50900 mm，建筑物总宽为 15900+500=16400 mm。

（4）了解门窗的布置、数量及型号

从一层平面图门窗汇总表中可以看到本层共有七种门、三种窗、两种幕墙。如 LM1 为铝塑平开门，门宽 2100 mm，门高 3000 mm，门安装在 4-5 轴线，E 轴线向北偏移 600 mm 的外墙上，门为双开外开门。

（5）分析定位轴线，了解房屋的开间、进深、细部尺寸和墙柱的位置及尺寸

从第二道尺寸线可以读出建筑物各房间的开间及进深，如 2 号楼梯的开间 2900 mm，进深为 6900 mm，所在的位置为 10-11 轴线之间，D-E 轴线之间。

该层墙体有钢筋混凝土剪力墙及陶粒空心砖、陶粒空心砌块墙体。其中 1、4、7、11 轴线为 250 厚钢筋混凝土墙体，电梯井四周为 200 厚钢筋混凝土墙体，其他外墙为 250 厚陶粒空心砖墙体，内墙为 200 厚陶粒空心砌块墙体。

本建筑为框剪结构，从平面布置可以看到，门厅内有两个圆柱（直径 850mm），室外台阶有 10 个小圆柱（直径 500 mm），其余全部为矩形柱，柱截面尺寸可以结合结构施工图识读。

（6）了解各层楼面、地而以及室外地坪、其他平台、板面的标高

本建筑室外地面标高 -0.450 m，一层地面标高 ±0.000 m，室内外高差 450 mm。卫生间地面标高、台阶表面标高与一层室内地面等高。

（7）阅读细部，详细了解建筑构配件及各种设施的位置及尺寸，并查看索引符号。

本建筑散水宽 900 mm，除在自行车坡道及台阶处断开外，其余沿建筑物外墙四周布置。室外台阶三步，台阶宽 300 mm，台阶高 150 mm。在 4 轴向、5 轴线、7 轴线及 9 轴线除设雨水管，为有组织内排水。自行车坡道的坡度为 1/5，坡道上设截水沟。

在楼梯间处设消防栓箱 2 个，尺寸为 750 mm×1650 mm，箱底距地面 150 mm。1 号楼梯可以下地下室、可以上 2 楼，2 号楼梯可以下地下室、可以上 2 楼，2 号楼梯不能下地下室。卫生间分男女两部分，等分卫生间尺寸，详细内容见详图。

（8）了解剖切位置

根据一层平面图剖切符号可以看出，本建筑物有两个剖面图，分别为 A-A 剖面图和 B-B 剖面图。两个剖面图都是从右向左投影，A-A 剖面图剖切到室外台阶、主出入口大门、门厅、走廊及接待室，B-B 剖面图剖切到室外台阶、门厅、走廊、电梯厅、次出入口等。

2. 其他层平面图识读（以二层、三层为例）

在二层平面图中可以看到两个出入口的上方分别绘制了雨篷及不上人屋面，不再绘制室外台阶。其中主出入口上方的不上人屋面排水坡度 2%，从中间向两边排水，从外向内排水，最终由内排水落水口排出。主出入口处 B 轴线上由 MQ1 变为 MQ3，门厅上方为大厅上空，该处走廊设不锈钢栏杆，索引详图在本页。二层建筑面积为 859.65 m^2，门窗表、房间的布置不同于一层。1 轴线、11 轴线走廊上的窗改为飘窗，2 部楼梯都可以上下，二层地面标高为 3.900 m，说明一层层高 3900 mm。

三层平面图中，大厅上空部位改成三个办公室，B 轴线由直线改为弧线，MQ3 换成 12 个 LC1。三层地面标高为 7.800 m，说明二楼层高也为 3900 mm。

3. 屋顶平面图识读

根据屋顶平面图可以看出，本建筑物屋顶有上人屋面和不上人屋面。其中上人屋面结构标高 15.500m，屋面排水坡度 2%，从中间向两面排水，屋顶平面图可以看到落水口的位

置及分水线。屋顶设女儿墙，墙厚 240 mm，墙高 900 mm（砌体高 750 mm，钢筋混凝土压顶高 150 mm，压顶每边挑出墙体 50 mm）。机房层、1 号楼梯间出屋面部分的屋顶为不上人屋面，机房屋面为平屋面，排水坡度 2%，向右排水，屋顶标高 19.600 m，楼梯间屋面为坡屋面，檐口标高为 18.600 m。

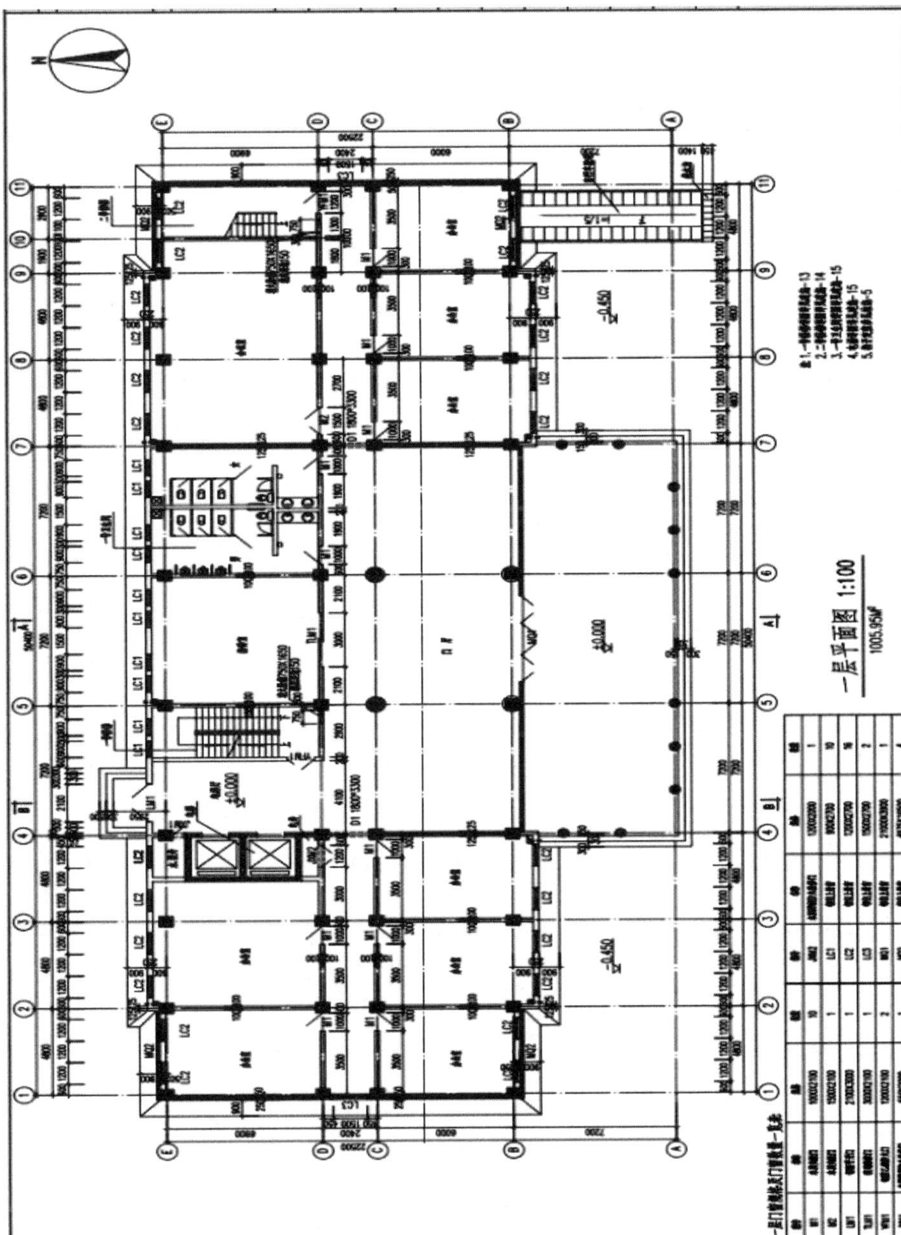

图 7.8 一层平面图后图图

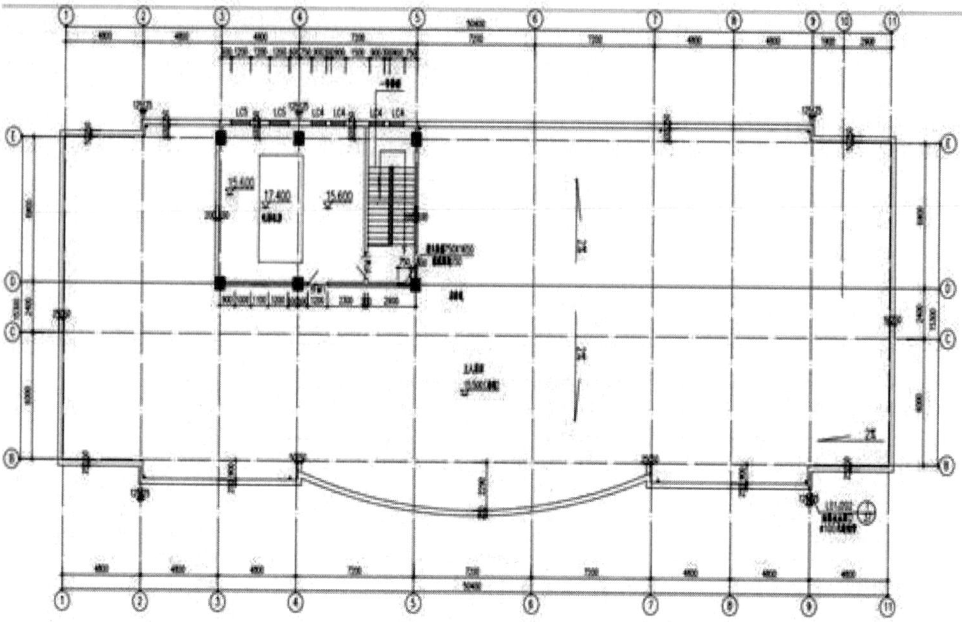

机房层平面图 1:100

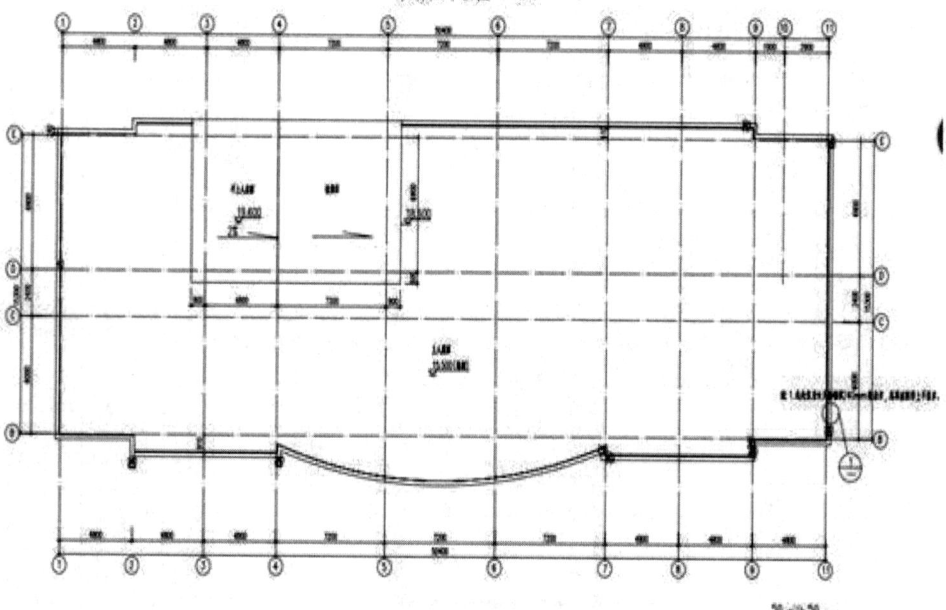

屋顶平面图 1:100

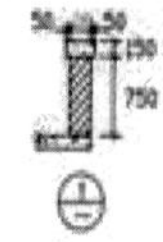

图 7.9 机房层、屋顶平面图

7.2.4 建筑平面图的绘制步骤

（1）确定建筑平面图在图纸上的位置后画出定位轴线网格及柱网，如图 7.10（a）。

（2）在定位轴线网格基础上画墙身轮廓线，如图 7.10 b。

（3）画出门窗洞口、构造柱、楼梯、台阶、花池、散水等细部，如图 7.10（c）。

（4）检查全图无误后，擦去多余线条，按建筑平面图的要求加深加粗，并进行门窗编号，画出剖面图剖切位置线等。

（5）尺寸标注。一般应标注三道尺寸，第一道尺寸为细部尺寸，第二道为轴线尺寸，第三道为总尺寸。

（6）图名、比例及其他文字内容。汉字写长仿宋字：图名字高般为 7 ～ 10 号字，图内说明文字一般为 5 号字。尺寸数字字高通常用 3.5 号。字形要工整、清晰不潦草，如图 7.10（d）。

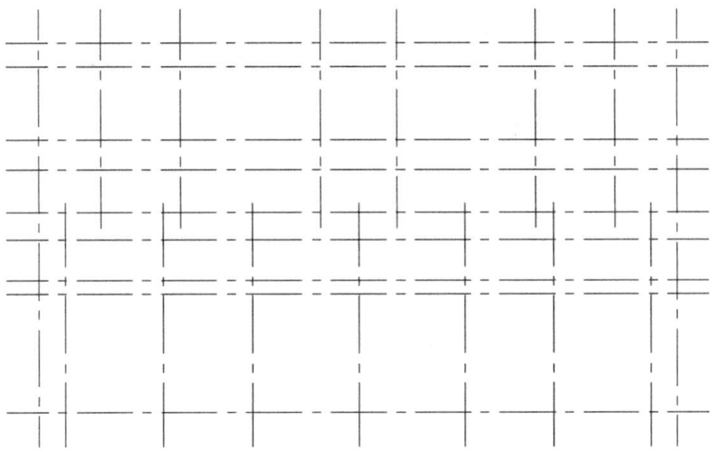

(a)

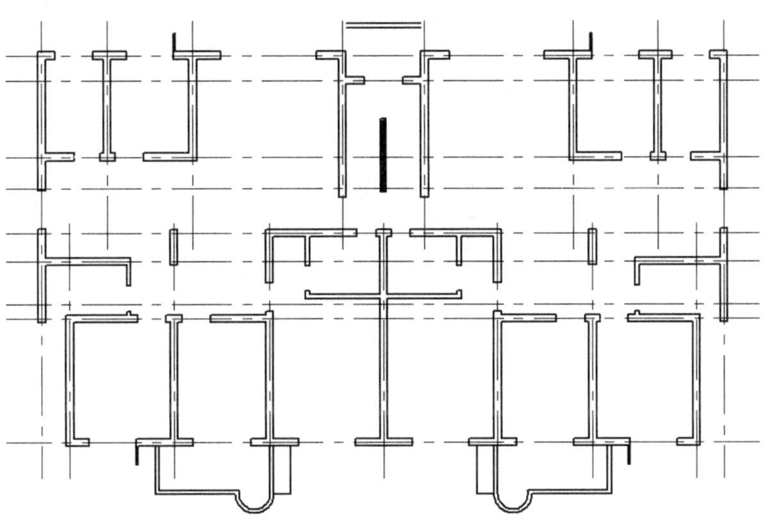

(b)

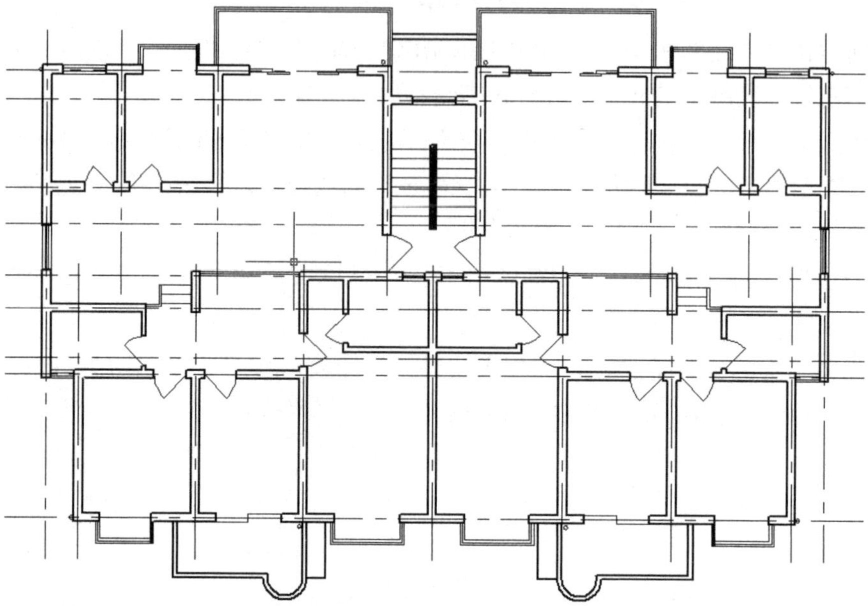

(c)

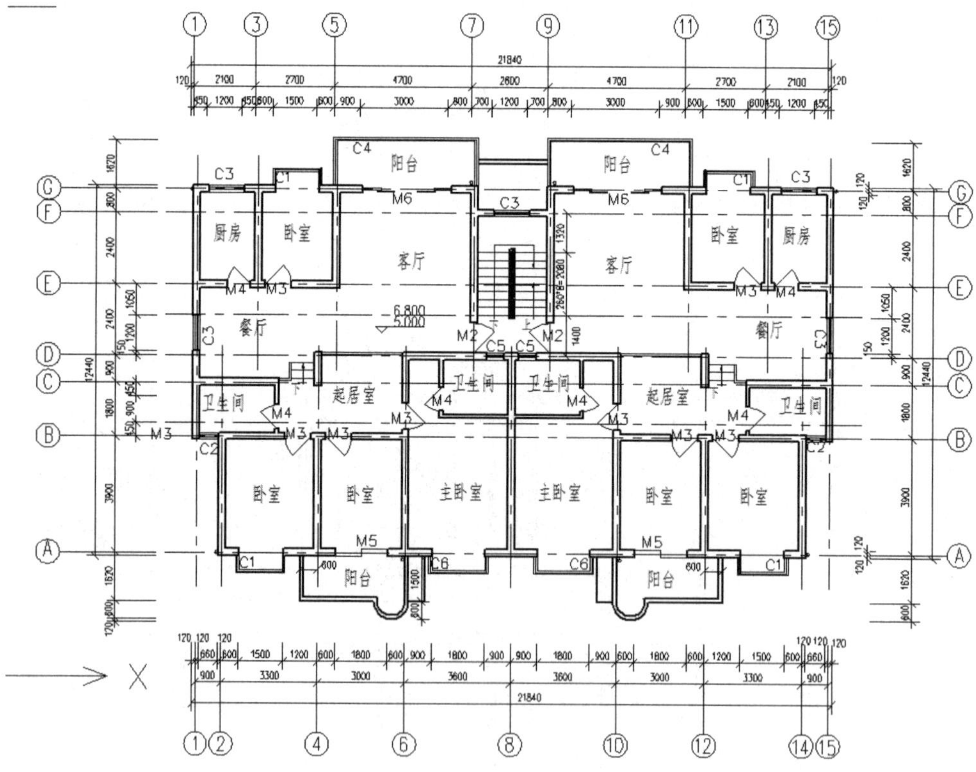

(d)

图 7.10　平面图的绘制步骤

7.2.5 建筑平面图识读注意事项

1. 建筑平面图

一般讲是总称，若为多层或高层建筑，若干层平面图都是一样的，就可以用一个图来代表，称为标准层平面图，每一层的标高，要在标准层上依次注写清楚。有地下室和屋顶也都要画平面图。平面图原则上是从最下面往上依次表示，若有地下室则应从地下室平面算起，逐层往上到屋项平面，而且每层平面图都要在比例允许情况下尽可能表示出最多的内容，表示不清楚的部分用详图索引标志。

2. 阅读平面图的方法、步骤：轴线－房间－墙柱－门窗等

（1）从轴线开始，根据所注尺寸看房间的开间和进深；

（2）看墙的厚度或柱子的尺寸，还要注意看清楚轴线是处于墙厚的中心线位置还是偏心位置；

（3）看门、窗的位置和尺寸，在平面图中可以表明门、窗是在轴线上还是靠墙的内皮或外皮设置，并可以表明门的开启方向；

（4）注意沿轴线两边遇有墙的凹进或凸出、墙垛或壁柱等。轴线就是控制线，它对整个建筑起控制作用。

3. 平面图四周与内部

注有相当多而详尽的尺寸数字，它基本上只能反映占地长与宽两个方向的尺寸，平面图反映不了高度方面的情况，可以用标高说明某个平面在什么高度，如各层楼地面等。要注意平面图上的尺寸是否与建筑物在大方面和细部尺寸都能对应上关系，必须认真、仔细地查看清楚。

4. 建筑平面图上门窗

都是用代号表示的，它们的数量、型号有没有错误，统计是否正确，应与标准门窗图集和构、配件标准图集仔细核对。门窗的安放位置和建筑内外装修有关，详细做法，需要阅读建筑详图才能知道。

5. 多层建筑平面图不止一个

它们上、下轴线关系应是一致的。这个问题，不但在建筑平面图内要核对准确，而且与结构平面图也都应核对一致。从施工角度看，应先看结构平面图，后看建筑平面图，再看建筑立面图、剖面图和建筑详图。

6. 图例符号中常用的材料符号

与构、配件的表达形式都必须按标准图例。

7. 平面图中的剖切位置与详图索引标志

也是不可忽视的主要问题，涉及朝向与所要表达的详尽内容。由于剖切符号本身就比较灵活，有全剖、半剖、阶梯剖、展开剖、局部剖等多种表现形式，识读者也要按不同情况对照相应的部位识读图纸。

8. 图纸上的标题栏内容与文字说明中的每个注意事项都不容忽视

它能说明工程性质，能表示图与实物的比例关系，能帮助找到相应图纸编号。

【技术点睛】

建筑平面图是建筑施工图的主要内容，反映建筑物平面形状、房间布置和大小，墙或柱的位置和厚度，门窗的位置、尺寸和开启方向等，是施工图中最基本、最重要的图样之一，是施工放线、砌墙、安装门窗、预留孔洞、室内装修及编制预算、备料的重要依据。除屋顶平面图外，其他平面图是在窗台上方剖切后投影得到的水平投影图。平面图图纸的排序按照施工顺序排列，一层平面图包含室外台阶、散水、花池、雨水管等构配件及指北针、剖切符号等重要的符号。

7.3 建筑立面图

【导入案例】

我们在购买商品房的时候，除了希望了解户型的布置、房间尺寸、朝向、门窗的位置等信息，还希望能看到中意房子的外形、色彩及墙面材质，这就需要我们能识读建筑立面图，本项目重点讲解建筑立面图的形成、用途及识图内容。

7.3.1 建筑立面图的形成和用途

1. 建筑立面图的形成

建筑立面图是将建筑物外立面向与其平行的投影面进行投射所得到的投影图，如图7.11所示。

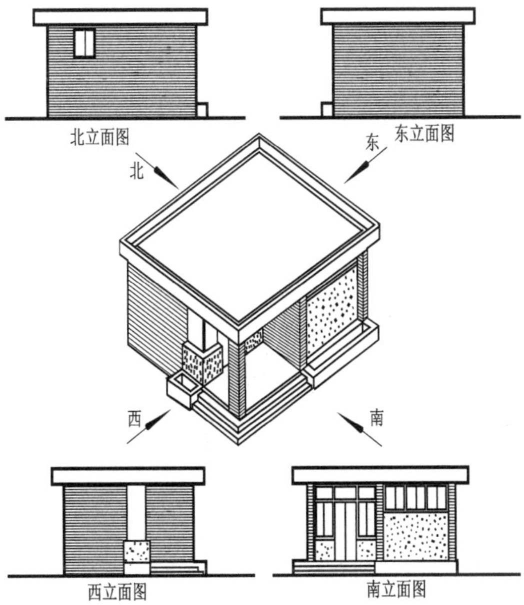

图 7.11　建筑立面图的形成

2. 建筑立面图的用途

建筑立面图反映建筑物的长度、高度、层数等外观特性和艺术效果。它的主要作用是确定建筑物室外装饰、确定门窗、檐口、雨篷、阳台等的形状和位置，指导房屋外部装修施工。

3. 建筑立面图的图线

在建筑立面图中，建筑物的外轮廓用粗实线表示；室外地坪用特粗实线（1.4b）表示；外轮廓线之间的主要轮廓线如洞口、阳台、雨篷、台阶等用中实线表示；门窗扇及其分格线、雨水管、墙面分格线、阳台栏杆、勒脚等用细实线表示。

7.3.2 建筑立面图的基本内容

1. 建筑立面图的命名

建筑立面图的图名称呼通常按各立面的朝向来命名，如南立面图、北立面图、东立面图、西立面图。也可按轴线的编号（两端轴线编号）来命名，如①－⑩立面图、A-F 立面图等。对于比较简单建筑物的立面图，可根据主要出入口的位置命名，如正立面图、背立面图、侧立面图等名称。

建筑立面的命名方法，如图 7.12 所示。

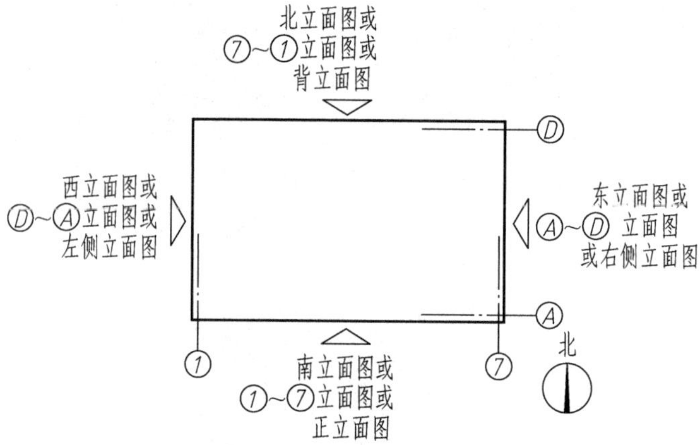

图 7.12　建筑立面图的命名

2. 建筑立面图的图示内容

（1）图名，比例、图例和定位轴线

建筑立面图的图名可按朝向或者主次或者两端轴线命名。每套图纸只能选用一种命名方式。

建筑立面图通常采用与建筑平面图相同的比例。

建筑立面图的常用图例参阅见表 7.8。

建筑立面图一般只画出建筑立面图两端的定位轴线及其编号，以便与建筑平面图对照来确定立面的观看方向。

（2）外部形状和外墙面上的门窗及构造物

建筑立面图反映了建筑的立面形式和外貌，以及屋顶、烟囱、水箱、檐口（挑檐）、门窗、台阶、雨篷、阳台（外走廊）、腰线（墙面分格线）、窗台、雨水斗、雨水管、空调板（架）等的位置、尺寸和外形构造等情况。在建筑立面图中除了能反映门窗的位置、高度、数量、立面形式外、还能反映门窗的开启方向：细实线表示外开，细虚线表示内开。

（3）外墙面装修做法

对建筑物外墙面的各部位，如屋面、墙面、檐口、腰线、窗台、雨篷、勒脚等处的装修要求在建筑立面图中一般都用文字表明。具体做法需查阅设计（施工）说明或相应的标准图集。

（4）尺寸标注和标高

在建筑立面图中也可标注三道尺寸，里面尺寸为门窗洞口高、窗下墙高、室内外地面高差等尺寸；中间尺寸为层高尺寸；外面尺寸为总高度尺寸。

标高标注在室内外地面、台阶、勒脚、各层的楼面、窗台和窗顶、雨篷、阳台、檐口、屋脊、女儿墙等处。立面图应注写完成面标高（建筑标高）及高度方向的尺寸。

7.3.3 建筑立面图识读实例

一个建筑最多有四个立面图，通常首先识读正立面图，或者说识读有主要出入口的立面图。下面以 ×× 办公大厦 1-11 立面图为例识读建筑立面图。见附图。

1. 读立面图的名称和比例

对照平面图可以看到 1-11 立面图也可以命名南立面图或者正立面图。比例与建筑平面图相同 1:100。

2. 分析立面图图形外轮廓，了解建筑物的立面形状

从 1-11 立面图可以看到，该建筑层数为地上四层，机房层、1 号楼梯间出屋面。机房层屋顶为平屋面，1 号楼梯间屋面为单坡屋面，其他上人屋面为平屋面女儿墙构造。建筑物南立面两侧有幕墙，中间 4-7 轴线间一层有大门，大门外有台阶，二层为幕墙，三层四层为每层 12 个窗。两侧山墙上二层、三层、四层分别设飘窗。

3. 读标高

了解建筑物的总高、室外地坪高、室内外高差、门窗洞口、挑檐或女儿墙顶等有关部位的标高。从图中可以看到室外地面标高 -0.450 m，所以室内外高差为 450 mm，建筑物总高（从室外地面开始算）为 15.600+0.900+0.450=16.950 m，一层窗台高 600 mm，窗高 2700 mm。建筑物层高 3.900 m，女儿墙高度为 900 mm，上人屋面标高 15.600 m，出屋面的机房层屋面标高为 19.600 m，楼梯间单坡屋面檐口标高为 18.600m，与屋顶平面图的表示一致。

4. 参照平面图及门窗表，综合分析外墙上门窗的种类、形式、数量和位置。

对照平面图可以看到 4 轴线左边第一个窗为 LC2，铝塑上悬窗，窗的尺寸为 1200 mm×2700 mm，与建筑立面图左侧的最里面一道尺寸线一致。二层 1 轴线飘窗为 TC1，根据门窗表可知，该窗为铝塑平开飘窗，尺寸为 1500 mm×2700 mm。1-11 立面图中屋顶出屋面的门，根据建施 -7 机房层平面图可知，门的代号为 YFM1，查阅门窗表，此门为钢质乙级防火门，门的尺寸为 1200 mm×2100 mm。

5. 了解立面上的细部构造，如台阶、雨篷、阳台等

从 1-11 立面图中可以看到，该立面图有主要出入口，门外有台阶，共三步，门上有雨篷。屋顶女儿墙高度为 900 mm，与建施 -8 屋顶平面图中的女儿墙详图一致。

6. 识读立面图上的文字说明和符号

通过识读立面图的文字说明和符号，能更好了解外装修材料和做法，了解索引符号的标注及其部位，以便配合相应的详图识读图纸。在图 7.13 立面图中，可以看到外墙主要有两侧的外墙 1 和中间部分的外墙 2 两种外墙装饰。

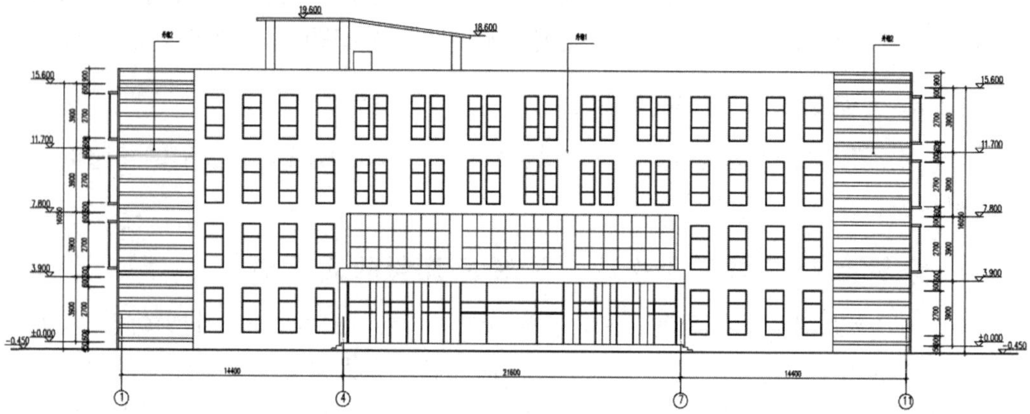

图 7.13　建筑立面图

7.3.4 建筑立面图的绘制步骤

1. 基础立面图

画室外地坪线、定位轴线、各层楼面线、外墙边线和屋面檐口线，屋脊线由侧立面投影图投影到正立面图上得到，如图 7.14（a）所示。

定外墙轮廓线时，如果平面图和正立面图画在同一张图纸上，则外墙轮廓线应由平面图的外墙外边线根据“长对正”的原理向上投影得到。根据高度尺寸画出屋面檐口线。

2. 画各种建筑构配件的可见轮廓

如门窗洞、楼梯间、墙身及其暴露在外墙外的柱子，如图 7.14（b）所示。

3. 画门窗、雨水管、外墙分割线等建筑物细部

如果平面图和正立面图画在同一张图纸上，在正立面图上门窗宽度应由平面图下方外墙的门窗宽投影得出，根据窗台高、门窗顶高度画出窗台线、门窗顶线、檐口线等，如图 7.14c 所示。

4. 画尺寸线、尺寸界线、标高数字、索引符号和相关注释文字

5. 检查无误后

按建筑立面图所要求的图线加深、加粗，并标注标高、首尾轴线号、墙面装修说明文字、图名和比例，说明文字用 5 号字。如图 7.14（d）所示。

注意标高符号为等腰直角三角形，高度约 3 mm，三角形的顶点在同一竖直线上。

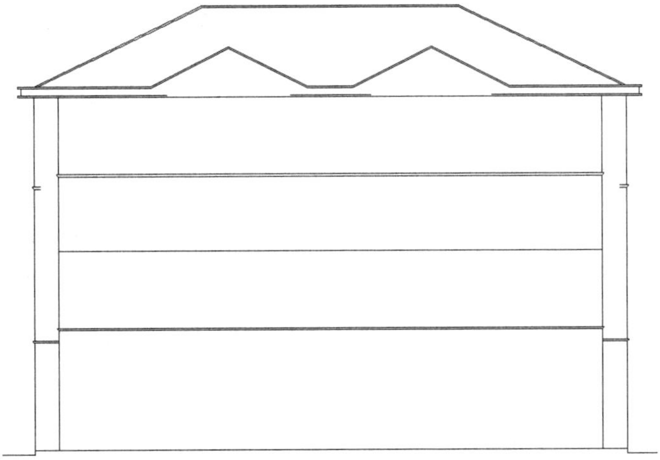

(a)

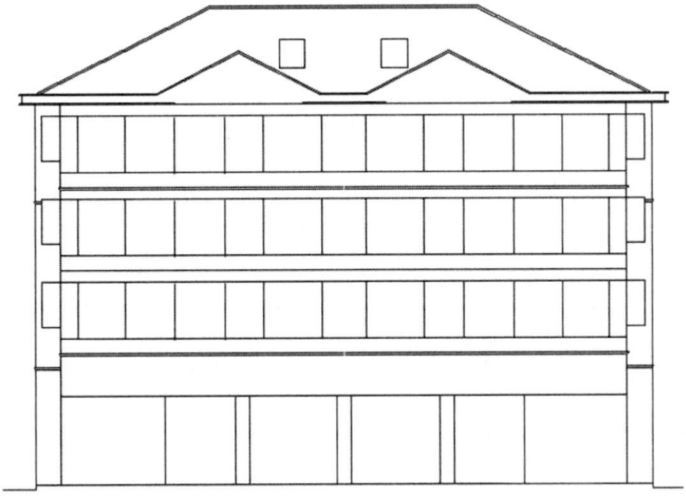

(b)

(c)

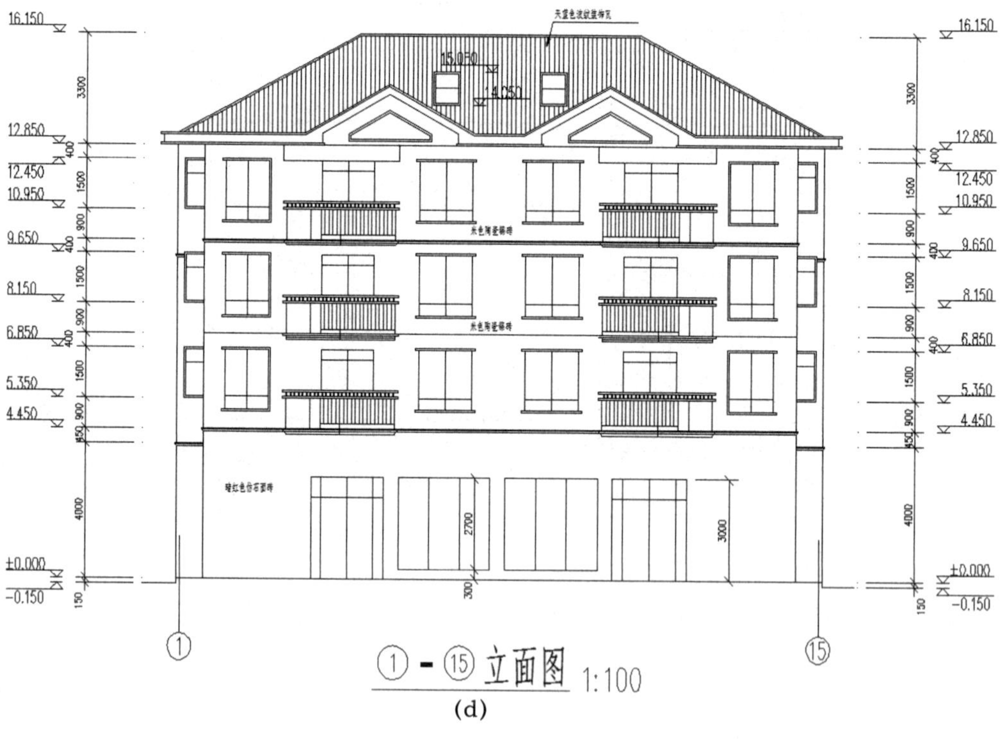

(d)

图 7.14　立面图的绘制步骤

7.3.5 建筑立面图识读注意事项

1. 立面图与平面图有密切关系

各立面图轴线编号均应与平面图严格一致，并应校核门、窗等所有细部构造是否正确无误。

2. 各立面图彼此之间

在材料做法上有无不符、不协调致之处，以及检查房屋整体外观、外装修有无不相符之处。

【技术点睛】

识读建筑立面图要注意外部装饰的施工要求及建筑外形的凹凸变化，要认真核对立面图与建筑平面图、建筑剖面图的尺寸关系，要注意建筑立面图的尺寸标注。一般情况下，门窗、楼地面、台阶、雨篷、女儿墙、檐口等重要部位需要标注标高。

7.4 建筑剖面图

【导入案例】

我们已经了解了建筑物的平面布置，可以反映建筑物的水平方向的尺寸，也学习了建筑立面图，可以识读建筑物的外部造型及高度尺寸，却无法表明建筑物的内部关系。建筑物内部竖向空间及构、配件在竖向上的高度，形状等则要在建筑剖面图上表示，建筑剖面图的图示内容及识读方法是本项目的主要内容。

7.4.1 建筑剖面图的形成和用途

1. 建筑剖面图的形成

建筑剖面图是假设用一个垂直的剖切平面剖切房屋，移去剖切面前面的部分，对剩余部分作正投影所得到的投影图，如图 7.15 所示。

剖面图的剖切位置应选择在房屋内部结构和构造比较复杂的或有代表性的部位，并应通过门窗洞口的位置，楼房一般还应通过楼梯间。

剖面图的数量应根据房屋的具体情况和施工的实际需要来决定。剖切符号标注在底层平面图相应的位置上。建筑剖面图的图名应与底层平面图的剖切符号一致；剖切符号的长线表示剖切位置，短线表示剖视方向，剖切位置的编号写在表示剖视方向的一方。根据建筑物的平面情况，剖面图可以是全剖，也可以是阶梯剖。

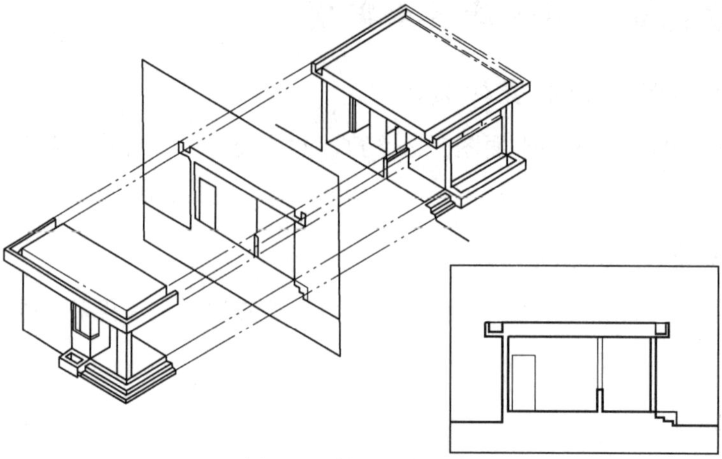

图 7.15 剖面图的形成

2. 建筑剖面图的用途

建筑剖面图表达了房屋内部垂直方向的高度，楼层分层及简要的结构形式和构造方式等，如屋顶的坡度、楼房的分层、房间内的门窗等高度，是砌筑墙体、铺设楼板，内部装修等的重要依据。

建筑剖面图与建筑平面图、建筑立面图是建筑施工图的基本图纸，它们所表达的内容既有明确分工，又有紧密的联系，在识图过程中应将建筑平面图、立面图和剖面图联系起来识读才能读懂图纸。

3. 建筑剖面图的图线

在建筑剖面图中，被剖到的墙身、楼板、屋面板、楼梯段、楼梯平台等轮廓线用粗实线表示；没有被剖到但投影时仍能见到的门窗洞、楼梯段、楼梯平台及栏杆扶手、内外墙的轮廓线用中实线表示；门窗扇及其分格线、雨水管等用细实线表示。室内外地坪线仍用特粗线表示。钢筋混凝土圈梁、过梁、楼梯段等可涂黑表示。

7.4.2 建筑剖面图的图示内容

1. 图名、比例、图例和定位轴线

建筑剖面图的图名一般与它们的剖切符号的编号名称相同，如 Ⅰ - Ⅰ 剖面图，1-1 剖面图，A-A 剖面图等，表示剖面图的剖切位置和投影方向的剖切符号和编号在底层平面图上。

建筑剖面图的比例应和建筑平面图，建筑立面图一致。

建筑剖面图的常用图例见表 7.5。

建筑剖面图一般只画出两端的轴线及其编号，并标注其轴线间的距离，以便与平面图对照，有时也画出被剖切到的墙或柱的定位轴线及其轴线间的距离。

2. 内部构造和结构形式

在建筑剖面图中反映了新建建筑物内部的分层、分隔情况，从地面到屋顶的结构形式和构造内容，如被剖切到的和没有被剖切到、但投影时仍能看见的室内外地面、台阶、散水、明沟、楼板层、屋顶、吊顶、内外墙、门窗、过梁、圈梁、楼梯段、楼梯平台等的位置、构造和相互关系。地面以下的基础一般不画出。

3. 室内设备和装修

建筑剖面图表示了室内家具、卫生设备等设备的配置情况。室内的墙面、楼地面、吊顶等室内装修的做法和建筑平面图一样，一般直接用文字标明，或用明细表，材料做法表表示，也可以另用详图表示。

4. 尺寸标注和标高

在建筑剖面图中一般要标注高度尺寸。标注的外墙高度一般也有三道尺寸线，和建筑立面图相同，即门窗洞口高度、层间高度和建筑物总高。此外，还应标注室内的局部尺寸，如室内内墙上的门窗洞口高度、窗台高度等。

标高应标注在室内外地面、各层楼面、楼梯平台面、阳台面、门窗洞、屋顶檐口顶面等处。

5. 详图索引符号

在建筑剖面图中，对于需要另用详图说明的部位或构配件，都要加索引符号，以便到其他图纸上去查阅或套用的标准图集。

7.4.3 建筑剖面图识读实例

以 ×× 办公大厦剖面图为例识读建筑剖面图，见本书最后附图。

1. 首先阅读图名和比例，并查阅底层平面图上的剖面图的剖切符号，明确剖面图的剖切位置和投射方向

从建施 -3 底层平面图中可以看到该建筑物有 2 个剖面图，分别是 A-A 剖面图和 B-B 剖面图。以 A-A 剖面图为例，根据底层平面图剖切符号可以看到，A-A 剖面图是在 5-6 轴线之间剖切，从右向左投影。建施 -3 中一层剖切到室外地坪、室外台阶、M01 上的大门，门厅、走廊、北面的接待室的地面、接待室内、外墙及墙上的门窗，室外散水等；依据建施 -4 看到二层剖切到不上人屋面、MQ3、二层走廊及小会议室的地面、小会议室墙面及墙上的窗；同理同样的剖切位置看三层、四层、屋顶剖切到的房间及门窗等。从右向左投影，还可以看到走廊西头的飘窗（图纸中没表示）。

2. 分析建筑物内部的空间组合与布局，了解建筑物的分层情况

识读 A-A 剖面图可以看到本建筑物地下一层、地上四层，屋顶构造为平屋面女儿墙，与建筑设计说明一致。地上部分门厅外有大台阶，台阶平台上有不上人屋面，支撑不上人

屋面用 10 根圆柱，室外台阶有三步。室内门厅上空，二层走廊设栏杆（同二层平面图），D-E 轴线之间为接待室，D 轴线内墙上为接待室的推拉门 TLM1，E 轴线北侧外墙上是接待室的窗 LC1。三层、四层门厅上分别为办公室、董事会专用办公室，其他布局基本同二层平面图。地下部分可以看到门厅外的大台阶下（A-B 轴线之间为库房），其他部分（B-E 轴为自行车车库）。只有结合建筑平面图、建筑立面图才能系统读懂建筑剖面图的内部空间组合及布局。

3. 了解建筑物的结构与构造形式，墙、柱等之间的相互关系以及建筑材料和做法。

通过识读建筑剖面图 A-A，可以看到该建筑物为钢筋混凝土结构，主要由柱、梁、板、剪力墙（结合平面图可以看到）承重。有些墙以定位轴线居中，如 D 轴线接待室的内墙，有些墙偏移定位轴线，如接待室的外墙偏移 E 轴线 600 mm。房间的建筑做法结合设计说明中的室内装修做法表和工程做法确定。如地下库房的工程做法，首先结合建施 -0 能看到地下一层库房的地面是地面 2，内墙为内墙 1，踢脚为踢脚 1，顶棚为顶棚 1；查阅建施 -1 工程做法就可以明确地下库房的建筑做法。

4. 阅读标高和尺寸，了解建筑物的层高和楼地面的标高及其他部位的标高和有关尺寸。

通过 A-A 剖面图可以清楚看到，该建筑地下一层，层高 3600 mm，地上四层，层高 3900 mm，室外地坪标高 -0.450 m，室内外高差 450 mm，建筑物屋顶标高 15.600 m，女儿墙高度 900 mm，建筑物总高 16.95 m，这些与立面图识读的内容完全一致。地下室筏板地面标高 -4.900 m，筏板厚 1300 mm，楼板下的梁标注高度 900 mm，仅仅是示意表示，梁的截面尺寸应以结构施工图优先。

5. 了解屋面的排水方式。

该屋面是平屋顶女儿墙，应标注排水坡度及排水方向。屋面为上人屋面（建施 -8），在 A-A 剖切位置，从右向左投影，应该能看到出屋面的机房层和楼梯间，但是现有 A-A 剖面图略画。

6. 了解索引详图所在的位置及编号。

本图纸 A-A 剖面图中没有索引符号，但是很多图样中会给出索引符号等相关符号，对于剖面图中不能详细表达的地方，需要另用详图说明的部位或构配件，都要加索引符号以便到其他图纸上去查阅。

7.4.4 建筑剖面图的绘制步骤

（1）画地坪线、定位轴线、底层地面线、各层的楼面线、楼面，如图 7.16（a）所示。

（2）画剖面图门窗洞口位置、楼梯平台、女儿墙、檐口及其他可见轮廓线。

（3）画各种梁的轮廓线以及断面。

（4）画楼梯、台阶及其他可见的细节构件，并且绘出楼梯的材质，如图 7.16（b）所示。

（5）画尺寸界线、标高数字和相关注释文字。

（6）画索引符号及尺寸标注，如图 7.11c 所示。

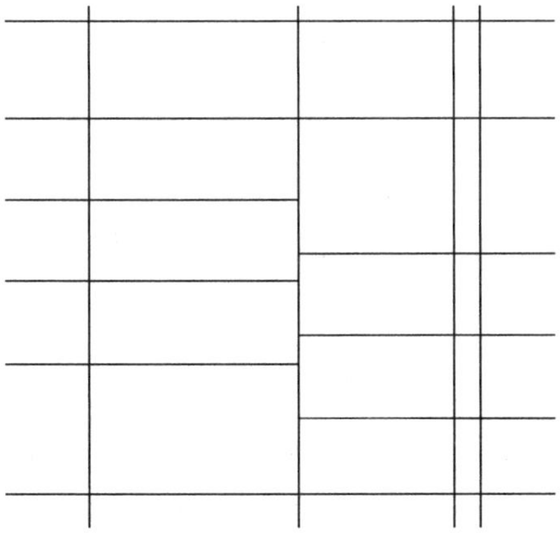

(a)

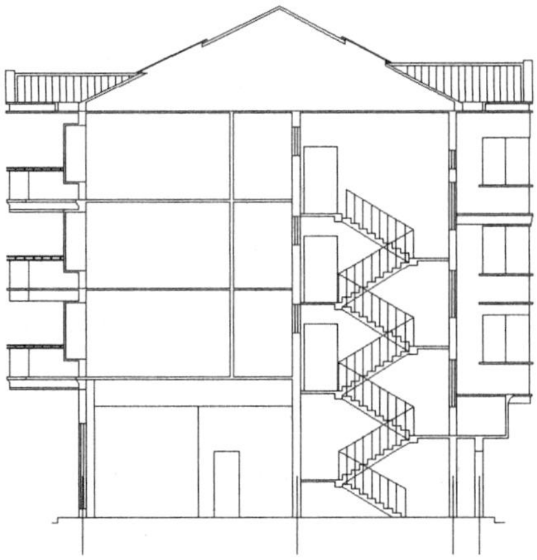

(b)

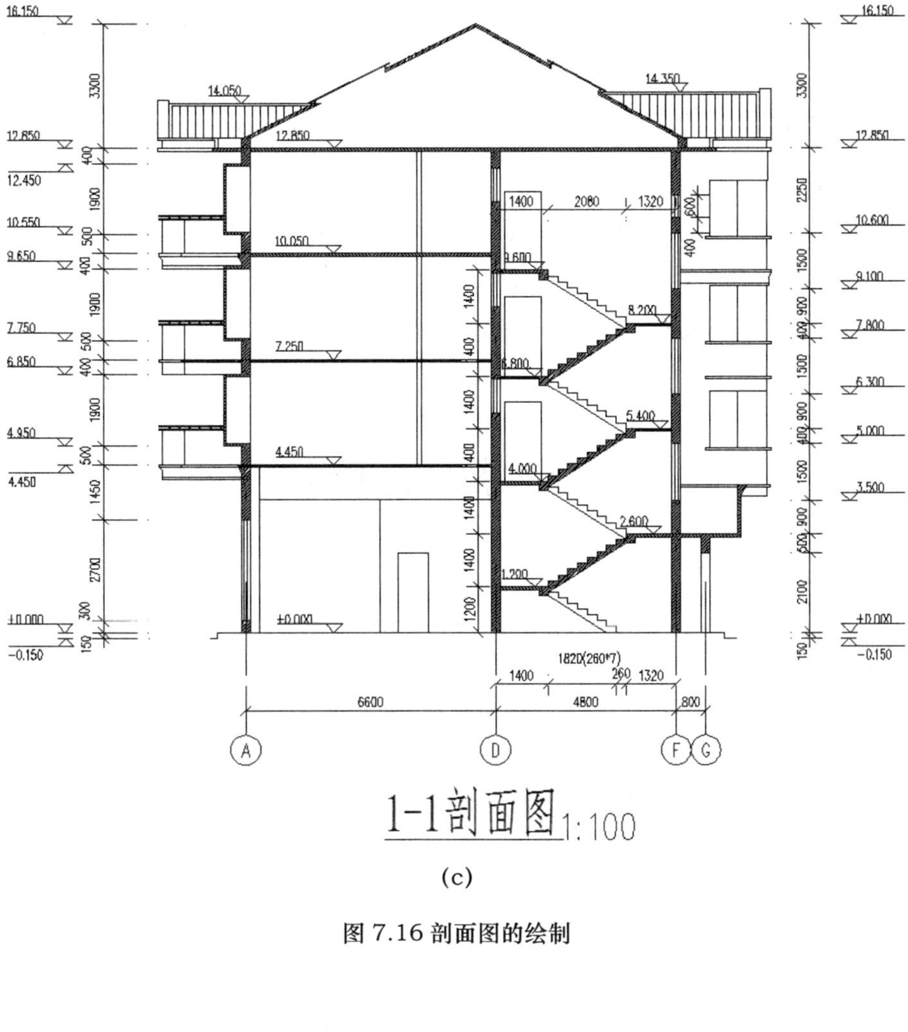

(c)

图 7.16 剖面图的绘制

7.4.5 建筑剖面图识读注意事项

1. 建筑剖面图识读

首先要看是怎样剖切的，剖面图要与各层平面图对应着看，核对剖面图表示的内容与建筑平面图剖切位置线是否一致。

2. 剖面图表示的内容

多为有特殊设备的房间，如锅炉房、实验室、浴室、厕所、厨房等，里面都有固定设备，需用剖面图表示清楚它们的具体位置、形状尺寸等。

3. 剖面图中的尺寸

重点表明内外高度尺寸和标高时，应仔细校核这些具体细部尺寸是否和平面图、立面图中的尺寸完全一致。内外装修做法与材料做法是否也同平面图与立面图一致。

4. 建筑剖面图的识读

一定要结合建筑平面图、建筑立面图从整体考虑，而不要单纯只是阅读剖面图。按照从外到内、从上到下，反复查阅，最后在头脑中形成房屋的整体形状。还要看剖面图中有哪些索引内容，有些部位要与详图结合起来，同时注意尺寸与标高。

【技术点睛】

识读建筑剖面图必须熟悉国家制图的有关图例，依据一层平面图的剖切符号，核对剖面图的内容是否完整。建筑平面图、立面图、剖面图结合识读是读懂建筑剖面图的必备条件。建筑剖面图的尺寸及标高标注，一定要注写在其所在的层次内。

7.5 建筑详图

【导入案例】

我们已经了解了建筑物的平面布置，可以反映建筑物的水平方向的尺寸，也学习了建筑立面图，可以识读建筑物的外部造型及高度尺寸，却无法表明建筑物的内部关系。建筑物内部竖向空间及构、配件在竖向上的高度，形状等则要在建筑剖面图上表示，建筑剖面图的图示内容及识读方法是本项目的主要内容。

7.5.1 建筑详图的形成和分类

1. 建筑详图的形成

建筑详图简称详图，也称为大样图或节点详图。由于建筑平面图、建筑立面图、建筑剖面图一般采用 1∶100、1∶200 等较小的比例绘制，对建筑物的一些细部（或称节点）构造如形状、层次、尺寸、材料和做法等，无法完全表达清楚，因此，在施工图设计过程中，常按实际需要在建筑平面图、建筑立面图、建筑剖面图中另绘图样来表示建筑构造和构配件的详情，并给出索引符号。建筑详图要选用适当的比例（如 1:50、1:20、1:10、1:5 等），在索引符号所指出的图纸上画出放大的建筑物细部构造的详细图样。

2. 建筑详图的图线

建筑详图的图线可以选用见表 7.4。一般采用四种线宽的线宽组，其线宽宜为 b∶0.7b∶0.5b∶0.25b，绘制较简单图样时，也可采用两种线宽的线宽组。建筑详图图线宽度选用示例，如图 7.17 所示。

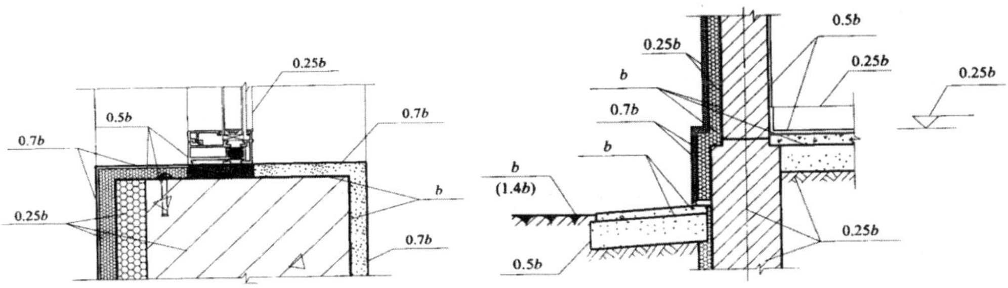

（a）详图图线宽带选用示例　　（a）墙身剖面图图线宽带选用示例

图 7.17　建筑详图图线宽度选用示例

3. 建筑详图的分类

建筑详图可分为构造节点详图和构配件详图两类。凡表达建筑物某一局部构造、尺寸和材料的详图称为构造节点详图，如檐口、窗台、勒脚、明沟等；凡表明构配件本身构造的详图称为构件详图或配件详图，如门、窗、楼梯、花格、雨水管等。

对于套用标准图或通用图的构造节点和建筑构配件，只需注明所套用图集的名称、型号或页次（索引符号），可不必另画详图。

对于构造节点详图，除了要在建筑平、立、剖面图上的有关部位注出索引符号外，还应在详图上注出详图符号或名称，以便对照查阅。而对于构配件详图，可不注索引符号，只在详图上写明该构配件的名称或型号即可。

建筑详图的图示方法可用平面详图、立面详图、剖面详图或断面详图，详图中还可以索引出比例更大的详图。

一幢建筑物的施工图通常有以下几种详图：外墙详图、楼梯详图、门窗详图以及室内外一些构配件的详图，如室外台阶、花池、散水、明沟、阳台、厕所、壁柜等。

7.5.2 建筑详图的图示内容及表示方法

建筑详图的主要特点是：用较大比例绘制，能清晰表达所绘节点或构配件的形状、尺寸、层次、材料及做法等，尺寸标注应齐全，文字说明应详尽。

1. 建筑详图

一般表达构配件的详细构造，如材料、规格、相互连接方法、相对位置、详细尺寸、标高、施工要求和做法的说明等。

2. 构造节点详图

必须画出详图符号，应与被索引的图样上的索引符号相对应，在详图符号的右下侧注写比例。

3. 对于套用标准图或通用详图的建筑构配件和建筑节点

只要注明所套用图集的名称、编号或页，就不必再画详图。

4. 详图的平面图、剖视图

一般都应画出抹灰层、楼面层的面层线，并画出材料图例。

5. 详图中的标高

应与建筑平面图、建筑立面图、建筑剖面图中的位置一致。在详图中如再需另画详图时，则在其相应部位画上索引符号。

7.5.3 外墙详图

1. 外墙详图的作用

外墙详图实际上是建筑剖面图中墙身的局部放大图。它主要表达了建筑物的屋面、檐口，楼面、地面的构造及其与墙体的连接，还表明女儿墙、门窗顶、窗台、圈梁、过梁、勒脚、散水、明沟等节点的尺寸、材料、做法等构造情况。外墙详图与建筑平面图配合使用，是砌墙、室内外装修、门窗安装等施工和编制预算的重要依据。

外墙剖面详图一般采用较大比例（如 1:20）绘制，为节省图幅，通常采用折断画法，往往在窗中间处断开，成为几个节点详图的组合。如果多层房屋中各层的构造一样时，可只画底层、顶层和一个中间层的节点。基础部分不画，用折断线断开。

外墙剖面详图上标注尺寸和标高，与建筑剖面图基本相同，线型也与剖面图一样，剖到的轮廓线用粗实线画出，因为采用了较大的比例，墙身还应用细实线画出粉刷线，并在断面轮廓线内画上规定的材料图例。

2. 外墙详图的内容

（1）图名、比例、详图表示外墙在建筑物中的位置、墙厚与定位轴线的关系。

（2）屋面、楼面和地面的构造层次和做法，一般用多层构造引出线来表示各构造层次的厚度、材料及做法。

（3）底层节点—勒脚、散水、明沟及防潮层的构造做法，如勒脚的高度，散水的宽度和坡度，防潮层的位置，以及它们的材料做法。

（4）中间层节点—窗台、楼板、圈梁、过梁等的位置，与墙身的关系等，如楼板与墙身是平行还是搁置搭接，外窗台挑出墙面的尺寸，外窗台的厚度，内窗台的材料做法等。

（5）顶层节点—檐口的构造、屋面的排水方式及屋面各层的构造做法。

（6）内、外墙面的装修做法。

（7）墙身的高度尺寸，细部尺寸和各部位的标高等。

3. 外墙详图的识读实例

如图 7.18 所示，在底层平面图中可以看到剖切符号 2-2，剖切到外墙 A 轴线，从左向右投影，得到图 7.19 所示的 2-2 剖面图就是外墙详图，根据投射方向可以判定 2-2 详图的左手边为室内，右手边为室外。

（1）图名、比例、墙体与轴线的关系

图名 2-2 剖面图与底层平面图剖切符号相对应，剖切到的 A 轴线所在的外墙，在平面图中能读出墙厚 240 mm，轴线居中。

比例：图名 2-2 右侧比例为 1:20，所以该图为外墙详图。从图中可以看出，被剖到的墙，楼板等轮廓线用粗实线表示，断面轮廓线内还画上了材料图例，粉刷层用细实线表示。

（2）屋面、楼面和地面的构造层次和做法

一般屋面、楼面、地面的构造层次和做法用多层构造引出线来表示。多层构造或多层管道共用引出线，应通过被引出的各层，并用圆点示意对应各层次。文字说明宜注写在水平线的上方，或注写在水平线的端部，说明的顺序应由上至下，并应与被说明的层次对应一致；如层次为横向排序，则由上至下的说明顺序应与由左至右的层次对应一致

从图中可以看出用 4 个多层构造引线分别表示了屋面、楼面、地面及明沟的构造做法。

（3）底层层节点

一般表达室外散水或明沟、外墙勒脚、室内地面及踢脚、墙体防潮层构造做法，及外窗台挑出墙面的尺寸，外窗台的厚度，内窗台的材料做法等。从图中可以看出此房屋只有明沟，没有散水。防潮层为 60 mm 厚的钢筋混凝土防潮层距底层室内地面 50 mm。勒脚的做法是 20 厚 1:2 水泥砂浆。踢脚的做法为 25 厚 1:2 水泥砂浆，高度 150 mm。底层窗户 C283，内窗台为黑水磨石面层，外窗台挑出墙体 60 mm，厚度 90 mm，面层做法为 1:2.5 水泥砂浆粉后白水泥加 107 胶刷白，外窗台设排水坡度，窗台下设滴水槽。窗布置在墙体中线，墙体为砖墙。

（4）中间层节点

通常表示窗顶、楼板、圈梁、过梁等的位置，与墙身的关系等，如楼板与墙身是平行还是搁置搭接。窗 C283 的上方也设有滴水槽，窗顶有断面为矩形的 240 mm×180 mm 的钢

筋混凝土过梁。钢筋混凝土预应力多孔板与 A 轴线的墙身是平行的，所以是横墙承重，板底有钢筋混凝土圈梁，圈梁尺寸为 240 mm×180 mm。

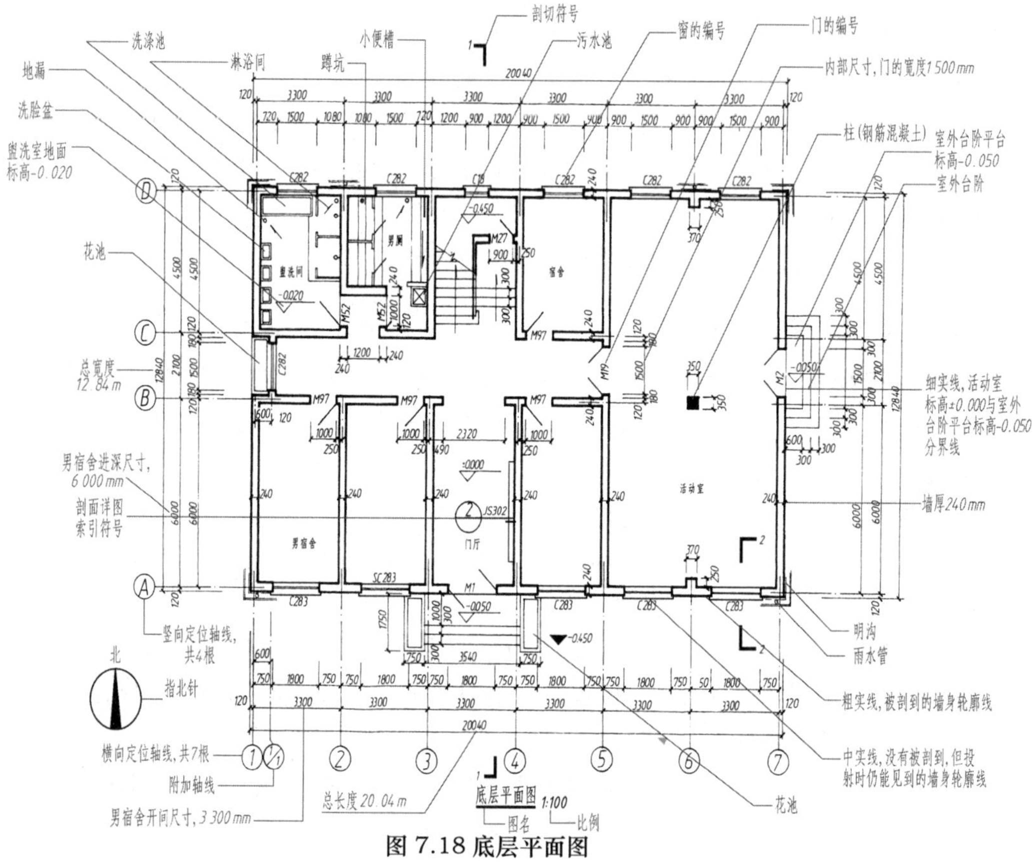

图 7.18 底层平面图

（5）顶层节点

通常表示檐口、女儿墙的构造，屋面的排水方式及屋面各层的构造做法。从图中可以看出此房屋没有挑出的檐口，砖砌女儿墙的高度为 820 mm，顶部有钢筋混凝土压顶，压顶向内排水，压顶下做滴水槽。屋面为平屋面，排水坡度 1:50，排水至檐沟，并经雨水口流入落水弯头至室外雨水管。檐沟为钢筋混凝土预制檐沟，特别要注意的是屋面防水层向檐口的延伸做法。

（6）内、外墙面的装修做法

按照国家标准的规定，比例为 1:20 的详图必须用细实线画出粉刷层。本房屋外墙的内、外墙面的装修做法都用文字说明的形式详细表述，如内墙为 20 厚 1:2.5 石灰砂浆打底，纸筋石灰粉面，奶黄涂料刷白二度。外墙勒脚以上为浅绿色水刷石。

（7）各部位的标高和细部尺寸

从图可以看出室内外地面、楼面、窗台等处均需标注标高，如标高注写两个以上的数字时，括号内的数字依次表示上一层的标高。在墙身、明沟、窗台、檐沟等部位还注有高度尺寸和细部尺寸，如檐沟、明沟的细部尺寸。

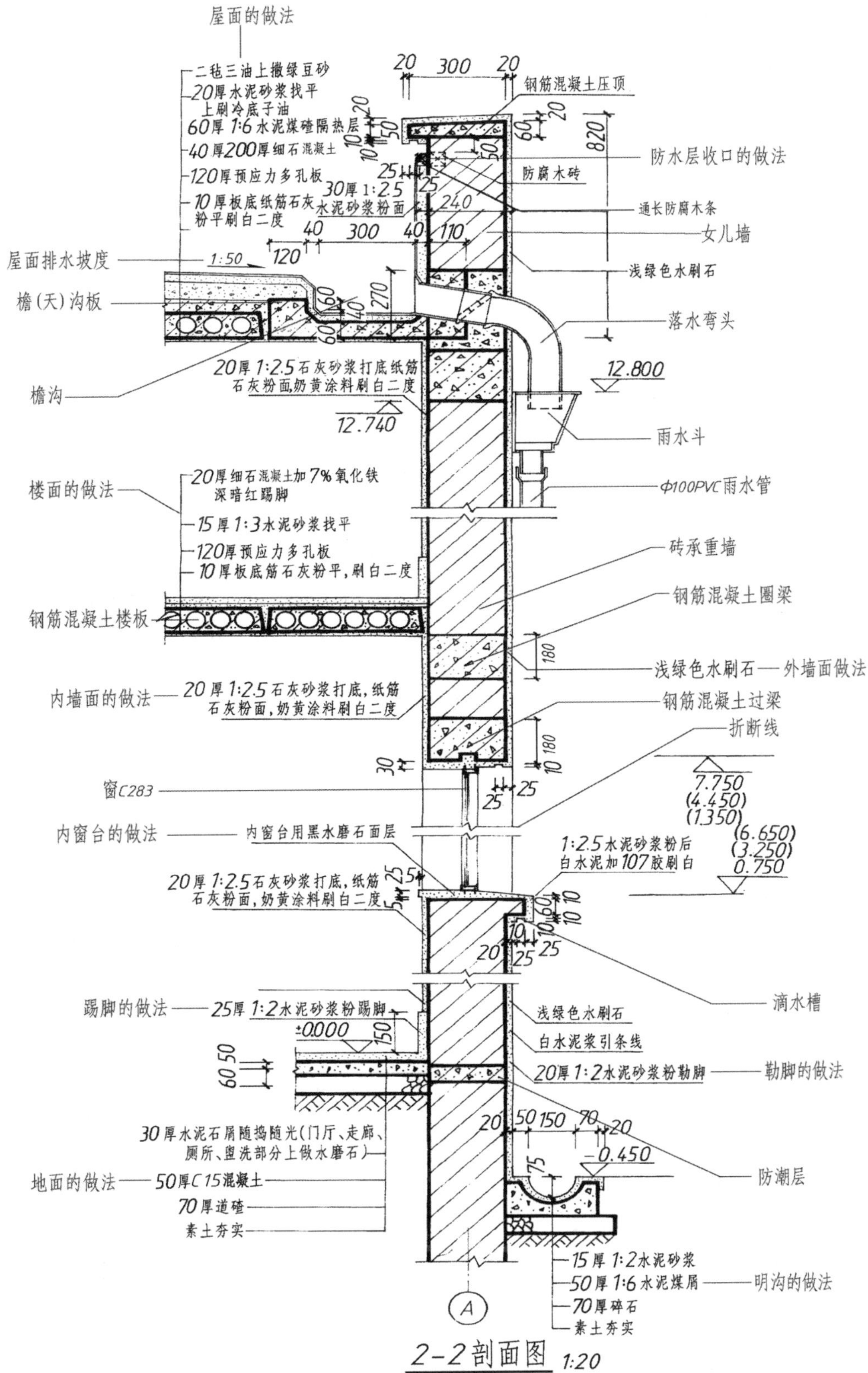

屋面的做法
二毡三油上撒绿豆砂
20厚水泥砂浆找平上刷冷底子油
60厚1:6水泥煤碴隔热层
40厚200厚细石混凝土
120厚预应力多孔板
10厚板底纸筋石灰粉平刷白二度
30厚1:2.5水泥砂浆粉面
钢筋混凝土压顶
防水层收口的做法
防腐木砖
通长防腐木条
女儿墙
屋面排水坡度
1:50
檐(天)沟板
浅绿色水刷石
落水弯头
12.800
20厚1:2.5石灰砂浆打底纸筋石灰粉面,奶黄涂料刷白二度
檐沟
12.740
雨水斗
楼面的做法
20厚细石混凝土加7%氧化铁深暗红踢脚
15厚1:3水泥砂浆找平
120厚预应力多孔板
10厚板底筋石灰粉平,刷白二度
Φ100PVC雨水管
砖承重墙
钢筋混凝土圈梁
钢筋混凝土楼板
浅绿色水刷石—外墙面做法
内墙面的做法
20厚1:2.5石灰砂浆打底,纸筋石灰粉面,奶黄涂料刷白二度
钢筋混凝土过梁
折断线
窗C283
7.750
(4.450)
(1.350)
(6.650)
(3.250)
0.750
内窗台的做法
内窗台用黑水磨石面层
1:2.5水泥砂浆粉后白水泥加107胶刷白
20厚1:2.5石灰砂浆打底,纸筋石灰粉面,奶黄涂料刷白二度
滴水槽
踢脚的做法
25厚1:2水泥砂浆粉踢脚
±0.000
浅绿色水刷石
白水泥浆引条线
20厚1:2水泥砂浆粉勒脚
勒脚的做法
30厚水泥石屑随捣随光(门厅、走廊、厕所、盥洗部分上做水磨石)
地面的做法
50厚C15混凝土
70厚道碴
素土夯实
-0.450
防潮层
15厚1:2水泥砂浆
50厚1:6水泥煤屑
70厚碎石
素土夯实
明沟的做法
A
2-2剖面图　1:20

图 7.19 外墙墙身详图

4. 外墙详图的绘制

（1）画出外墙定位轴线。

（2）画出室内外地坪线、楼面线、屋面线及墙身轮廓线。

（3）画出门窗位置、楼板和屋面板的厚度、室内外地坪构造。

（4）画出门窗细部，如门窗过梁，内外窗台等。

（5）加深图线，注写尺寸、标高和文字说明等。

5. 外墙详图识读的注意事项

（1）外墙底部节点，看基础墙、防潮层、室内地面与外墙脚各种配件构造做法及技术要求。

（2）中间节点（或标准层节点），看墙厚及其轴线位于墙身的位置，内外窗台构造，变形截面的雨篷、圈梁、过梁标高与高度，楼板结构类型与墙搭接方式及结构尺寸。

（3）檐口节点，看屋顶承重层结构组成与做法、屋面组成与坡度做法，也要注意各节点的引用图集代号与页码，以便相互核对和查找。

（4）除读懂详图本身的全部内容外，还应仔细与建筑平、立、剖面图和其他专业的图样联系阅读。如勒脚下边的基础墙做法，要与结构施工图的基础平面图和建筑剖面图联系阅读；楼层与檐口、阳台等的做法，也应和结构施工图的各层楼板平面布置图和剖面节点图联系阅读。

（5）要反复核对图内尺寸标高是否一致，并与本项目其他专业的图纸反复校核。

（6）因每条可见轮廓线可能代表一种材料的做法 ，所以不能忽视每一条可见轮廓线。

7.5.4 楼梯详图

1. 楼梯详图的作用

楼梯详图主要表示楼梯的类型、结构形式、各部位尺寸以及踏步、栏杆的装修做法，是楼梯施工、放样的重要依据。楼梯详图一般包括楼梯平面图，剖面图及踏步、栏杆、扶手等节点详图。楼梯平面图和剖面图的比例一般为1:50，节点详图的常用比例有1:10、1:5、1:2等。

一般楼梯的建施图和结施图应分别绘制，较简单的楼梯有时合并绘制，编入建施图中，或者编入结施图中均可。

2. 楼梯详图的图示内容

（1）楼梯平面图的图示内容

楼梯平面图实际上是建筑平面图中楼梯间的局部放大图。通常用一层平面图、中间层（或标准层）平面图和顶层平面图来表示。一层平面图的剖切位置在第一跑楼梯段上。因此，在一层平面图中只有半个梯段，并注“上”字的长箭头，梯段断开处画 45° 折断线。有的楼梯还有通道或小楼梯间及向下的两级踏步；中间层平面图其剖切位置在某楼层向上的楼梯段上，所以在中间层平面图上既有向上的梯段（即注有“上”字的长箭头），又有向下的梯段（即注有“下”字的长箭头），在向上梯段断开处画 45° 折断线；顶层平面图其剖切位置在顶层楼层地面一定高度处，没有剖切到楼梯段，因而在顶层平面图中只有向下的梯段，其平面图中没有折断线。楼梯平面图详见表 7.8 构造及配件图例中的楼梯图例。

1）楼梯在建筑平面图中的位置及有关轴线的布置。

2）楼梯间、楼梯段、楼梯井和休息平台等的平面形式和尺寸，楼梯踏步的宽度和踏步数。

3）楼梯上行或下行的方向，一般用带箭头的细实线表示，箭头表示上下方向，箭尾标注上、下字样及踏步数。

4）楼梯间各楼层平面、楼梯平台面的标高。

5）一层楼梯平台下的空间处理，是过道还是小房间。

6）楼梯间墙、柱、门窗的平面位置及尺寸。

7）栏杆（板）、扶手、护窗栏杆、楼梯间窗或花格等的位置。

8）底层平面图上楼梯剖面图的剖切符号。

（2）楼梯剖面图的图示内容

楼梯剖面图是按楼梯底层平面图中的剖切位置及剖视方向画出的垂直剖面图。凡是被剖到的楼梯段及楼地面、楼梯平台用粗实线画出，并画出材料图例或涂黑，没有被剖到的楼梯段用中实线或细实线画出轮廓线。在多层建筑中，楼梯剖面图可以只画出底层、中间层和顶层的剖面图，中间用折断线断开，将各中间层的楼面、楼梯平台面的标高数字在所画的中间层相应地标注，并加括号。

1）楼梯间墙身的定位轴线及编号、轴线间的尺寸。

2）楼梯的类型及其结构形式、楼梯的梯段数及踏步数。

3）楼梯段、休息平台、栏杆（板）、扶手等的构造情况和用料情况。

4）踏步的宽度和高度及栏杆（板）的高度。

5）楼梯的竖向尺寸、进深方向的尺寸和有关标高。

6）踏步、栏杆（板）、扶手等细部的详图索引符号。

（3）楼梯节点详图

楼梯节点详图一般包括楼梯段的起步节点、转弯节点和止步节点的详图，楼梯踏步、栏杆或栏板、扶手等详图。楼梯节点详图一般均以较大的比例画出，以表明它们的断面形式、细部尺寸、材料、构件连接及面层装修做法等。

3. 楼梯详图的识读实例

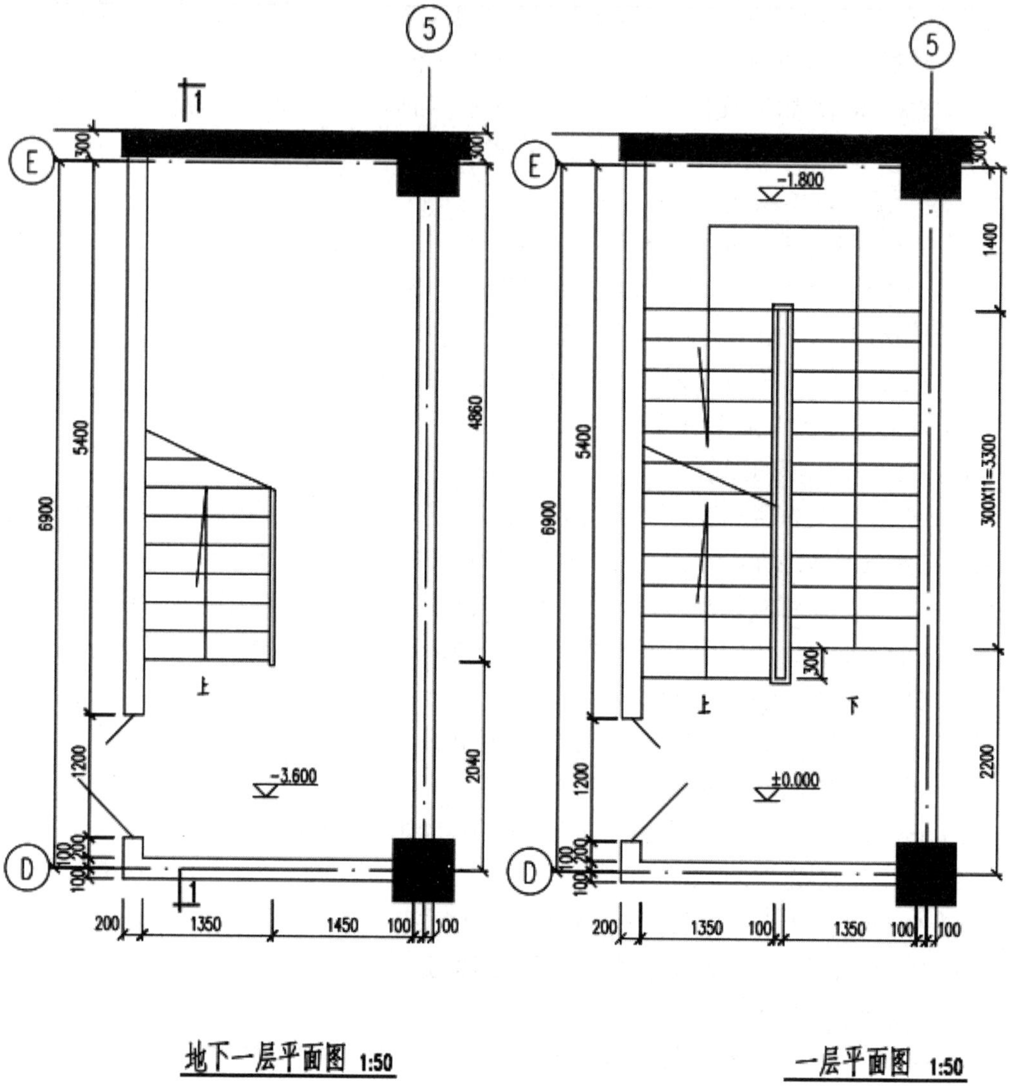

(a)

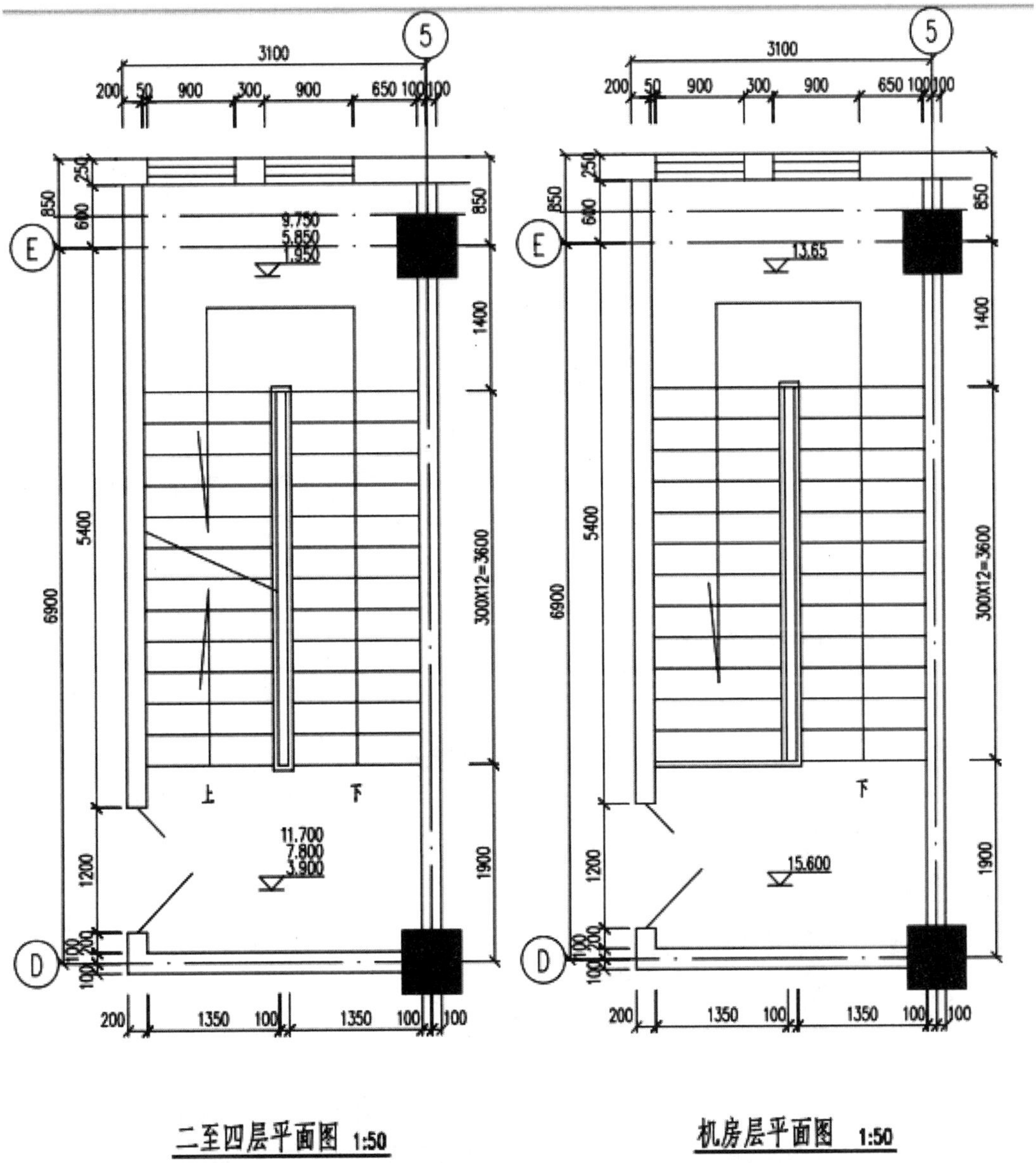

5
3100
200
50
900
300
900
650
100
100
250
850
600
E
9.750
5.850
1.950
1400
5400
6900
300X12=3600
上
下
11.700
7.800
3.900
1200
1900
D
1350
100
1350
二至四层平面图 1:50
13.65
15.600
机房层平面图 1:50

(b)

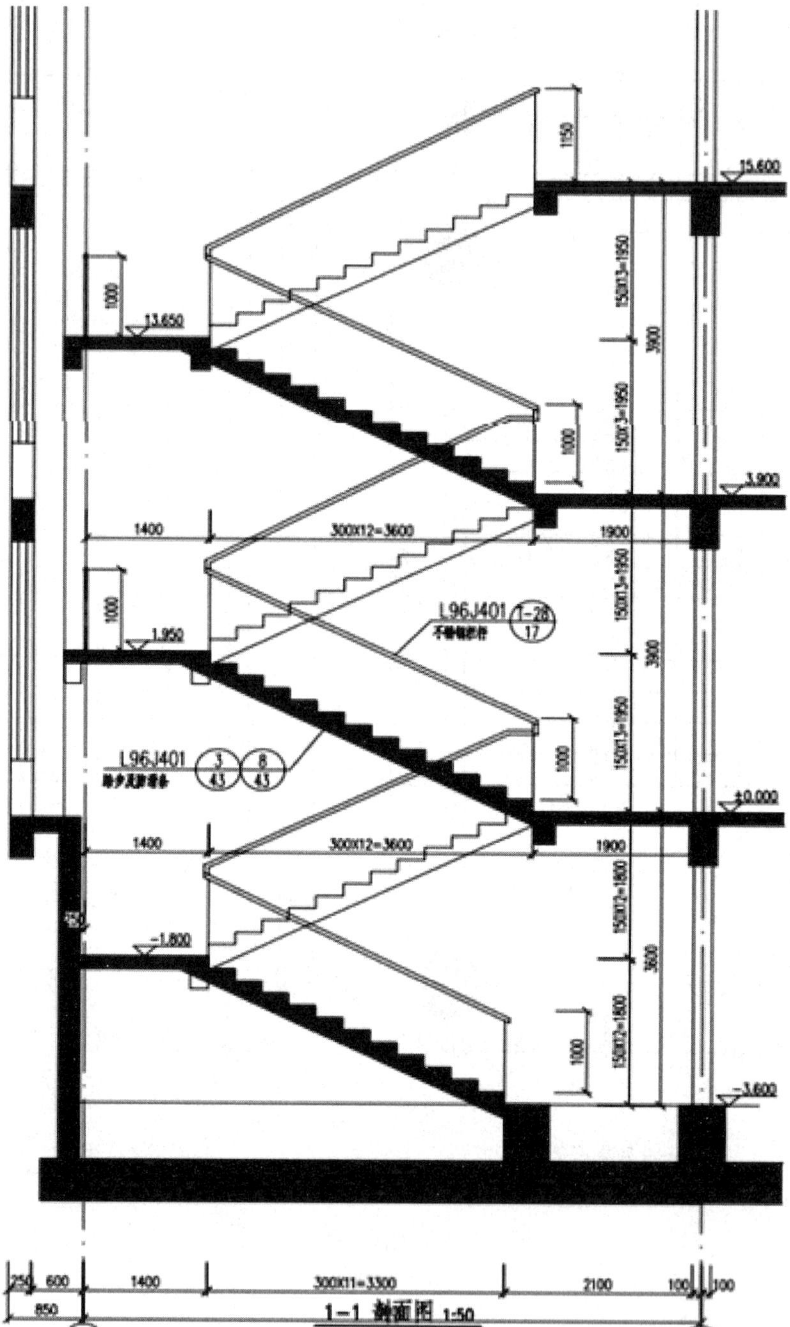

(c)

图 7.20 楼梯详图

（1）楼梯平面图识读

以 ×× 办公大厦 1 号楼梯为例，如图 7.20。

该楼梯平面图有四张，分别为地下一层平面图、一层平面图、二至四层平面图及机房层平面图。楼梯平面图的比例为 1:50。1 号楼梯的位置在 4-5 轴线与 D-E 轴线之间，楼梯间净尺寸：地下部分为 2800×（6900+300-100-250）=2800×6850 mm，地上部分楼梯间为 2800×（6900-100+600）=2800×7400 mm。该楼梯为钢筋混凝土板式楼梯，楼梯形式为双跑平行式楼梯。该楼梯梯段宽 1350 mm，地下部分梯段水平投影为 300×11=3300 mm，地上部分楼梯段水平投影 300×12=3600 mm，并标注了楼梯的“上”“下”箭头，楼梯井宽度 100 mm，特别注意踏步宽 ×（踏步数 -1）= 梯段水平投影。踏步数地下部分每个梯段 12 步，地上部分每个楼梯 13 步，踏步宽 300 mm。在地面、各层楼面、楼梯平台处都标有标高。在地下一层楼梯平面图中有 1-1 剖切符号，剖切到上梯段，从左向右投影。在顶层平面图中可以看到尽端安全栏杆。地上部分楼梯间设两个 LC4 窗，窗宽 900 mm，楼梯间平台宽 1400 mm。该楼梯间是封闭式楼梯间，设 YFM1 钢质乙级防火门门宽 1200 mm，开启方向为疏散方向。

（2）楼梯剖面图识读

以 ×× 办公大厦 1 号楼梯 1-1 剖面图为例，如附图。

图名 1-1 剖面图，比例 1:50，即为楼梯剖面图，与地下一层楼梯平面图中的剖切符号相对应。在楼梯剖面图中，我们看到被剖到的楼梯段、楼梯平台、墙身都用粗实线表示，并画出材料图例（钢筋混凝土涂黑），没有被剖到的但投射时仍能见到的楼梯段用中实线表示。在楼梯剖面图中除了能看到楼梯段的水平投影长度外（同楼梯平面图），还能看到楼梯段竖向高度尺寸。地下部分每个梯段 12 个踏步，每个踏步 150 mm，地上部分每个梯段 13 个踏步，每个踏步也是 150 mm。栏杆高度 1000 mm，尽端栏杆高度 1150 mm，平台不锈钢护窗高度 1000 mm。标高标注在地面、各层楼面和楼梯平台。在 1-1 剖面图中还有 4 个索引符号，引用标准图集 L96J401。

（3）楼梯节点详图识读

楼梯节点详图主要表示楼梯栏杆、扶手的形状、大小和具体做法，栏杆与扶手、踏步的连接方式，楼梯的装修做法以及防滑条的位置和做法。本工程楼梯节点详图引用标准图集 L96J401，如不锈钢护窗查阅 L96J401 图集的第 30 页 2 号详图。

4. 楼梯详图的绘制步骤

（1）楼梯平面图的绘制

1）将楼梯各层平面图对齐，根据楼梯间开间、进深尺寸画出楼梯间墙身轴线。

2）画出墙身厚度、楼梯井及楼梯宽度。

3）根据楼梯平台宽度定出平台线，自平台线起量出楼梯段水平投影长度及定出踏步的起步线：楼梯段水平投影长度 = 踏步宽 ×（踏步数 -1）

4）根据“两平行线间任意等分”的方法作出平台线和起步线之间的踏步等分点，然后分别作平行线画出踏步。

5）画门窗洞口，栏杆（板）、上下行方向箭头等。

6）加深图线，注写尺寸、标高、剖切符号，画出材料图例等

（2）楼梯剖面图的绘制。

1）画出墙身轴线，定出楼面、地面、休息平台与楼梯段的位置。

2）根据平面尺寸画出起步线、平台线的位置。

3）根据踏步的高和宽以及踏步的级数进行分格，竖向分格等于踏步数，横向分格数为踏步数减 1。

4）画出墙身定出踏步轮廓位置线。

5）画出窗、梁、板、栏杆等细部。

6）加深图线，注写尺寸、标高、文字说明、索引符号，画出材料图例等。

5. 楼梯详图识读的注意事项

（1）明确楼梯详图在建筑平面图中的位置、轴线编号与平面尺寸。

（2）掌握楼梯平面布置形式，明确楼梯宽度、梯井宽度、踏步宽度等平面尺寸。

（3）从建筑剖面图及其详图中可明确掌握楼梯的结构形式，各层梯段板、梯梁、平台板的连接位置与方法，路步高度与踏步级数，栏杆扶手高度、材料等信息。

（4）无论楼梯平面图、剖面图还是楼梯详图，都要注意底层和顶层的阅读。底层楼梯要满足出入口净高而设计成长短跑楼梯段或者降低室内地面的设计，顶层尽端安全栏杆的高度与底层、中间层不同。

（5）楼梯间门窗洞口及圈梁的位置和标高，应与建筑平、立、剖面图和结构施工图对照阅读，并根据轴线编号查清楼梯详图和建筑平、立、剖面图的关系。当楼梯详图对建筑、结构两个专业分别绘制时，阅读建筑详图时应对照结构图，校核楼梯梁、板的尺寸和标高等是否与建筑装修吻合。

【技术点睛】

识读楼梯详图时，要区分各层楼梯平面图，掌握各层楼梯平面图不同的特点。楼梯平面图除首层和顶层平面图外，中间无论有多少层，只要各层楼梯做法完全相同，可只画一个平面图，称为标准层平面图。详图包括踏步详图、栏板或栏杆详图和扶手详图等。

【基础同步】

一、填空题

1. 建筑总平面图的常用比例是__________、__________、__________，建筑平、立、剖面图的常用比例是________、________、______，建筑详图的常用比例是______、______、________。

2. 在建筑总平面图中，尺寸以__________为单位，标高为__________标高，精确到小数点以后第________位。 在建筑平、立、剖面图和详圆中，尺寸以______为单位，标高为标高，精确到小数点以后第________位。

3. 在建筑总平面图中，房屋的朝向可用 __________或__________表示。

4. 在建筑总平面图中，粗实线表示__________________，细实线表示_______________，

计划建造的房屋用________表示。

5. 建筑平面图可分为________平面图、________平面图、________平面图和________平面图。

6. 在建筑平面图中外部尺寸一般标注三道。靠墙第一道尺寸是________，中间一道是________，最外一道是________即建筑物的________和________尺寸。

7. 建筑平面图的图名一般按其所表明的________来称呼。建筑立面图一般按各立面的________来命名，也可按编号来命名。建筑剖面图则是________编号来命名。

8. 在建筑平面图中，粗实线表示的是________。在建筑立面图中，粗实线表示的是 ________，在建筑剖面图中，粗实线表示的是________。

9. 墙身详图实际上是________的局部放大图，常用________的比例。因为采用了较大的比例，墙身应用细实线画出________，并在断面轮廓线内画上规定的 ________。

10. 楼梯详图一般由________、________和________组成。

11. 顶层楼梯平面图表明的是 ________的楼梯段，并能见到栏杆。

12. 门窗详图中的门窗立面图的最外一道尺寸为洞口尺寸，也是________图上所标注的洞口尺寸。

二、选择题

1. 不属于建筑总平面图常用比例的是（　　）。

A. 1:100　　B. 1:500　　C. 1:1000　　D. 1:2000

2. 建筑平面图上所图示的内容叙述正确的是（　　）。

A. 凡是剖到的墙和柱必须标注定位轴线并编号

B. 未剖切到的可见轮廓线用细实线绘制

C. 墙、柱的轮廓线不包括粉刷层的厚度

D. 门窗按实际投影用细实线绘制

3. 在建筑平面图中，被水平剖切平面剖切到的墙、柱断面轮廓线用（　　）表示。

A. 细实线　　B. 中实线　　C. 粗实线　　D. 粗虚线

4. 建筑立面图的命名方法不包括（　　）。

A. 按房屋材质　　B. 按房屋朝向　　C. 按轴线编号　　D. 按房屋立面主次

5. 建筑剖面图的图名应与（　　）上的剖切符号编号一致。

A. 建筑平面图　　B. 底层平面图　　C 楼梯平面图　　D. 基础平面图

6. 楼梯详图包括楼梯（　　）图。

A. 平面图　　B. 剖面图　　C. 节点详图　　D. 以上都是

【实训提升】

一、判断题

1. 采用不同比例绘制的建筑施工图其内容保持不变的是尺寸数字和图线。(　　)

2. 在建筑总平面图中，一般根据原有建筑物或道路来确定新建房屋的平面位置，也可以用坐标来定位。(　　)

3. 建筑总平面图上的标高是绝对标高，以米为单位，要保留到小数点以后第三位。( )

4. 在建筑平面图中，门窗用图例表示，并标注门窗编号。(　　)

5. 在建筑平面图中，外部尺寸通常标注三道，最里一道是外包总尺寸。(　　)

6. 建筑立面图的屋外地平线用粗实线绘制。(　　)

7. 建筑立面图的门窗图例中有斜的细线，它表明门窗的开启方向。细实线表示内开，细虚线表示外开。(　　)

8. 建筑剖面图一般指建筑物的垂直剖面图，且多为横向剖面形式。(　　)

9. 建筑剖面图上的标高基本上都是相对标高和建筑标高。(　　)

10. 因为墙身详图表示的墙身从屋面一直到基础，所以要用折断线将墙身分成几个节点。(　　)

11. 墙身详图因采用了较大的比例，墙身应画出粉刷层。(　　)

12. 楼梯详图包括楼梯平、立、剖面图和楼梯节点详图。(　　)

二、选择题

1. 建筑总平面图的内容不包括（　　）。

A. 房屋的位置和朝向　B. 房屋的高度　C. 房屋的平面形状　D. 地形地貌

2. 已知某建筑物朝南，则其西立面图用轴线命名时应为（　　）立面图。

A. A–F　B. F–8　C. ①～⑧　D. ⑧～①

3. 外墙面的装饰做法可在（　　）中找到。

A. 建筑平面图　B. 建筑立面图　C. 建筑剖面图　D. 结构施工图

4. 从楼梯标准层平面图上不可能看到（　　）梯段。

A. 二层上行　B. 三层下行　C. 二层下行　D. 顶层下行

5. 绝对标高只标注在建筑（　　）上。

A. 总平面图　B. 平面图　C. 立面图　D. 剖面图

6. 不需要标注定位轴线的是建筑（　　）。

A. 总平面图　B. 平面图　C. 立面图　D. 剖面图

项目 8 结构施工图识读

[项目概述]

通过前面对建筑施工图的学习，我们了解到建筑施工图只表达房屋的总体布局、外部造型、内部布置、内外装修、细部构造及施工要求等，而建筑物的各承重构件如基础、柱、梁、板等结构构件的布置和连接情况并没有表达出来，因此在进行建筑设计时，除了画出建筑施工图外，还要进行结构设计，绘制出结构施工图。本项目将介绍结构施工图的内容。要正确识读结构施工图，应熟悉 16G101 系列平法图集中平面整体表示方法制图规则，掌握各结构施工图的形成、用途、图示内容及平法识读方法。

[项目目标]

知识目标:

1. 了解结构施工图的分类、作用;

2. 掌握结构平面布置图、基础详图、楼梯详图的图示内容;

3. 熟悉 16G101 系列平法图集中平面整体表示方法制图规则;

4. 掌握现浇钢筋混凝土柱、梁、板配筋图的平法识读方法。

能力目标:

1. 能对照建筑施工图，正确识读结构施工图的图示内容;

2. 能根据结构施工图的图示内容，查阅相应的规范图集，查找相应结构节点的构造做法;

3. 能查阅 16G101 系列平法图集，正确识读钢筋混凝土柱、梁、板的平法施工图;

4. 能够将结构平面图与构件详图结合起来进行识读。

[项目课时]

14 ~ 18 课时。

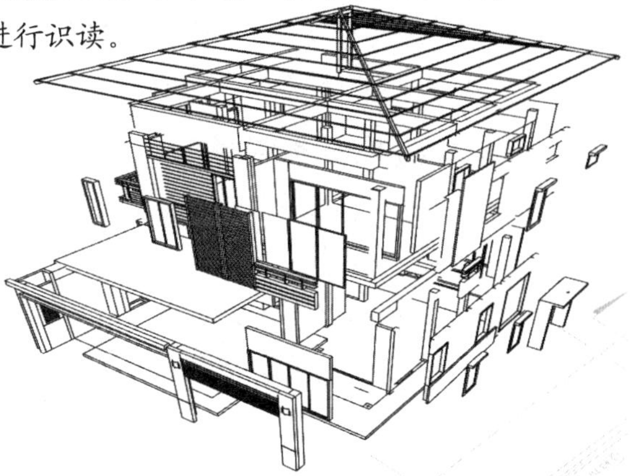

8.1 结构施工图概述

【导入案例】

在实际工程中，一套完整的结构工程图包括哪些图纸？结构施工图中常用构件用哪些代号来表示？结构施工图绘制时图线如何选用？常用的绘图比例有哪些？常用钢筋等级符号有哪些？钢筋的图示方法有哪些？钢筋如何画？钢筋如何编号及标注？这是我们本项目重点解决的问题。

8.1.1 结构施工图的概念及用途

结构施工图是根据建筑要求，经过结构选型和构件布置并进行力学计算，确定每个承重构件（基础、承重墙、柱、梁、板、屋架、屋面板等）的布置、形状、大小、数量、类型、材料以及内部构造等，并把这些内容绘制成图样，这样的图样称为结构施工图，简称“结施”。

结构施工图是施工定位，施工放样，基槽开挖，支模板，绑扎钢筋，设置预埋件，浇注混凝土，安装梁、柱、板等构件，编制预算，备料和施工进度计划的重要依据。因此这就要求结构施工图必须完整、详细，有清晰的图纸和必要的文字说明。

8.1.2 结构施工图组成

一般而言，结构施工图主要包括结构设计总说明、结构平面布置图及构件详图等三方面的内容。

1. 结构设计总说明

结构设计总说明一般放在整个结构施工图的首页，是带有全局性的说明，介绍工程概括、设计依据、主体结构、地基基础、主要结构材料等。通常，结构设计总说明中还包括一些通用图，如过梁表、内墙外墙基础通用图、一些连接构造做法等。根据工程的复杂程度，结构说明的内容有多有少，一般设计单位将内容详列在一张“结构设计说明”图样上，当工程比较简单时，不必单独列在一张图样上。

2. 结构平面布置图

结构平面布置图表达结构构件总体平面布置的图样，包括以下三部分：

1）基础平面图。

2）楼层结构平面布置图。对于楼层结构平面图，当各楼层的结构构件信息均相同时可作为一个标准层绘制，当各构件的大小、尺寸、位置、配筋等信息不同时应分层绘制。

3）屋面结构平面布置图。

3. 构件详图

构件详图是局部性的图纸，表达构件的形状、大小、所用材料的强度等级和制作安装以及与其他构件的连接关系等内容。包括以下内容：

1）基础详图。

2）梁、板、柱等构件详图。

3）楼梯详图。

4）屋架详图。

5）其他构件详图。

8.1.3 结构施工图基本知识

1. 常用构件代号

建筑结构构件种类繁多，而且布置复杂，为了便于绘图和识读，也为了便于施工，在结构施工图中一些构件常用标准代号表示，这些代号通常用构件名称汉语拼音的第一个大写字母表示。熟悉掌握各类构件代号，有助于快速识读结构施工图。常用构件代号见表 8-1。

表 8-1　常用构件代号

序号	类　型	代　号	序号	类　型	代　号	序号	类　型	代　号
1	框架柱	KZ	11	悬挑梁	×L	21	基础梁	JL
2	转换柱	ZHZ	12	井字梁	JZL	22	挡土墙	DQ
3	芯柱	XZ	13	连梁	LL	23	地沟	DG
4	梁上柱	LZ	14	托柱转换梁	TZL	24	楼梯梁	TL
5	剪力墙上柱	QZ	15	楼面板	LB	25	楼梯板	TB
6	楼层框架梁	KL	16	屋面板	WB	26	构造柱	GZ
7	非框架梁	L	17	悬挑板	XB	27	圈梁	QL
8	楼层框架扁梁	KBL	18	基础	J	28	过梁	GL
9	屋面框架梁	WKL	19	承台	CT	29	雨篷	YP
10	框支梁	KZL	20	桩	ZH	30	阳台	YT

2. 结构施工图图线选用

《建筑结构制图标准》（GB/T 50105—2010）中规定，建筑结构制图图线按表 8-2 选用。

表 8-2 结构施工图图线的选用

名称		线型	线宽	一般用途
实线	粗		b	螺栓、钢筋线、结构平面图中的单线结构构件线、钢木支撑及系杆线，图名下横线、剖切线
	中粗		0.7b	结构平面图及详图中剖到或可见的墙身轮廓线、基础轮廓线及钢、木结构轮廓线、钢筋线
	中		0.5b	结构平面图及详图中剖到或可见的墙身轮廓线、基础轮廓线、可见的钢筋混凝土构件轮廓线、钢筋线
	细		0.25b	标注引出线、标高符号线、索引符号线、尺寸线
虚线	粗		b	不可见的钢筋线、螺栓线、结构平面图中不可见的单线结构构件线及钢、木支撑线
	中粗		0.7b	结构平面图中的不可见构件、墙身轮廓线及不可见钢、木结构构件线、不可见的钢筋线
	中		0.5b	结构平面图中的不可见构件、墙身轮廓线及不可见钢、木结构构件线、不可见的钢筋线钢、木结构构件线、不可见的钢筋线
	中细		0.25b	基础平面图中的管沟轮廓线、不可见的钢筋混凝土构件轮廓线
单点长画线	粗		b	柱间支撑、垂直支撑、设备基础轴线图中的中心线
	细		0.25b	定位轴线、对称线、中心线、垂心线
双点长画线	粗		b	预应力钢筋线
	细		0.25b	原有结构轮廓线

（续表）

名称	线型	线宽	一般用途
折断线		0.25b	断开界线
波浪线		0.25b	断开界线

3. 结构施工图比例

结构施工图比例按表 8-3 选用。

表 8-3　结构施工图比例的选用

图名	常用比例	可用比例
结构平面图、基础平面图	1:50，1: 100，1:150	1:60，1:200
圈梁平面图、总图，中管沟，地下设施等	1:200，1:500	1:300
详图	1:10，1:20，1:50	1:5，1:25，1:30

4. 常用钢筋牌号及软件代号

钢筋按其强度和种类分成不同的等级，常用钢筋牌号及软件代号见表 8-4。

表 8-4 常用钢牌号及软件代号

种类	牌号	符号	软件代号
热轧光圆钢筋	HPB300	A	A
普通热轧带肋钢筋	HRB335	B	B
细晶粒热轧带肋钢筋	HRBF335	BF	BF
普通热轧带肋钢筋	HRB400	C	C
细晶粒热轧带肋钢筋	HRBF400	CF	CF
余热处理带肋钢筋	RRB400	CR	D
普通热轧带肋钢筋	HRB500	D	E
细晶粒热轧带肋钢筋	HRBF500	DF	EF

注：在广联达等软件中，钢筋等级符号常用代号 A、B、C、D 分别表示一级钢、二级钢、三级钢、四级钢。

5. 钢筋的图示方法

在结构施工图中，钢筋的构造是识图的主要内容之一，为了标注钢筋的位置、形状、数量，《建筑结构制图标准》（GB/T 50105—2010）中规定了钢筋的表示方法，见表 8-5。

表 8-5　一般钢筋的表示方法

序号	名称	图例	说明
1	钢筋横断面		
2	无弯钩的钢筋端部		上图表示长、短钢筋投影重叠时短钢筋的端部用 45° 斜线表示

（续表）

序号	名称	图例	说明
3	带半圆形弯钩的钢筋端部		
4	带直钩的钢筋端部		
5	带丝扣的钢筋端部		
6	无弯钩的钢筋搭接		
7	带半圆弯钩的钢筋搭接		
8	带直钩的钢筋搭接		
9	花篮螺纹钢筋接头	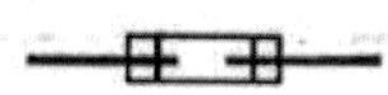	
10	机械连接的钢筋		用文字说明机械连接的方式（冷挤压或锥螺纹等）

6. 钢筋的画法

《建筑结构制图标准》（GB/T 50105—2010）中规定了结构施工图中钢筋的画法，见表8-6。

表 8-6 钢筋的画法

序号	说明	图例
1	在结构楼板中配置双层钢筋时，底层钢筋的弯钩应向上或向左，顶层钢筋的弯钩则向下或向右	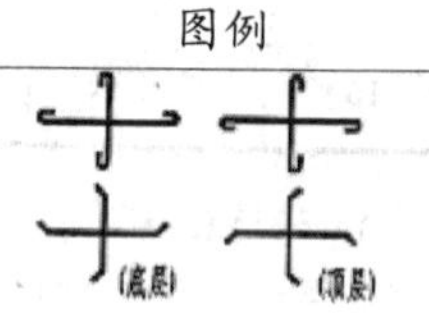
2	钢筋混凝土墙体配双层钢筋时，在配筋立面图中，远面钢筋的弯钩应向上或向左，而近面钢筋的弯钩向下或向右（JM 近面；YM 远面）	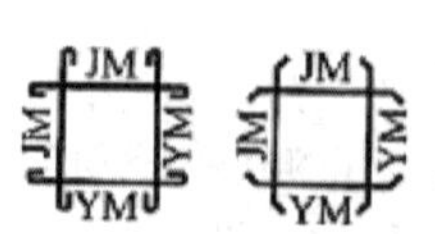

（续表）

序号	说明	图例
3	若在断面图中不能表达清楚的钢筋布置，应在断面图外增加钢筋大样图（如钢筋混凝土墙、楼梯等）	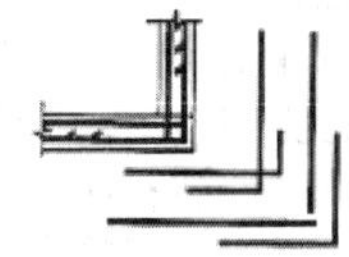
4	图中所表示的箍筋、环筋等若布置复杂时，可加画钢筋大样及说明	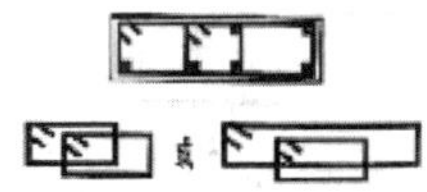
5	每组相同的钢筋、箍筋或环筋，可用一根粗实线表示，同时用一两端带斜短画线的横穿细线，表示其余钢筋及起止范围	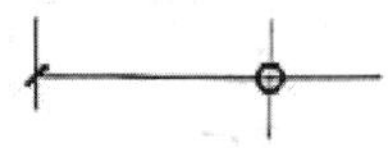

7. 钢筋的编号及标注

为了便于识读及施工，构件中的各种钢筋应按其等级、形状、直径、尺寸的不同进行编号，相应标注形式如图 8-1 所示。

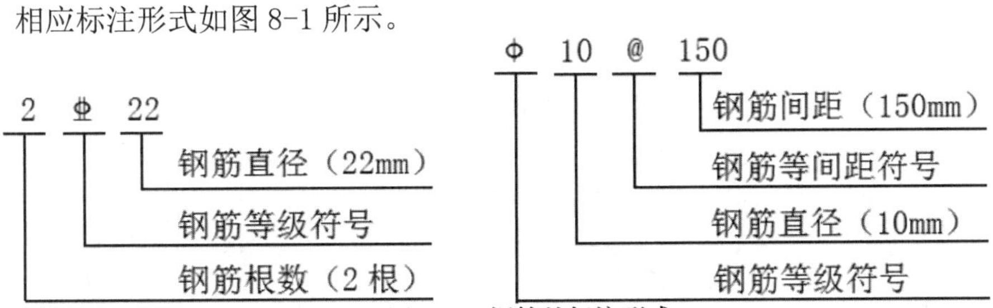

图 8-1　钢筋的标注形式

8.1.4 结构施工图的识读

结构施工图的识读是一个由浅入深，由粗到细的渐进过程。在识读结构施工图之前，必须先读懂建筑施工图，然后依次识读结构设计说明，结构平面布置图，构件详图，同时在读取结构施工图时，还要反复对照建筑施工图，查看与结构施工图对应位置的信息，这样才能准确地理解结构图中所表示的内容。

【技术点睛】

识读结构施工图必须掌握常用构件的代号，结构施工图图线选用，钢筋的等级符号，钢筋的图示方法、画法及标注等，对照查阅《建筑结构制图标准》(GB/T　50105—2010)，为熟练识图做准备，才能正确识读图纸。

8.2 基础平面图

【导入案例】

基础平面图是建筑物室外地面以下基础部分的图样，一般与基础详图、基础说明放在同一张图纸上。建筑物中常见的基础有哪些？基础平面图和基础详图中都包括哪些图示内容？如何识读基础平面图和基础详图呢？这是本项目的主要内容。

8.2.1 基础基本知识

基础就是建筑物地面 ±0.000（除地下室）以下承受建筑物全部荷载的构件。基础的形式有很多，按其构造形式，可分为独立基础、条形基础、满堂基础（筏形基础和箱形基础）和桩基础。见图 8-2 所示。

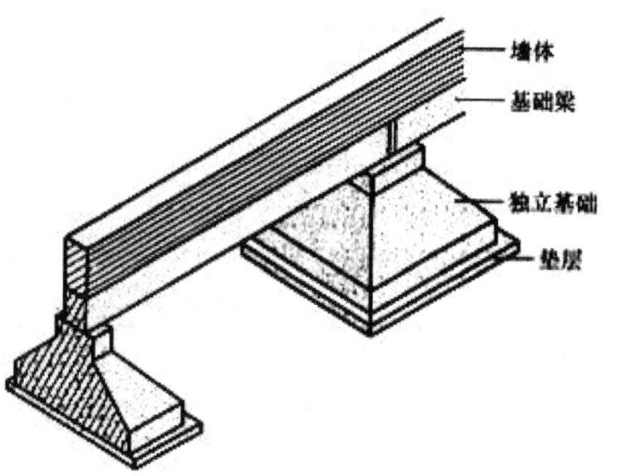

(a) 独立基础

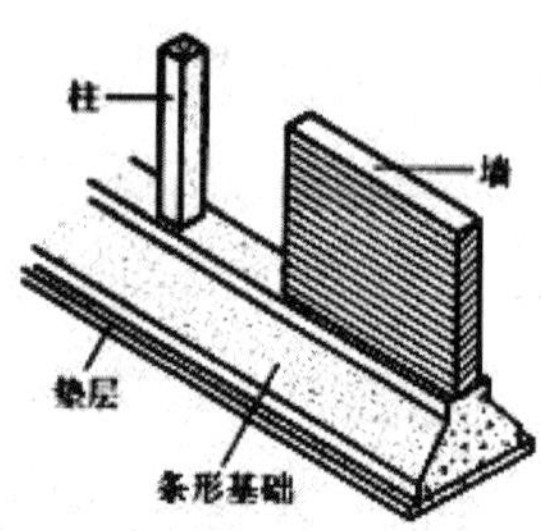

(b) 条形基础

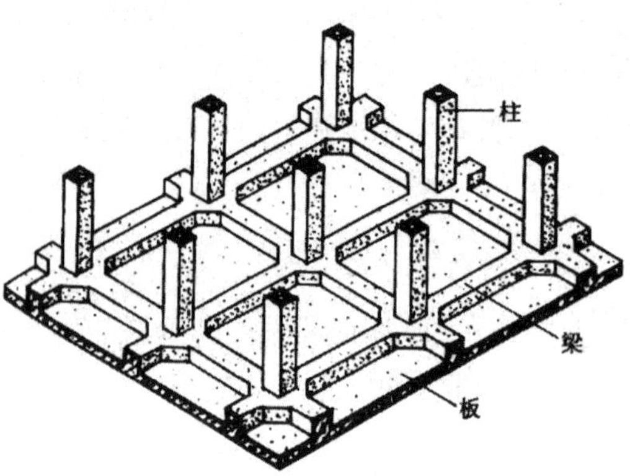

示意图

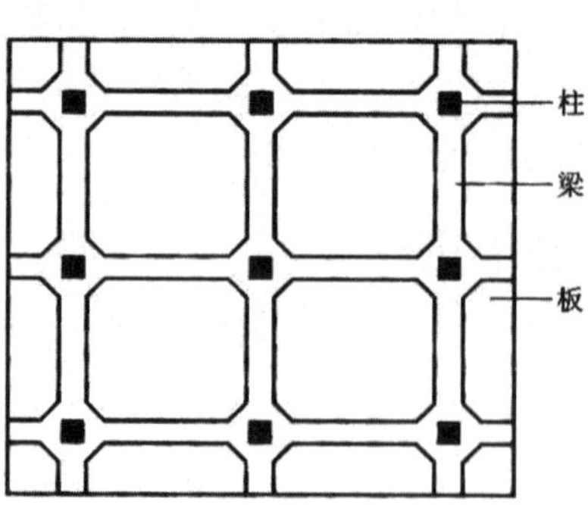

平面图

(c) 筏形基础

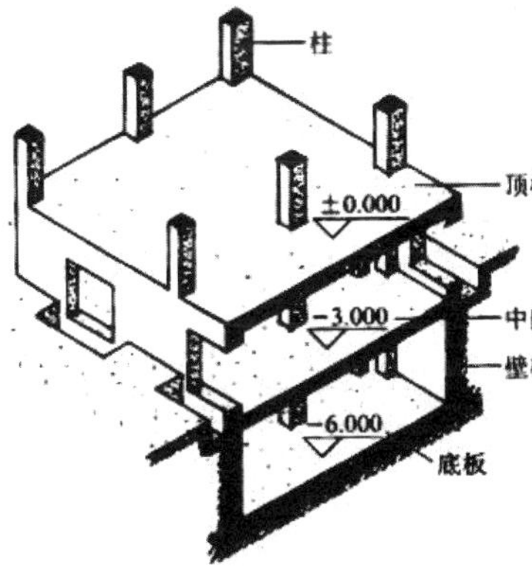

示意图

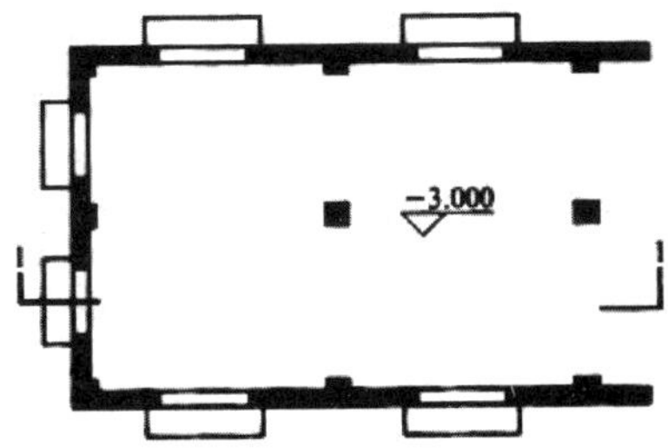

一层地下室平面图

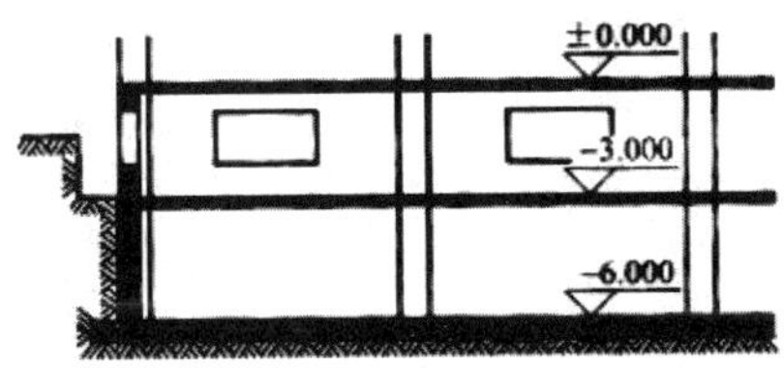

1-1

(d) 箱形基础

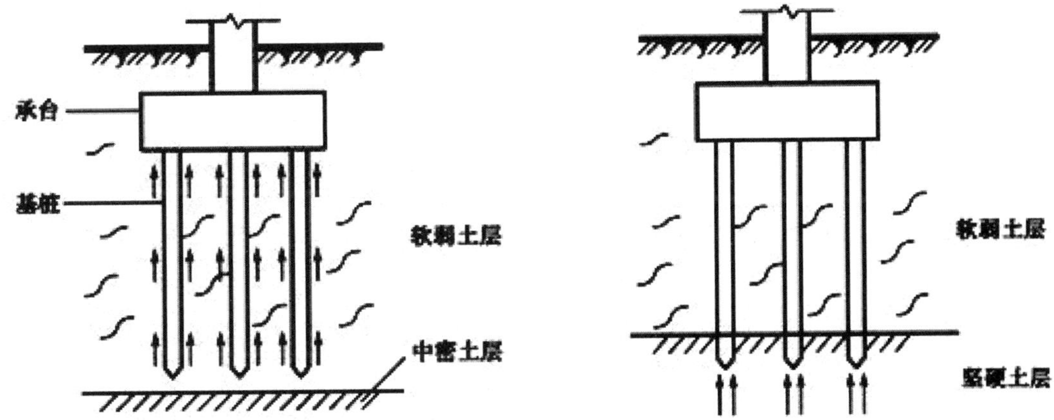

(e) 桩基础

图 8-2　基础的形式

8.2.2 基础平面图

1. 基础平面图的形成

基础平面图是用一个假想的水平剖切面，在室内地面以下的位置将建筑物全部切开，移去剖切平面以上的房屋和基础回填土后，对该平面以下的建筑结构部分向下作正投影而形成的水平投影图。由于在结构施工图中只绘制承重构件，基础的全部轮廓为可见线，应该用中实线表示。垫层可用文字进行说明，也可在图样中画出。

图 8-3 所示为某建筑物基础平面布置图。

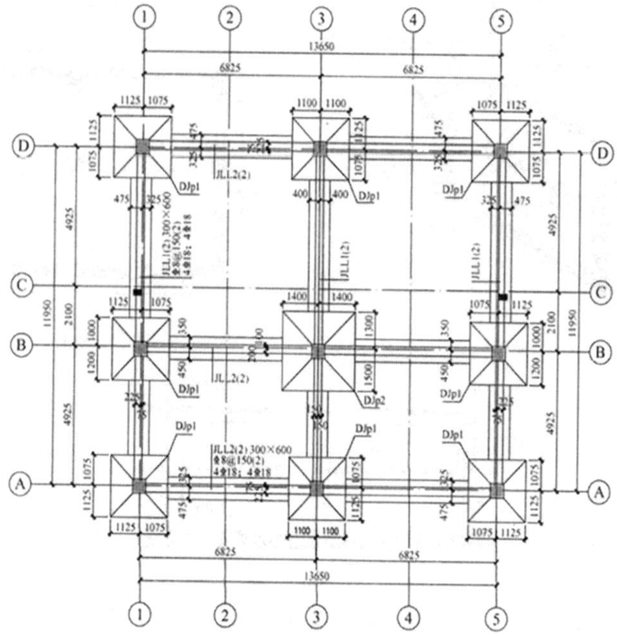

(a) 基础结构平面图 1:100

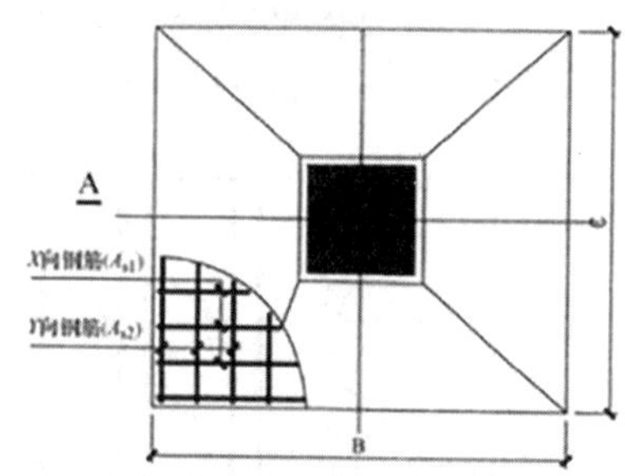

柱下独立基础底板配筋构造

桩插筋做法详见16G101-3第66页

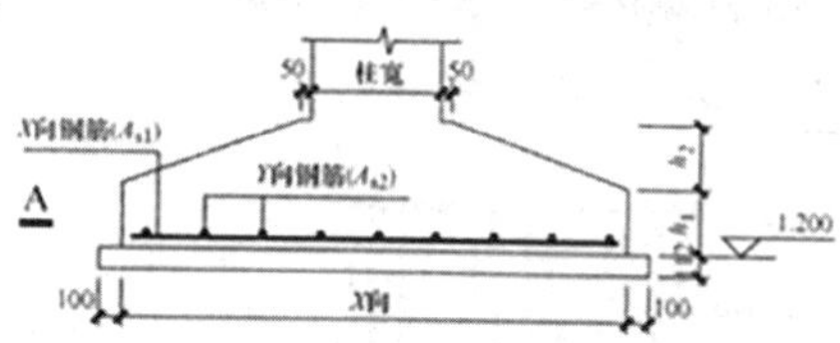

A—A

柱下独立基础参数表					
基础编号	B×C	h_1	h_2	A_{s1}	A_{s2}
DJp1	2200×2200	200	100	⌀12@200	⌀12@200
DJp2	2800×2800	200	100	⌀14@200	⌀14@200

基础设计说明：

1.基础梁定位均为梁中对柱中或齐柱边。
2.±0.000相当于大沽高程3.140(民航高程系)。
3.图中未注明的内墙基础做法见内墙基础做法详图。
4.JLL应伸入柱中心进行锚固，具体详16G101—3第105页。
5.当独立基础底板长度≥2500mm时，
底板钢筋构造做法详见图集16G101—3第70页。
6.图中GZ定位及配筋详见柱配筋平面图，
除已注明的GZ外，其他门窗洞口两侧GZ设置详见结构设计总说明。
7.所有数据与建筑专业施工图核对无误后方可施工，未尽事宜详见结构设计总说明。

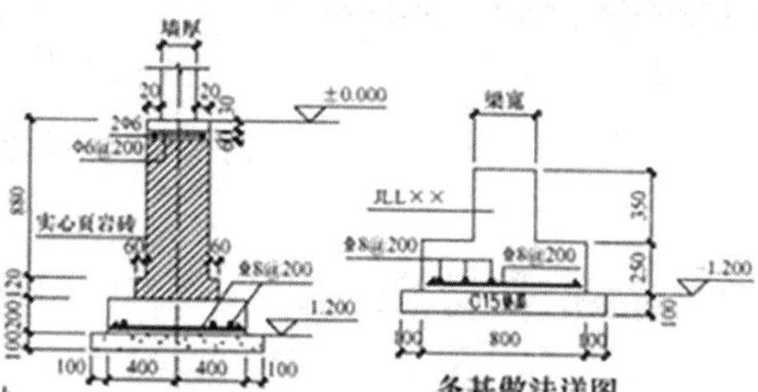

内墙基础做法详图

条基做法详图

条形基础定位详见平面图

(b) 其他构造和做法图

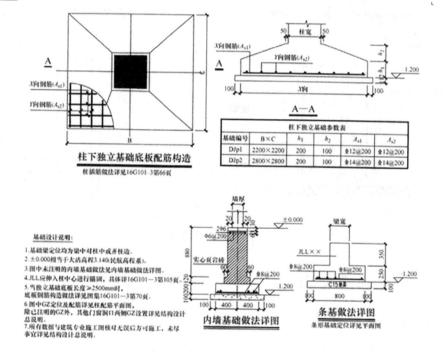

图 8-3 某建筑物基础平面图（1:100）

2. 基础平面图的图示内容

基础平面图主要表示基础、基础梁的平面尺寸、编号、布置和配筋情况，也表示基础、基础梁与墙（柱）和定位轴线的位置关系。

（1）图名、比例、轴线及轴号。应与建筑施工图保持一致。

（2）尺寸标注及定位。表明基础墙（柱）、基础梁、基础底面的形状、大小或尺寸以及与轴线之间的定位关系。

（3）编号及配筋。表明基础、基础梁等的编号及配筋。

（4）基础详图剖切位置及编号。

（5）上部结构的水平投影。表明生根于基础的柱、构造柱等竖向构件，根据需要在基础图上绘制其水平投影，一般涂黑表示。

（6）预留孔洞。结合建筑及设备专业的需要，表明在结构构件中设置的穿墙孔洞、管沟等的位置、洞口尺寸及标高。

（7）附注说明。基础埋置在地基中的位置，基底处理措施，地基的承载能力，对施工的有关要求。

3. 基础平面图的识读要点

（1）了解图名、比例。

（2）结合建筑平面图，了解基础平面图的定位轴线，了解基础与定位轴线间的平面布置、相互关系及轴线间的尺寸。明确墙体与轴线的关系，是对称轴线还是偏轴线。

（3）了解基础、墙、垫层、基础梁等的平面布置、形状尺寸等。

（4）了解剖切编号、位置，了解基础的种类，基础的平面尺寸。

（5）通过文字说明，了解基础的用料、施工注意事项等内容。

（6）与其他图纸相配合，了解各构件之间的尺寸、关系，了解洞口的尺寸、形状及洞口上方的过梁情况。

4. 基础平面图的画法

基础平面图的画法步骤如下。

（1）画出与建筑平面图相一致的轴线网。

（2）画出基础墙、柱、基础梁及基础底部的边线。用粗实线画出剖切到的基础墙、柱等的轮廓线，用细实线画出投影可见的基础底边线。

（3）画出其他的细部结构。用虚线表示地沟或孔洞的位置，并注明大小及洞底标高。大放脚、垫层的轮廓线均省略不画。

（4）凡基础的宽度、墙的厚度、大放脚的形式、基础底面标高、基础底尺寸不同时，要在不同处标出断面符号，表示详图的剖切位置和编号。

（5）标出轴线间的尺寸、总尺寸、其他尺寸。外部尺寸一般只注两道，即开间、进深等轴线间的尺寸和首尾轴线间的总尺寸。

（6）写出附注说明。

8.2.3 基础详图

1. 基础详图的形成

基础平面图只表达了建筑物基础的整体布局、构件搭接关系和整体配筋，而基础的各部分的具体构造的形状、尺寸没有表达出来，于是需要画出详图表达基础的断面形状、尺寸、材料和构造，框架柱或地圈梁的位置和做法，基础埋置深度以及施工所需尺寸，这就是基础详图。

基础详图是用一个假想的铅垂平面在指定部位垂直剖切基础所得到的断面图。基础详图以移出断面图表达方法绘制。基础的断面形状、尺寸与它所承受的荷载和地基所承受的荷载有关，同一个建筑，因为不同地方所承受的荷载不同，就会有不同的基础，不同的基础要分别画出它们的断面图。相同的基础用同一个编号、同一个详图表示。对断面形状和配筋形式都比较类似的条形基础，可以使用通用基础详图的形式，通用基础详图的轴线符号圆圈内不注明具体编号。读图时要注意带括号的图名对应带括号的数字，不带括号的图名对应不带括号的数字。若某处有没带括号的数字，则这个数字对每个图都适用。

2. 基础详图的图示内容

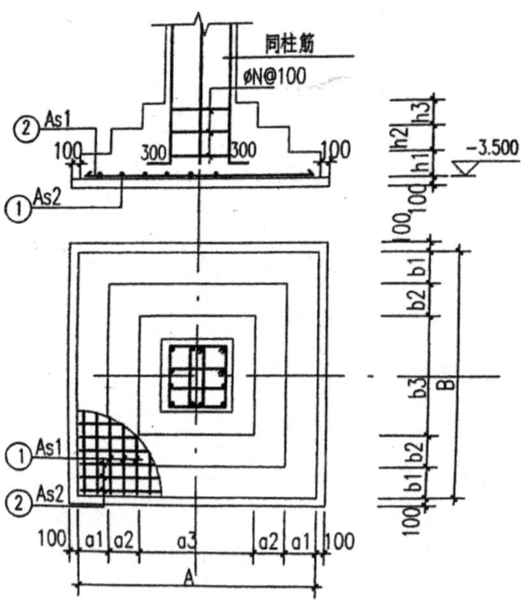

独立基础参数表

基础编号	基础尺寸							
	A	a1	a2	a3	B	b1	b2	b3
J1	2800	350	350	1400	3600	500	500	1600

基础编号	基础高度			基础底板配筋	
	h1	h2	h3	① As1	② As2
J1	300	300	300	C12@125	C12@125

图 8-4 某建筑物基础详图

（1）图名和比例。

（2）轴线及轴号。表明基础详图所在基础平面图中的位置。

（3）尺寸标注及标高。表明基础详图的尺寸、形状、大小及标高。

（4）编号及配筋。表明独立基础、条形基础、桩基础及承台的编号、配筋及所用材料。

（5）防潮层做法及标高。

（6）基础施工说明。

3. 基础详图的识读

读图 8-4 某建筑物基础详图，可知以下内容：

（1）基础 J1 的基础详图，由平面图和断面图组成。

（2）基础为阶梯形独立基础，阶梯部分的平面尺寸与竖向尺寸已列在独立基础参数表中。

（3）基础底面的标高为 -3. 500 m。基础垫层厚度为 100 mm，每侧宽出基础 100 mm。

（4）J1 的底板配筋两个方向都为直径 12 mm 的 HRB400 级钢筋，分布间距 125 mm。

（5）基础插筋同柱筋。

【技术点睛】

基础平面图和基础详图用来反映建筑物的基础形式、基础构件布置及构件详图的图样。在识读基础施工图时，应重点了解基础的形式、布置位置、基础地面宽度、基础埋置深度等。

8.3 楼层、屋面结构平面图

【导入案例】

前面介绍过结构平面图包括基础平面图、楼层结构平面图、屋面结构平面图。基础平面图已经介绍过，本项目我们介绍楼层、屋面结构平面图。因为楼层结构平面图与屋面结构平面图的表达方法完全相同，这里以楼层结构平面图为例，说明楼层结构平面图与屋面结构平面图的识读方法。本项目主要介绍楼层（屋面）结构平面图中的柱平面布置图、梁平面配筋图、板平面配筋图的图示内容及其平法识图。

8.3.1 楼层、屋面结构平面图的形成

用一个假想的水平剖切平面，从各层楼板层中间水平剖切开楼板层，得到的水平剖面图称为楼层（屋面）结构平面图。楼层（屋面）结构平面图表示各层梁、板、柱、墙、过梁和圈梁等的平面布置情况，以及现浇楼板、梁的构造与配筋情况及构件之间的结构关系。

楼层结构平面图为施工中安装梁、板、柱等各种构件提供依据，同时为现浇构件支模板、

绑扎钢筋、浇筑混凝土提供依据。

8.3.2 平面整体表示方法概述

把结构构件的尺寸和配筋等按照平面整体表示方法制图规则，整体直接表达在各类构件的结构平面布置图上，再与标准构造详图相配合，即构成一套新型而完整的结构设计表达形式，称为平面整体表示方法，简称“平面表示法”或“平法”。

16G101 系列平法图集包括： 16G101-1《混凝土结构施工图平面整体表示方法制图规则和构造详图（现浇混凝土框架、剪力墙、梁、板)》，16G101—2《混凝土结构施工图平面整体表示方法制图规则和构造详图（现浇混凝土板式楼梯)》，16G101-3《混凝土结构施工图平面整体表示方法制图规则和构造详图（独立基础、条形基础、筏形基础、桩基础)》，如图 8-5 所示。

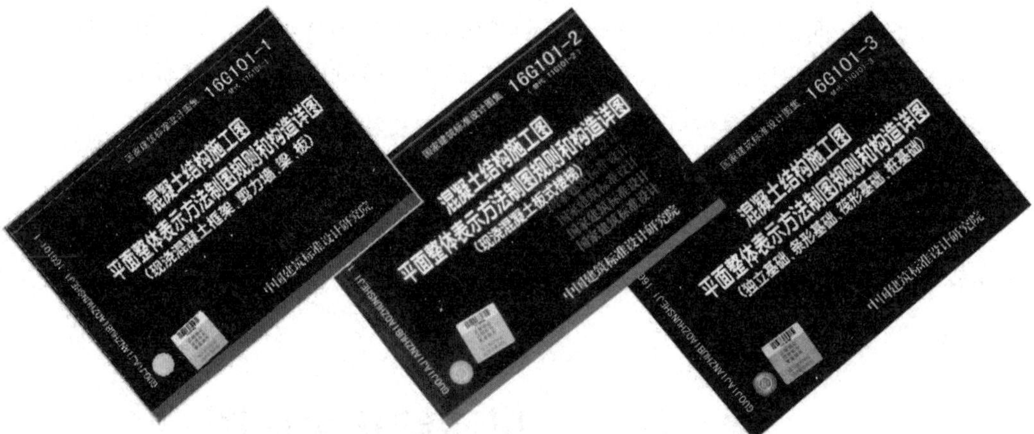

图 8-5　平法系列图集

这些图集既是设计者完成平法施工图的依据，也是施工、监理、预算人员准确理解和实施平法施工图的依据。其中主要制图规则如下。

1. 按平法设计绘制的施工图

一般由各类结构构件的平法施工图和标准构造详图两大部分组成，但对于复杂的工业与民用建筑，尚需增加模板、开洞和预埋件等平面图。只有在特殊情况下才需要增加剖面配筋图。

2. 按平法设计绘制结构施工图时

必须根据具体工程，按照各类构件的平法制图规则，在按结构（标准）层绘制的平面布置图上直接表示各构件的尺寸和配筋。出图时，宜按基础、柱、剪力墙、梁、板、楼梯及其他构件的顺序来排列。

3. 在平面布置图上表示各构件尺寸和配筋的方式

分为平面标注方式、列表标注方式和截面标注方式三种。

4. 按平法设计绘制结构施工图时

应将所有柱、剪力墙、梁和板等构件进行编号，编号中含有类型代号和序号等。

5. 对钢筋的混凝土保护层厚度、钢筋搭接和锚固长度的确定和标注

除在结构施工图中另有注明者外，均需按 16G101 系列图集标准构造详图中的有关构造规定执行。

8.3.3 柱平面布置图

1. 柱平面布置图（柱配筋平面图）的图示内容

对于框架结构而言，柱平面布置图（柱配筋平面图）尤为重要，它的定位尺寸正确与否甚至将影响梁的施工。当楼层柱与屋顶层柱配筋平面图相同时，可绘制在同一张施工图上，但施工时应注意柱的标高。柱平面布置图主要包括以下内容。

（1）图名和比例。

（2）轴线和轴号。应与建筑施工图一致。

（3）定位。为便于施工，应明确标出柱的定位，一般用与轴线的位置关系进行定位。

（4）结构构件。柱用代号表示，尺寸及配筋信息采用柱平法施工图的表示方法。被剖切到的柱一般涂黑表示。

（5）柱图说明。以文字为主，必要时配以辅助图样。

2. 柱平法识图

柱平法施工图是在柱平面布置图上采用列表标注方式或截面标注方式表达。

（1）列表标注方式

柱平面布置图既可采用适当比例单独绘制，也可与剪力墙平面布置图合并绘制。

列表注写方式，是在柱平面布置图上（一般只需采用适当比例绘制一张柱平面布置图，包括框架柱、框支柱、梁上柱和剪力墙上柱），分别在同一编号的柱中选择一个（有时需要选择几个）截面标注几何参数代号；在柱表中注写柱编号、柱段起止标高、几何尺寸（含柱截面对轴线的偏心情况）与配筋的具体数值，并配以各种柱截面形状及其箍筋类型图的方式，来表达柱平法施工图。

图集 16G101-1 中，柱平法施工图的列表标注方法示例，如图 8-6 所示。从图中可以清楚了解柱的平面布置情况，包括柱的编号及其与轴线的定位尺寸，同时可以清楚得到每一编号柱的配筋等信息。

柱表注写内容规定如下：

1）注写柱编号，包括类型代号和序号。例如，图 8-6 中共有三种类型的柱，分别为框架柱（KZ1）、芯柱（XZ1）、梁上柱（LZ1）。

2）注写各段柱的起止标高，自柱根部以上变截面位置或截面未变但配筋改变处为界

线分段标写。例如，图 8-6 中⑤轴交Ⓔ轴的 KZ1，因截面未变但配筋改变，以 -0.030 m 为界进行分段；又由于截面和配筋均改变，在 19.470 m 处进行分段。

3）对于矩形柱，标注柱截面尺寸 $b \times h$ 及与轴线关系的参数 b_1、b_2 和 h_1、h_2 的具体数值，需对应于各段柱分别标注，其中 $b = b_1 + b_2$，$h = h_1 + h_2$。例如，图 8-6 中⑤轴交Ⓔ轴的 KZ1，在 -0.030 m ～ 19.470 m 标高内尺寸 $b \times H$ =750 mm×700 mm，$b = b_1 + b_2$ =375 mm+375 mm，$h = h_1 + h_2$ = 150 mm+550 mm。

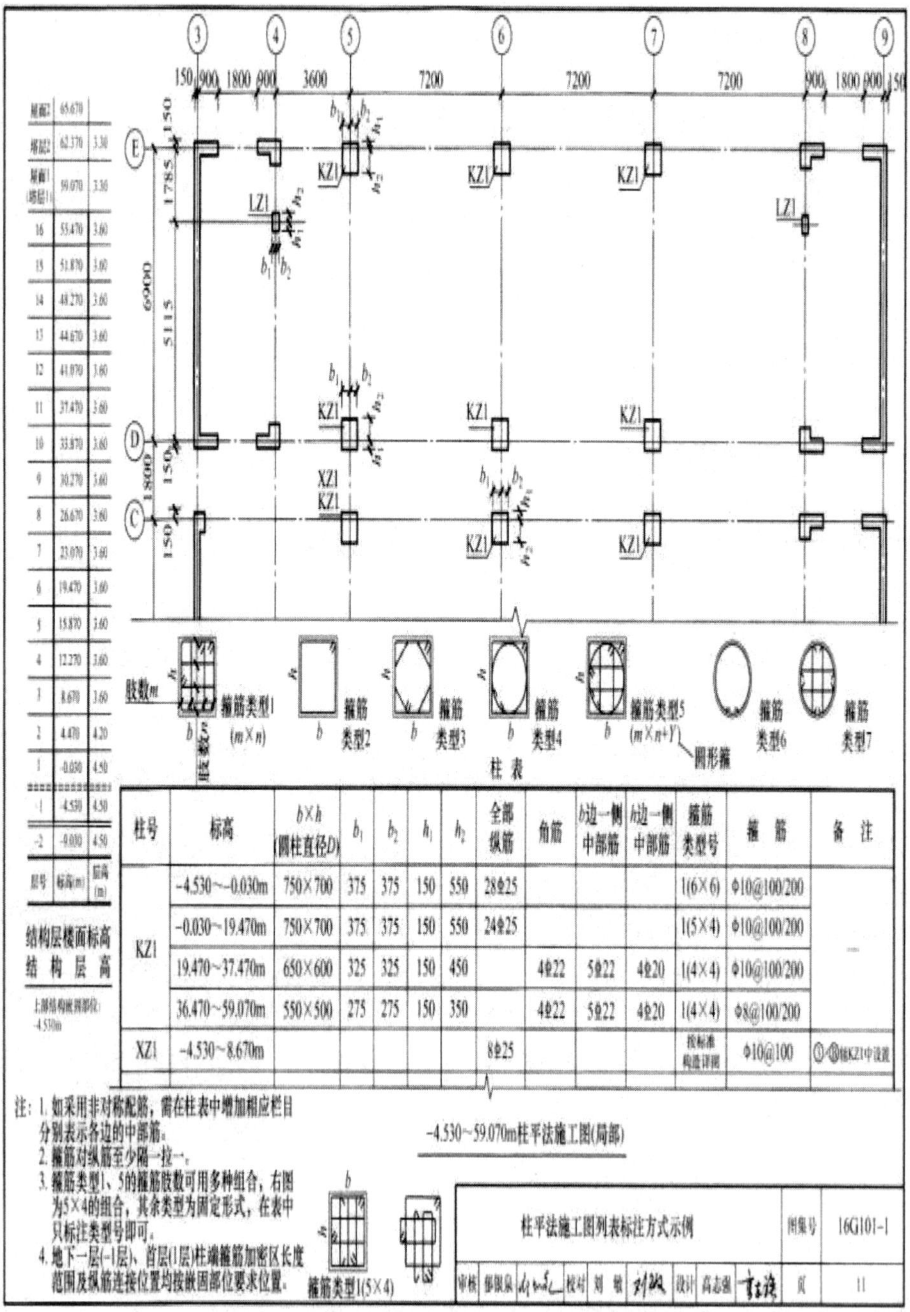

柱号	标高	$b \times h$（圆柱直径D）	b_1	b_2	h_1	h_2	全部纵筋	角筋	b边一侧中部筋	h边一侧中部筋	箍筋类型号	箍筋	备注
KZ1	-4.530~-0.030m	750×700	375	375	150	550	28⌀25				1(6×6)	Φ10@100/200	
	-0.030~19.470m	750×700	375	375	150	550	24⌀25				1(5×4)	Φ10@100/200	—
	19.470~37.470m	650×600	325	325	150	450		4⌀22	5⌀22	4⌀20	1(4×4)	Φ10@100/200	
	36.470~59.070m	550×500	275	275	150	350		4⌀22	5⌀22	4⌀20	1(4×4)	Φ8@100/200	
XZ1	-4.530~8.670m						8⌀25				按标准构造详图	Φ10@100	③~⑧轴KZ1中设置

图 8-6 某建筑柱平法施工图的列表标注方法示例

4）注写柱纵筋。当柱纵筋直径相同，各边根数也相同时，将纵筋标注在“全部纵筋”一栏中；除此之外，柱纵筋应分为角筋、截面 b 边中部筋和 h 边中部筋三项分别注写（对于采用对称配筋的矩形截面柱，可仅注写一侧中部筋，对称边省略不注；对于采用非对称配筋的矩形截面柱，必须每侧均注写中部筋）。例如，图 8-6 中⑤轴交Ⓔ轴的 KZ1，在 -4.530 ～ -0.030 m 标高内，柱纵筋直径相同，各边根数也相同，全部纵筋为 28 根直径为 25 mm HRB400 级钢筋；在 19.470 ～ 37.470 m 标高内，角筋为 4 根直径 22 mm HRB400 级钢筋，b 边一侧中部筋为 5 根直径 22mm HRB400 级钢筋，h 边一侧中部筋为 4 根直径 20 mm HRB400 级钢筋。注意这里的 b 或 h 边一侧中部筋不包括角筋。

5）注写箍筋类型号及箍筋肢数。例如，图 8-6 ⑤轴交Ⓔ轴的 KZ1，在 -4.530 ～ -0.030 m 标高内柱箍筋类型号为 1，箍筋肢数为 6×6 肢箍。

6）注写柱箍筋，包括钢筋级别、直径与间距。例如，图 8-6 中⑤轴交Ⓔ轴的 KZ1，在 -4.530 ～ -0.030 m 标高内柱箍筋为 HPB300 级钢筋，直径 10 mm，加密区间距为 100 mm，非加密区间距为 200 mm。注意当框架节点核心区内箍筋与柱端箍筋设置不同时，应在括号中注明核心区箍筋直径及间距，例如 A10@100/200（A12@100），表示柱中箍筋为 HPB300 级钢筋，直径为 10 mm，加密区间距为 100 mm，非加密区间距为 200 mm。框架节点核心区箍筋为 HPB300 级钢筋，直径为 12 mm，间距为 100 mm。

（2）截面标注方式

截面标注方式是在柱平面布置图的柱截面上，分别在同一编号的柱中选择一个截面，以直接标注截面尺寸和配筋具体数值的方式来表达柱平法施工图。

对除芯柱之外的所有柱截面按规定进行编号，从相同编号的柱中选择一个截面，按另一种比例原位放大绘制柱截面配筋图，并在各配筋图上继其编号后再标注截面尺寸 $b \times h$、角筋或全部纵筋（当纵筋采用一种直径且能够图示清楚时）、箍筋的具体数值，以及在柱截面配筋图上标注柱截面与轴线关系的参数 b_1、b_2、h_1、h_2 的具体数值。

当纵筋采用两种直径时，需要注写截面各边中部筋的具体数值（对于采用对称配筋的矩形截面柱，可仅在一侧标注中部筋，对称边省略不注）。

在截面标注方式中，当柱的分段截面尺寸和配筋均相同，仅截面与轴线的关系不同时，可将其编为同一柱号。但此时需在未画配筋的柱截面上标注该柱截面与轴线的具体尺寸。

图集 16G101-1 中，柱平法施工图截面标注方式示例，如图 8-7 所示。图中以⑥轴交Ⓑ轴的 KZ2 为例进行标注，其他 KZ2 的配筋信息均与其相同。KZ2 在 19.470 ～ 37.470 m 标高段内尺寸 $b \times h$ =650 mm×600 mm，全部纵筋为 22 根直径为 22mm HRB400 级钢筋；箍筋为直径 10mm HPB300 级钢筋，加密区间距为 100mm，非加密区间距为 200mm；KZ2 截面与⑥轴和Ⓑ轴的关系参数（b_1、b_2、h_1、h_2）分别为 325 mm、325 mm、150 mm、450 mm。

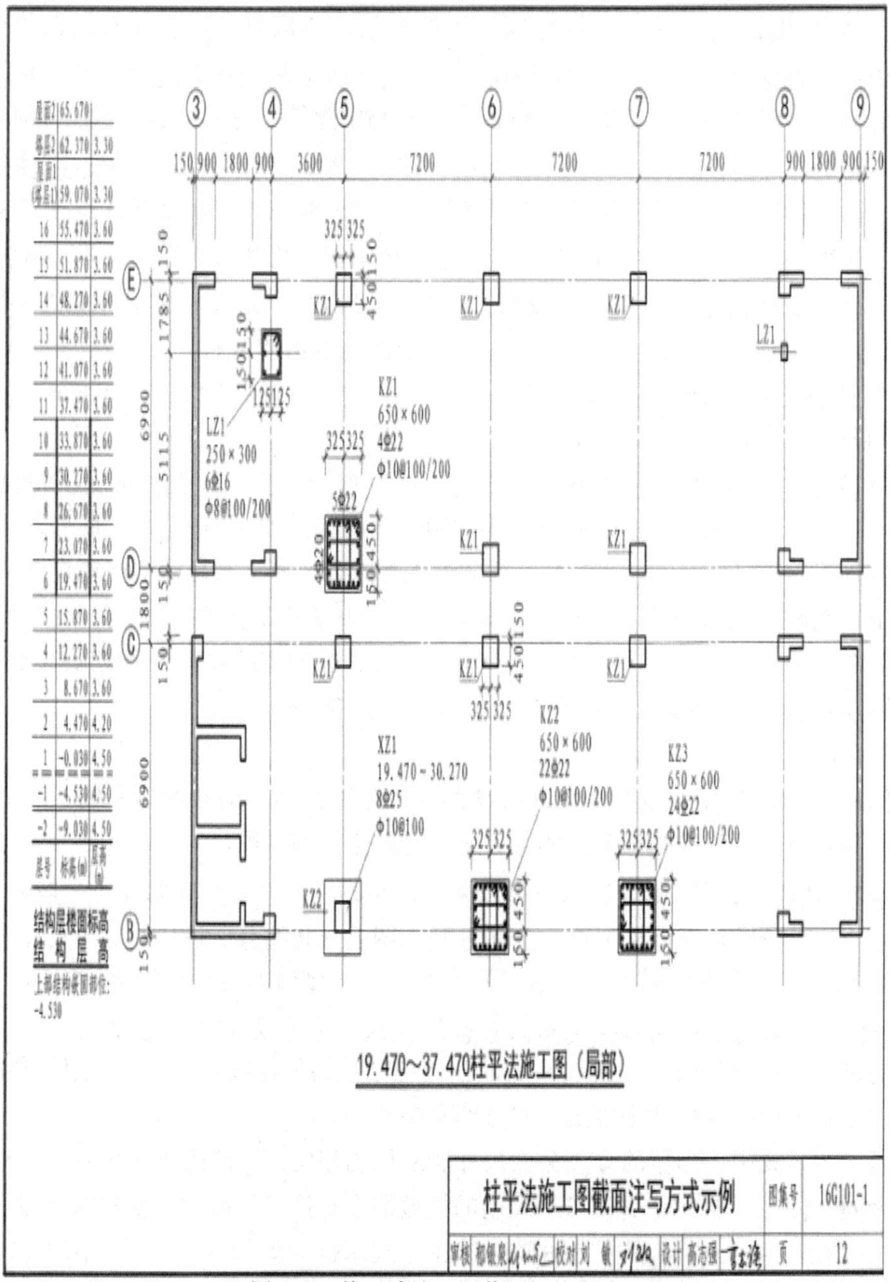

图 8-7　柱平法施工图截面标注方式示例

8.3.4 楼层梁平面配筋图

1. 楼层梁平面配筋图图示内容

对于钢筋混凝土框架结构，楼层梁的平面配筋图十分重要。楼层梁平面配筋图主要包括以下内容。

（1）图名和比例。楼层梁平面配筋图的图名可按照楼层平面命名，比如首层梁平面配筋图、二～五层梁平面配筋图。

（2）轴线和轴号。应与建筑施工图一致。

（3）定位。为便于施工以及确定与其他构件的位置关系，应明确标出梁的定位，一般用与轴线的位置关系或与已知柱的位置关系进行定位。

（4）结构构件。梁用代号表示，尺寸及配筋信息采用梁平法施工图的表示方法。值得注意的是在楼层梁结构平面布置图中，为了反映梁与其他承重构件的位置关系，仍需绘制柱、剪力墙等承重构件的轮廓图，同时可见的钢筋混凝土楼板的轮廓线也应用细实线表示，被楼板遮挡的墙、柱、梁等不可见构件用中虚线表示，剖切到的柱一般涂黑表示。

（5）详图的剖切位置及编号。简单的构件详图内容可在楼层梁配筋平面图中表示，像外檐等较为复杂的内容也可单独绘制，此内容应与楼层板配筋平面图结合起来识读。

（6）梁施工说明。以文字为主，必要时配以辅助图样。

2. 梁平法识图

（1）梁平法施工图的表示方法

1）梁平法施工图是在梁平面布置上采用平面标注方式或截面标注方式表达。

2）梁平面布置图应分别按梁的不同结构层（标准层），将全部梁和与其相关联的柱、墙、板一起采用适当比例绘制。

3）识读梁平法施工图时，还应注意各结构层的顶面标高及相应结构层高。

4）对于轴线未居中的梁，应标注其偏心定位尺寸（贴柱边的梁可不注）。

（2）平面注写方式

1）平面注写方式，是在梁平面布置图上，分别在不同编号的梁中各选一根梁，在其上注写截面尺寸和配筋具体数值，以此表达梁平法施工图。图 8-8 所示为梁平面注写方式示例。

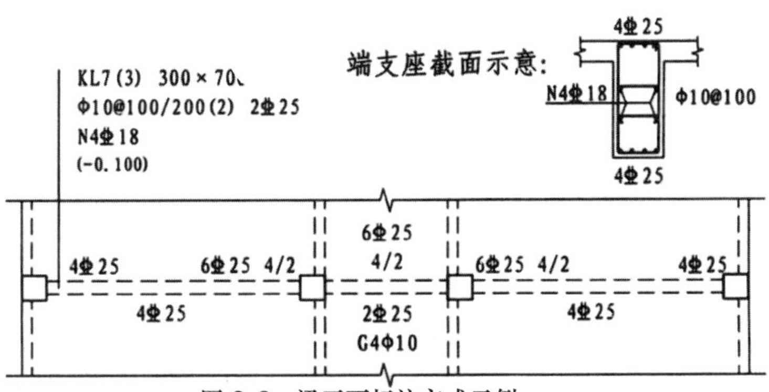

图 8-8　梁平面标注方式示例

2）平面标注包括集中标注与原位标注，集中标注表达梁的通用数值；原位标注表达梁的特殊数值。当集中标注中的某项数值不适用于梁的某部位时，就将该项数值原位标注，施工时，原位标注取值优先。

3）梁集中标注的内容，有五项必注值和一项选注值。集中标注可以从梁的任意一跨引出。具体标注内容如下。

①梁编号。该项为必注值，编号方法见表 8-7。表中（××A）为 ×× 跨，一端有悬挑；（××B）为 ×× 跨，两端有悬挑，悬挑不计入跨数。例如图 8-8 中，KL7（3）表示其为 7 号框架梁，共 3 跨，无悬挑。

表 8-7 梁编号

梁类型	代号	序号	跨数及是否带有悬挑
楼层框架梁	KL	××	(××)、(××A) 或 (××B)
楼层框架扁梁	KBL	××	(××)、(××A) 或 (××B)
屋面框架梁	WKL	××	(××)、(××A) 或 (××B)
框支梁	KZL	××	(××)、(××A) 或 (××B)
托柱转换梁	TZL	××	(××)、(××A) 或 (××B)
非框架梁	L	××	(××)、(××A) 或 (××B)
悬挑梁	×L	××	(××)、(××A) 或 (××B)
井字梁	JZL	××	(××)、(××A) 或 (××B)

②梁截面尺寸。该项为必注值，用 $b \times h$ 分别表示梁宽和梁高。例如图 8-8 中 300×700 表示梁宽为 300 mm，梁高为 700 mm。当有悬挑梁且根部和端部的高度不同时，用斜线分隔根部与端部的高度值，即为 $b \times h_1 / h_2$，如图 8-9 所示。

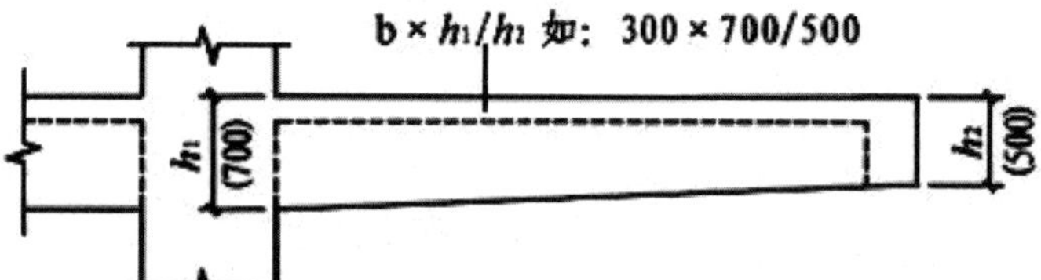

图 8-9 悬挑梁不等高截面注写示意图

③梁箍筋。该项为必注值，包括钢筋级别、直径、加密区与非加密区间距及肢数。箍筋加密区与非加密区的不同间距及肢数，用“/”分隔，箍筋肢数写在括号内。加密区范围见相应抗震等级的标准构造详图。例如图 8-8 中 A10@100/200（2），表示箍筋为 HPB300 级钢筋，直径 10 mm，加密区间距 100 mm，非加密区为 200 mm，两肢箍。

④梁上部通长筋和架立筋配置。该项为必注值。所注规格与根数应根据结构受力要求及箍筋肢数等构造要求而定。当同排纵筋中既有通长筋又有架立筋时，应用加号“+”将通长筋和架立筋相连。标注时须将角部纵筋写在加号的前面，架立筋写在加号后面的括号内，以示不同直径及与通长筋的区别。当全部采用架立筋时，则将其写入括号内。例如 2C22+（4A12），表示梁上部有 2 根直径为 22 mm 的 HRB400 级通长钢筋，4 根直径为 12 mm 的 HPB300 级架立钢筋；

当梁的上部纵筋和下部纵筋为全跨相同，且多数跨配筋相同时，此项可加注下部纵筋的配筋值，用分号“ ；”将上部与下部纵筋的配筋值分隔开来。例如 3C22；3C20，表示梁的上部配置 3 根直径为 22 mm 的 HRB400 级通长钢筋，下部配置 3 根直径为 20 mm 的 HRB400 级通长钢筋。

⑤梁侧面纵向构造钢筋或受扭钢筋配置。该项为必注值。当梁腹板高度 $hw \geqslant 450$ mm时，需配置纵向构造钢筋，所注规格与根数应符合规范的规定。此项注写值以大写字母 G 打头，接续注写设置在梁两个侧面的总配筋值，且对称配置。例如 G4A10，表示梁的两个侧面共配置 4 根直径 10 mm 的 HPB300 级纵向构造钢筋，每侧各配置 2 根。

当梁侧面需配置受扭纵向钢筋时，此项标注值以大写字母 N 打头，接续注写配置在梁两个侧面的总配筋值，且对称配置。受扭纵向钢筋应满足梁侧面纵向构造钢筋的间距要求，且不再重复配置纵向构造筋。例如图 8-8 中 N4C18，表示梁的两个侧面共配置 4 根直径 18 mm 的 HRB400 级纵向受扭钢筋，每侧各配置 2 根。

⑥梁顶面标高高差。该项为选注值。是指相对于结构层楼面标高的高差值；对于位于结构夹层的梁，则指相对于结构夹层楼面标高的高差。有高差时，须将其写入括号内，无高差时不标注。当某梁的顶面高于所在结构层楼面时，其标高高差为正值，反之为负值。例如，图 8-8 中，(-0.100) 表示该 7 号框架梁，梁顶面标高相对于所在结构层楼面标高低 0.1 m。

4）梁原位标注的内容规定如下。

①梁支座上部纵筋，该部位含通长筋在内的所有纵筋。

当上部纵筋多于一排时，用斜线“/”将各排的纵筋自上而下分开。例如图 8-8 中，梁支座上部纵筋标注为 6C25 4/2, 表示上一排纵筋为 4C25，下一排纵筋为 2C25。

当同排纵筋有两种直径时，用加号“+”将两种直径的纵筋相连，注写时将角部纵筋写在前面。例如梁的支座上部标注为 2C25+2C22, 则表示梁支座上部有 4 根纵筋，2C25 放在角部，2C22 放在中部。

当梁中间支座两边的上部纵筋不同时，须在支座两边分别标注；当梁中间支座两边的上部纵筋相同时，可仅在支座的一边标注配筋值，另一边省去不注。

②梁下部纵筋。

当下部纵筋多于一排时，用斜线“/”将各排纵筋自上而下分开。例如梁下部纵筋标注为 6C25 2/4，表示上一排纵筋为 2C25，下一排纵筋为 4C25，全部伸入支座。

当同排纵筋有两种直径时，用加号“+”将两种直径的纵筋相连，标注时角筋写在前面。

当梁下部纵筋不全部伸入支座时，将梁支座下部纵筋减少的数量写在括号内。例如梁下部纵筋标注为 2C25+3C22（-2）/5C25，表示上排纵筋为 2C25 和 3C22，其中 3C22 不伸入支座；下一排纵筋为 5C25，全部伸入支座。

③当梁上集中标注的内容（即梁截面尺寸、箍筋、上部通长筋或架立筋，梁侧面纵向构造钢筋或受扭纵向钢筋，以及梁顶面标高高差中的某一项或几项数值）不适用于某跨或某悬挑部分时，则将其不同数值原位标注在该跨或该悬挑部分，施工时应按原位标注数值取用。

④附加箍筋或吊筋，将其直接画在平面图中的主梁上，用线引注总配筋值（附加箍筋的肢数注在括号内），如图 8-10 所示为附加箍筋和吊筋的画法示例。当多数附加箍筋或吊筋相同时，可在梁平法施工图中统一注明，少数与统一注明值不同时，再原位引注。

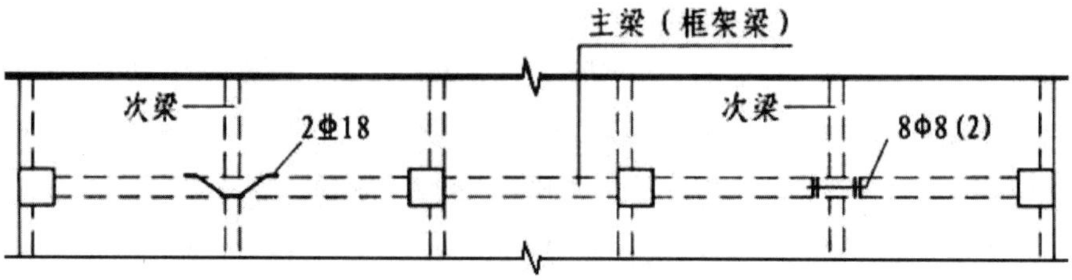

图 8-10　附加箍筋和吊筋的画法示例

施工时应注意：附加箍筋或吊筋的几何尺寸应按照图 8-11 所示附加吊筋标准构造详图，结合其所在位置的主梁和次梁的截面尺寸而定。

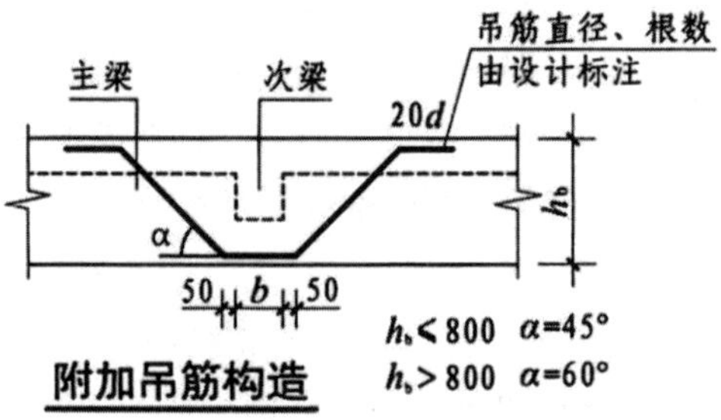

图 8-11　附加吊筋标准构造详图

（3）截面注写方式

截面注写方式是在标准层绘制的梁平面布置图上，分别在不同编号的梁中各选择一根梁用剖面号（单边截面号）引出配筋图，并在其上注写截面尺寸和配筋具体数值的方式来表达梁平法施工图，如图 8-12 所示为梁平法施工图截面标注方式示例。

在截面配筋详图上标注截面尺寸 $b \times h$、上部筋、下部筋、侧面构造或受扭筋以及箍筋的具体数值时，其表达方式与平面注写方式相同。截面注写方式既可以单独使用，也可与平面注写方式结合使用。

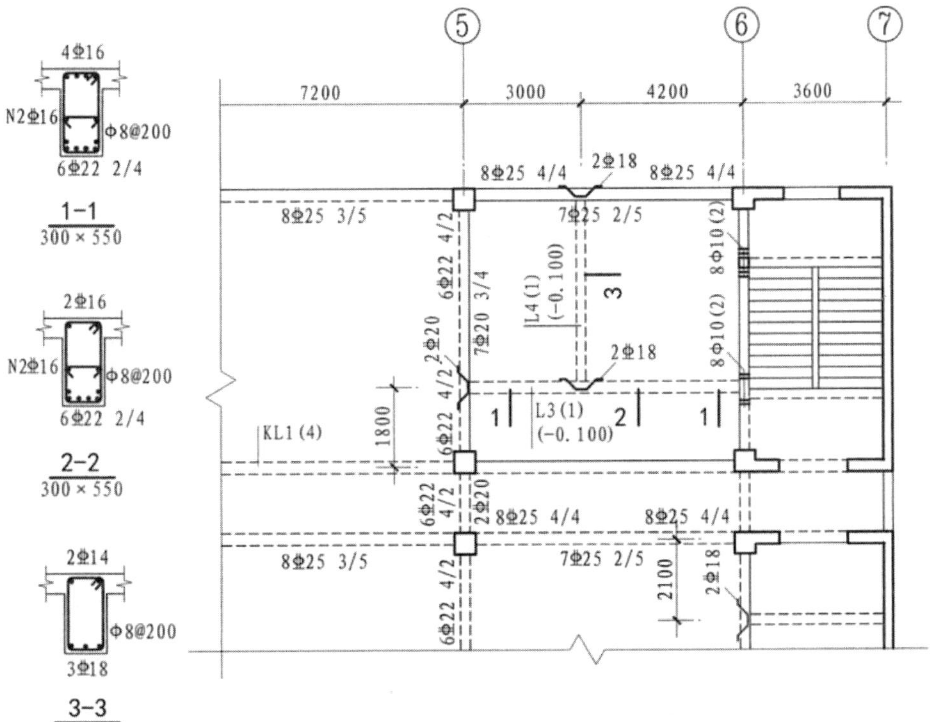

15.870～26.670梁平法施工图（局部）

图 8-12　梁平法施工图截面标注方式示例

8.3.5 楼层板平面配筋图

1. 楼层板平面配筋图图示内容

（1）图名和比例。图名可按楼层命名，一般与梁平面配筋图相同，例如，首层板平面配筋图、二～五层板平面配筋图。

（2）轴线和轴号。与梁平面配筋图相同。

（3）定位。板的定位一般标出与轴线的位置关系，也可标出与已知柱、梁的位置关系，识图时应相互比照。

（4）结构构件。板可用代号表示，尺寸及配筋信息可采用板平法施工图的表示方法，也可用传统的表示方法。值得注意的是在楼层板平面配筋图中，为了反映板与其他承重构件的位置关系，仍需绘制柱、剪力墙等承重构件的轮廓图，同时被楼板遮挡的墙、柱、梁等不可见构件用中虚线表示，剖切到的柱一般涂黑表示，这些与梁平面配筋图相同。

（5）洞口。洞口应标明尺寸大小，其两侧的加筋做法应参见图中的说明或结构设计总说明。若为楼梯洞口，其楼梯的做法应参见楼梯详图。

（6）板图说明。以文字为主，必要时配以辅助图样。

2. 板平法识图

板平法制图规则包括有梁楼盖和无梁楼盖两种，本书以有梁楼盖为例进行讲解。

有梁楼盖的制图规则适用于以梁为支座的楼面与屋面板平法施工图设计。有梁楼盖平法施工图，系在楼面板和屋面板布置图上，采用平面注写的表达方式。板平面标注主要包括板块集中标注和板支座原位标注。图 8-13 为有梁楼盖平法施工图示例。

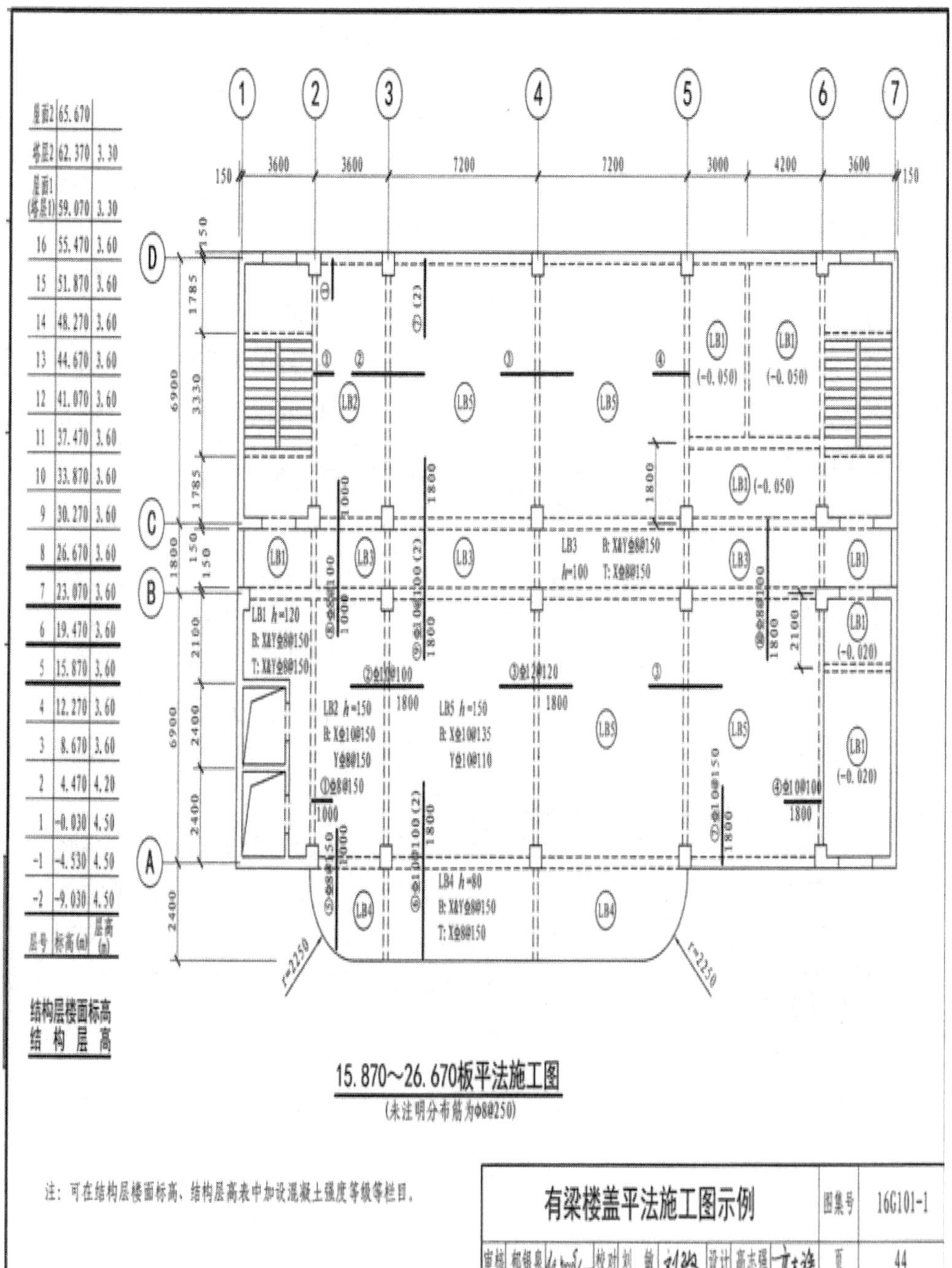

图 8-13　为有梁楼盖平法施工图示例

（1）板块集中标注

板块集中标注的内容为：板块编号、板厚、上部贯通纵筋，下部纵筋，以及当板面标高不同时的标高高差。对于普通楼面，两向均以一跨为一板块；对于密肋楼盖，两向主梁（框架梁）均以一跨为一板块（非主梁密肋不计）。

1）板块编号。所有板块应逐一编号，相同编号的板块可择其一做集中标注，其他仅注写置于圆圈内的板编号，以及当板面标高不同时的标高高差。板块编号见表 8-8。

表 8-8　板块编号

板类型	代号	序号
楼面板	LB	××
屋面板	WB	××
悬挑板	XB	××

2）板厚标注。板厚注写为 h =××× （为垂直于板面的厚度）；当悬挑板的端部改变截面厚度时，用斜线“/”分隔根部与端部的高度值，注写为 h =×××/×××；当设计已在图注中统一注明板厚时，此项可以不注。

3）纵筋。纵筋按板块的下部钢筋和上部贯通纵筋分别注写（当板块上部不设贯通纵筋时则不注），并以 B 代表下部纵筋，以 T 代表上部贯通纵筋，B&T 代表下部与上部；X 向纵筋以 X 打头，Y 向纵筋以 Y 打头，两向纵筋配置相同时则以 X&Y 打头。（当两向轴网正交布置时，图面从左至右为 X 向，从下至上为 Y 向）。

例如图 8-13 中 LB1　h=120　B:　X&Y　C8@150　T:　X&Y　C8@150　表示 1 号楼面板，板厚 120 mm，板下部配置的纵筋双向均为 C8@150，板上部贯通纵筋双向均为 C8@150。

4）板面标高高差。板面标高高差系指相对于结构层楼面标高的高差，应将其标注在括号内，且有高差则注，无高差不注。

（2）板支座原位标注

板支座原位标注的内容为：板支座上部非贯通纵筋和悬挑板上部受力钢筋，且应在配置相同跨的第一跨表达。在配置相同跨的第一跨，垂直于板支座绘制一段适宜长度的中粗实线，以该线段代表支座上部非贯通纵筋，并在线段上方标注钢筋编号（如①、②等）、配筋值、横向连续布置的跨数（标注在括号内，且当为一跨时可不注），以及是否横向布置到梁的悬挑端。

板支座上部非贯通筋自支座中线向跨内的伸出长度，注写在线段的下方位置。当中间支座上部非贯通纵筋向支座两侧对称伸出时，可仅在支座一侧线段下方标注伸出长度，另一侧不注；当向支座两侧非对称伸出时，应分别在支座两侧线段下方标注伸出长度，如图 8-14 所示。

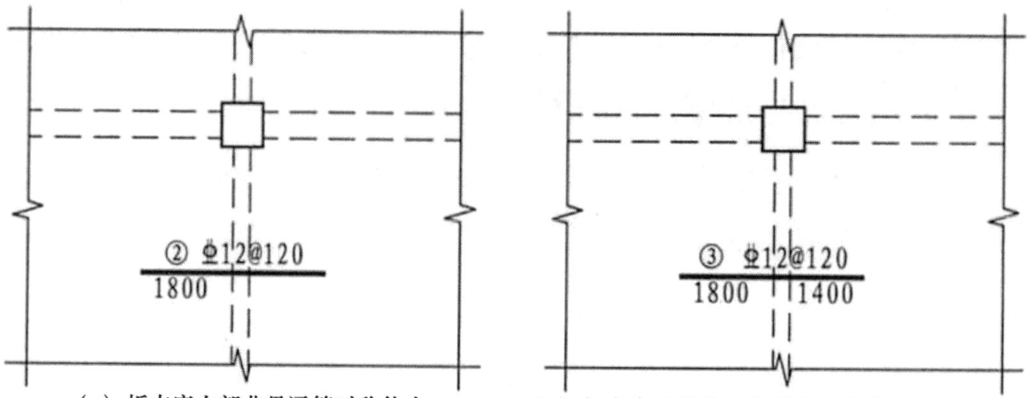

(a) 板支座上部非贯通筋对称伸出　　(b) 板支座上部非贯通筋非对称伸出

图 8-14　板支座上部非贯通筋标注方式

8.3.6 屋面层结构平面图与楼层结构平面图区别

1. 屋面层梁平面配筋图与楼层梁平面配筋图的区别

屋面层梁平面配筋图与楼层梁平面配筋图大体相同，图示方法一致，但结构的布置、尺寸、配筋等信息通常不同，因此需要单独绘制屋面层梁平面配筋图。其主要区别如下。

（1）图名和标高。

（2）梁的代号。楼层框架梁用字母 KL 表示，屋面层框架梁用字母 WKL 表示。

（3）梁的布置。一般楼层和屋面层的使用功能等不同，因此梁的布置也不同。

（4） 截面高度和配筋。楼层和屋面层的荷载等不同，因此梁的截面高度和配筋存在差别，同时楼层和屋面层的外檐梁高一般也不同。

（5）结构构件。钢筋混凝土楼板与屋面板的轮廓线不同，同时屋面层可能存在天沟、雨篷以及水箱等。

图 8-15 所示为某建筑物的二层梁和屋面层梁平面配筋图（局部），可以对比看出楼层梁平面配筋图与屋面层梁平面配筋图的区别。

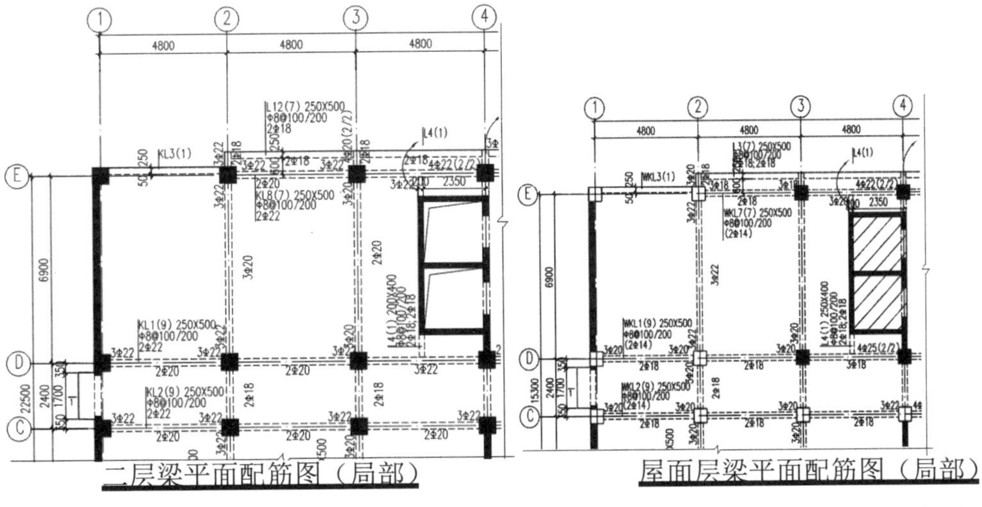

图 8-15　某建筑物梁平面配筋图

2. 屋面层板与楼层板平面配筋图的区别

屋面层板平面配筋图与楼层板平面配筋图大体相同，图示方法一致，但结构的布置形式、尺寸、配筋等信息通常不同，因此需要单独绘制屋面层板平面配筋图。其主要区别如下。

（1）图名和标高。

（2）板厚及配筋。

（3）结构构件。钢筋混凝土楼板与屋面板的轮廓线不同，即楼板的形状位置等不同，同时屋面层可能存在天沟、雨篷以及水箱等。

图 8-16 所示为某建筑物二层板和屋面层板平面配筋图（局部），可以对比看出楼层板平面配筋图与屋面层板平面配筋图的区别。

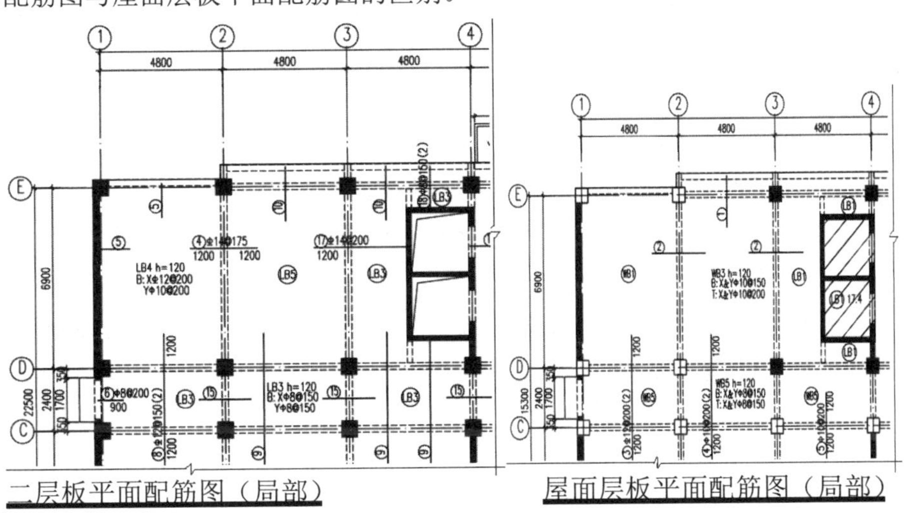

图 8-16　某建筑物层板平面配筋图

8.3.7 楼层、屋面结构平面图的识读要点

（1）了解图名与比例。楼层结构平面图与建筑平面图、基础平面图的比例要一致。

（2）了解轴线位置和编号，建筑平面图与楼层结构平面图的轴线相对应。

（3）了解结构的类型，并与建筑平面图结合，了解主要构件的平面位置与标高。

（4）了解各个部位的标高，结构标高与建筑标高相对应，了解装修厚度（建筑标高减去结构标高，再减去楼板的厚度，就是楼板的装修厚度）。

（5）了解各节点详图的剖切位置。

（6）若是现浇板，了解钢筋的配置情况及板的厚度；若是预制板，了解预制板的规格、数量和布置情况。

【技术点睛】

在识读结构施工图时，要与建筑施工图对照阅读，因为结构施工图是在建筑施工图的基础上设计的，与建筑施工图存在内在的联系。识读结构施工图时，应注意将有关图样对照阅读。熟悉 16G101 系列平法图集中平面整体表示方法制图规则，能帮助我们准确而快速的完成建筑结构施工图的识读。

8.4 楼梯详图

【导入案例】

现浇钢筋混凝土结构除结构平面布置图之外，为了更清晰地表达结构构件信息，还需配以构件详图，前面我们已经学习了构件详图中的基础详图，接下来我们学习楼梯详图。楼梯详图包括楼梯平面图、剖面图以及文字说明，常采用平面整体表示方法。

8.4.1. 楼梯平面图

楼梯平面图和楼层结构平面图一样，主要反映梯段板、楼梯梁和楼梯平台等构件的平面位置。识读楼梯平面布置图时，一是要将楼梯图中的定位轴线与楼层图中的定位轴线一一对应，从而确定楼梯所处楼层的位置情况；二是要确定楼梯板的代号、配筋信息、尺寸及定位信息，楼梯梁的截面尺寸、配筋及定位信息，楼梯平台的配筋、标高及定位信息。例如，图 8-17 所示为 AT 型楼梯平面标注方式。

（续表）

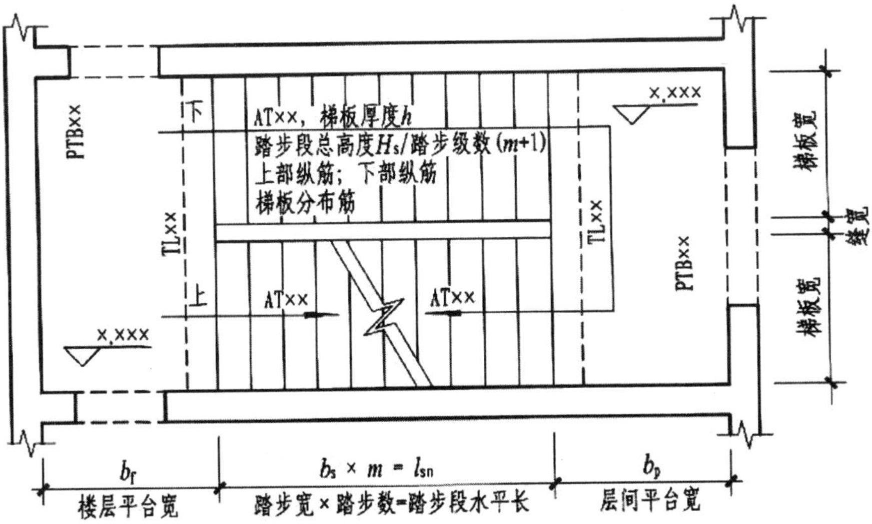

图 8-17　AT 型楼梯平面标注方式

8.4.2. 楼梯结构剖面图

楼梯结构剖面图主要表示楼梯梁、梯段板、平台的竖向位置、编号、构造和连接情况以及各部分标高。阅读楼梯结构剖面图时，应与楼梯结构平面图反复对照，确认各构件的具体位置（水平方向和垂直方向）。在楼梯结构剖面图的一侧，应标注每个梯段的高度和标高。

8.4.3. 楼梯详图识读的说明

楼梯结构构件详图主要表达梯段板、楼梯梁、楼梯平台等配筋情况。由于现在多采取平法施工图的形式，因此楼梯梯段配筋详图可不单独绘制。

【技术点睛】

楼梯的结构形式很多，常见的为现浇混凝土板式楼梯。16G101—2《混凝土结构施工图平面整体表示方法制图规则和构造详图（现浇混凝土板式楼梯）》中楼梯包含 12 种类型，详见表 8-9。

表 8-9　楼梯类型

梯板代号	适用范围		是否参与结构整体抗震计算	示意图所在页码	注写及构造图所在页码
	抗震构造措施	适用结构			
AT	无	剪力墙、砌体结构	不参与	11	23、24
BT				11	25、26
CT	无	剪力墙、砌体结构	不参与	12	27、28
DT				12	29、30
ET	无	剪力墙、砌体结构	不参与	13	31、32
FT				13	33、34 35、39
GT	无	剪力墙、砌体结构	不参与	14	36、37 38、39

梯板代号	适用范围		是否参与结构整体抗震计算	示意图所在页码	注写及构造图所在页码
	抗震构造措施	适用结构			
ATa	有	框架结构、框剪结构中框架部分	不参与	15	40、41 42
ATb			不参与	15	40、43 44
ATc			参与	15	45、46
CTa	有	框架结构、框剪结构中框架部分	不参与	16	47、41 48
CTb			不参与	16	47、43 49

板式楼梯通常由梯段板、平台板和平台梁组成，整个梯段板相当于一块斜放的现浇板，梯段板承受该梯段上的全部荷载，并将荷载传至两端的平台梁上。

【基础同步】

一、填空题

1. 一般而言，结构施工图主要包括__________、__________及__________等三方面的内容。

2. 结构施工图的识读是一个由浅入深，由粗到细的渐进过程。在识读结构施工图之前，必须先读懂__________。

3. 框架柱的代号__________；楼面板的代号__________；屋面板的代号__________；楼层框架梁的代号__________。

二、简答题

1. 什么是结构施工图？
2. 结构施工图有哪些用途？
3. 常用的钢筋等级符号分别有哪些？
4. 基础按其构造形式，可分为哪几种？
5. 基础平面图是如何形成的？
6. 基础平面图的图示内容有哪些？
7. 基础详图的图示内容有哪些？
8. 楼梯详图一般包括哪些图样？
9. 如何识读楼梯平面图？
10. 楼梯剖面图主要表示哪些内容？

三、选择题

1. 注写柱箍筋，不包括下列哪个信息？（　）

A. 钢筋级别　　B. 钢筋直径

C. 钢筋间距　　D. 钢筋根数

2. 以下什么情况的柱截面可以将纵筋注写在“全部纵筋”一栏（　）。

A. 对称　B. 柱纵筋直径相同　C. 各边根数相同　D. 以上全是

3. 下列柱类型和代号错误的是（　）。

A. 框架柱 KZ　B. 转换柱 ZH

C. 芯柱 ×Z　D. 梁上柱 LZ

4. 梁支座上部纵筋注写为 6C25　4/2, 则表示（　）。

A. 一排布置，4C25 放在角部，2C25 放在中部。

B. 两排布置，上一排纵筋为 4C25，下一排纵筋为 2C25。

C. 两排布置，下一排纵筋为 4C25，上一排纵筋为 2C25。

D. 一排布置，4C25 放在中部，2C25 放在角部。

5. 框架梁集中标注中，(-0.100) 表示（　）。

A. 该梁顶面标高比所在结构层的楼面标高 低 0.1 m。

B. 该梁顶面标高比所在结构层的楼面标高 高 0.1 m。

C. 该梁顶面标高为 0.1m。

D. 该梁顶面标高为 -0.1m。

6. 框架梁集中标注中，N4C18 表示（　）。

A. 梁的两个侧面共配置 4C18 的纵向构造钢筋，每侧各配置 2C18。

B. 梁的两个侧面共配置 4C18 的受扭纵向钢筋，每侧各配置 2C18。

C. 梁的两个侧面各配置 4C18 的受扭纵向钢筋。

D. 梁的两个侧面各配置 4C18 的纵向构造钢筋。

7. 梁集中标注的内容里，不是必注值的是（　）。

A. 梁编号　B. 梁截面尺寸

C. 梁顶面标高高差　D. 梁箍筋

8. 箍筋的加密区和非加密区的不同间距用（　）分隔。

A. /　B. @　C. —　D. *

9. 当同排纵筋有两种直径时，用（　）将两种直径的纵筋相连。

A. /　B. +　C. —　D. *

10. 梁内标注 2C22+ (4A12)，其中 4A12 表示（　）。

A. 上部通长筋　B. 下部通长筋

C. 架立筋　D. 支座负筋

【实训提升】

一、识读下图独立基础 J1 详图，完成下面的题目。

1. 该基础详图的绘图比例是__________。

2. 该基础是独立基础，底面尺寸是__________mm × __________mm 的正方形。

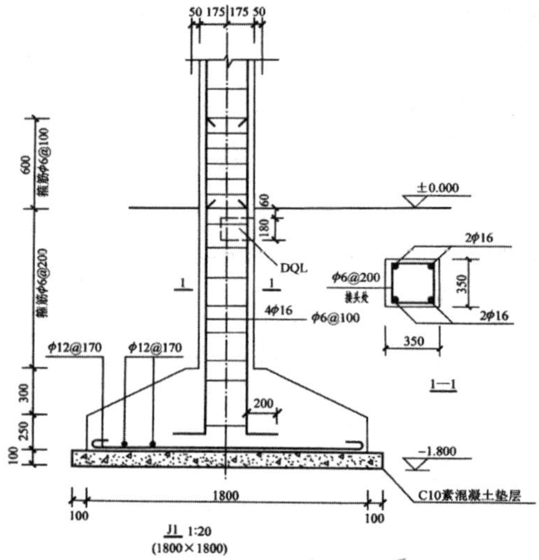

练图 8-1　独立基础详图

3. 基础垫层厚度为__________，每侧宽出基础__________，垫层材料为______________。

4. 基础底板配筋两个方向都为直径__________的__________钢筋，分布间距__________。

5. 柱子配筋为 4 根直径为__________的__________钢筋，并且插入基础底部。

二、识读下图柱平面布置图（局部），完成下面的题目。

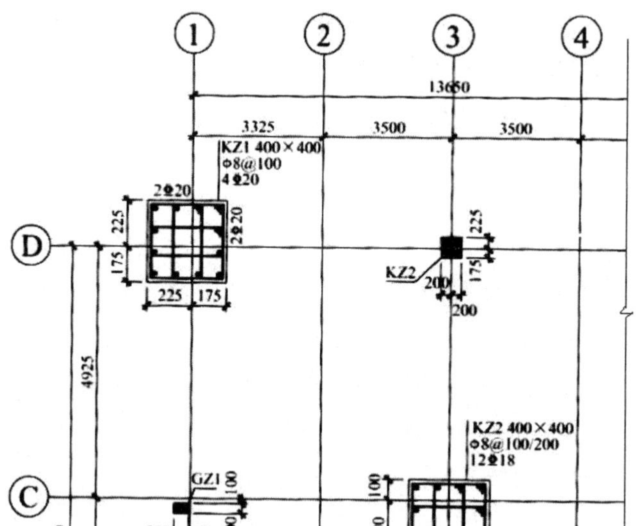

练图 8-2　某建筑物柱平面布置图（局部）

1. KZ1 的截面尺寸为__________×__________。

2. 角部纵筋为 4 根直径为__________的__________级钢筋。

3. b 边一侧中部筋为 2 根直径__________的__________级钢筋。

4. 柱箍筋为__________级钢筋，直径__________ mm，加密区间距为__________ mm，非加密区间距为__________ mm。

三、下图所示为某建筑物的楼梯详图，试参考 16G101—2《混凝土结构施工图平面整体表示方法制图规则和构造详图（现浇混凝土板式楼梯）》进行识读。

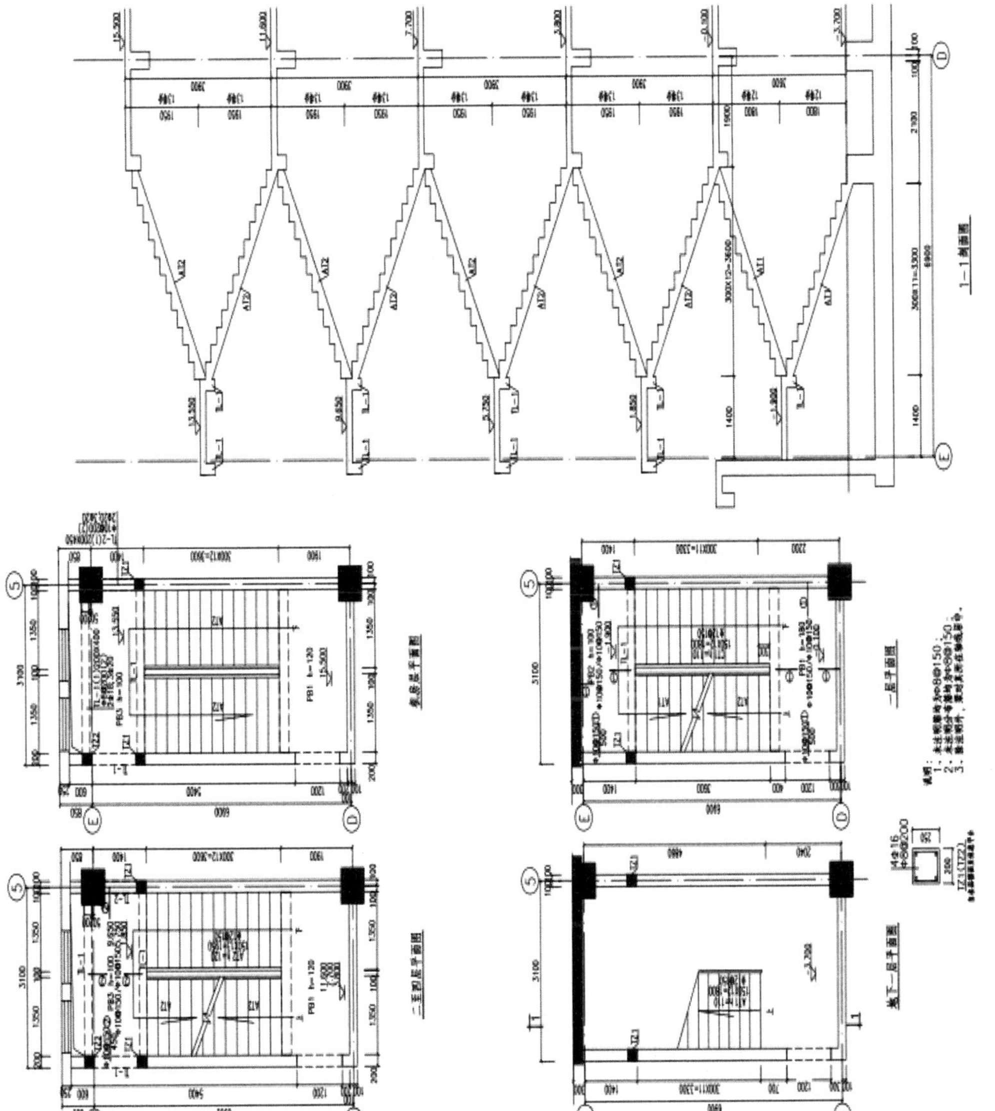

练图 8-3　某建筑物的楼梯详图

项目 9 综合实训

[项目概述]

一般建筑设计分为初步设计、技术设计和施工图设计三个阶段。施工图设计的主要任务是绘制满足施工要求的全套图纸。一套完整的建筑工程图除了图纸目录，设计总说明外，还应包括建筑施工图、结构施工图、设备施工图等专业施工图。工程图纸应按专业顺序编排，为了图样的保存和查阅，必须对每张图样进行编号，房屋施工图按照建筑施工图、结构施工图、设备施工图分别分类进行编号。本项目以 ×× 学校餐厅图纸为实训载体，识读该建筑物的建筑施工图及结构施工图，完成综合实训，实现理实一体化。

[项目目标]

知识目标:

1. 熟悉国家制图标准的基本规定;
2. 掌握建筑施工图的识读与绘制;
3. 掌握结构施工图的识读与绘制。

技能目标:

1. 具有识读建筑施工图、结构施工图的能力;
2. 具有绘制建筑施工图、结构施工图的能力;
3. 具有解决施工图综合识图的能力。

[项目课时]

建议 20 ~ 24 课时。

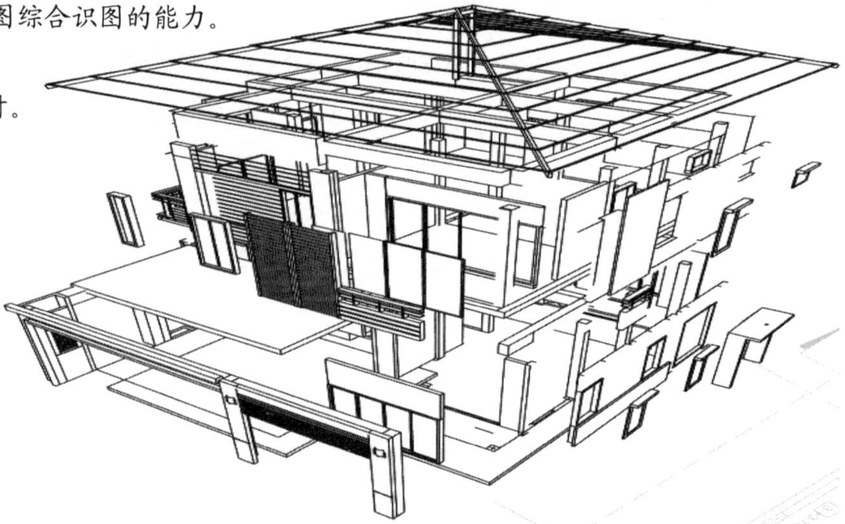

9.1 建筑施工图识读实训

9.1.1 建筑设计说明识读

1. 实训目的

（1）培养学生识读建筑设计说明、首页图的能力；

（2）培养学生自觉学习的能力；

（3）培养学生团结协作的精神；

（4）掌握建筑设计说明识读的要点。

2. 实训内容

（1）了解首页图、建筑设计说明的组成内容；

（2）熟悉学校餐厅工程图纸的目录；

（3）熟悉工程设计总说明的内容；

（4）熟悉工程具体构造做法及门窗情况；

（5）熟悉工程建筑节能设计及绿色建筑设计专篇。

3. 实训步骤

（1）看图纸的目录。图纸目录放在一套图纸的最前面，说明本工程项目由哪几类专业图纸组成，各专业图纸的名称、张数和图纸顺序，可以使人们快速的找到所需要的图纸；

（2）看建筑设计说明。建筑设计说明主要用于说明工程的概况和总的要求，内容包括工程设计依据，项目概况，设计标准，建筑规模，构造做法及材料要求；

（3）看室内装修表。室内装修表的内容一般包括工程的部位、名称做法及备注说明等；

（4）看门窗表。门窗表是对建筑物所所有不同类型门窗的统计表格。它主要反映门窗的类型、大小、所需用的标准图集及其类型编号等；

（5）看建筑节能专篇及绿色建筑设计专篇。建筑节能专篇反映建筑的保温体系及建筑的其他节能措施及要求，反映了公共建筑节能设计登记表等。绿色建筑设计专篇反映了绿色建筑自评结果及得分情况等内容。

【实训提升】

一、填空题

1. 建筑物名称为__________，设计使用年限__________，抗震设防烈度______________，建筑面积____________，建筑层数______________，建筑高度__________________，本建筑结

构类型为______________。

2. 建筑物耐火等级________，屋面防水等级______，人防功能能级_________，该建筑的功能为________________。

3. 本建筑的 ±0.000 相当于绝对标高为___________，标高单位为_____________。

4. 屋面防水设计采用__________保温层，屋面排水雨水斗的公称直径均为_______。

5. 本建筑凡设有地漏的房间均做防水层，均在地漏周围______米范围内做________；有水房间的楼地面_________________。

二、简答题

1. 本建筑的墙体如何设计？

2. 本建筑墙身防潮层的位置及做法？

3. 卫生间等用水房间的建筑做法？

4. 简述楼梯间的楼面、内墙、踢脚、顶棚的建筑做法？

5. 简述上人屋面的构造做法？

9.1.2 建筑平面图识读与绘制

1. 实训目的

（1）使学生了解建筑平面图形成，熟悉建筑平面图提供的信息，掌握建筑平面图的基本内容和图示方法；

（2）培养学生识读建筑平面图的能力；

（3）培养学生刻苦钻研、创新开拓精神；

（4）培养学生团结协作的精神；

（5）培养学生独立完成建筑平面图的识读与绘制。

2. 实训内容

（1）了解建筑平面图的形成；

（2）熟悉建筑平面图的作用、名称；

（3）掌握建筑平面图的图示内容和图示方法；

（4）掌握建筑平面图的文字说明。

3. 实训步骤

（1）识读建筑平面图

1）看图名、比例及文字说明；

2）看纵横定位轴线及其编号，主要房间的开间、进深尺寸；

3）看建筑物朝向、房间的功能及平面布置；

4）看尺寸标注，建筑物的总长、总宽的尺寸，墙厚等；

5）看标高；

6）看门窗位置及编号；

7）看房屋室内设备配备等情况；

8）看房屋外部的设施，如散水，雨水管、台阶等位置及尺寸；

9）看剖切符号、索引符号等；

10）看楼梯的布置；

11）看屋顶平面图，表示建筑物屋面的布置情况与排水方式。

（2）绘制建筑平面图

1）绘制墙身定位轴线及柱网；

2）绘制墙身轮廓线、柱子；

3）绘制门窗的洞口、楼梯、台阶、散水等细部；

4)检查全图无误后，擦去多余线条，按建筑平面图的要求加深加粗，并进行门窗编号，画出剖面图剖切位置线等；

5）尺寸标注。一般应标注三道尺寸，第一道尺寸为细部尺寸，第二道为轴线尺寸，第三道为总尺寸；

6）图名、比例及其他文字内容。

【实训提升】

一、填空题

1. 建筑物名称为__________，设计使用年限__________，抗震设防烈度__________，建筑面积__________，建筑层数__________，建筑高度__________，本建筑结构类型为__________，该建筑物__________侧设有挡土墙。

2. 一层平面图的建筑面积为__________，总长度为__________mm，总宽度为__________mm。

3. 一层平面图中，平面布置为__________形，有__________步楼梯，房间用途有主食库、调料间、蔬菜库等，其中主食库的开间为__________，进深为__________。

4. 根据指北针，可知建筑物的朝向为__________。

5. 一层平面图南面大门处室外台阶顶面标高为__________，共有__________级台阶，室内外高差为__________，室外地面标高为__________。

6. 烹饪间的开间和进深分别为__________、__________，烹饪间设有门的型号为__________，__________种窗。

7. 一层平面图中，墙厚__________，楼梯甲的位置__________，开间尺寸__________，进深尺寸__________，两扇窗的尺寸为__________，门的型号为__________，门外不锈钢平台栏杆间距为__________，高度为__________。

8. MLC-3名称为__________，洞口尺寸__________，位置在__________。

9. 甲楼梯的位置__________，楼梯间净尺寸为__________，上下行方向为__________。

10. 散水宽度为__________，大门口台阶为__________个台阶，踏步宽__________，东侧自行车坡道坡度＿＿＿＿＿＿，坡道宽度为＿＿＿＿＿＿。

11. 本建筑设雨水管＿＿＿个内排水。剖面图 1-1 位置＿＿＿＿，投射方向为＿＿＿＿＿。剖面图 2-2 位置＿＿＿＿＿＿，投射方向为＿＿＿＿＿＿＿＿。

12. 一层平面图中，横向定位轴线共有＿＿＿＿根，从＿＿＿＿往＿＿＿＿排列；纵向定位轴线共有＿＿＿＿根，从＿＿＿＿往＿＿＿＿＿排列。

13. 二层平面图中，建筑面积为＿＿＿＿＿＿＿，设有 C1515 的窗＿＿＿＿樘，C1539 樘。

14. MLC-5 名称为＿＿＿＿＿＿，洞口尺寸＿＿＿＿＿＿＿，位置在＿＿＿＿＿＿＿＿＿，室外台阶顶面标高为＿＿＿＿＿＿＿＿＿。

15. 三层平面图的建筑面积为＿＿＿＿＿＿＿＿＿。

16. 四层平面图中，共有＿＿＿＿＿＿＿间会议室，每间会议室均设置门两个。小卖部开间为＿＿＿＿＿＿＿，进深为＿＿＿＿＿＿＿＿。

17. 屋顶平面图中，结构找坡＿＿＿＿＿＿＿，非上人屋面的坡度为＿＿＿＿＿＿＿＿＿。

二、简答题

1. 简述上人屋面排水方式及屋面做法？

2. 简述屋面处的屋面出入口、风井等构造尺寸及非上人屋面的排水方式？

三、绘图题

1. 抄绘附图 2 中 JS-7 二层平面图，比例 1:100，图幅 A1。

2. 绘图要求：图样绘制图框格式正确，尺寸标注齐全，字体端正整齐；线型粗细分明，交接正确，符合标准要求；图示内容表达齐全，投影关系正确；图面布置适中均匀、美观，图面整体效果好。

9.1.3 建筑立面图识读与绘制

1. 实训目的

（1）使学生了解立面图形成的原理，掌握立面图的基本内容和看图要点；

（2）培养学生识读立面图的能力；

（3）培养学生自主学习的能力；

（4）培养学生团结协作的精神。

2. 实训内容

（1）了解建筑立面图的形成，建筑立面图的作用；

（2）熟悉建筑立面图的名称及建筑立面图的线型；

（3）掌握建筑立面图的图示内容和图示方法；

（4）熟悉建筑立面图的轴线及其编号；

（5）熟悉建筑立面图的尺寸标注。

3. 实训步骤

（1）识读建筑立面图

1）看建筑立面图的名称、比例、图例及定位轴线；

2）看房屋的体型和外貌特征；

3）看外墙门窗的形式，位置及数量及构造物；

4）看房屋各部分的高度尺寸及标高；

5）看房屋外墙面的装饰等。

2. 绘制建筑立面图

1）画室外地坪线、定位轴线、各层楼面线、外墙边线和屋檐线；

2）画各种建筑构配件的可见轮廓，如门窗洞、楼梯间、墙身及其暴露在外墙外的柱子等；

3）画门窗、雨水管、外墙分割线等建筑物细部；

4）画尺寸界线、标高数字、索引符号和相关注释文字；

5）尺寸标注；

6）检查无误后，按建筑立面图所要求的图线加深、加粗，并标注标高、首尾轴线号、墙面装修说明文字、图名和比例，说明文字用 5 号字。

【实训提升】

一、填空题

1. 建筑立面图比例为________。与平面图比例________，图名命名方式采用________。

2. 该建筑物总高度为______，层数为___层，层高分别为___、___、(___)、______。出屋面楼梯间层高为______________。

3. 该建筑室外地面标高为______________，室内地面标高为______________，室内外高差为______________，室外台阶标高为______________。

4. 一层 C3533 窗台标高为______________，窗上标高为____________，窗洞口高度为________，洞口宽度为____________。二层 C7139 窗台高____________，窗宽__________窗高____________。

5. 本建筑外墙装饰有____。

6. 该建筑屋顶为________________屋顶，女儿墙高度为________________，屋面建筑做法为____。

7. 建筑外墙装饰做法有________________________，勒脚建筑做法为____________。

8. ⑦ - ①立面，二层有____________出入口，主出入口门斗上雨篷底的标高为，室外台阶地面标高为________________。

9. 

为______________符号，它的含义为________________。标高 23.400 所指的窗代号为______________，窗洞宽为______________，窗洞高为________________。

二、绘图题

1. 抄绘附图 2 中 JS-12 的① - ⑦立面图，比例 1:100，图幅 A1。

2. 绘图要求：图样绘制图框格式正确，尺寸标注齐全，字体端正整齐；线型粗细分明，交接正确，符合标准要求；图示内容表达齐全，投影关系正确；图面布置适中均匀、美观，图面整体效果好。

9.1.4 建筑剖面图识读与绘制

1. 实训目的

（1）使学生了解剖面图形成的原理、剖面图在平面图中的剖切位置，掌握剖面图的基本内容和看图要点；

（2）培养学生识读建筑剖面图的能力；

（3）培养学生自觉学习的能力；

（4）培养学生团结协作的精神；

（5）培养学生独立完成建筑剖面图的识读。

2. 实训内容

（1）结合底层平面图阅读，对应剖面图与平面图的相互关系，建立起建筑内部的空间概念；

（2）结合建筑设计说明或材料做法表，查阅地面、墙面、楼面、顶棚等装饰做法；

（3）根据剖面图尺寸及标高，了解建筑层高、总高、层数及房屋室内外地面高差；

（4）了解建筑构配件之间的搭接关系；

（5）了解建筑屋面的构造及屋面坡度的形成。

3. 实训步骤

（1）识读建筑剖面图

1）看图名、比例、图例、定位轴线；

2）看剖面图位置、投射方向。查阅底层平面图上的剖面图的剖切符号，明确剖面图的剖切位置和投射方向；

3）看房屋的结构形式及内部构造，熟悉地面、楼面、屋面的构造，了解屋面的排水方式；了解墙、柱等之间的相互关系以及建筑材料和做法；

4）看其他未剖切到的可见部分；

5）看室内设备和装修；

6）看楼梯的形式和构造；

7）熟悉各部分尺寸和标高。

（2）绘制建筑剖面图

在画剖面图之前，根据平面图中剖切位置线和编号，分析所要画的剖面图哪些是看到的，哪些是剖到的，做到心中有数，有的放矢。

1）对照剖切位置，定剖到的墙身定位轴线，画地坪线、定位轴线、底层地面线、各层的楼面线、顶棚线、屋面水平线等；

2）定墙厚、地面和楼面厚，画出天棚、屋面坡度和屋面厚度；

3）画剖面图门窗洞口位置、楼梯平台、女儿墙、檐口、阳台、散水、栏杆扶手及其他可见轮廓线；

4）画各种梁的轮廓线以及断面；

5）画楼梯、台阶及其他可见的细节构件，并且绘出楼梯的材质；

6）检查无误后擦去多余的线条，按要求加深加粗图线；

7）画索引符号、尺寸线、标高数字和相关注释文字。

【实训提升】

一、填空题

1. 本建筑有__________个剖面图，分别为_________。1-1 剖切位置在_____________，投射方向为__________________。

2. 在 1-1 剖面图中可以看到建筑物有________层，屋顶为________屋顶，屋面找坡为_________，女儿墙高度为_________，女儿墙压顶标高为________，女儿墙压顶排水坡度为__________。

3. 该建筑一层层高________，二、三层层高为_________，四层层高为__________，出屋面楼梯间的层高为___________。建筑物室外标高_________，建筑物总高为___________。

5. 2-2 剖面图中，四层设备用房地面标高为_________，四层地面标高为____________，上人屋面标高为____________，该标高为____________标高。

6. 室内外地面高差为_________，室外台阶为________步，台阶高度为_________，台阶宽度为____________。

7. 1-1 剖面图中，轴线 C-D 之间，一层的门的代号为___________，门的洞口尺寸为，本建筑共有该种门__________樘。

二、简答题

1. 简述剖面图 2-2 的形成？

2. 简述 2-2 剖面图中 的含义是什么？

三、绘图题

1. 抄绘附图 2 中 JS-14 的 1-1 剖面图，比例 1∶100，图幅 A1。

2. 绘图要求：图样绘制图框格式正确，尺寸标注齐全，字体端正整齐；线型粗细分明，交接正确，符合标准要求；图示内容表达齐全，投影关系正确；图面布置适中均匀、美观，图面整体效果好。

9.1.5 建筑详图识读与绘制

1. 实训目的

（1）使学生熟悉建筑详图的作用、表达方法与索引的关系、建筑详图中的成品与半成品的做法；

（2）掌握建筑详图的基本内容和看图要点；

（3）培养学生是读建筑详图的能力；

（4）培养学生团结协作的精神；

（5）培养学生独立完成建筑详图的识读。

2. 实训内容

（1）初步了解墙体、楼地面的构造知识；

（2）掌握在建筑剖面图上墙体与其他构造组成部分的连接方法和构造要求及常见做法；

（3）掌握如何从建筑施工图的角度表达建筑剖面详图；

（4）了解墙体节能构造的基本知识。

3. 实训步骤

（1）识读建筑详图

1）看局部构造详图，如楼梯详图，墙身详图，厨房卫生间等；

2）看构件详图，如门窗详图，阳台详图等；

3）看装饰构造详图，如墙裙儿构造详图，门窗套装饰构造详图等。

A. 外墙墙身构造详图识读步骤：

①看图名、比例、详图表示外墙在建筑物中的位置、墙厚与定位轴线的关系；

②看屋面、楼面和地面的构造层次和做法；

③看底层节点一勒脚、散水、明沟及防潮层的构造做法；

④看中间层节点一窗台、楼板、圈梁、过梁等的位置，与墙身的关系等；

⑤看顶层节点一檐口的构造、屋面的排水方式及屋面各层的构造做法；

⑥看内、外墙面的装修做法；

⑦看墙身的高度尺寸，细部尺寸和各部位的标高；

⑧看图中的详图索引符号等。

B. 楼梯详图的识图步骤：

1）楼梯平面图识读

①看楼梯在建筑平面图中的位置及有关轴线的布置；

②看楼梯间、楼梯段、楼梯井和休息平台等的平面形式和尺寸，楼梯踏步的宽度和踏步数；

③看楼梯上行或下行的方向；

④看楼梯间各楼层平面、楼梯平台面的标高；

⑤看一层楼梯平台下的空间处理，是过道还是小房间；

⑥看楼梯间墙、柱、门窗的平面位置及尺寸；

⑦看栏杆（板）、扶手、护窗栏杆、楼梯间窗或花格等的位置；

⑧看底层平面图上楼梯剖面图的剖切符号。

2）楼梯剖面图识读

①看楼梯间墙身的定位轴线及编号、轴线间的尺寸；

②看楼梯的类型及其结构形式、楼梯的梯段数及踏步数；

③看楼梯段、休息平台、栏杆（板）、扶手等的构造情况和用料情况；

④看踏步的宽度和高度及栏杆（板）的高度；

⑤看楼梯的竖向尺寸、进深方向的尺寸和有关标高；

⑥看踏步、栏杆（板）、扶手等细部的详图索引符号。

3）楼梯节点详图识读

①看楼梯段的起步节点、转弯节点和止步节点的详图；

②看楼梯踏步、栏杆或栏板、扶手等详图。

（2）绘制建筑详图

A. 绘制外墙墙身详图步骤：

①画出外墙定位轴线；

②画出室内外地坪线、楼面线、屋面线及墙身轮廓线；

③画出门窗位置、楼板和屋面板的厚度、室内外地坪构造；

画出门窗细部，如门窗过梁，内外窗台等；

⑤加深图线，注写尺寸、标高和文字说明等。

B. 绘制楼梯详图步骤：

1）楼梯平面图的绘制

①将楼梯各层平面图对齐，根据楼梯间开间、进深尺寸画出楼梯间墙身轴线；

②画出墙身厚度、楼梯井及楼梯宽度；

③根据楼梯平台宽度定出平台线，自平台线起量出楼梯段水平投影长度及定出踏步的起步线；楼梯段水平投影长度 = 踏步宽 ×（踏步数 -1）；

④根据“两平行线间任意等分”的方法作出平台线和起步线之间的踏步等分点，然后分别作平行线画出踏步；

⑤画门窗洞口，栏杆（板）、上下行方向箭头等；

⑥加深图线，注写尺寸、标高、剖切符号，画出材料图例等。

2）楼梯剖面图的绘制

①画出墙身轴线，定出楼面、地面、休息平台与楼梯段的位置；

②根据平面尺寸画出起步线、平台线的位置；

③根据踏步的高和宽以及踏步的级数进行分格，竖向分格等于踏步数，横向分格数为

踏步数减 1；

④画出墙身定出踏步轮廓位置线；

⑤画出窗、梁、板、栏杆等细部；

⑥画材料图例，标注详图索引符号；

⑦加深图线，注写尺寸、标高、文字说明、索引符号，画出材料图例等。

【实训提升】

一、填空题

1. 本建筑有________部楼梯，楼梯丙自________层开始上行至________层，楼梯甲自层开始上行至__________层。

2. 楼梯甲的类型为____________，结构形式为__________，楼层标高分别为________________，平台标高分别为____________，梯段宽_______，楼梯井宽______，踏步宽_________，踏步高______，楼梯梯段扶手高____，水平段楼梯扶手高____，护窗栏杆应查阅__________________。

3. 楼梯平面图的比例为____________，楼梯剖面图的比例为__________，楼梯甲剖面图的图名为________________，剖切位置在__________________，楼梯甲直通上人屋面的水平出入口______________________________。

4. 室外台阶一比例为____________，台阶宽__________，台阶长____________，台阶栏杆高________________。

5. 根据建施 -18 的 1 节点详图，可以看出散水为_________，宽度为______________。二层主出入口门斗上放为_____________屋面，防潮层的位置在____________________，防潮层的做法为____________________。

6. 本建筑的门窗表在_____________图纸中，其中防火门有________________种。

二、简答题

1. 根据建施 -18 中的 1 节点详图，简述地面节点构造中防潮层、散水、墙体保温、窗台等的构造做法。

2. 简述建施 -18 中的 1 节点详图中室外台阶、屋面二的构造做法？

三、绘图题

1. 抄绘附图 2 楼梯丙详图，比例 1:50，图幅 A1。

2. 绘图要求：绘制楼梯平面图、楼梯 C-C 剖面图。图样绘制图框格式正确，尺寸标注齐全，字体端正整齐；线型粗细分明，交接正确，符合标准要求；图示内容表达齐全，投影关系正确；图面布置适中均匀、美观，图面整体效果好。

9.2 结构施工图识读实训

9.2.1 结构设计说明识读

1. 实训目的

(1) 培养学生识读结构设计说明的能力；
(2) 培养学生自主学习的能力；
(3) 培养学生团结协作的精神；
(4) 掌握结构设计说明识读的要点。

2. 实训内容

(1) 了解建筑结构制图标准等国家标准；
(2) 熟悉学校餐厅工程图纸的目录；
(3) 熟悉工程结构设计说明的内容；
(4) 熟悉工程主要结构材料及钢筋混凝土结构构造；
(5) 熟悉工程砌体与混凝土柱的连接以及圈梁、过梁、构造柱的要求等。

3. 实训步骤

(1) 看图纸的目录，可以快速的找到所需要的图纸；
(2) 看有关的设计标准、规程；
(3) 看主要结构材料；
(4) 看主要构件的结构构造及构件连接；
(5) 看绿色建筑结构设计专篇。

【实训提升】

一、填空题

1. 本建筑结构安全等级为____________，设计使用年限为____________，建筑抗震设防烈度为____________，场地标准冻深为________，建筑防火等级____________，建筑物室内地面标高 ±0.000 相当于绝对标高为____________。

2. 本工程基础混凝土等级为____________，柱混凝土等级为____________，梁板混凝土等级为____________，基础垫层混凝土等级为____________。

3. 本工程基础平面布置图在____________，图幅为____________。

二、简答题

1. 本工程的圈梁设置要求是什么？

2. 本工程的电气避雷做法？

9.2.2 基础平面图识读

1. 实训目的

（1）培养学生识读基础设计说明的能力；

（2）培养学生识读和绘制基础平面图及基础详图的能力；

（3）培养学生团结协作的精神；

（4）培养学生创新意识及精益求精的工匠精神。

2. 实训内容

（1）从基础设计说明中了解地质概况、地质资料、基础钢筋保护层、基础开挖要求等；

（2）掌握基础平面布置图、基础详图的识读内容；

（3）掌握基础平面图的绘制。

3. 实训步骤

（1）识读基础设计说明及基础平面图

1）看基础施工说明，明确基础的施工要求、用料；

2）看图名、比例。校核基础平面图的定位轴线，基础平面图与建筑平面图的定位轴线二者必须一致；

3）根据基础平面布置，明确结构构件的种类、位置、代号；

4）看基础墙的厚度、柱的截面尺寸及它们与轴线的位置关系；

5）看基础详图的图名、比例。读图时，将基础详图的图名与基础平面图的剖切符号、定位轴线对照，了解该基础在建筑中的位置；

6）看基础断面图中基础梁或圈梁的尺寸及配筋情况；

7）阅读基础各部位的标高、通过室内外高差及基础底面标高，可以计算基础的高度或埋置深度。

（2）绘制基础图

1）绘制基础平面图

①画定位轴线；

②根据墙体尺寸和柱子尺寸（见柱平法图）画墙身厚度及柱的轮廓线；

③根据基础详图和基础列表尺寸画基坑、基槽边线等；

④经检查无误后，擦去多余的作图线，按线型要求加深或加粗图线；

⑤画尺寸标注线并对柱和基础编号，注写尺寸、轴线编号、图名、比例及其他文字说明。

注：钢筋混凝土柱用涂黑表示；墙身轮廓线，用中粗实线绘制；基坑、基槽边线，用

中粗实线绘制；画尺寸标注线，并对基础编号，注写尺寸、轴线编号，图名、比例及其他文字说明。

2）绘制基础详图

①按表中某一对应基础数据和柱子尺寸（见柱平法图）画独立基础通用图，画上轴线、尺寸标注线、标高符号等；

②根据条形基础尺寸画墙身厚度和基础，画上轴线、尺寸标注线、标高符号等；

③完成独立基础配筋表；

④经检查无误后，擦去多余的作图线，按线型要求加深或加粗图线；

⑤注写尺寸、标高、轴线编号、图名、比例及其他文字说明。

注：钢筋混凝土基础中钢筋线用粗实线绘制，其他线采用中实线绘制或细实线绘制。

【实训提升】

一. 填空题

结合本项目所学知识，并查阅 16G101-3《混凝土结构施工图平面整体表示方法制图规则和构造详图（独立基础、条形基础、筏形基础、桩基础）》，识读本工程图号 GS-04 中基础平面布置图，完成以下内容。

1. 本工程基础形式为________基础，DJJ 的含义________________________，基础底标高未注明均为________m。

2. 建筑场地类别为________类，地基基础设计等级为________级，属抗震的一般地段。

3. 基础钢筋保护层：基础保护层：下部________ mm；上部________ mm。

4. 基础混凝土：独立基础采用________混凝土，钢筋为____________________。

5. 本工程基础平面图采用________________表示方法。其中 DJJ1 400/350 表示其截面竖向尺寸 h_1 =________，h_2 =________。

6. 基础垫层厚度为________，每侧宽出基础________，垫层材料为______________。

7. 基础底板配筋中“B”表示______________，两个方向都是直径____________的钢筋，分布间距____________。

二. 绘图题

结合本项目所学知识，并对照《建筑结构制图标准》（GB/T 50105—2010）中建筑结构制图图线的相关规定，按要求绘制图号 GS-04 中基础平面布置图，比例 1:100。

绘图要求：绘制图框格式正确，尺寸标注齐全，字体端正整齐；线型粗细分明，交接正确，符合标准要求；图示内容表达齐全，投影关系正确；图面布置适中均匀、美观，图面整体效果好。

9.2.3 识读并绘制柱、梁、板平法施工图

1. 实训目的

（1）使学生了解柱、梁、板平面布置图提供的基本信息，掌握柱、梁、板平面布置

图的基本内容和看图要点；

（2）培养学生团结协作的精神；

（3）培养学生自主学习的能力；

（4）培养学生识读柱、梁、板平面布置图的能力；

（5）培养学生独立完成柱、梁、板平面布置图的识读。

2. 实训内容

（1）了解柱、梁、板平面布置图的形成；

（2）了解柱、梁、板平面布置图的作用和名称；

（3）理解柱、梁、板平法施工图的表示方法；

（4）掌握柱、梁、板平面布置图的图示内容及图示方法；

（5）掌握柱、梁、板平面布置图的文字说明；

（6）掌握柱、梁、板平面布置图的识读及绘制。

3. 实训步骤

（1）识读柱平法施工图

1）查看图名、比例；

2）校核轴线编号及其间距尺寸是否与建筑图、基础平面图相一致；

3）与建筑图配合，明确各柱的编号、数量及位置；

4）阅读结构设计说明或柱的施工说明，明确柱的材料及等级；

5）明确各柱的截面尺寸及配筋情况；

6）根据抗震等级设计要求和标准构造详图 16G101-1《混凝土结构施工图平面整体表示方法制图规则和构造详图（现浇混凝土框架、剪力墙、梁、板）》，确定纵向钢筋、箍筋的构造要求。如纵向钢筋的连接方式、搭接长度、箍筋加密区的范围等。

（2）识读梁平法施工图

1）查看图名、比例；

2）校核轴线编号及其间距尺寸是否与建筑图、基础平面图、柱平面布置图相一致；

3）与建筑图配合，明确各梁的编号、数量及位置；

4）阅读结构设计说明或梁的施工说明，明确梁的材料及等级；

5）明确各梁的标高、截面尺寸及配筋情况；

6）根据抗震等级设计要求和标准构造详图 16G101-1《混凝土结构施工图平面整体表示方法制图规则和构造详图（现浇混凝土框架、剪力墙、梁、板）》，确定纵向钢筋、箍筋和吊筋的构造要求。如纵向钢筋的连接方式、搭接长度、弯折要求、锚固要求、箍筋加密区的范围、附加箍筋和吊筋的构造等。

（3）识读板平法施工图

1）查看图名、比例；

2）校核轴线编号及其间距尺寸是否与建筑图、基础平面图、柱和梁平面布置图相一致；

3）与建筑图配合，明确各板的编号、数量及位置；

4）阅读结构设计说明或板的施工说明，明确的板材料及等级；

5）明确各板的标高、厚度及配筋情况；

6）根据抗震等级设计要求和标准构造详图 16G101-1《混凝土结构施工图平面整体表示方法制图规则和构造详图（现浇混凝土框架、剪力墙、梁、板）》，确定贯通纵筋及非贯通纵筋的构造要求等。

（4）绘制柱、梁、板平法施工图

1）绘制柱平法施工图，理解柱平法施工图列表注写方式和截面注写方式含义。

①画定位轴线；

②根据柱子截面尺寸，画平面图中柱的轮廓线；若表达方式为列表注写方式，还应绘制柱表；

③经检查无误后，擦去多余的作图线，按线型要求加深或加粗图线；

④画尺寸标注线并注写尺寸、轴线编号、图名、比例及其他文字说明。

2）绘制梁平法施工图，理解梁平法施工图平面注写方式（集中标注和原位标注）和截面注写方式的含义。

①画定位轴线；

②根据梁的宽度尺寸（见集中标柱）和柱子尺寸（见柱平法图），画梁和柱的轮廓线；

③画集中标注引出线，进行梁的集中标柱，标注原位标注信息；

④经检查无误后，擦去多余的作图线，按线型要求加深或加粗图线；

⑤画尺寸标注线并注写尺寸、轴线编号、图名、比例及其他文字说明。

3）绘制板平法施工图，理解板平法施工图平面注写方式（包括板块集中标注和板支座原位标注）的含义。

①画定位轴线；

②画梁和柱的轮廓线。由梁的宽度尺寸（见梁平法图）和柱子尺寸（见柱平法图）确定；

③确定集中标注的板块，并进行集中标注。两向均以一跨为一板块，根据板块尺寸、板厚、贯通钢筋以及当板面标高不同时的标高高差等内容编号，所有板块应逐一编号，相同编号的板块可择一做集中标注，其他仅注写置于圆圈内的板编号；

④板支座原位标注。按板支座上部非贯通钢筋和悬挑板上部受力筋长度尺寸，在配置相同跨的第一跨，垂直于板支座梁绘制一段适宜长度的中粗实线代表支座上部非贯通纵筋，并在线段上方注写钢筋编号、配筋值、横向连续布置的跨数，在线段的下方位置标注板支座上部非贯通筋自支座中线向跨内的伸出长度；

⑤经检查无误后，擦去多余的作图线，按线型要求加深或加粗图线；

⑥画尺寸标注线并注写尺寸、轴线编号、图名、比例及其他文字说明。

【实训提升】

一、填空题

结合本项目所学知识，并查阅16G101-1《混凝土结构施工图平面整体表示方法制图规则和构造详图（现浇混凝土框架、剪力墙、梁、板）》，完成以下内容。

1. 识读本工程图号GS-06中柱平面布置图。

（1）柱平法施工图在柱平面布置图上采用____________或______________表达，GS-06中柱平面布置图采用的是____________的表达方式。

（2）①轴交D轴柱编号为KZ4，表示____________，截面尺寸为______________。KZ4为画圆圈的柱，表示为______柱。角部纵筋为4根直径为____________的级钢筋。b边一侧中部筋为4根直径________的______________级钢筋。h边一侧中部筋为2根直径________的______________级钢筋。

（3）①轴交c轴柱编号为____________，截面尺寸为______________。该柱箍筋为________级钢筋，直径__________ mm，加密区间距为__________ mm，非加密区间距为________ mm。箍筋类型为______________。括号内标注尺寸为4.450 ~ 13.450柱箍筋信息，表示箍筋为________级钢筋，直径为________ mm，间距为________ mm。

（4）KZ-26集中标注:

① KZ26 表示____。

② 600×800 表示____。

③ 4C25 表示____。

④ C8@100 表示____。

⑤ b边2C18 表示____。

⑥ h边3C20 表示____。

2. 识读本工程图号GS-08中标高4.450层梁平面配筋图。

（1）梁平法施工图采用______________方式表达。

（2）图中④轴上的梁编号为KL5（3B），KL5表示__________，3B表示____________，截面尺寸为____________。

（3）KL5中梁箍筋为____________，表示箍筋为________级钢筋，直径________ mm，加密区间距________ mm，非加密区为________ mm，两肢箍。

（4）KL5中梁上部通长筋为________________________，表示梁上部有2根直径为mm的______________级通长钢筋。

（5）KL5中梁侧面受扭纵向钢筋为________________________，表示梁的两个侧面共配置________根直径________ mm的__________________级纵向受扭钢筋，每侧各配置________根。

（6）④轴交A轴处梁支座上部纵筋标注为8C18 4/4，表示上部纵筋分______排布置，上一排纵筋为______________，下一排纵筋为______________。

（7）④轴交 A—c 跨，梁下部原位标注为 4C25，C8@100/150（2），表示该跨梁下部纵筋为________根直径为__________的_______________级钢筋，全部伸入支座。该跨梁箍筋采用原位标注，表示原梁集中标注的箍筋信息不适用于该跨。

（8）④轴交 c—D 跨，梁下部纵筋标注为 2C22+2C20，表示该跨梁下部同排 4 根纵筋有 2 种直径，其中角筋为______________，__________伸入支座。

（9）④轴交 D—F 跨，梁下部原位标注为 4C20+1C18，C10@100/200（4），400×600，其中 4C20+1C18 表示该跨梁下部同排 5 根纵筋有__________种直径，全部伸入支座；C10@100/200（4），表示该跨梁箍筋为__________级钢筋，直径________ mm，加密区间距为________ mm，非加密区间距为__________ mm，_________肢箍；400×600 表示该跨梁截面改变。

（10）⑤轴交 A 轴处梁支座上部纵筋标注为 4C20/3C18，表示上部纵筋分 2 排布置且直径不同，上一排纵筋为_______________，下一排纵筋为______________。

（11）非框架梁 L7 集中标注内容中：250×500，表示该梁截面尺寸为____________，C6@200（2）表示梁箍筋为__________级钢筋，直径______ mm，间距为___________ mm，2 肢箍；3C14；2C25+2C22，表示梁上部有 3 根直径为_________ mm 的______________级通长钢筋；梁的下部配置两种直径的通长筋，分别为 2 根直径为__________ mm 的级通长钢筋和 2 根直径为_________ mm 的____________级通长钢筋。

（12）图号 GS-16 中屋面框架梁集中标注：

① WKL3（1） 表示____。

② 250×600　表示____。

③ C8@100/200（2） 表示____。

④ 2C14；2C20+1C18　表示______________________________________。

⑤ N4C12 表示____。

3. 识读本工程图号 GS-09 中标高 4.450 层板平面配筋图。

（1）板平面注写主要包括____________或______________。

（2）从图中看出，楼板中配置的双向受力钢筋，钢筋的弯钩向上、向左，表明该双向受力钢筋为_________部钢筋，由板说明可知，下部纵筋双向均为______________。

（3）图中 Td 表示__________________，Kd 表示___________________，图中未注明板厚均为________ mm。图中未注明钢筋均为_______________。

（4）图中②轴交 D—E 跨，横跨支撑梁绘制的线段下注有 950 和 1110，表示支座上部非贯通纵筋为 C8@200，沿该跨支撑梁布置，该钢筋自支座中心线分别向左右两跨内伸出的长度为 950 mm 和_________ mm。

（5）图中②轴交 c—D 跨某部位，横跨支撑梁绘制的线段上注有 C8@125，1420 和 830，表示支座上部非贯通纵筋为 C8@125，沿支撑梁布置，该钢筋自___________线分别向左右两跨内伸出的长度为__________ mm 和__________ mm。

（6）图中③轴交 c—D 跨某部位，横跨支撑梁绘制的线段上仅注有 1600，表示支座上部非贯通纵筋为__________，沿支撑梁布置，该钢筋自支座中心线分别向左右两跨内对称伸出的长度均为__________ mm。

（7）图中D轴交②—③跨，横跨支撑梁绘制的线段上注有K10，1070和890，表示支座上部非贯通纵筋为__________，沿支撑梁布置，该钢筋自支座中心线分别向左右两跨内伸出的长度为__________ mm和__________ mm。

（8）图中③轴交E—F跨，横跨支撑梁绘制的线段上注有T8和2480，表示支座上部非贯通纵筋为__________，沿支撑梁布置，该钢筋自支座中心线分别向左右两跨内对称伸出的长度均为__________ mm。

（9）当板受力钢筋直径为C8@200，按表12-2要求，分布筋应选用__________；当板受力钢筋直径为C10@150，按表12-2要求，分布筋应选用__________。

（10）图号GS-16屋面二层板配筋图中，楼板底部配置的双向受力钢筋，×向纵筋为__________，Y向纵筋为__________。板顶标高为__________。板厚为__________。图中单边标注的支座负筋中1310，表示自__________线向跨内伸出的长度为__________ mm。

二. 绘图题

结合本项目所学知识，并对照《建筑结构制图标准》（GB/T 50105—2010）中建筑结构制图图线的相关规定，按要求完成以下结构图的绘制。

1. 绘制本工程图号GS-06中柱平面布置图，比例1:100。

2. 绘制本工程图号GS-08中标高4.450层梁平面配筋图，比例1:100。

3. 绘制本工程图号GS-11中标高8.950层梁平面配筋图，比例1:100。

4. 绘制框架梁KL4上，D轴线两侧的截面钢筋排布图，比例1:10。（绘图步骤参考如下：①绘制梁外轮廓线，细实线。②绘制箍筋，粗实线。③绘制纵向钢筋。④标注钢筋信息和尺寸。⑤注写图名和比例。）

绘图要求：图样绘制图框格式正确，尺寸标注齐全，字体端正整齐；线型粗细分明，交接正确，符合标准要求；图示内容表达齐全，投影关系正确；图面布置适中均匀、美观，图面整体效果好。

9.2.4 楼梯详图

1. 实训目的

（1）使学生了解楼梯施工图形成的原理，掌握楼梯施工图的基本内容和看图要点；

（2）培养学生识读楼梯施工图的能力；

（3）培养团队协作的精神；

（4）培养学生独立完成楼梯施工图的识读和绘制能力。

2. 实训内容

（1）了解楼梯施工图的形成、作用、名称；

（2）了解楼梯结构平面图的轴线及其编号；

（3）熟悉现浇混凝土板式楼梯平法施工图的表达方式；

（4）掌握楼梯施工图的图示内容与图示方法；

（5）熟悉楼梯段的配筋情况。

3. 实训步骤

（1）识读楼梯结构平面图、剖面图

1）看楼梯施工图的图名、比例；

2）看楼梯结构平面图的轴线及其编号，楼梯结构平面图的轴线编号应与建筑施工图一致；

3）熟悉楼梯结构平面图中各承重构件如楼梯梁、楼梯板、平台板的标注；

4）看楼梯结构平面图中楼梯板、楼梯梁的平面布置代号，结构标高及其他构件的位置关系；

5）看楼梯配筋图，主要有楼梯段、楼梯梁、平台板的配筋图；

6）看楼梯节点详图。

（2）绘制楼梯结构施工图

理解楼梯平法施工图平面注写方式（集中标注和外围标注）、剖面注写方式（平面注写和剖面注写）和列表注写方式的含义，绘制图楼梯平法施工图的方法和要点如下：

1）楼梯平面图

①画定位轴线；

②画梁和柱的轮廓线以及梯段踏步和平台梁；

③画集中标注引出线，进行楼梯的集中标注；

④画尺寸标注线、上下楼梯标注线，进行楼梯的外围标注（楼梯间和梯板的平面尺寸、上下方向、平台板配筋、梯梁及梯柱配筋等）；

⑤经检查无误后，擦去多余的作图线，按线型要求加深或加粗图线；

⑥注写轴线编号、图名、比例及其他文字说明。

2）楼梯剖面图

①画定位轴线；

②画楼层、平台、梯段，由楼层结构标高、层间结构标高、平台尺寸、梯段尺寸确定。因在楼梯平面图已经表达梯板等配筋和尺度，未标注标高，故只画楼梯剖面示意，表达梯段、平台板、平台梁等在空间的布置和楼层结构标高、层间结构标高；

③经检查无误后，擦去多余的作图线，按线型要求加深或加粗图线；

④画尺寸标注线、标高符号并注写尺寸、标高、轴线编号、图名、比例及其他文字说明。

【实训提升】

一. 简答题

结合本项目所学知识，并查阅16G101—2《混凝土结构施工图平面整体表示方法制图规则和构造详图(现浇混凝土板式楼梯)》,识读本工程图号GS-18中楼梯乙平面图和剖面图，完成以下内容。

（1）简述TB5b楼板的信息?

（2）说明图中PB2b、PB4b平台板的信息?

（3）说明TL的信息?

（4）说明TZ1的信息?

（5）说明TKL2的信息?

二. 绘图题

结合本项目所学知识，并对照《建筑结构制图标准》(GB/T 50105—2010)中建筑结构制图图线的相关规定，按要求绘制图号GS-18中楼梯乙三层平面图，比例1:50。

绘图要求：图样绘制图框格式正确，尺寸标注齐全，字体端正整齐；线型粗细分明，交接正确，符合标准要求；图示内容表达齐全，投影关系正确；图面布置适中均匀、美观，图面整体效果好。

参考文献

[1] 中华人民共和国住房和城乡建设部．房屋建筑制图统一标准 :GB/T 50001—2017 [S]．北京：中国建筑工业出版社，2017.

[2]中华人民共和国住房和城乡建设部．总图制图标准 :GB/T 50103—2010[S]．北京：中国建筑工业出版社，2010.

[3]中华人民共和国住房和城乡建设部．建筑制图标准 :GB/T 50104—2010[S]．北京：中国建筑工业出版社，2010.

[4] 中华人民共和国住房和城乡建设部．建筑结构制图标准 :GB/T 50105—2010 [S]．北京：中国建筑工业出版社，2010.

[5] 中华人民共和国住房和城乡建设部．建筑给水排水制图标准 :GB/T 50106—2010 [S]．北京：中国建筑工业出版社，2010.

[6] 中国建筑标准设计研究院．国家建筑标准设计图集 16G101 系列图集 [M]．北京：中国计划出版社，2016.

[7] 吴舒琛，王献文．土木工程识图 [M]．北京：高等教育出版社，2010.

[8] 李利斌，陈宇，彭海燕．建筑工程制图与识图 [M]．北京大学出版社，2020.

[9] 白丽红．建筑工程制图与识图 [M]．北京：北京大学出版社，2014.

[10] 李元玲．建筑制图与识图 [M]．北京：北京大学出版社，2016.

[11] 孙鲁，甘佩兰．建筑构造 [M]．北京：高等教育出版社 ,2007.

[12] 王全杰，朱溢镕，刘师雨 [M]．办公大厦建筑工程图．重庆：重庆大学出版社，2014.

[13] 关慧君．建筑工程制图与识图 [M]．哈尔滨：哈尔滨工业大学出版社，2015.

附图 1

办公大厦建筑工程图

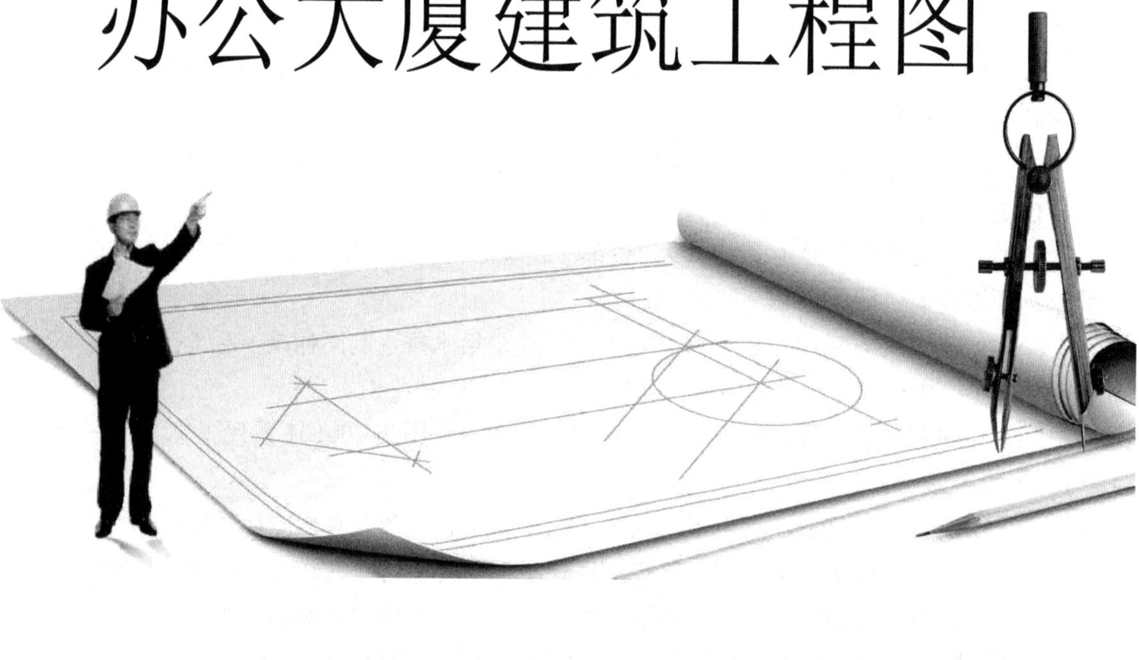

工程设计图纸目录及选用标准图集目录

工程名称 广联达办公大厦 工程编号 GLD06-01 工程造价 万元

项目名称 广联达办公大厦 建筑面积 出图日期 年 月 日

序号	图号	图名	图纸型号	序号	图号	图名	图纸型号
建筑				结构			
1	建施-0	建筑设计说明		1	结施-1	结构设计总说明(一)	
2	建施-1	工程做法		2	结施-2	结构设计总说明(二)	
3	建施-2	地下一层平面图		3	结施-3	基础结构平面图	
4	建施-3	一层平面图		4	结施-4	-4.400~-0.100剪力墙、柱平法施工图	
5	建施-4	二层平面图		5	结施-5	-0.100~19.500剪力墙、柱平法施工图	
6	建施-5	三层平面图		6	结施-6	剪力墙柱详图	
7	建施-6	四层平面图		7	结施-7	-0.100梁平法施工图	
8	建施-7	机房层平面图		8	结施-8	3.800梁平法施工图	
9	建施-8	屋面平面图		9	结施-9	7.700~11.600梁平法施工图	
10	建施-9	A-A、B-B剖面图		10	结施-10	15.500~19.500梁平法施工图	
11	建施-10	1-10轴立面图		11	结施-11	-0.100板平法施工图	
12	建施-11	10-1轴立面图		12	结施-12	3.800板平法施工图	
13	建施-12	A-E、E-A轴立面图		13	结施-13	7.700~11.600板平法施工图	
14	建施-13	一号楼梯详图		14	结施-14	15.500~19.500板平法施工图	
15	建施-14	二号楼梯详图		15	结施-15	一号楼梯平法施工图	
16	建施-15	一号卫生间详图、电梯详图		16	结施-16	二号楼梯平法施工图	
		日期 内容摘要	经办人			日期 内容摘要	经办人
	作废变更记录				作废变更记录		

建筑设计说明

一. 设计依据:

1.本工程在设计时更多考虑算量和钢筋的基本知识,不是实际工程,勿照图施工..
2.经有关部门批准的方案设计文件及图纸
3.国家和地方现行的有关规范和相关法规
4.由甲方下达的设计任务书.
5.与建设用地有关的地质,地理及市政条件.

二. 工程概况:

1.本建筑物为"广联达办公大厦"
2.本建筑物建设地点位于北京市郊
3.本建筑物用地概貌属于平缓场地
4.本建筑物为二类多层办公建筑
5.本建筑物合理使用年限为50年
6.本建筑物抗震设防烈度为8度
7.本建筑物结构类型为框架—剪力墙结构体系
8.本建筑物建筑布局为主体呈"一"形内走道布局方式
9.本建筑物总建筑面积为4745.6平方米
10.本建筑物建筑层数为地下1层、地上4层
11.本建筑物高度为檐口距地高度为15.6米
12.本建筑物设计标高±0.000相当于绝对标高=41.50

三.节能设计:

1.本建筑物的体形系数<0.3
2.本建筑物框架部分外墙砌体结构为250厚陶粒空心砖,外墙外侧均做35厚聚苯颗粒,外墙外保温做法,传热系数<0.6
3.本建筑物塑钢门窗均为单层框中空玻璃,传热系数 3.0 ≤
4.本建筑物屋面均采用40厚现喷硬质发泡聚氨,保温层,导热系数小于0.024.

四.防水设计

1.本建筑物地下工程防水等级为一级,用防水卷材与钢筋混凝土自防水两道设防要求;底板.外墙.顶板卷材均选用3.0厚两层SBS改性沥青防水卷材,所有阴阳角处附加一层同质卷材,底板处在卷材防水的表面做50厚C20细石混凝土保护层;钢筋混凝土外墙外做60MM厚泡沫聚苯板保护墙,保护墙外回填2:8灰土夯实,回填范围500mm.在地下室外墙管道穿墙处,防水卷材端口及出地面收口处用防水油膏做局部防水处理.
2.本建筑物屋面工程防水等级为二级,坡屋面采用1.5厚聚氨酯防水涂膜防水层(刷三遍),撒砂一层粘牢;平屋面采用3厚高聚物改性沥青防水卷材防水层,屋面雨水采用ø100UPVC内排水方式.
3.楼地面防水:在凡需要楼地面防水的房间,均做水溶性涂膜防水三道,共1.5mm厚,防水层四周卷起300mm高.房间在做完闭水试验后再进行下道工序施工.凡管道穿楼板处均预埋防水套管.
4.集水坑防水:所有集水坑内部抹20厚1:2.5防水水泥砂浆,分三次抹平,内掺3%防水剂.

五.建筑防火设计

1.防火分区:本建筑物一层为一个防火分区
2.安全疏散:本建筑物共设两部疏散楼梯,每部楼梯均可到达所有使用层面,每部楼梯梯段净宽均大于1.1米,并满足安全疏散要求.
3.消防设施及措施:本建筑物室外设消防水池;本建筑所有构件均达到二级耐火等级要求,穿越防火分区的管线予留套管及予留洞均用防火砂浆或防火枕堵严,设备用房门均为钢质甲级防火门

六.墙体设计

1.外墙:地下部分:均为250厚自防水钢筋混凝土墙体,在地上部分:均为250厚陶粒空心砖及35厚聚苯颗粒保温复合墙体.
2.内墙:均为200厚陶粒空心砌块墙体.
3.墙体砂浆:本工程砌块墙体全部使用M5混合砂浆砌筑.

七.有关本建筑使用的材料和设备说明:

1.本套施工图纸中对建筑物使用的金属门窗.玻璃幕墙及干挂石材,仅对其提出所用石材和玻璃的基本材质及颜色要求,提供其洞口和分格尺寸数据.这些金属门窗及石材的具体选材和预埋件及详细构造做法,待甲方确定具体装饰施工安装单位后,由装饰施工安装单位提出具体施工方案,经甲方和设计单位复核确认后才可实施.且外开启扇均设纱扇,具体负责门窗施工安装单位,应具备由国家颁发的相应资质.
2.本工程电梯为乘客电梯,电梯选型为:SDE-YK-9A型,1000KG,电梯安装均按照电梯要求施工,施工过程中所有予埋件及安装做法均由厂家,负责现场配合如改变电梯型号,应及时与设计人联系,以对土建图纸进行复核

八.其他:

1.防腐.除锈:
所有预埋铁件,在预埋前均应做除锈处理;所有预埋木砖在予埋前,均应先用沥青油做防腐处理.
2.所有管井在管道安装完毕后按结构要求封堵.管井做粗略装修,1:3水泥砂浆找平地面,墙面和顶棚不作处理.检修门留100高门槛.
3.所有门窗除特别注明外,门窗的立框位置居墙中线.
4.凡室内有地漏的房间,除特别注明外,其地面应自门口或墙边向向地漏方向作0.5%的坡.

十一.施工注意事项:

1.在施工过程中应以施工图纸为依据,严格监理,精心施工.
2.在施工过程中,本套施工图纸的各专业图纸应配合使用,提前做好预留洞及预埋件.避免返工及浪费,不得擅自剔凿.
3.在施工过程中当遇到图纸中有不明白或不妥当之处时,应及时与有关设计人员联系,不得擅自做主施工.
4.本说明未尽事宜均须严格按<<建筑施工安装工程验收规范>>及国家有关规定执行.

图例: 钢筋混凝土墙体平面 钢筋混凝土墙体大样 建筑填充墙体

门窗数量及门窗规格一览表:

编号	名称	规格(洞口尺寸) 宽	高	数量 地下一层	一层	二层	三层	四层	机房层	总计	选号
M1	木质夹板门	1000	2100	2	10	8	8	8		36	甲方确定
M2	木质夹板门	1500	2100	2	1	3	6	7		19	甲方确定
JFM1	钢质甲级防火门	1000	2000	1						1	甲方确定
JFM2	钢质甲级防火门	1800	2100	1						1	甲方确定
YFM1	钢质乙级防火门	1200	2100	1	2	2	2	2	2	11	甲方确定
JXM1	木质丙级防火检修门	550	2000	1	1	1	1	1		5	甲方确定
JXM2	木质丙级防火检修门	1200	2000	1	1	1	1	1		5	甲方确定
LM1	铝塑平开门	2100	3000		1					1	甲方确定
TLM1	玻璃推拉门	3000	2100		1					1	甲方确定
LC1	铝塑上悬窗	900	2700		10	12	24	24		70	详见立面
LC2	铝塑上悬窗	1200	2700		16	16	16	16		64	详见立面
L3	铝塑上悬窗	1500	2700		2					2	详见立面
TLC1	铝塑平开飘窗	1500	2700			2	2	2		8	详见立面
LC4	铝塑上悬窗	900	1800						4	4	详见立面
LC5	铝塑上悬窗	1200	1800						2	2	详见立面

室内装修做法表:

层	房间名称	楼面/地面	踢脚/墙裙	内墙面	顶棚
地下一层	电梯厅	地面3	踢脚2	内墙面1	吊顶2
	楼梯间	地面3	踢脚2	内墙面2	顶棚1
	自行车库	地面1	踢脚1	内墙面1	顶棚1
	库房	地面2	踢脚1	内墙面1	顶棚1
	弱电室	地面2	踢脚1	内墙面1	顶棚1
	变配电室	地面2	踢脚1	内墙面1	顶棚1
一层	电梯厅.门厅	楼面1	踢脚2	内墙面1	吊顶1
	楼梯间	楼面1	踢脚2	内墙面2	顶棚1
	接待室、会议室、办公室	楼面3	踢脚3	内墙面1	吊顶1
	卫生间.清洁间	楼面2		内墙面2	吊顶2
	走廊	楼面3	踢脚3	内墙面1	吊顶2
二层	电梯厅	楼面1	踢脚2	内墙面1	吊顶1
	楼梯间	楼面1	踢脚2	内墙面2	顶棚1
	档案室	楼面3	踢脚3	内墙面1	吊顶2
	会议室、办公室	楼面3	踢脚3	内墙面1	吊顶1
	卫生间.清洁间	楼面2		内墙面2	吊顶2
	走廊	楼面3	踢脚3	内墙面1	吊顶2
三层	电梯厅	楼面1	踢脚2	内墙面1	吊顶1
	楼梯间	楼面1	踢脚2	内墙面2	顶棚1
	软件开发中心、软件销售中心、软件测试中心	楼面3	踢脚3	内墙面1	吊顶2
	会议室、办公室	楼面3	踢脚3	内墙面1	吊顶1
	卫生间.清洁间	楼面2		内墙面2	吊顶2
	走廊	楼面3	踢脚3	内墙面1	吊顶2
四层	电梯厅	楼面1	踢脚2	内墙面1	吊顶1
	楼梯间	楼面1	踢脚2	内墙面2	顶棚1
	软件培训中心、学员报名处	楼面3	踢脚3	内墙面1	吊顶1
	办公室、董事会专用会议室	楼面3	踢脚3	内墙面1	吊顶1
	卫生间.清洁间	楼面2		内墙面2	吊顶2
	走廊	楼面3	踢脚3	内墙面1	吊顶2
机房层	楼梯间	楼面1	踢脚2	内墙面2	顶棚1

经理		工程负责人		给排水负责人		校正人		归档日期	2006-08
审定人		建筑负责人		暖通负责人		设计人		工程编号	GLD06-01
审核人		结构负责人		电气负责人		制图人			

工程名称	广联达办公大厦
项目名称	广联达办公大厦
图纸名称	建筑设计说明 室内装修做法表
图纸编号	建施-0

工程做法

一.室外装修设计

1).屋面1：铺地缸砖保护层上人屋面

1、8-10厚彩色水泥釉面防滑地砖，用建筑胶砂浆粘贴，干水泥擦缝
2、3厚纸筋灰隔离层
3、3厚高聚物改性沥青防水卷材
4、20厚1：3水泥砂浆找平层
5、最薄30厚1：0.2：3.5水泥粉煤灰页岩陶粒 找2%坡
6、40厚现喷硬质发泡聚氨保温层
7、现浇混凝土屋面板

2).屋面2：坡屋面

1、满涂银粉保护剂
2、1.5厚聚氨酯涂膜防水层(刷三遍)，撒砂一层粘牢
3、20厚1：3水泥砂浆找平层
4、40厚现喷硬质发泡聚氨保温层
5、现浇混凝土屋面板

3).屋面3：不上人屋面

1、满涂银粉保护剂
2、1.5厚聚氨酯涂膜防水层(刷三遍)，撒砂一层粘牢
3、20厚1：3水泥砂浆找平层
4、最薄30厚1：0.2：3.5水泥粉煤灰页岩陶粒 找2%坡
5、40厚现喷硬质发泡聚氨保温层
6、现浇混凝土屋面板

二.室内装修设计

1.地面：

1).地面1：细石混凝土地面：

1、40厚C20细石混凝土随打随抹撒1：1水泥砂子压实赶光
2、150厚5-32卵石灌M2.5混合砂浆，平板振捣器振捣密实
3、素土夯实，压实系数0.95

2).地面2：水泥地面：

1、20厚1：2.5水泥砂浆磨面压实赶光
2、素水泥浆一道(内掺建筑胶)
3、30厚C15细石混凝土随打随抹
4、3厚高聚物改性沥青涂膜防水层
5、最薄处30厚C15细石混凝土
6、100厚3：7灰土夯实
7、素土夯实，压实系数0.95

3).地面3：防滑地砖地面：

1、2.5厚石塑防滑地砖，建筑胶粘剂粘铺，稀水泥浆碱擦缝
2、20厚1：3水泥砂浆压实抹平
3、素水泥结合层一道
4、50厚C10混凝土
5、150厚5-32卵石灌M2.5混合砂浆，平板振捣器振捣密实
6、素土夯实，压实系数0.95

2.楼面：

1).楼面1：防滑地砖楼面(砖采用400X400)：

1、5-10厚防滑地砖，稀水泥浆擦缝
2、6厚建筑胶水泥砂浆粘结层
3、素水泥浆一道(内掺建筑胶)
4、20厚1：3水泥砂浆找平层
5、素水泥浆一道(内掺建筑胶)
6、钢筋混凝土楼板

2).楼面2：防滑地砖防水楼面(砖采用400X400)：

1、5-10厚防滑地砖，稀水泥浆擦缝
2、撒素水泥面(洒适量清水)
3、20厚1：2干硬性水泥砂浆粘结层
4、1.5厚聚氨酯涂膜防水层
5、20厚1：3水泥砂浆找平层，四周及竖管根部位抹小八字角
6、素水泥浆一道
7、最薄处30厚C15细石混凝土从门口向地漏找1%坡
8、现浇混凝土楼板

3).楼面3：大理石楼面(大理石尺寸800X800)：

1、铺20厚大理石板，稀水泥擦缝
2、撒素水泥面(洒适量清水)
3、30厚1：3干硬性水泥砂浆粘结层
4、40厚1：1.6水泥粗砂焦渣垫层
5、钢筋混凝土楼板

3.踢脚：

1).踢脚1：水泥砂浆踢脚：(高度为100MM)

1、6厚1：2.5水泥砂浆罩面压实赶光
2、素水泥浆一道
3、8厚1：3水泥砂浆打底扫毛或划出纹道
4、素水泥浆一道甩毛(内掺建筑胶)

2).踢脚2：地砖踢脚：(用400X100深色地砖，高度为100)

1、5-10厚防滑地砖踢脚，稀水泥浆擦缝
2、8厚1：2水泥砂浆(内掺建筑胶)粘结层
3、5厚1：3水泥砂浆打底扫毛或划出纹道

3).踢脚3：大理石踢脚：(用800X100深色大理石，高度为100)

1、10-15厚大理石踢脚板，稀水泥浆擦缝
2、10厚1：2水泥砂浆(内掺建筑胶)粘结层
3、界面剂一道甩毛(甩前先将墙面用水湿润)

4.内墙面：

1).内墙面1：水泥砂浆墙面：

1、喷水性耐擦洗涂料
2、5厚1：2.5水泥砂浆找平
3、9厚1：3水泥砂浆打底扫毛
4、素水泥浆一道甩毛(内掺建筑胶)

2).内墙面2：瓷砖墙面(面层用200X300高级面砖)：

1、白水泥擦缝
2、5厚釉面砖面层(粘前先将釉面砖浸水两小时以上)
3、5厚1：2建筑水泥砂浆粘结层
4、素水泥浆一道
5、6厚1：2.5水泥砂浆打底压实抹平
6、涂塑中碱玻璃纤维网格布一层

5.顶棚

1).顶棚1：抹灰顶棚

1、喷水性耐擦洗涂料
2、2厚纸筋灰罩面
3、5厚1：0.5：3水泥石膏砂浆扫毛
4、素水泥浆一道甩毛(内掺建筑胶)

2).顶棚2：涂料顶棚

1、喷合成树脂乳胶涂料面层二道(每道隔2小时)
2、封底漆一道(干燥后在做面涂)
3、3厚1：0.5：2.5水泥石灰膏砂浆找平
4、5厚1：0.5：3水泥石灰膏砂浆打底扫毛
5、素水泥浆一道甩毛(内掺建筑胶)

6.吊顶：

1).吊顶1：铝合金条板吊顶：燃烧性能为A级

1、0.8-1.0厚铝合金条板，离缝安装带插缝板
2、U型轻钢次龙骨LB45X48，中距≤1500
3、U型轻钢主龙骨LB38X12，中距≤1500与钢筋吊杆固定
4、Φ6钢筋吊杆，中距横向≤1500纵向≤1200
5、现浇混凝土板底预留Φ10钢筋吊环，双向中距≤1500

2).吊顶2：岩棉吸音板吊顶：燃烧性能为A级

1、12厚岩棉吸声板面层，规格592X592
2、T型轻钢次龙骨TB24X28，中距600
3、T型轻钢次龙骨TB24X38，中距600，找平后与钢筋吊杆固定
4、Φ8钢筋吊杆，双向中距≤1200
5、现浇混凝土板底预留Φ10钢筋吊环，双向中距≤1200

8.油漆工程做法：

除已特别注明的部位外，其他需要油漆的部位均为：

1).金属面油漆工程做法：

1、刷三宝漆二~三遍
2、满刮腻子砂纸抹平
3、刷防锈漆一遍
4、金属面清理、除锈

2).木材面油漆工程做法：选用L96J002-P119-油41.

1、调和漆二遍
2、局部刮腻子砂纸打磨光凭
3、刷底油一遍
4、基层清理、除污、砂纸打磨

具体各处的油漆颜色将由室内设计确定

8.混凝土散水做法：(见88BJ1-1 散1)

1、每隔12米设一道20宽变形缝，
内填沥青砂浆。

9.水泥砂浆台阶做法：

1、见88BJ1-1 台1B

经 理		工程负责人		给排水负责人		校 正 人		归档日期	2006-08	工程名称	广联达办公大厦	图纸名称	工程做法	图纸编号	建施-1
审 定 人		建筑负责人		暖通负责人		设 计 人		工程编号	GLD06-01	项目名称	广联达办公大厦				
审 核 人		结构负责人		电气负责人		制 图 人									

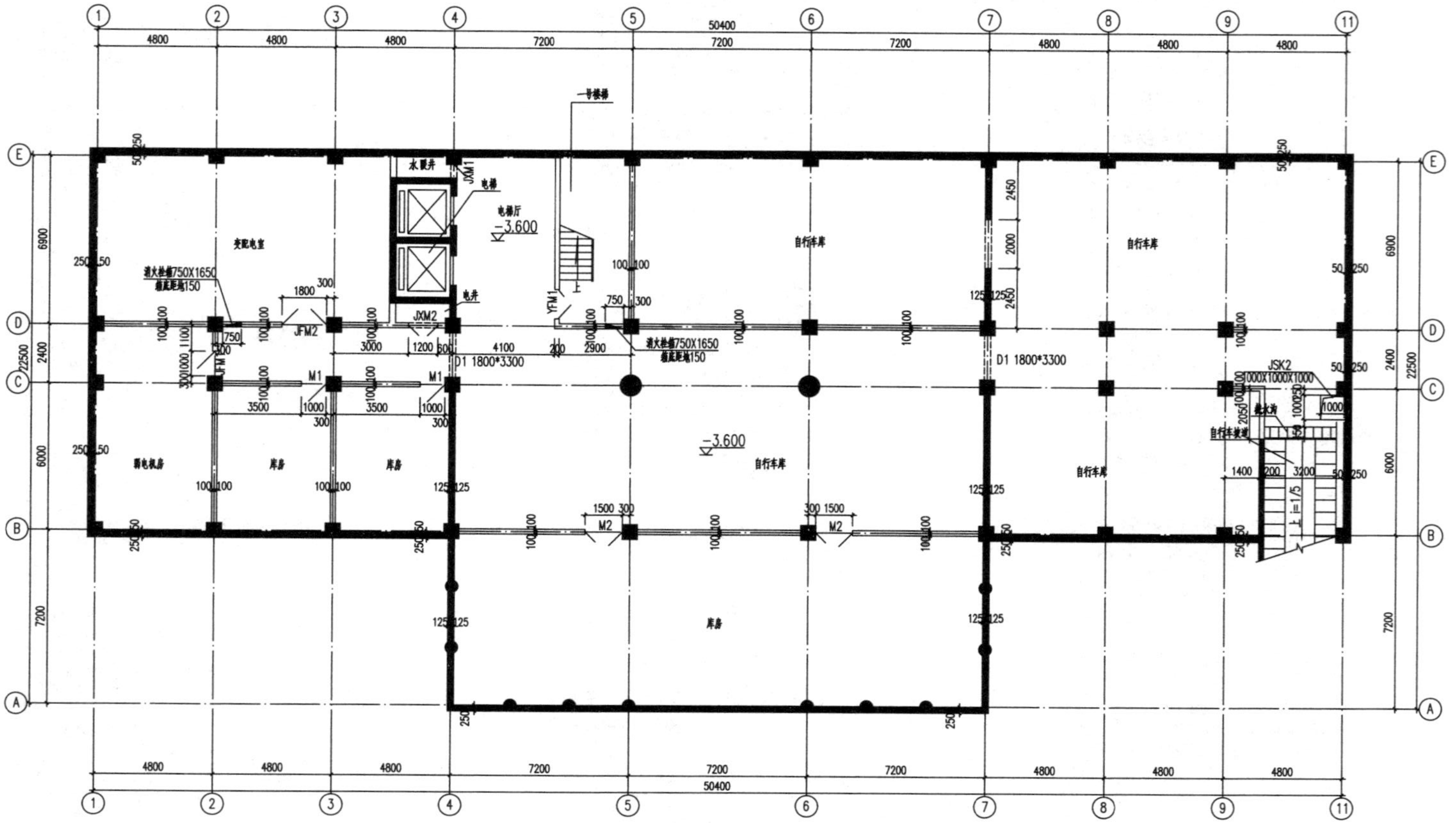

地下一层门窗规格及门窗数量一览表

编号	名称	规格	数量	编号	名称	规格	数量
M1	木质夹板门	1000X2100	2	YFM1	钢质乙级防火门	1200X2100	1
M2	木质夹板门	1500X2100	2	JXM1	木质丙级防火检修门	550X2000	1
JFM1	钢质甲级防火门	1000X2100	1	JXM2	木质丙级防火检修门	1200X2000	1
JFM2	钢质甲级防火门	1800X2100	1				

地下一层平面图 1:100

1005.95M²

注 1. 一号楼梯详图详见建施-13
2. 电梯详图详见建施-15
3. 柱子定位参见结施-4

监理	工程负责人	给排水负责人	校正人	归档日期 2006-08	工程名称 广联达办公大厦
审定人	建筑负责人	暖通负责人	设计人	工程编号 GLD06-01	项目名称 广联达办公大厦
审核人	结构负责人	电气负责人	制图人	图纸名称 地下一层平面图	图纸编号 建施-2

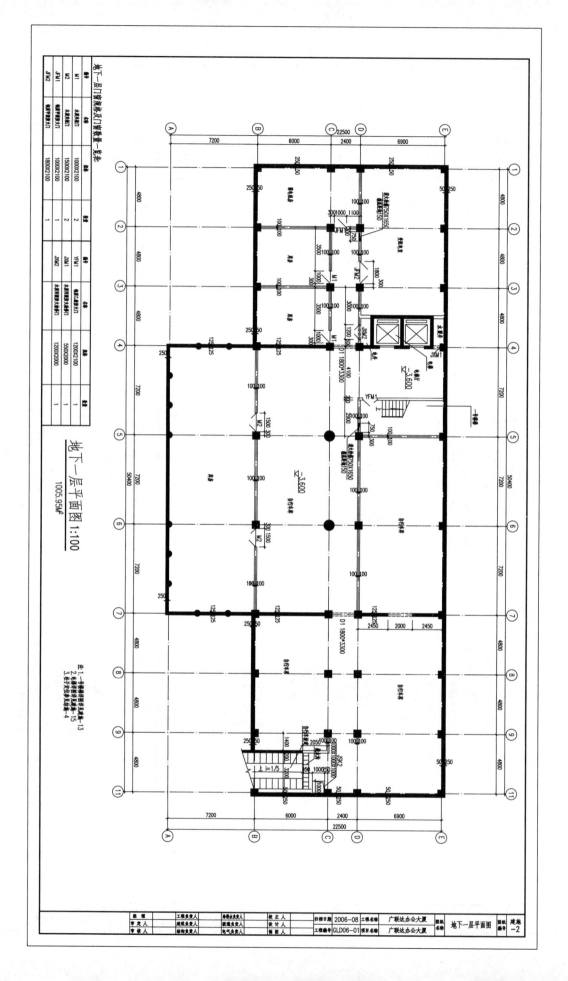

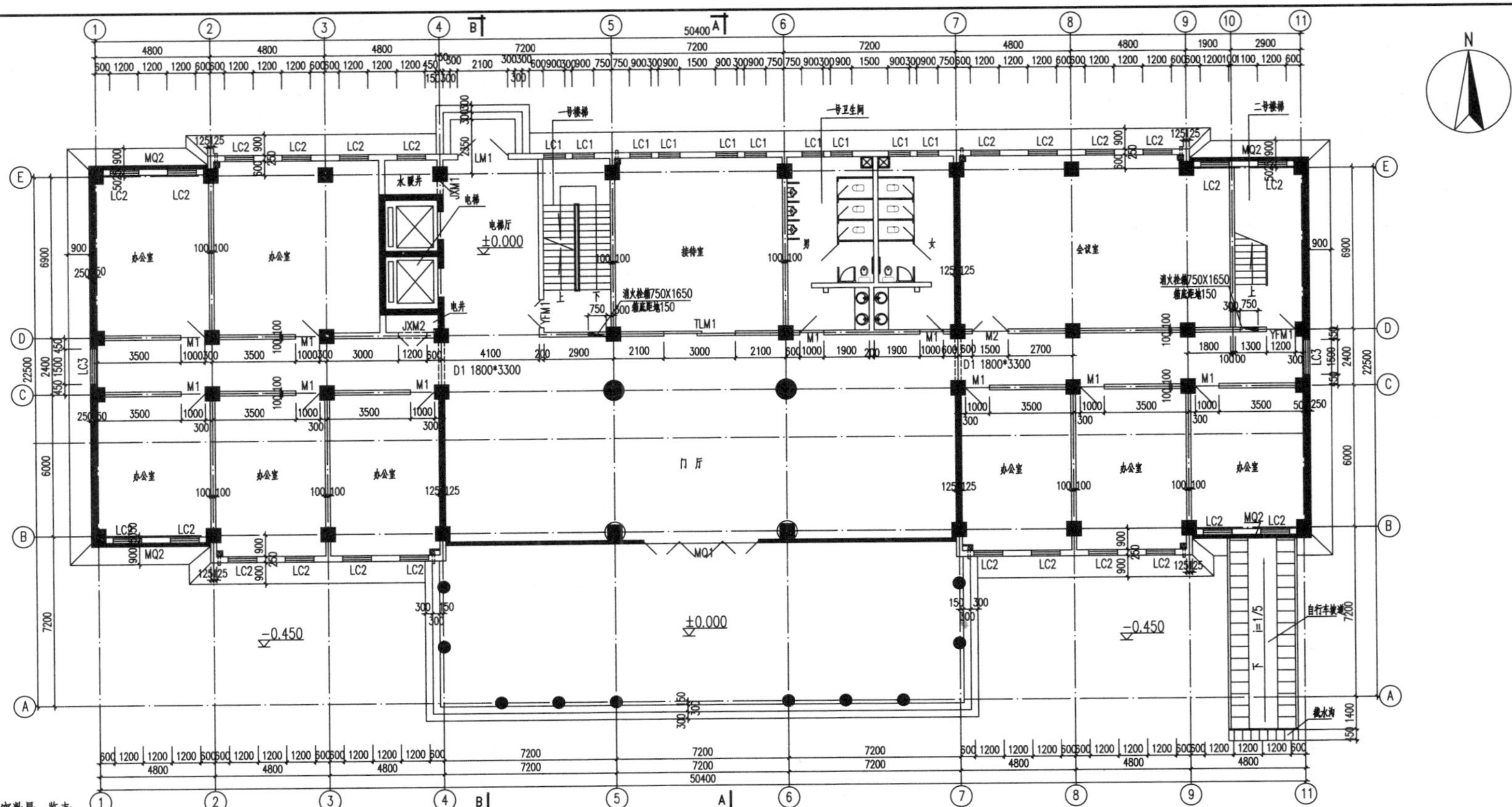

一层平面图 1:100

1005.95M²

注：1.一号楼梯详图详见建施-13
2.二号楼梯详图详见建施-14
3.一号卫生间详图详见建施-15
4.电梯详图详见建施-15
5.柱子定位参见结施-5

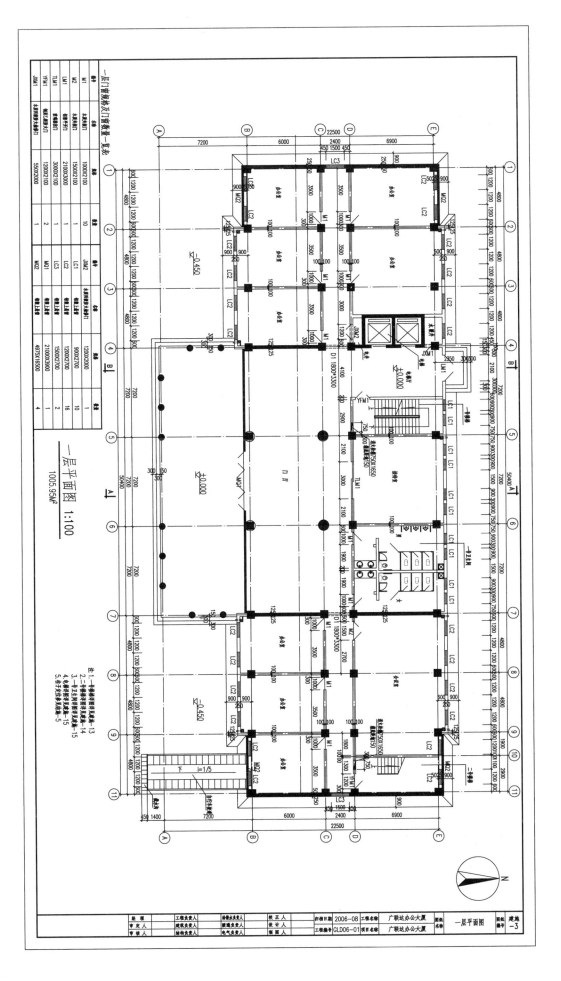

一层门窗规格及门窗数量一览表

编号	名称	规格	数量	编号	名称	规格	数量
M1	木质夹板门	1000X2100	10	JXM2	木质丙级防火检修门	1200X2000	1
M2	木质夹板门	1500X2100	1	LC1	钢塑上悬窗	900X2700	10
LM1	钢塑平开门	2100X3000	1	LC2	钢塑上悬窗	1200X2700	16
TLM1	玻璃推拉门	3000X2100	1	LC3	钢塑上悬窗	1500X2700	2
YFM1	钢质乙级防火门	1200X2100	2	MQ1	钢塑上悬窗	21000X3900	1
JXM1	木质丙级防火检修门	550X2000	1	MQ2	钢塑上悬窗	4975X16500	4

总 理	工程负责人	给排水负责人	校 正 人	归档日期	2006-08	工程名称	广联达办公大厦	图纸名称 一层平面图	图纸编号 建施-3
审 定 人	建筑负责人	暖通负责人	设 计 人	工程编号	GLD06-01	项目名称	广联达办公大厦		
审 核 人	结构负责人	电气负责人	制 图 人						

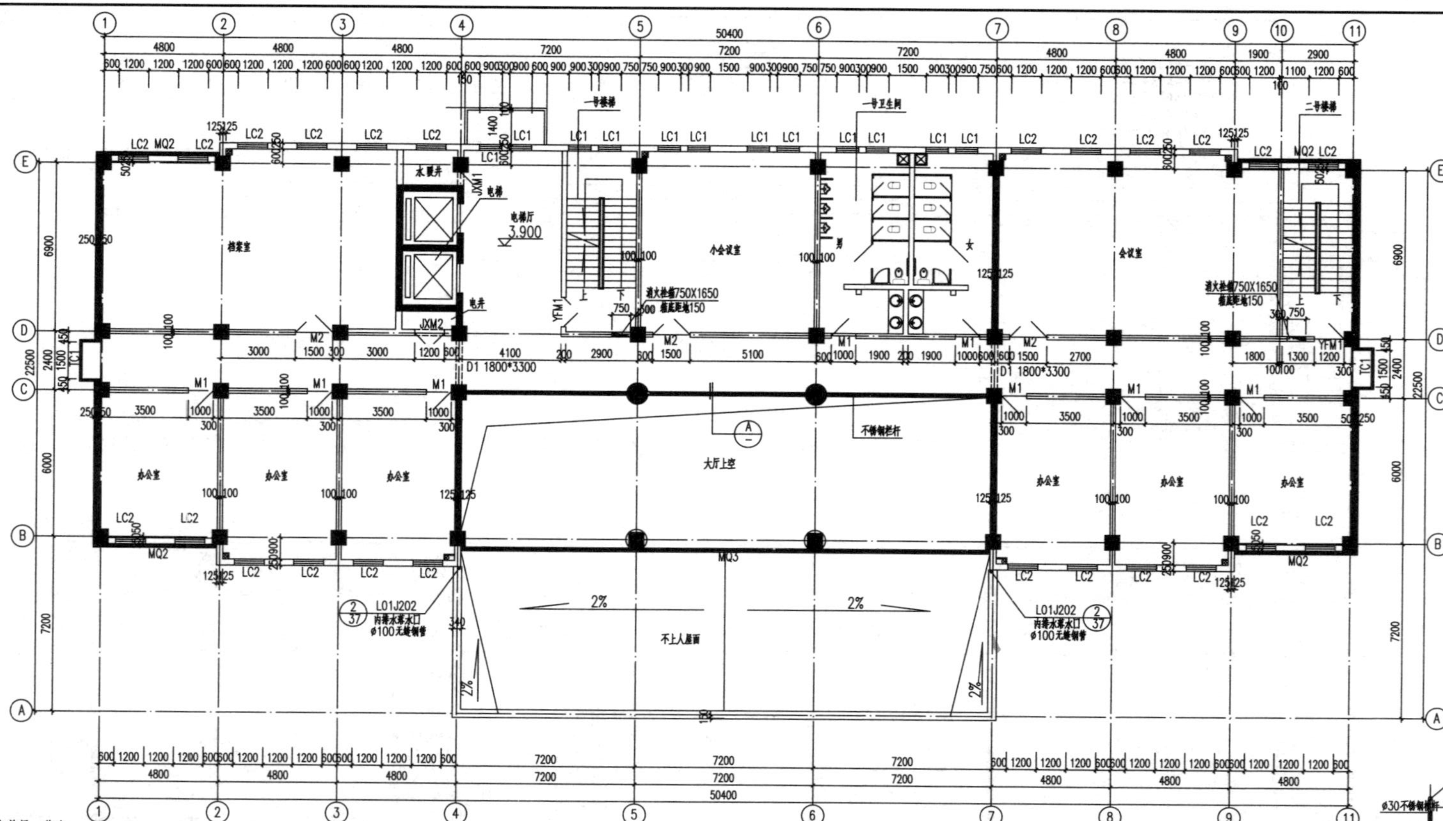

二层门窗规格及门窗数量一览表

编号	名称	规格	数量	编号	名称	规格	数量
M1	木质夹板门	1000X2100	8	LC2	铝塑上悬窗	1200X2700	16
M2	木质夹板门	1500X2100	3	MQ2	铝塑上悬窗	4975X16500	4
YFM1	钢质乙级防火门	1200X2100	2	MQ3	铝塑上悬窗	21000X3900	1
JXM1	木质丙级防火检修门	550X2000	1	TC1	铝塑平开飘窗	1500X2700	2
JXM2	木质丙级防火检修门	1200X2000	1				
LC1	铝塑上悬窗	900X2700	12				

二层平面图 1:100

859.65M²

注 1.一号楼梯详图详见建施-13
2.二号楼梯详图详见建施-14
3.一号卫生间详图详见建施-15
4.电梯详图详见建施-15
5.女儿墙的构造参见建施-8，墙厚以平面图为准。

A 1:50

归档日期	2006-08	工程名称	广联达办公大厦
工程编号	GLD06-01	项目名称	广联达办公大厦
图纸名称	二层平面图	图纸编号	建施-4

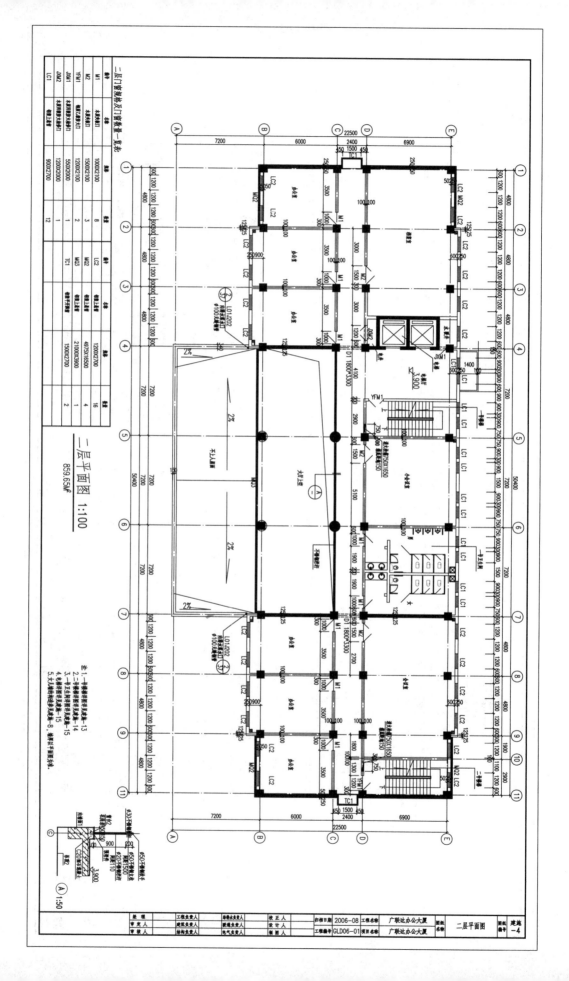

经理 审定人 审核人 工程负责人 建筑负责人 结构负责人 给排水负责人 暖通负责人 电气负责人 校正人 设计人 制图人

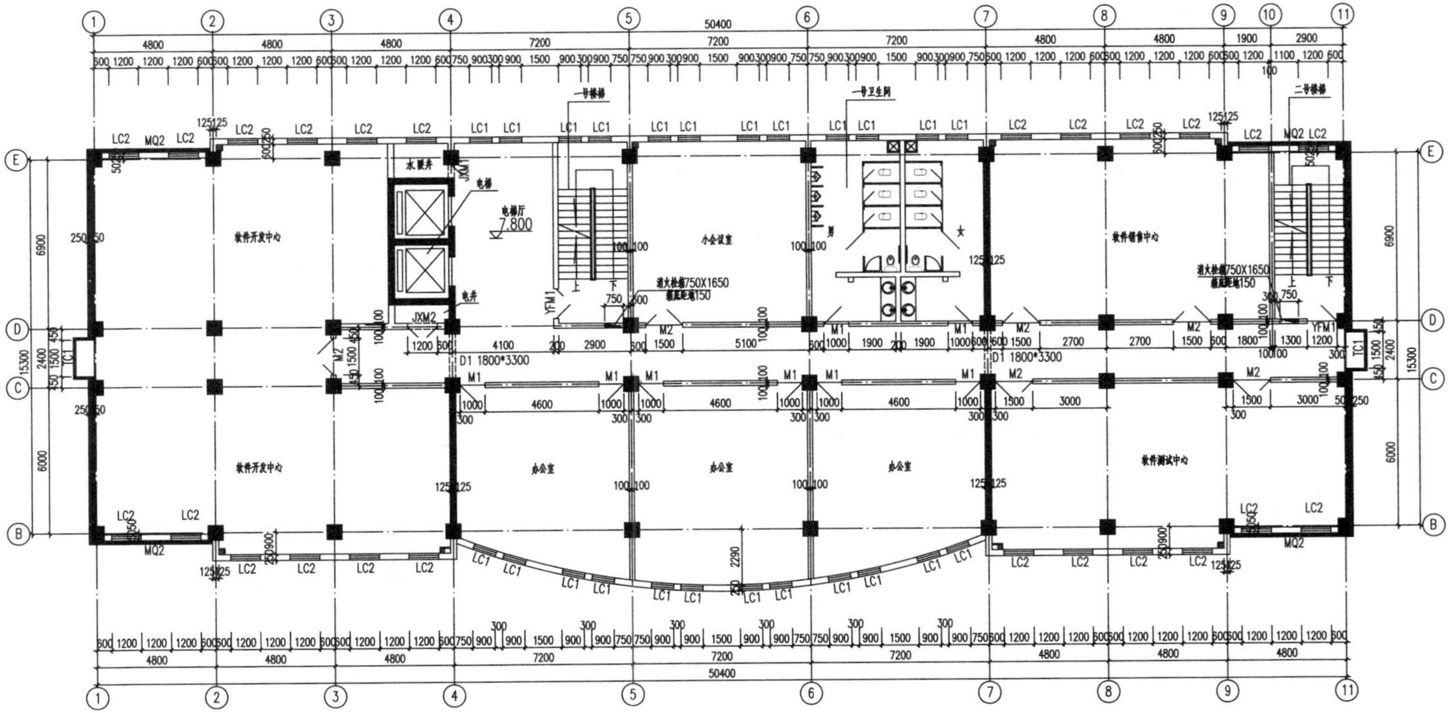

三层门窗规格及门窗数量一览表

编号	名称	规格	数量	编号	名称	规格	数量
M1	木质夹板门	1000X2100	8	LC2	铝塑上悬窗	1200X2700	16
M2	木质夹板门	1500X2100	6	MQ2	铝塑上悬窗	4975X16500	4
YFM1	钢质乙级防火门	1200X2100	2	TC1	铝塑平开飘窗	1500X2700	2
JXM1	木质丙级防火检修门	550X2000	1				
JXM2	木质丙级防火检修门	1200X2000	1				
LC1	铝塑上悬窗	900X2700	24				

三层平面图 1:100

892.10M²

注：1. 一号楼梯详图详见建施-13
2. 二号楼梯详图详见建施-14
3. 一号卫生间详图详见建施-15
4. 电梯详图详见建施-15

经理		工程负责人	给排水负责人	校正人	归档日期	2006-08	工程名称	广联达办公大厦	图纸名称 三层平面图
审定人		建筑负责人	暖通负责人	设计人	工程编号	GLD06-01	项目名称	广联达办公大厦	图纸编号 建施-5
审核人		结构负责人	电气负责人	制图人					

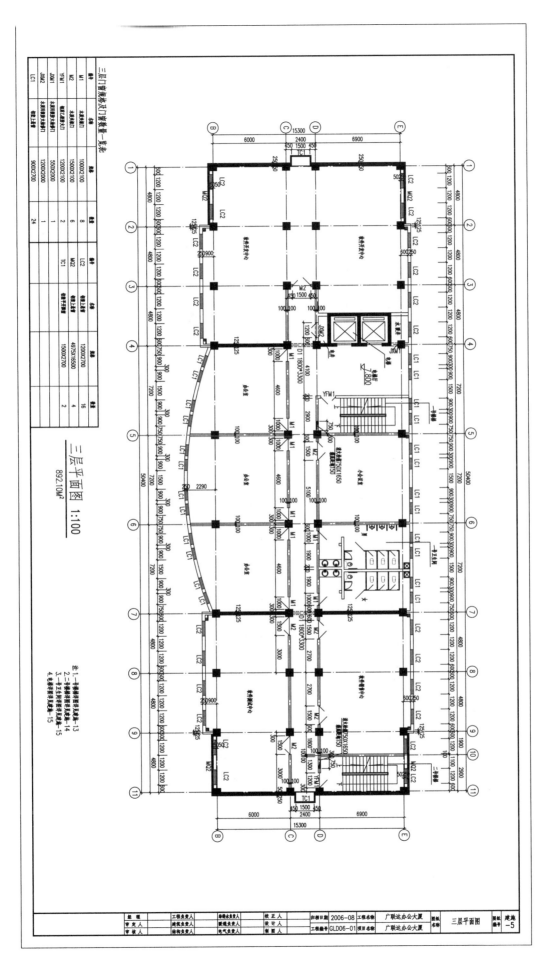

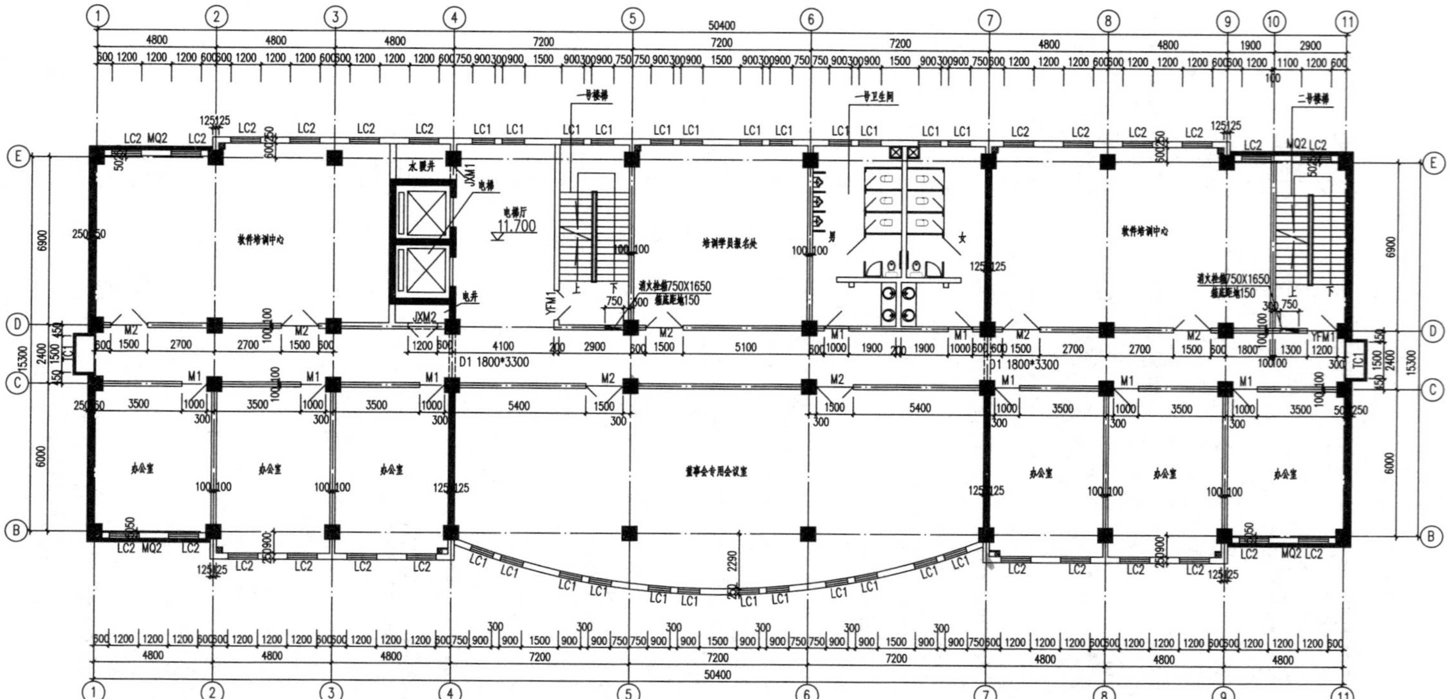

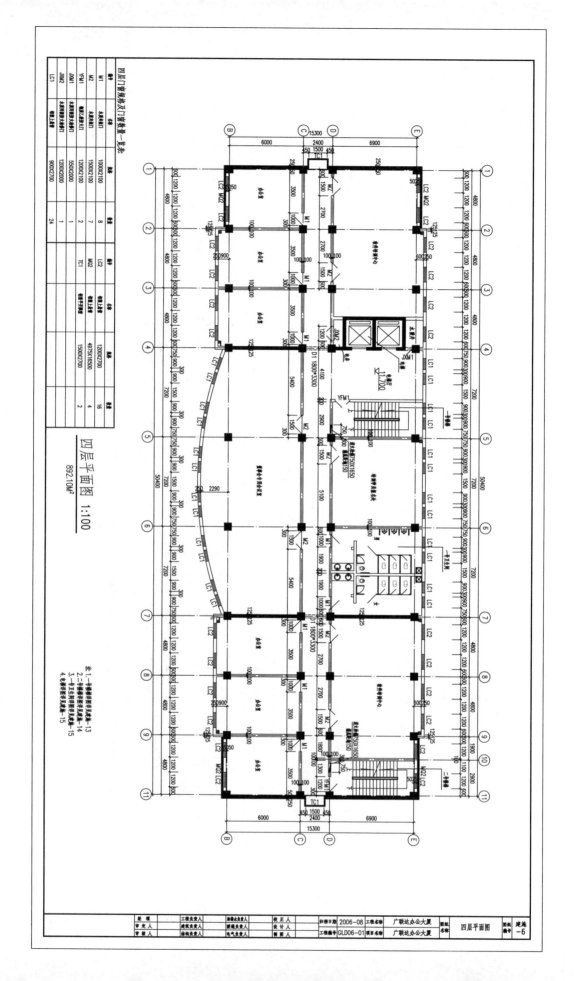

四层门窗规格及门窗数量一览表

编号	名称	规格	数量	编号	名称	规格	数量
M1	木质夹板门	1000X2100	8	LC2	铝塑上悬窗	1200X2700	16
M2	木质夹板门	1500X2100	7	MQ2	铝塑上悬窗	4975X16500	4
YFM1	钢质乙级防火门	1200X2100	2	TC1	铝塑平开飘窗	1500X2700	2
JXM1	木质丙级防火检修门	550X2000	1				
JXM2	木质丙级防火检修门	1200X2000	1				
LC1	铝塑上悬窗	900X2700	24				

四层平面图 1:100

892.10M²

注：1.一号楼梯详图详见建施-13
2.二号楼梯详图详见建施-14
3.一号卫生间详图详见建施-15
4.电梯详图详见建施-15

经 理	工程负责人	给排水负责人	校 正 人	归档日期	2006-08	工程名称	广联达办公大厦	图纸名称	四层平面图	图纸编号 建施-6
审 定 人	建筑负责人	暖通负责人	设 计 人							
审 核 人	结构负责人	电气负责人	制 图 人	工程编号	GLD06-01	项目名称	广联达办公大厦			

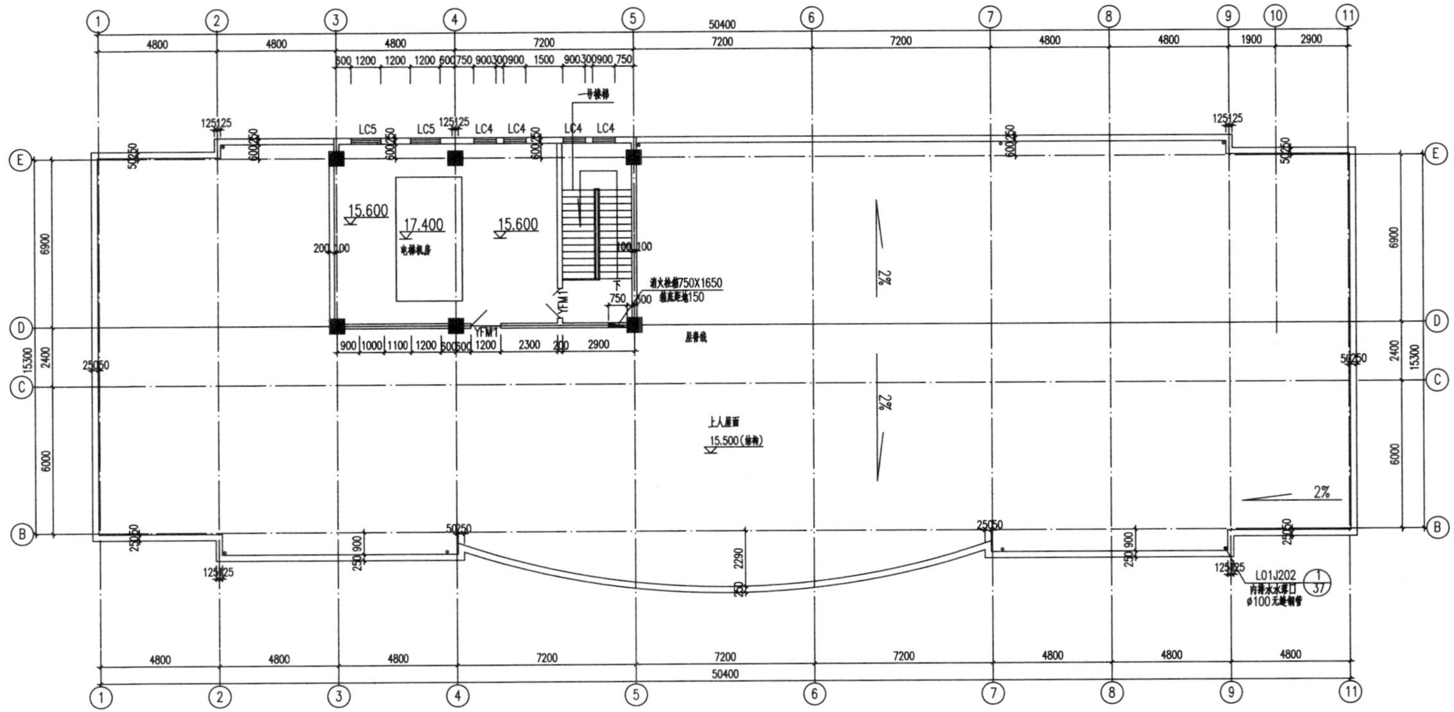

机房层平面图 1:100

90.050M²

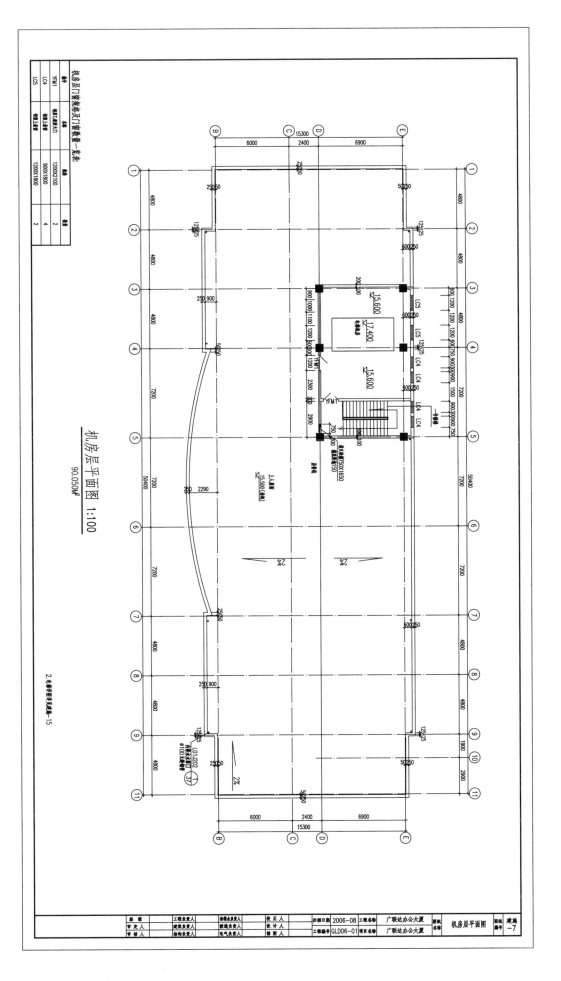

机房层门窗规格及门窗数量一览表

编号	名称	规格	数量
YFM1	钢质乙级防火门	1200X2100	2
LC4	铝塑上悬窗	900X1800	4
LC5	铝塑上悬窗	1200X1800	2

2.电梯详图详见建施—15

签署	工程负责人	给排水负责人	校正人	归档日期 2006-08	工程名称 广联达办公大厦	图纸名称 机房层平面图
审定人	建筑负责人	暖通负责人	设计人	工程编号 GLD06-01	项目名称 广联达办公大厦	图纸编号 建施-7
审核人	结构负责人	电气负责人	制图人			

注：1.此处仅为女儿墙墙厚240mm的表示，压顶在图形上不显示。

屋顶平面图　1:100

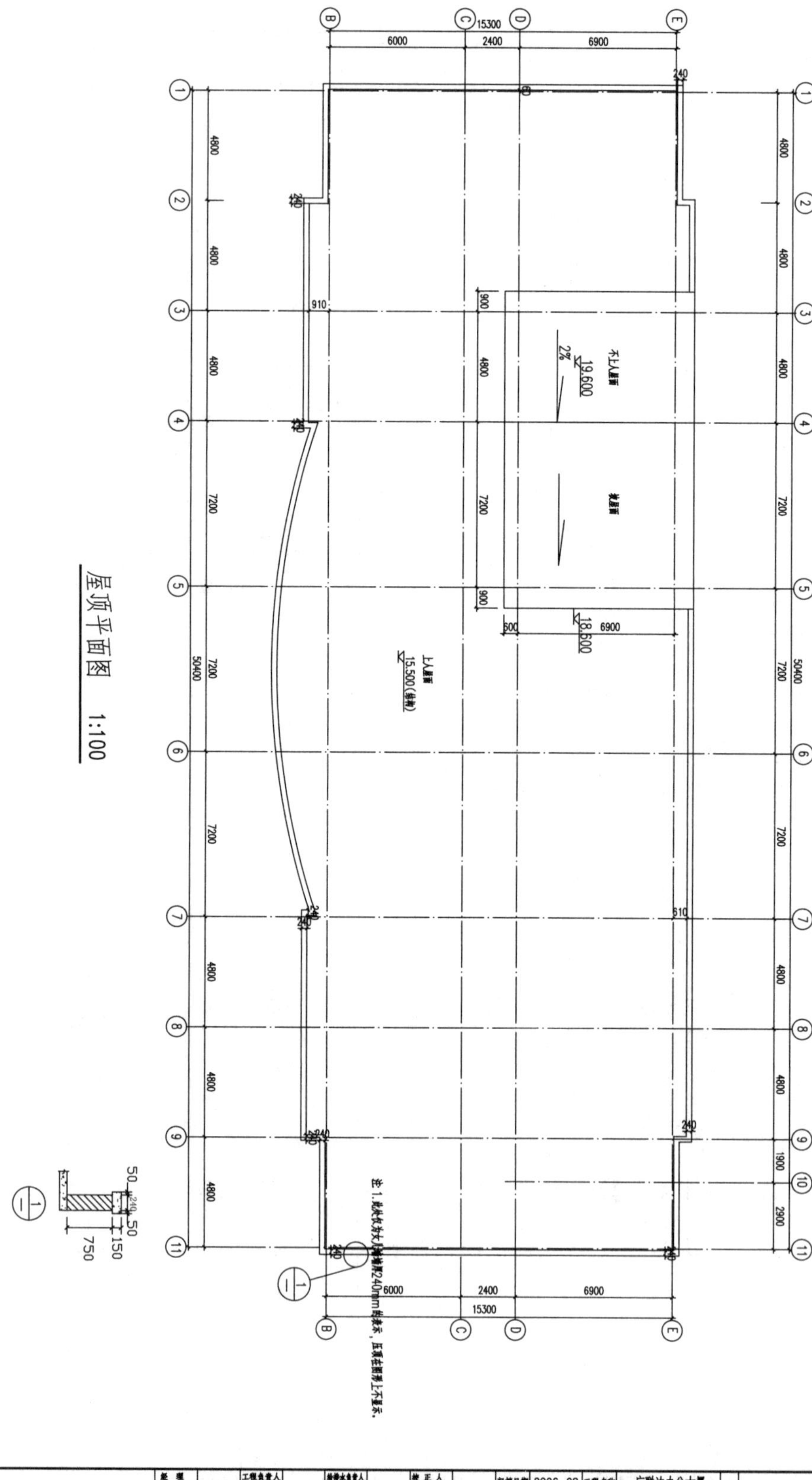

经理		工程负责人		给排水负责人		校正人		归档日期	2006-08	工程名称	广联达办公大厦	图纸名称	屋面平面图	图纸编号	建施-8
审定人		建筑负责人		暖通负责人		设计人									
审核人		结构负责人		电气负责人		制图人		工程编号	GLD06-01	项目名称	广联达办公大厦				

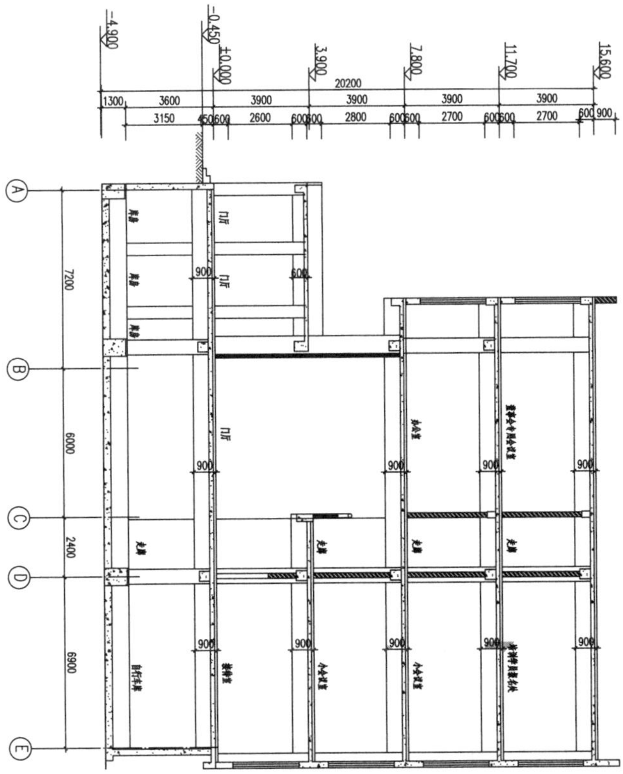

A–A 剖面图 1:100

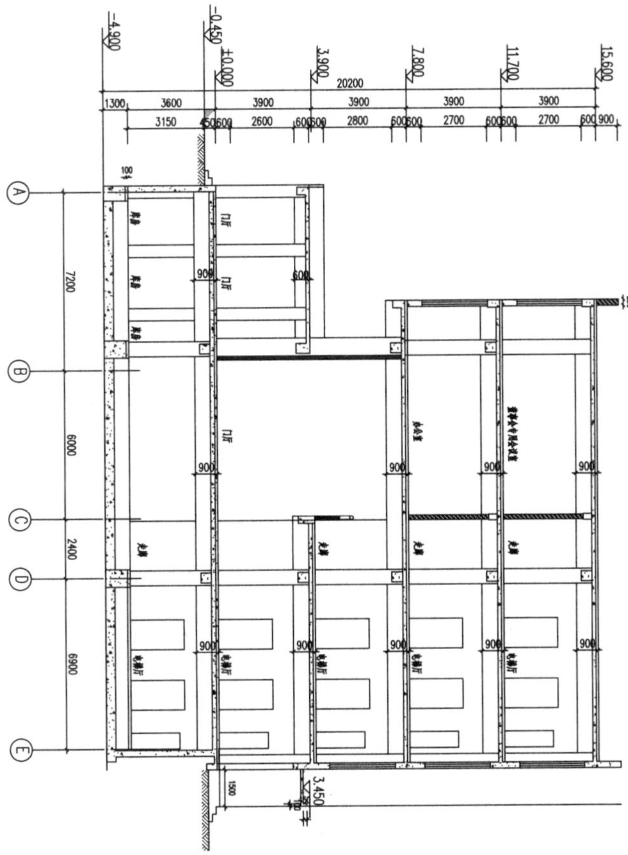

B–B 剖面图 1:100

经 理		工程负责人		给排水负责人		校 正 人		归档日期	2006-08	工程名称	广联达办公大厦	图纸名称	Ⓐ—Ⓐ剖面图 Ⓑ—Ⓑ剖面图	图纸编号	建施-9
审 定 人		建筑负责人		暖通负责人		设 计 人		工程编号	GLD06-01	项目名称	广联达办公大厦				
审 核 人		结构负责人		电气负责人		制 图 人									

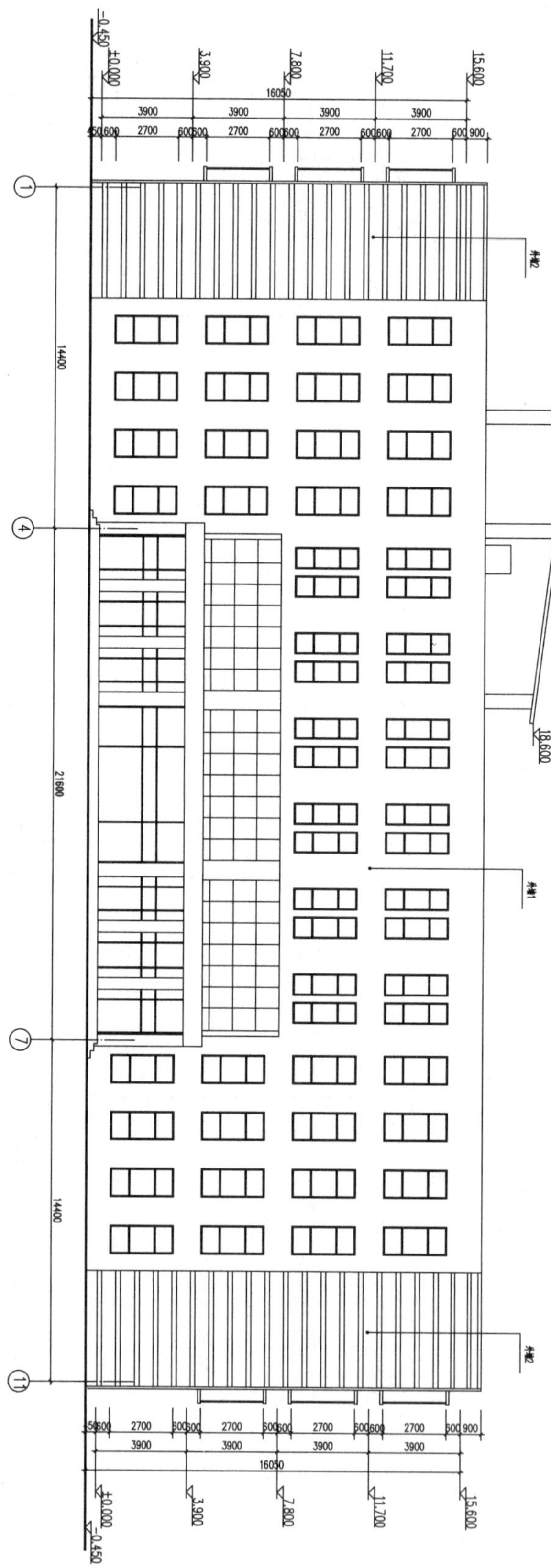

①—⑩轴立面图 1:100

经 理		工程负责人		给排水负责人		校 正 人		归档日期	2006-08	工程名称	广联达办公大厦	图纸名称	①—⑩轴立面图	图纸编号	建施-10
审 定 人		建筑负责人		暖通负责人		设 计 人									
审 核 人		结构负责人		电气负责人		制 图 人		工程编号	GLD06-01	项目名称	广联达办公大厦				

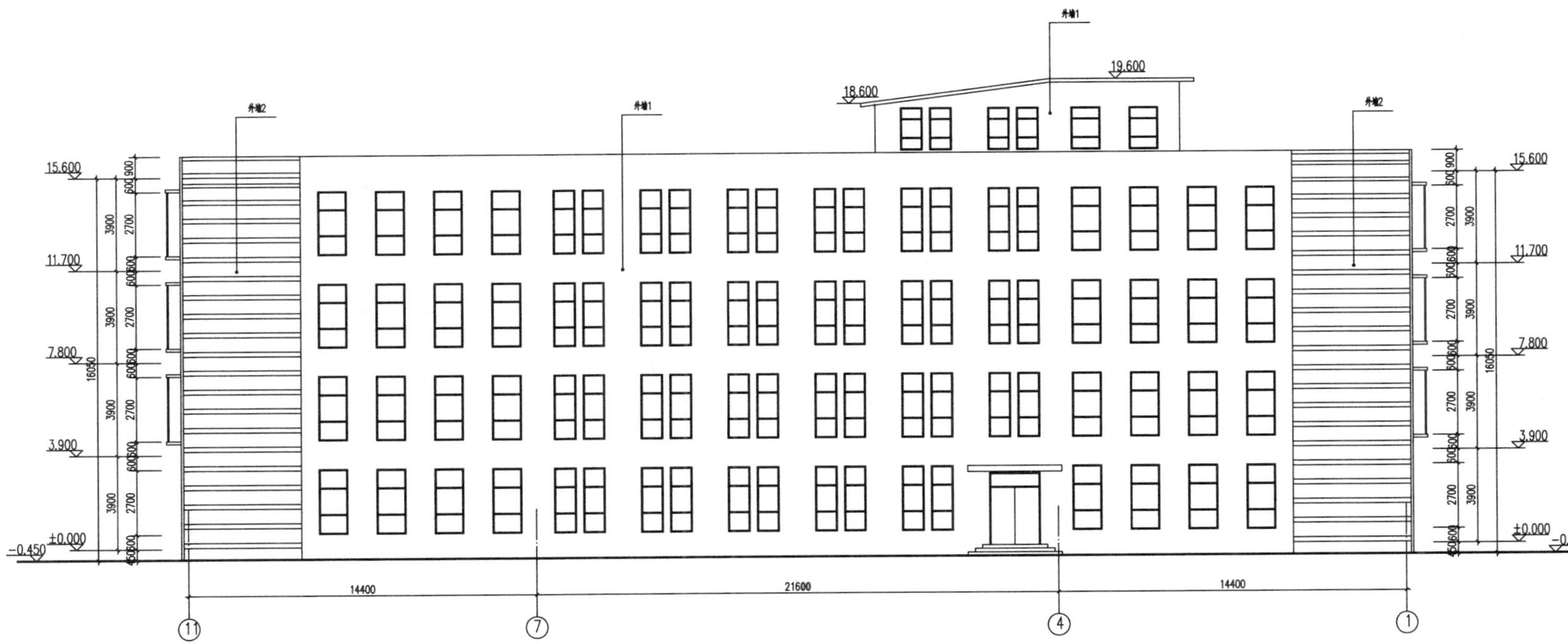

⑩—①轴立面图 1:100

经 理	工程负责人	给排水负责人	校 正 人	归档日期	2006-08	工程名称	广联达办公大厦	图纸名称	⑩—①轴立面图
审 定 人	建筑负责人	暖通负责人	设 计 人	工程编号	GLD06-01	项目名称	广联达办公大厦	图纸编号	建施-11
审 核 人	结构负责人	电气负责人	制 图 人						

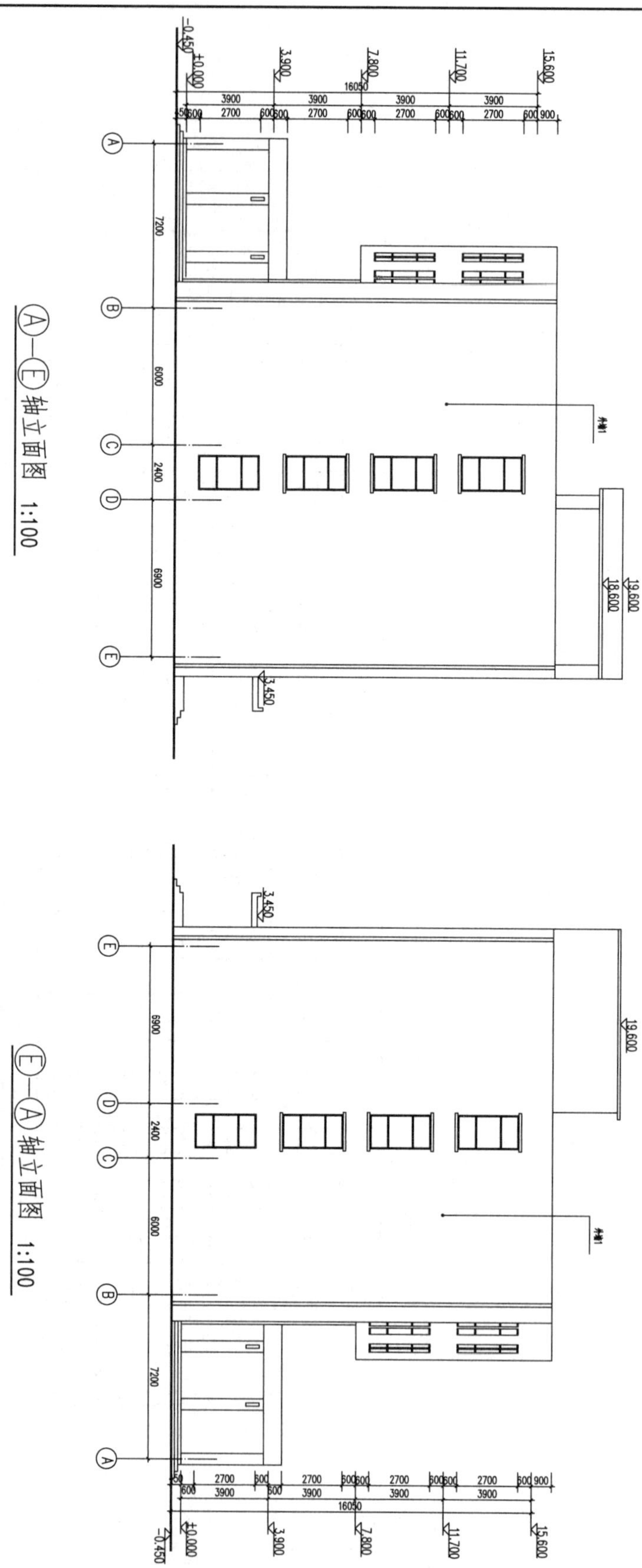

Ⓐ—Ⓔ轴立面图 1:100

Ⓔ—Ⓐ轴立面图 1:100

总 理		工程负责人		给排水负责人		校正人		归档日期	2006-08	工程名称	广联达办公大厦	图纸名称	Ⓐ—Ⓔ轴立面图
审定人		建筑负责人		暖通负责人		设计人							
审核人		结构负责人		电气负责人		制图人		工程编号	GLD06-01	项目名称	广联达办公大厦		Ⓔ—Ⓐ轴立面图

图纸编号	建施-12

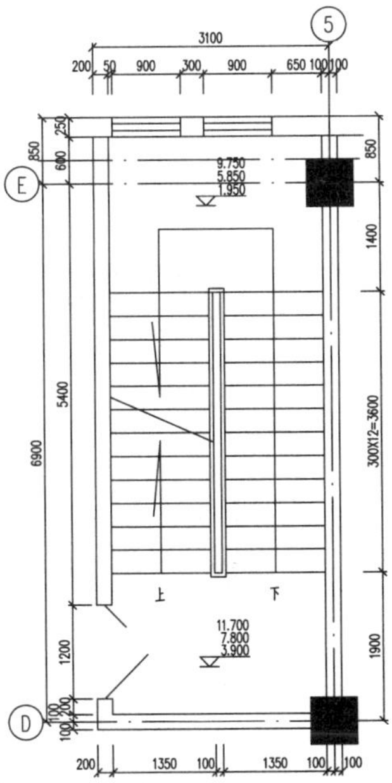

二至四层平面图 1:50

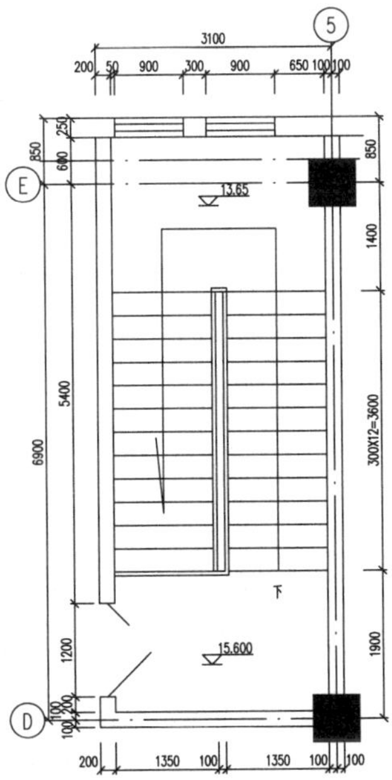

机房层平面图 1:50

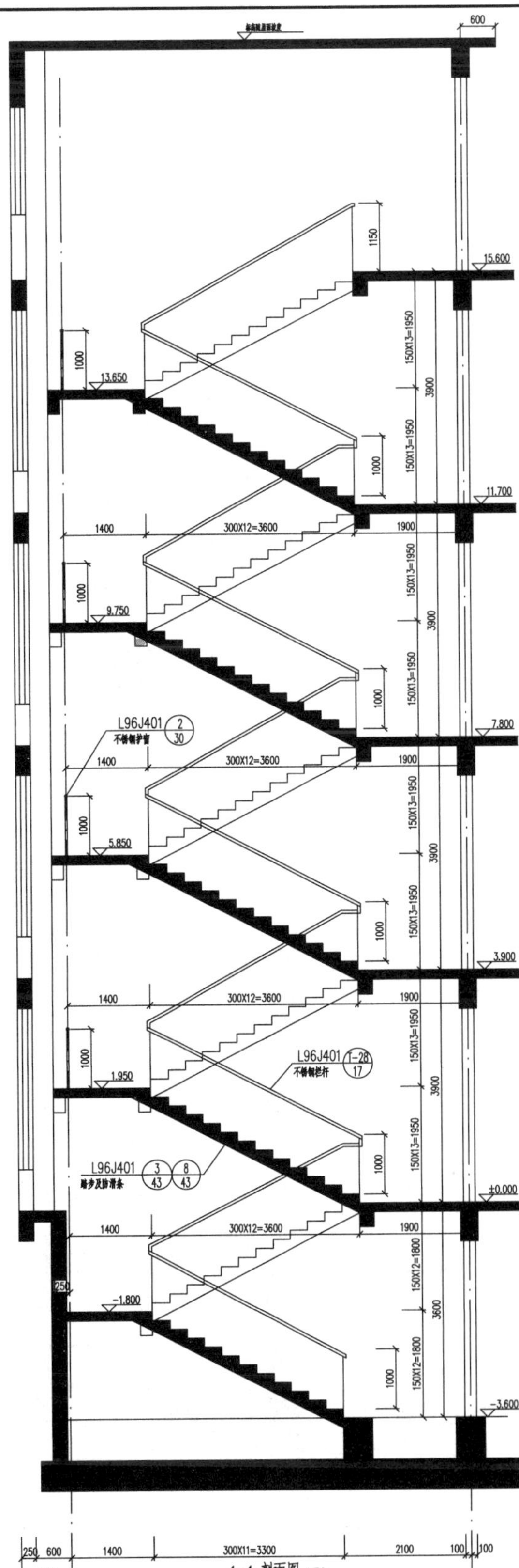

1-1 剖面图 1:50

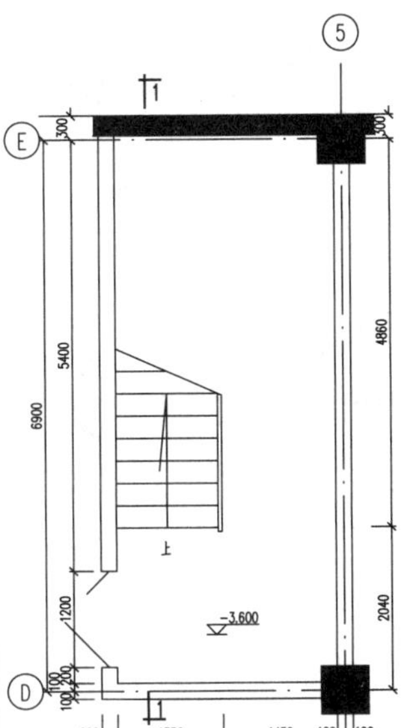

地下一层平面图 1:50

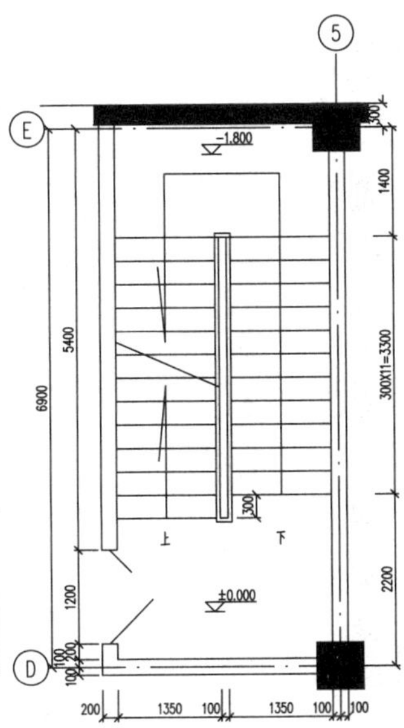

一层平面图 1:50

图例 ■ 钢筋混凝土 □ 建筑填充墙

经 理		工程负责人		给排水负责人		校 正 人		归档日期	2006-08	工程名称	广联达办公大厦	图纸名称	一号楼梯详图	图纸编号	建施-13
审 定 人		建筑负责人		暖通负责人		设 计 人									
审 核 人		结构负责人		电气负责人		制 图 人		工程编号	GLD06-01	项目名称	广联达办公大厦				

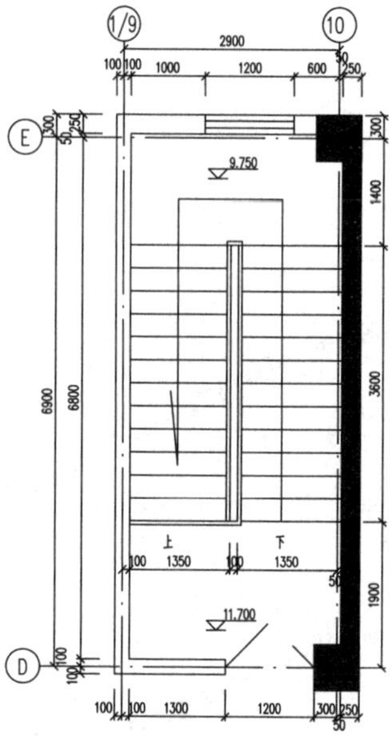

四层平面图 1:50

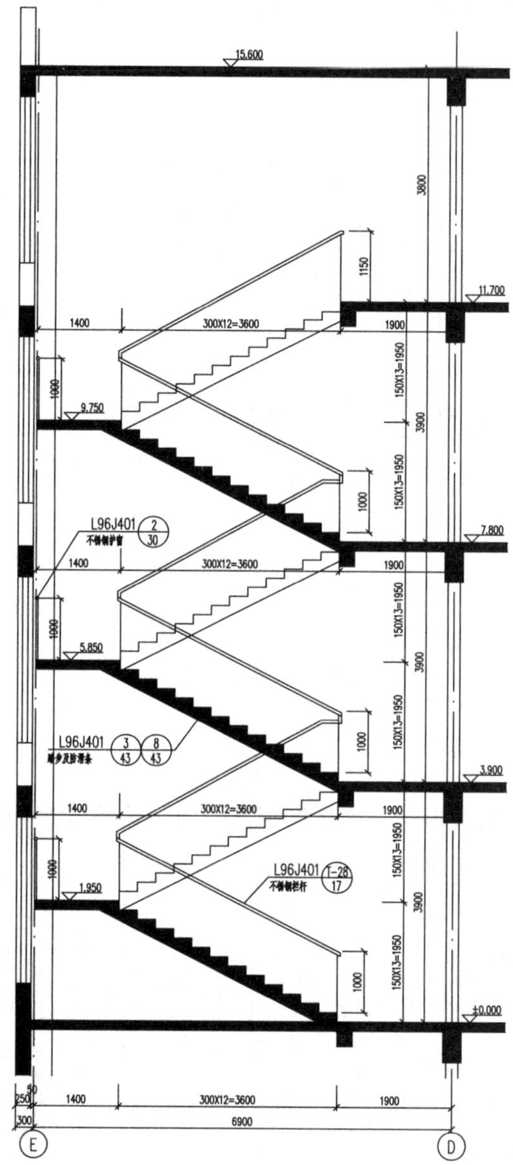

1-1 剖面图 1:50

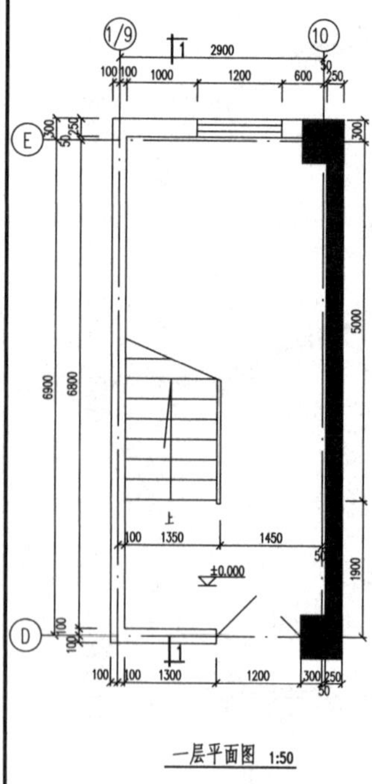

一层平面图 1:50

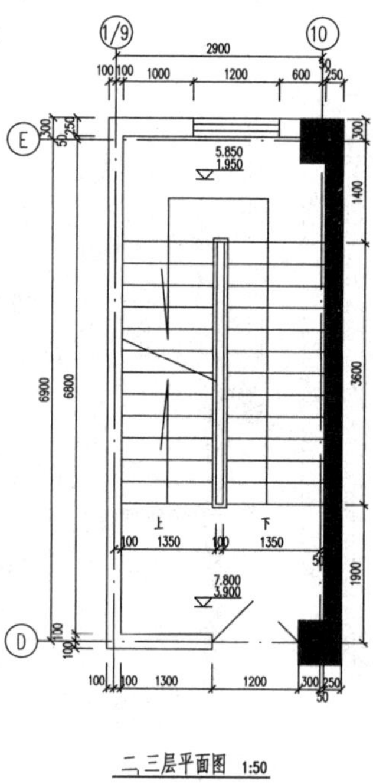

二、三层平面图 1:50

图例 钢筋混凝土 建筑填充墙

经 理		工程负责人		给排水负责人		校 正 人		归档日期	2006-08	工程名称	广联达办公大厦	图纸名称	二号楼梯详图	图纸编号	建施-14
审 定 人		建筑负责人		暖通负责人		设 计 人									
审 核 人		结构负责人		电气负责人		制 图 人		工程编号	GLD06-01	项目名称	广联达办公大厦				

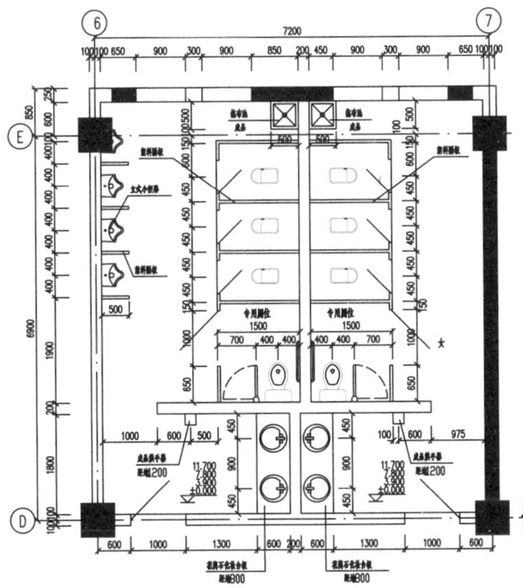

一号卫生间详图 1:50

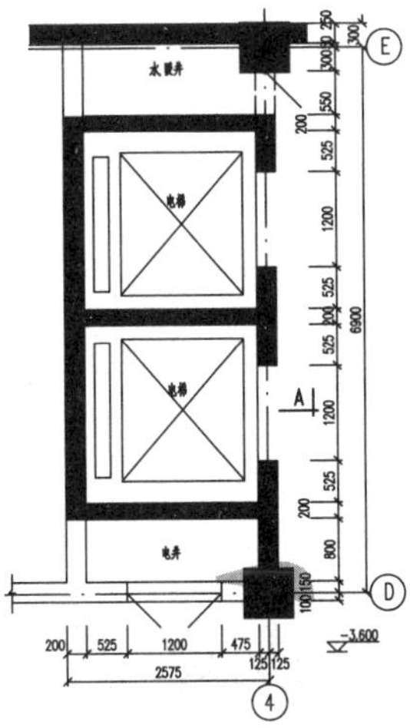

地下一层平面图 1:50

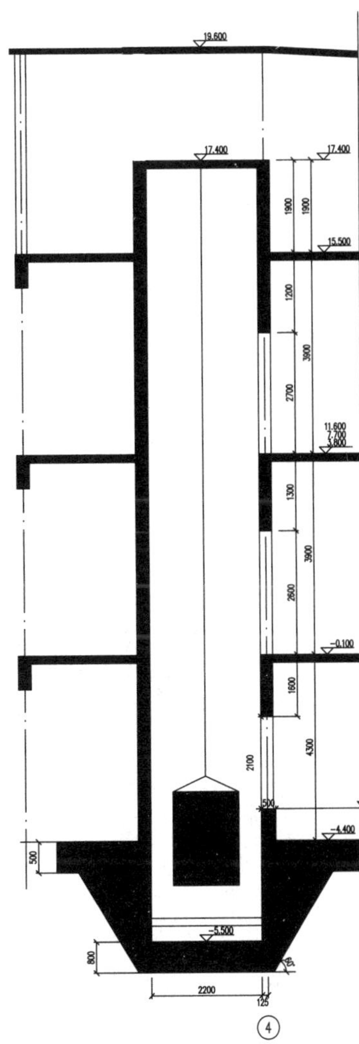

A-A 剖面图 1:50

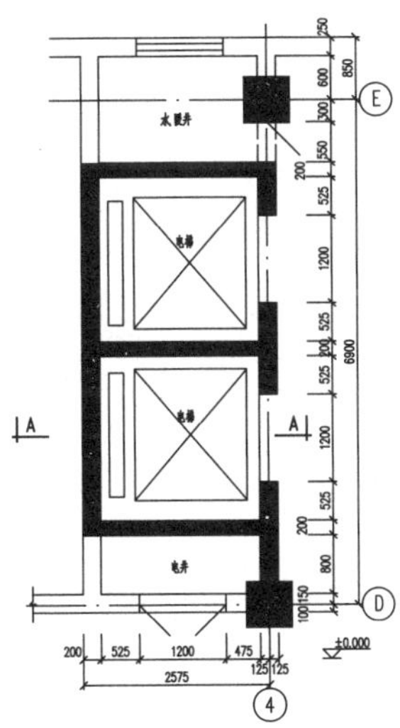

一层平面图 1:50

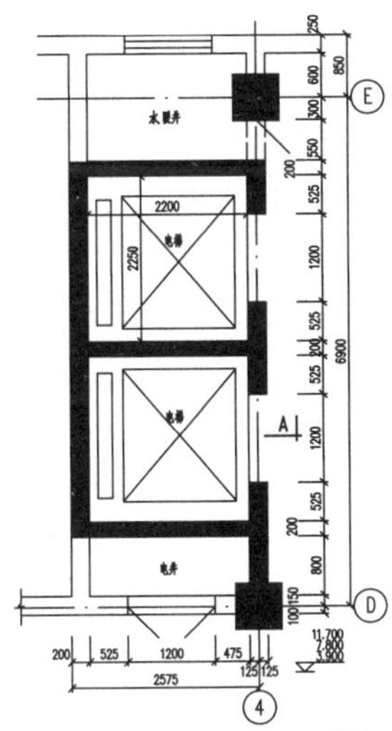

二至四层平面图 1:50

电梯说明

本电梯为乘客电梯，选型由甲方确定，要求载重1000KG，速度0.63M/S，所有予埋件及安装做法均由厂家负责现场配合。

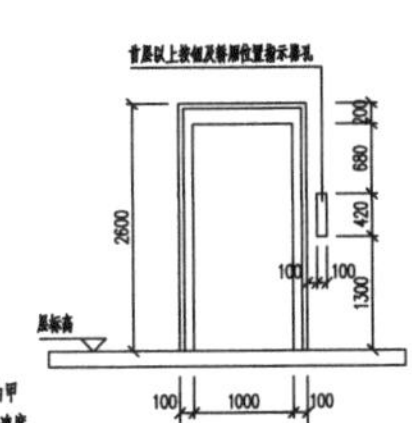

电梯门立面图 1:50

图例 钢筋混凝土 建筑填充墙

经 理		工程负责人		给排水负责人		校 正 人		归档日期	2006-08	工程名称	广联达办公大厦
审 定 人		建筑负责人		暖通负责人		设 计 人		工程编号	GLD06-01	项目名称	广联达办公大厦
审 核 人		结构负责人		电气负责人		制 图 人					

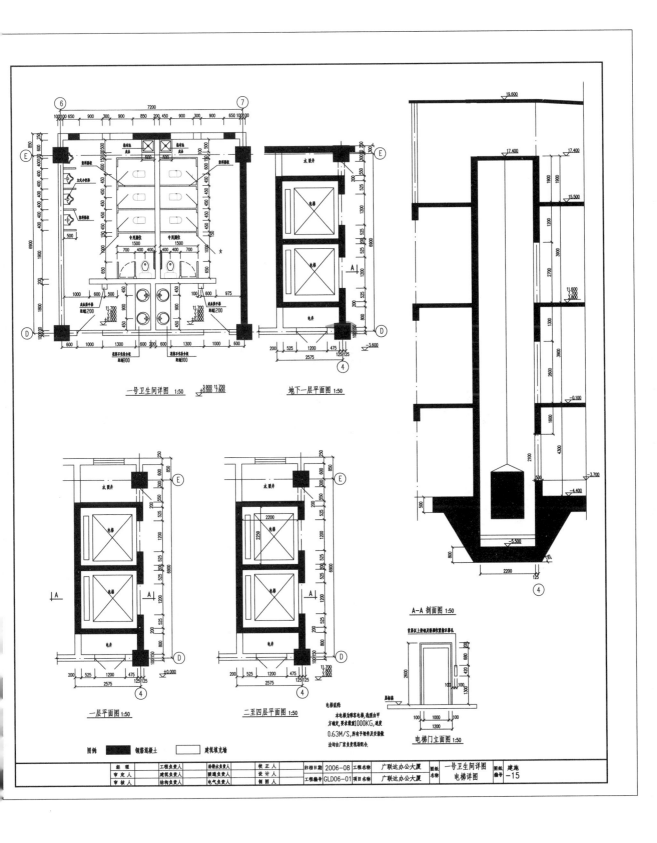

图纸名称：一号卫生间详图 电梯详图

图纸编号：建施-15

附图 2

烟台城乡建设学校

思源餐厅工程图

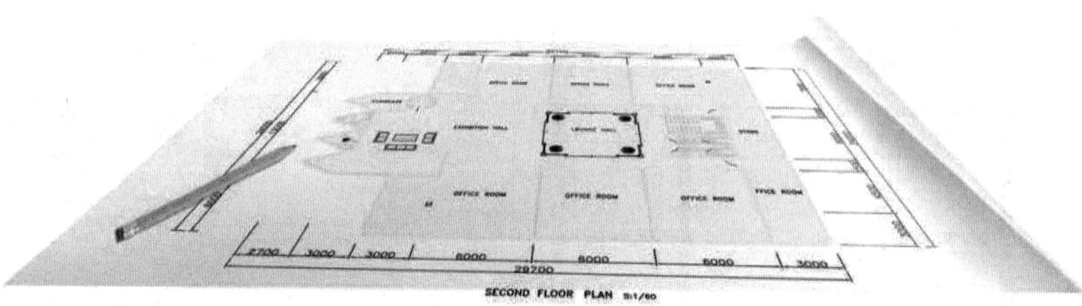

实景图——西立面

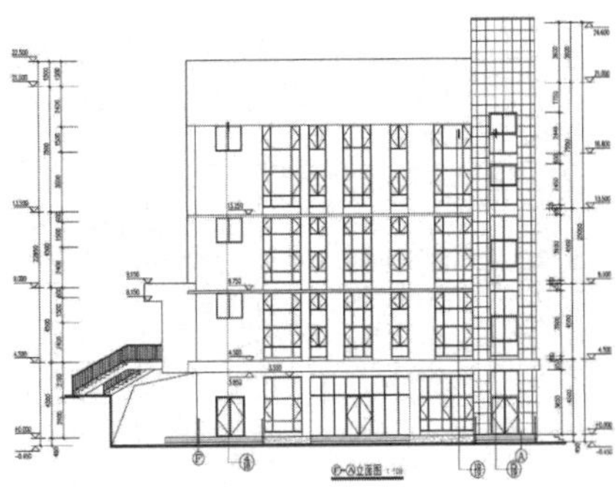

实景图——北立面

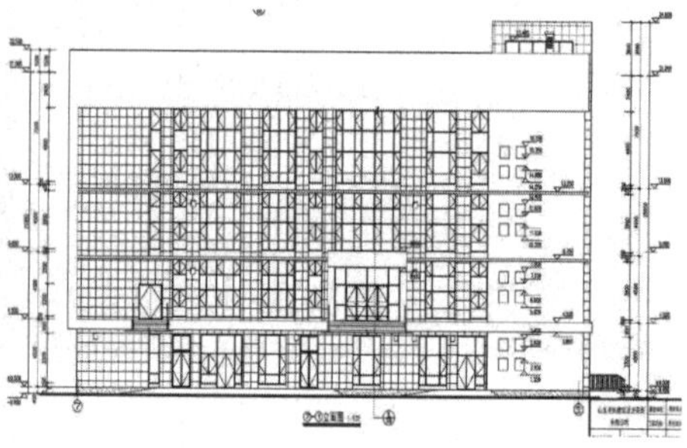

总图			暖通	崔世超
建筑			电气	魏锋
结构	钱相德		助理项目负责人	张仁明
水卫	冯雅男		助理专业负责人	谢 潮

建筑施工图设计说明（一）

图纸目录

序号	图号	图纸名称	张数	图幅
01	JS-01	图纸目录　建筑施工图设计说明（一）	1	A1
02	JS-02	建筑施工图设计说明（二）	1	A1
03	JS-03	建筑节能设计专篇	1	A1
04	JS-04	绿色建筑设计专篇	1	A1
05	JS-05	总平面图	1	A1
06	JS-06	一层平面图	1	A1
07	JS-07	二层平面图	1	A1
08	JS-08	三层平面图	1	A1
09	JS-09	四层平面图	1	A1
10	JS-10	16.800标高平面图	1	A1
11	JS-11	屋顶平面图	1	A1
12	JS-12	①-⑦立面图　⑦-①立面图	1	A1
13	JS-13	Ⓐ-Ⓕ立面图　Ⓕ-Ⓐ立面图	1	A1
14	JS-14	1—1剖面图　2—2剖面图	1	A1
15	JS-15	楼梯详图（一）	1	A1
16	JS-16	楼梯详图（二）	1	A1
17	JS-17	楼梯详图（三）　餐梯详图	1	A1
18	JS-18	节点详图（一）	1	A1
19	JS-19	节点详图（二）	1	A1
20	JS-20	节点详图（三）	1	A1
21	JS-21	门窗表　门窗详图（一）	1	A1
22	JS-22	门窗详图（二）	1	A1
23	JS-23	门窗详图（三）	1	A1

本工程选用图集一览表

序号	标准图集号	图集名称	序号	标准图集号	图集名称
1	L13J1	《建筑工程做法》	8	L13J12	《无障碍设施》
2	L13J4—1	《常用门窗》	9	L11J105	《住宅防火型烟气集中排放系统》
3	L13J4—2	《专用门窗》	10	06J403—1	《楼梯　栏杆　栏板（一）》
4	L13J5—1	《平屋面》	11	05J909	《工程做法》
5	L13J6	《外装修》	12	10J121	《外墙外保温建筑构造》
6	L13J9—1	《室外工程》	13	L09J130	《公共建筑节能保温构造详图》
7	L13J11	《卫生、洗涤设施》	14	02J503—1	《常用建筑色》

电梯选用一览表

编号	电梯名称	井道净尺寸开间x进深（mm）	门洞尺寸宽x高（mm）	顶层层高（mm）	底坑深度（mm）	额定载重量（kg）	额定速度（m/s）	停层	站数	层高
	餐梯	1400X1700	800X1200	4500	0		0.4	1~3	3	4500
备注：电梯井道电梯机房埋件与轨道之间应采用橡胶垫等隔震措施，顶层高度由电梯厂家复核。										

一. 项目概况

1. 建设地点：本项目位于烟台市芝罘区，北临鹅子山，南临卧龙北路，东临山水龙城二区。
2. 建设单位：烟台城乡建设学校。
3. 工程名称：烟台城乡建设学校学生餐厅。
4. 建筑规模：本工程为新建工程，总建筑面积：4280 m²。（注：此本面积不作为售楼及办理房产证使用）
   建筑基底面积：994.77 m²
5. 设计使用年限：50年
6. 建筑层数：地上四层。　　7. 建筑高度：21.45m
8. 建筑设计等级：二级。　　9. 功能：食堂。
10. 建筑耐火等级为：二级。　　11. 屋面防水等级：Ⅰ级。
12. 主要结构类型：框架结构。　　13. 抗震设防烈度七度设防。
14. 人防功能与等级：无。

二. 设计依据

1. 国家及省市现行的有关法律法规等。
2. 由建设单位提供的规划图及有关批建文件。
3. 芝罘区规划局鉴批的用地范围图及设计方案。
4. 建设单位对该工程内部功能，建筑面积，建筑层数，建筑风格和装修标准等方面的要求
5. 国家及省市现行的有关主要法律法规等规程及工程建设强制性标准
6. 设计依据的主要规范：

《民用建筑设计通则》	GB 50352—2005
《公共建筑节能设计标准》	GB 50189—2015
《中华人民共和国消防法》	2009年5月1日实施
《山东省消防条例》	2011年版
《山东省火灾高危单位消防安全管理规定》	2013年版
《建筑设计防火规范》	GB50016—2014
《中小学校设计规范》	GB50099—2011
《屋面工程技术规范》	GB50345—2012
《饮食建筑设计规范》	GB 50016—2014
《建筑内部装修设计防火规范》	GB 50222—95（2001年修订版）
《建筑玻璃应用技术规程》	JGJ 113—2015
《建筑工程建筑面积计算规范》	GB/T 50353—2013
《无障碍设计规范》	GB50763—2012
《民用建筑隔声设计规范》	GBJ 50118—2010
《建筑采光设计标准》	GB/T 50033—2012

其它规范详见专项说明

7. 设计合同

三. 设计标高

1. 本工程±0.000相当于绝对标高值为54.05m。
2. 各层标注标高为建筑完成面标高，屋面标高为结构面标高。
3. 除另有标注外总图以m为单位，其它图中尺寸以mm为单位，标高以m为单位。
4. 室外道路、场地的标高及排水根据现场实测后调整详室外环境设计。
5. 建筑单体按其定位，坐标放线后应复核总平面图上所注明的距用地红线尺寸确定无误后方可施工。

四. 设计内容

1. 本工程为新建工程。
2. 本工程设计的范围包括：建筑、结构、给排水、暖通和电气，详见各专业图纸说明。
3. 本专业设计包括建筑及初装修，不包括细装修。

五. 墙体工程

1. 墙体的基础部分见结施。
2. 非承重的外围护墙，内隔墙详见建筑做法表。
3. 需做元宝基础的100厚隔墙的基础详见结构图，但必须保证元宝基础下的回填土密实时方可采用。位于楼层的隔墙可直接砌筑于结构梁上。
4. 墙身防潮层：在室内地坪下约60处做20厚M20水泥砂浆内加5%防水剂的墙身防潮层（在此标高为钢筋混凝土构造或下为砌石构造时可不做），当室内地坪变化处防潮层应分别设置，并在高低差埋土一侧墙身做20厚M20防水水泥砂浆防潮层，如埋土侧为室外，还应刷1.5厚聚氨酯防水涂料。
5. 墙体留洞：砌筑墙预留洞见建筑和设备图；砌筑墙体预留洞过梁见结施说明。
6. 预留洞的封堵：其余砌筑墙留洞待管道设备安装完毕后，用C15细石混凝土填实；防火墙上留洞的封堵为C20砼。
7. 墙体与梁柱的拉接详见结构说明。
8. 加气混凝土砌块施工应严格按照L13J3—3《加气混凝土砌块墙》要求施工。
9. 砌体与梁、柱的连接处加做钢丝网，规格ø1.6@15，宽300，钉距300加铁片—1X20X20。
10. 为防止八字形裂缝，窗下加设120高压顶，200厚墙4ø10钢筋，箍筋4⌀10，间距200，每边伸出窗洞600。窗洞宽大于等于3000时，窗台压顶下增加铺固构造柱，详见结构图纸。
11. 卫生间等用水房间，周边墙体除门口外应先浇筑200高C20素砼再砌墙，并在地漏1m范围内找坡。
12. 暗装消火栓背面贴防火板，耐火极限2小时再钉钢丝网伸出周边各200再抹灰，钢丝规格ø1.6@15
13. 突出墙面的线脚、挑檐等上部与墙交接处应作成小圆角并向外找坡3%，女儿墙压顶应向内找坡5%，下部应做成滴水槽。滴水做法详见10J121 (A/A2)
14. 雨水管穿线脚处线脚断开或预留ø120套管，雨水管穿过后建筑密封膏封堵，并刷与墙体同色漆。

六. 屋面防水设计说明

1. 设计依据：《屋面工程技术规范》GB50345—2012。
2. 屋面防水等级为：Ⅰ级，材料选用及做法详见做法说明。屋面做法及屋面节点索引见说明及屋顶平面图，雨篷见各层平面图及有关详图。
3. 屋面排水组织见屋面平面图，外排、内排雨水斗、雨水管采用镀锌钢管，除图中另有注明者外，雨水管的公称直径均为DN100。
4. 屋面上的各设备基础的防水构造见L13J5—1 (3/A14) (4/A14)；
5. 施工操作应满足《屋面工程技术规范》GB50345—2012的要求。施工质量应满足《屋面工程质量验收规范》GB50207—2012。
6. 基层转折处应做成小圆弧，保持基层干燥干净，雨天严禁施工。
7. 屋面突出物、女儿墙、管道穿过部分均需在原有防水层基础上加铺柔性防水一道，雨水管均刷与外墙材质相同颜色的涂料。
8. 基层与突出屋面结构（女儿墙、墙、烟囱、管道等）的连接处，以及在基层的转角处（檐口、天沟、斜沟、水落口、屋脊等）水泥砂浆粉刷均应做成圆弧或钝角。
9. 屋面刚性防水层应严格做好分格缝，在做油膏前基底务必做好清理工作，充分干燥。
10. 屋面采用65mm厚挤塑型聚苯板（XPS板）保温层。

七. 门窗工程

1. 建筑外门窗抗风压性能分级、气密性能分级、水密性能分级、保温性能分级、空气声隔声性能分级应符合国家标准的要求。外门窗气密性能气密性能等级不低于《建筑外墙气密性分级及其检测方法》GB7107—02规定的7级，水密性能等级不低于3级，隔声性能等级不低于3级；外窗传热系数采用2.20W/m²K，抗风压设计值为2.0kN/m²。
2. 门窗玻璃的选用应遵照《建筑玻璃应用技术规程》JGJ113—2015和《建筑安全玻璃管理规定》发改运行[2003]2116号文及地方主管部门的有关规定。面积大于1.5m²的窗玻璃或玻璃底边离最终装修面小于800的落地窗、室内隔断、楼梯、公共建筑物的出入口、门厅等部位，易遭受撞击、冲击而造成人体伤害的部位必须使用中空安全玻璃，专业厂家应按照规范及相关规定要求确定安全玻璃种类及厚度。
3. 铝合金门窗断面构造及技术要求（包括风压要求）由有相应资质的生产厂家按该厂铝型材系列规格和洞口的实际尺寸绘制加工图纸，其图纸应符合相关的普通钢铝门窗工程设计与施工规定，经我院设计人会同使用单位认可后方能施工。
4. 门窗立面尺寸均表示洞口尺寸，门窗加工尺寸应按照装修面厚度由承包的专业厂家予以调整，并现场校核尺寸及数量。
5. 门窗洞口均按规范要求预埋木砖或预埋件，外门窗立樘位置见墙身大样图，内门立樘位置除图中另有注明者外，双向平开门立樘居墙中，单向平开门立樘与开启方向墙面平。管道竖井门设门槛高150mm。
6. 外门窗选用断桥隔热铝合金窗，5+6A+5+6A+5中空玻璃门窗，节点构造按L13J4—1图集施工。
7. 门窗安装、固定均应符合JGJ79—91《建筑装饰工程施工及验收规范》，门、窗框四周的缝隙，宜采用保温材料和嵌缝密封膏密封。
8. 门窗预埋在墙或柱内的木铁构件，应做防腐，防锈处理。开启扇加安全锁，推拉扇加限位装置。
9. 窗台高度不足900的窗均设护窗栏杆，有效防护高度自可踏面起算900，做法详03J502—3。
10. 防火门，防盗门，卷闸门等特殊加工门窗埋件由厂家提供要求，提前预埋。
11. 对于易发生人体碰撞的玻璃部位，除图中加设护栏外的玻璃部位均应贴切警示标语。
12. 门窗选料、颜色、玻璃见"门窗表"附注，门窗五金件选用应符合有关国家规范及行业标准的规定。
13. 建设单位在外窗定制前应组织设计单位、施工单位、门窗厂家、保温施工单位进行图纸会审。

八. 外装修工程

1. 外装修设计和做法索引见"立面图"外墙详图及建筑做法表；
2. 外墙外保温系统采用粘贴岩棉板保温体系（燃烧等级A级），详见L09J130《公共建筑节能保温构造详图》，主要保温层为65厚岩棉板，外保温做法应满足相关图集说明及要求。
3. 外装修选用的各项材料其材质、规格、颜色等，均由施工单位提供样板，经建设和设计单位确认后进行封样，并据此验收。

九. 内装修工程

1. 内装修工程执行《建筑内部装修设计防火规范》GB50222—95(2001年修订版)，楼地面部分执行《建筑地面设计规范》GB 50037—2013；具体做法建筑做法表。
2. 楼地面构造交接处和地坪高度变化处，除图中另有注明者外均位于齐平门扇开启面处。
3. 凡设有地漏房间均做防水层，图中未注明整个房间做坡度者，均在地漏周围1m范围内做1~2%坡度坡向地漏；有水房间的楼地面低于相邻房间20mm（竣工标高）。
4. 本工程装修选用的产品应满足《民用建筑室内环境污染控制规范》GB50325—2010的规定。内装修选用的各项材料，均由施工单位制作样板和选样，经确认后进行封样，并据此进行验收。
5. 墙体上嵌入箱柜穿透墙体时，露明处应在箱体固定后，将背面墙洞用钢板网封闭，再做室内装修。楼梯间墙消防栓采用半暗装时，墙体留洞口背面采用7.5厚加气混凝土砌块砌筑封堵。耐火极限2.50h。
7. 不同材料墙体在粉刷前，应在交接处铺钉金属网，并绑紧牢固（饰面材料层薄者，粘贴针织布料），金属网（布料）与两边墙体搭宽度不小于100，防止裂缝。
8. 室内墙面、柱面粉刷部分的阳角和门洞口的阳角和门洞口的阳角应用1：2水泥砂浆做护角。
9. 有吊顶房间墙，柱，梁粉刷或装饰面仅做到吊顶标高以上100。

十. 油漆涂料工程

1. 内木门窗油漆选用木色调和漆二度。
2. 钢构件除锈后先刷防锈漆二度。
3. 木扶手油漆选用咖啡色调和漆二度。
4. 室内外各项露明金属件的油漆为刷防锈漆2道后再做同室内外部位相同的油漆。
5. 各项油漆均由施工单位制作样板，经确认后进行封样，并据此进行验收。

十一. 室外工程（室外设施）

室外台阶、坡道、散水等做法见平面图索引或建筑做法表。

十二. 建筑设备、设施工程

1. 卫生洁具、成品隔断由建设单位与设计单位商定，并应与施工配合。
2. 灯具、送回风口、成品饰表等影响美观的器具需经确认样品后，方可批量加工安装。
3. 因甲方未提供样本，如选用电梯尺寸与设计不符，土建施工前需及时与设计单位联系变更设计，井道圈梁及预埋件由电梯公司另行设计并须经设计单位认可。电梯生产厂家应严格按现行国家规范、行业标准设计、制作、安装并尽可能取上限值。

十三. 无障碍设计（招投标及装修时需满足以下要求）

1. 设计依据：《无障碍设计规范》GB50763—2012 范围：入口、坡道、卫生间及停车位。
2. 供轮椅通行的外门应安装视线观察玻璃，横执把手和关门拉手，在门扇的下方安装0.35m高护门板，做法详见L13J12 (B/B1)，供轮椅通行的门内外地面高差为15mm并应以1：8斜坡过渡。
3. 建筑次入口设1：12的残疾人坡道，建筑入口平台宽度>2M，公共走道宽度>1.2M。
4. 楼梯甲作为无障碍楼梯，踏面和踢面颜色做深浅对比，上行及下行的第一阶铺贴墨色花岗岩使其与平台有明显区别，楼梯两侧均设置扶手。
5. 主入口广场前应设盲道，具体详见室外工程设计。
6. 幕地玻璃门上的玻璃需要做明显提示防撞标志。建筑后期装修均应该符合无障碍设计标准。

十四. 防火设计说明

1. 设计依据：《建筑设计防火规范》GB 50016—2014。
2. 耐火等级：二级。
3. 防火间距：该建筑南北两侧为多层宿舍楼，东侧为单层建筑，该建筑与周边最近建筑距离为6.49m大于6m，满足防火间距的要求。
4. 消防车道：沿建筑的南侧设置消防车道。消防车道宽度>4米，消防车道距建筑外墙>5米，消防车道上空4米以下范围无障碍物。建筑物周围无危险源。
5. 防火分区：地上每层一个防火分区，防火分区最大的建筑面积1028.91m²<2500m²，均满足规范要求。
6. 安全疏散：本工程食堂部分共设三部疏散楼梯，疏散总宽度为5.720m，三层就餐人数506人，需要疏散宽度：506x1x1.1/100=5.56m<5.72m，四层会议室共250人，需要疏散宽度：250x1.05/100=2.63m<5.72m，房间最远点离最近的疏散出口直线距离<22m，满足疏散要求。
7. 疏散距离：本建筑任一防火分区内位于两个安全出口之间的房间疏散门到最近的安全出口之间的距离小于30m，位于袋形走道两侧或尽端的疏散门到最近的安全出口的距离小于20m。
8. 建筑结构与建筑构造：防火墙满足3小时耐火极限；柱满足2.5小时耐火极限；楼梯间墙满足2小时耐火极限；梁满足1.5小时耐火极限；非承重外墙、楼板、疏散楼梯、屋顶承重构件、疏散走道两侧隔墙满足1小时耐火极限；房间隔墙满足0.5小时耐火极限。
9. 管道井（不包括风道和烟道）检修门为丙级防火门。每层楼板处用100厚钢筋混凝土楼板分隔，管道井井壁采用耐火极限不低于1.0h墙体砌筑。
10. 电梯层门的耐火极限不应低于1小时，并应符合现行国家标准《电梯层门耐火极限、完整性、隔热性和热通量测定法》GB/T 27903规定的完整性和隔热性要求。
11. 配电箱、配电箱及消火栓箱嵌入墙体时，在墙体背面加贴防火板，耐火极限不小于2.0小时。电缆井、管道井与房间、走道楼板等相连通的孔洞，其空隙采用防火岩棉封堵。
12. 保温系统：屋面采用挤塑板，燃烧性能为B2级，保温上设置厚度>10mm的不燃烧材料保护层；外墙采用热固型改性EPS板，燃烧性能为A级，外保温外侧设置抹面胶浆防护层，首层厚度>15mm，其它层厚度>5mm。
13. 本设计仅给出初装修做法，后期进行高级装修及使用功能应满足本设计所限定的消防条件及有关消防规范的规定。
14. 救援窗口：本工程沿建筑外墙每层设置可供消防救援人员进入的窗口。窗口的净高度和净宽度均不小于1.0米，下沿距室内地面均小于1.2米，间距不大于20米且每个防火分区均设置2个，窗口的玻璃均为易于破碎的安全玻璃，并在室外设有"红色圆点"醒目标志。
15. 本工程设置自动喷水灭火系统，建筑外墙上、下层开口之间均设置不小于0.8米的实体墙。

十五. 饮食卫生与安全：

1. 为确保食堂的食品卫生安全，在饮食方面应严格遵循《食品卫生法》，《餐饮业食品卫生管理办法》和《标准食（饮）具消毒卫生标准》。
2. 存放食品、食料或药品的房间，其存放物有可能和地面直接接触者，严禁采用有毒的塑料、涂料和水玻璃等做面层材料，以免污染食品，引起食物中毒，而涉及人的生命安全。
3. 副食粗加工宜分设肉禽、水产的工作台和清洗池，粗加工后的原料送入细加工间避免反流。遗留的废弃物应妥善处理；冷食制作间的入口处应设有通过式消毒设施；厨房和饮食制作间的室内净高不应低于3m。
4. 加工间地面应采用耐磨、不渗水、耐腐蚀、防滑易清洗的材料，并应处理好地面排水；墙面、隔断及工作台、水池等设施均应采用无毒、光滑易洁的材料，各阴角宜做成弧形。
5. 各加工间均应处理好通风排气，并应防止厨房油烟气味污染餐厅。
6. 产生油烟的设备上部，应加设附有机械排风及油烟过滤器的排气装置，过滤器应便于清洗和更换。

十六. 环保与安全：

1. 本工程选用了加气混凝土砌块，外墙保温采用了热固型改性EPS板保温。
2. 节能做法详见节能专篇。
3. 架空高压输电线、高压电缆、易燃易爆设施、市政管线、市政道路及河道等不得穿越学校。学校内不得设置无线电发射、转播等各类易遭雷击的铁塔等有碍于学生身体健康和安全的设施。
4. 楼梯、扶手、栏杆和踏步应符合下列规定：
   楼梯栏杆垂直线饰间的净距不应大于0.11m，当楼梯井净宽度大于0.11m时，必须采取安全措施楼梯踏步的高度不大于0.16m，宽度不小于0.28m。防护栏杆最薄弱处承受的最小水平推力应不小于1.5KN/m。

山东圣凯建筑设计咨询有限公司		建设单位	烟台城乡建设学校	批准	高佑明		专业负责人	段静	图号	JS-01
		工程名称	烟台城乡建设学校学生餐厅	审定	由学涵		复核	张旭东	专业	建筑
资质证书编号	A137000075	工程号	TJ16076-001	审核	谢潮		设计	徐莉	日期	2017.03
注册师印章编号		图名	图纸目录　建筑施工图设计说明（一）	项目负责人	段静		制图		第1版	

由 Autodesk 教育版产品制作
由 Autodesk 教育版产品制作

建筑施工图设计说明（二）

5. 新材料，新技术及特殊部位的说明：无

十七. 防渗漏设计

详见反坎JS-02防渗漏设置专篇。

十八. 节能设计

详见JS-03建筑节能设计专篇。

十九. 绿色建筑设计

详见JS-04绿色建筑设计专篇。

二十. 其它施工中注意事项：

图中所选用标准图中有对结构工种的预埋件、预留洞，如楼梯栏杆、门窗、建筑配件等，本图所标注的各种留洞与预埋件应与各工种密切配合，确认无误方可施工。

2. 凡穿楼板的立管均应预埋钢套管（排水管除外），立管与套管之间封堵防水油膏，排水管穿楼板处应预留洞口，管道安装完毕后用防水油膏封堵，预埋件应密切配合各专业施工，避免留洞。
3. 两种材料的墙体交接处，应根据饰面材质在做饰面前加钉钢丝网（规格同墙体说明）防止裂缝
4. 预埋木砖及贴邻墙体的木质面均做防腐处理，露明铁件均做防锈处理。
5. 窗台高度不足900的外窗，窗内需做防护栏杆，未注明者做法见06J403-1 (图) 竖杆净距<110 楼梯防护栏杆最薄弱处承受的最小水平推力应不小于1.5KN/M。
6. 涉及到其他专业的内容如梁柱、灯具布置等应以相应专业图纸为准，本专业图中仅为示意。
7. 建筑专业图中所留洞口仅为作为提醒施工注意用，具体位置和尺寸、数量应以相应专业为准。
8. 设备专业墙上留洞土建与设备核实后方能施工。
9. 凡选用标准图，除设计另有说明外，施工均应满足标准图中说明要求。
10. 凡需专业部门配合设计的部分如变电室等应待该部门所提意见如层高，面积等内容及时反馈
11. 给建筑设计部门，以免出现返工。
12. 凡出现分包，下道工序安装前应到现场对上道工序进行确认。
13. 如有设计变更，建设单位应及时将设计变更通知施工单位及相关设备厂家。
14. 本工程施工前应将会审图送建设局、消防等有关部门审查并将审查答复意见及时送给施工等相关部门。施工前应进行图纸会审等。未经审查不得施工。
15. 本工程"责任标牌"设置在侧立面外墙靠近南侧，标牌尺寸1000x800（宽x高）"责任标牌"内容为工程名称、开竣工日期、建设、勘察、设计、施工、监理、图审、检测机构全称和项目负责人姓名，标牌字体、字间距及行距根据实际确定。标牌年限50年，材质为石材或金属，安装应牢固可靠。
16. 未尽事宜按国家现行施工和验收规范执行。
17. 设计人员联系电话：0535-3451651

反坎防渗漏设置专篇

一. 反坎设置要求

（一）卫生间反坎：

1. 卫生间周边后砌墙根部等部位须设置砼反坎。反坎浇筑前将结构面湿润，凿毛处理，反坎浇筑高度为建筑完成面200mm。
2. 卫生间烟道、管道井部位，设置砼反坎，施工如下。

(1) 安装管道或烟道：清理孔洞并将周边凿毛，根据设计图纸安装穿楼板管道或烟道。
(2) 封堵孔洞：支模，在管道与楼板间缝隙中分两次浇筑C20细石混凝土（掺膨胀剂），充分插捣密实。
(3) 结构闭水试验：按楼地面结构闭水试验要求进行。
(4) 打密封膏：闭水试验合格后，清除多余水分，干燥后在凹槽内嵌填建筑密封膏。
(5) 建筑反坎：在楼面上弹线定出反坎位置，将基层凿毛并浇水湿润，在管道井墙底部后浇C20素混凝土反坎，反坎宽100mm，高200mm。养护达到强度后，方可施工管道井墙。
(6) 施工管道井墙：砌筑管道（烟道）井墙，管道（烟道）井墙与反坎外侧平齐。管道井墙根部防水附加层和防水层上返高度高出楼地面完成面200mm，平面超出管道井墙周边不小于150mm。

（二）外墙反坎：

空调板、雨篷板、凸窗上部、挑檐与外墙面的交接面等突出墙面的现浇或预制线条及构筑物须设置砼反坎，厚度同墙厚，高度不小于200mm，且满足此处墙体的排砖要求，保证上部斜砌高度。施工过程中，此处反坎应与混凝土结构板一次浇筑完成。板上面的阴角处防水层下需做成圆弧形，其半径不得小于100mm，以保证防水层圆滑通过，没有死角，排水坡度为3%。

（三）屋面反坎：

1. 女儿墙反坎：女儿墙下部300mm高处应设置砼反坎，且应与屋面混凝土一同浇筑，若施工困难则必须保证女儿墙浇筑前把基层凿毛并充分浇水湿润。反坎混凝土养护达到强度后，方可进行上部女儿墙的砌筑或混凝土浇筑。
2. 出屋面反坎：出屋面反坎混凝土应与屋面混凝土一同浇筑，避免留置施工缝，若不能一次浇筑，则在反坎浇筑前必须将下部混凝土凿毛并充分湿润。反坎应在门洞两边各伸出500mm，反坎防水应至少高于屋面完成面250mm以上。
3. 出屋面烟囱：出屋面烟囱反坎应与结构一同浇筑，反坎宽150mm，反坎与屋面完成面的距离不小于250mm，反坎上预留20mm圆孔，200mm深。

二. 反坎防渗漏节点

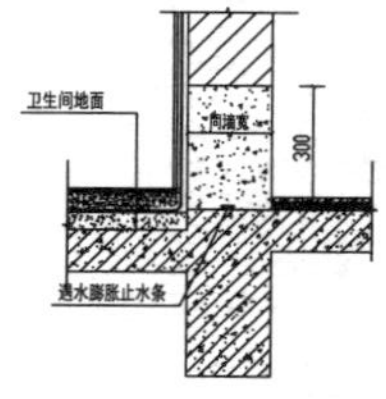

卫 生 间

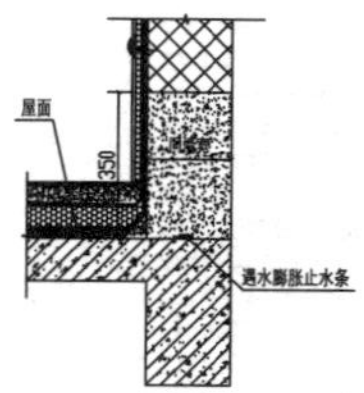

屋 面

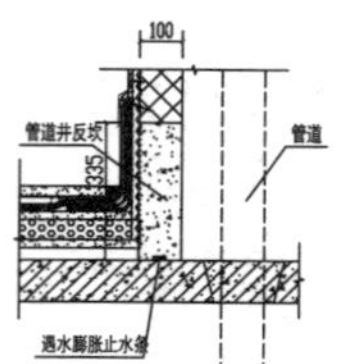

管 道 井

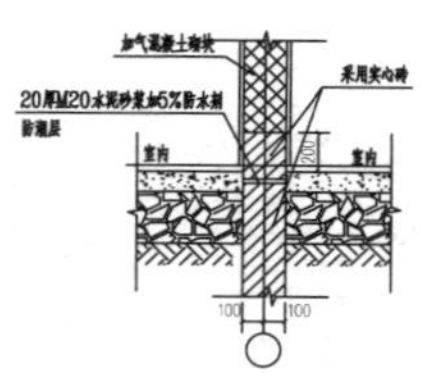

防潮层节点 1:20

建筑做法表

部位	名 称	适用范围	选用标准图集号	选用做法	备 用
墙体	100、200、250机制砖墙	±0.000 标高以下墙体			MU15蒸压粉煤灰实心砖，M5水泥砂浆砌筑，M15防水砂浆抹面
	100、200 机制砖墙	卫生间1.2米以下墙体			MU15蒸压粉煤灰实心砖，M5水泥砂浆砌筑
	100、200、250砌块墙	其它墙体			砌块抗压强度3.5MPa，容重650KG/M³，Ma5混合砂浆砌筑
	钢筋混凝土墙（柱）	图中涂黑部分			详见结构施工图
地面	防滑地砖防水地面	卫生间、操作间、热表间、淋浴间、更衣间			做法详续表 防滑地砖，颜色及规格甲方自定。
	花岗岩地面	楼梯间	L13J1	地205	第5条改为150厚碎石垫层
	细石混凝土防潮地面	配电间、餐梯			做法详续表
	防滑地砖防潮地面	其他房间			做法详续表 防滑地砖，颜色及规格甲方自定。
楼面	防滑地砖防水楼面	卫生间、洗碗间	L13J1	楼201F1	防滑地砖，颜色及规格甲方自定，结构降板100
	花岗岩楼面	楼梯间	L13J1	楼205	
	细石混凝土楼面	配电间	L13J1	楼102	
	防滑地砖楼面	其他房间	L13J1	楼201	防滑地砖，颜色及规格甲方自定，结构降板50 有用水器具的房间，以用水器具2米范围涂刷1.5厚合成高分子涂料一道，遇墙上返250mm
内墙面	面砖防水内墙	操作间、烹饪间、食库	L13J1	内墙6BF1（防水）	颜色及规格甲方自定，高度高出吊顶线100
		卫生间、淋浴间、更衣间			颜色及规格甲方自定，高度到顶
	面砖内墙	门厅、一层走廊、配餐间	L13J1	内墙6	颜色及规格甲方自定，高度1200mm
	防水砂浆内墙	配电间、要表间、报警阀室	L13J1	内墙2	
	乳胶漆内墙	其他房间	05J909	内墙7D1	面层为内墙乳胶漆
踢脚	花岗岩踢脚	楼梯间、公共走廊、餐厅	L13J1	踢5	高150
	面砖踢脚	其他房间	L13J1	踢3	高150
顶棚	铝合金方板吊顶顶棚	操作间、烹饪间、食库、一层配餐间、一层走廊	L13J1	棚16	顶棚颜色及规格甲方自定，钢筋混凝土楼板基层不需处理，吊顶位置详剖面图
	硅酸钙板吊顶	会议室、四层走廊	05J909	棚20B	吊顶位置详剖面图
	刮腻子涂料顶棚	其他房间	L13J1	顶2	面层为白色乳胶漆
屋面	屋面一（上人平屋面）	详见平面图			详续表
	屋面二（非上人平屋面）	详见平面图			详续表
外墙	真石漆墙面	详见立面图			详续表，真石漆外墙抹灰，应按市建设局（2002）95文，第二十五条，设分格缝横向沿窗上沿、下沿，竖向小于3M。基层抹20厚C20水泥防水砂浆。
楼梯	栏杆、扶手		06J403-1		高度见详图 (图)(图)(图)
台阶	毛面花岗岩台阶	室外台阶	L13J9-1		(图)
坡道	毛面花岗岩坡道	无障碍坡道	L13J12		坡道栏杆L13J12 (图)
散水	细石混凝土散水		L13J1	散2	散水宽900
水落管	雨水管	内排水	L13J5-1	(图)	ø100的镀锌钢管
	水落斗	内排水	L13J5-1	(图)	

注：1、工程用砂浆应采用预拌砂浆，技术要求见《预拌砂浆应用技术规程》JGJ/T 223-2010《抹灰砂浆技术规程》JGJ/T 220-2010 选用图集中采用的传统砂浆与预拌砂浆的对应关系可按照《预拌砂浆应用技术规程》JGJ/T 223-2010中第38页表1进行替换。
2、厨房内设施用具应购买成品或由精装修另行确定。
3、学生餐厅在洗手槽附近2米范围内增加1.5厚聚氨酯防水涂料。
4、窗台板采用20mm厚中国黑大理石
5、卫生间、洗碗消毒间等有水房间楼地面竣工标高应比同层楼地面低
6、内排水雨水管水落斗做法详水专业图纸。

建筑做法表

续表1

类别	名称	构造做法	备注
地面	防滑地砖防水地面 技术要求参见L13J1 地201	1. 8~10厚地砖铺实拍平，稀水泥浆擦缝	挤塑板压缩强度不应小于150KPa 密度不应小于35kg/m³
		2. 30厚M15干硬性水泥砂浆结合层	
		3. 1.5厚合成高分子防水涂料	
		4. 最薄处40厚C20细石混凝土找坡层抹平	
		5. 20厚挤塑聚苯板（阻燃型）	
		6. 1.2厚合成高分子防水涂料	
		7. 120厚C20混凝土垫层内配双层双向ø6@150钢筋网	
		8. 150厚碎石垫层	
		9. 素土夯实，压实系数不小于0.94	
	细石混凝土防潮地面 技术要求参见L13J1 地101	1. 40厚C20细石混凝土抹平压光	
		2. 1.2厚合成高分子防水涂料	
		3. 120厚C20混凝土垫层内配双层双向ø6@150钢筋网	
		4. 150厚碎石垫层	
		5. 素土夯实，压实系数不小于0.94	
	防滑地砖防潮地面 技术要求参见05J909 地76C	1. 8~10厚地砖铺实拍平，稀水泥浆擦缝	
		2. 20厚M15干硬性水泥砂浆结合层	
		3. 素水泥浆一道　4. 40厚C20细石混凝土找平层	
		5. 20厚挤塑聚苯板（阻燃型）　6. 1.2厚合成高分子防水涂料	
		7. 120厚C20混凝土垫层内配双层双向ø6@150钢筋网随打随抹平	
		8. 150厚碎石垫层　9. 素土夯实，压实系数不小于0.94	
屋面	上人平屋面（屋面一）技术要求参见L13J1 屋103	1. 40厚C20细石混凝土（6MX6M分格，缝宽20，密封胶嵌缝）随打随抹，内配ø4双向间距150钢筋网（钢筋网在分格缝处断开）缝上铺防水卷材，宽200（与墙交接处预留30宽缝隙，填沥青玛蹄脂）	挤塑板压缩强度不应小于150KPa 密度不应小于35kg/m³
		2. 隔离层（干铺玻纤布）一道	
		3. 4+3厚高聚物改性沥青防水卷材两道	
		4. 刷基层处理剂一道	
		5. 30厚C20细石混凝土找平层	
		6. 聚合物砂浆粘贴65厚挤塑聚苯板	
		7. 钢筋混凝土屋面板，结构找坡3%	
	非上人平屋面（屋面二）技术要求参见L13J1 屋103	1. 40厚C20细石混凝土（6MX6M分格，缝宽20，密封胶嵌缝）随打随抹，内配ø4双向间距150钢筋网（钢筋网在分格缝处断开）缝上铺防水卷材，宽200（与墙交接处预留30宽缝隙，填沥青玛蹄脂）	
		2. 隔离层（干铺玻纤布）一道	
		3. 4+3厚高聚物改性沥青防水卷材两道	
		4. 刷基层处理剂一道	
		5. 30厚C20细石混凝土找平层	
		6. 聚合物砂浆粘贴65厚挤塑聚苯板	
		7. 20厚M15水泥砂浆找平层	
		8. 1:6（重量比）水泥憎水性膨胀珍珠岩找坡层（最薄处为0）	
		9. 钢筋混凝土屋面板	
外墙	真石漆外墙 技术要求参见L13J1 外墙15 及10J121《外墙外保温建筑构造》	1. 涂饰面真石漆两遍　2. 喷涂主层真石漆	岩棉板压缩强度不应小于40KPa 密度>140kg/m³
		3. 刮柔性耐水腻子　4. 防潮底漆	
		5. 薄抹第三道抹面胶浆，抹面胶浆总厚度5~7mm	
		6. 抹第二道抹面胶浆，压入耐碱玻璃纤维网布	
		7. 锚栓锚固耐碱玻璃纤维网布层	
		8. 抹第一道抹面胶浆，压入耐碱玻璃纤维网布	
		9. 65厚岩棉板板两表面及侧面涂刷界面剂，配套胶粘剂粘贴	
		10.15厚M15水泥防水砂浆找平	
		11.砖墙、混凝土墙、加气混凝土砌块墙	

山东圣凯建筑设计咨询有限公司		建设单位	烟台城乡建设学校	批 准	高佑明		专业负责人	段 静		图 号	JS-02
		工程名称	烟台城乡建设学校学生餐厅	审 定	由学涵		复 核	张旭东		专 业	建 筑
资质证书编号	A137000075	工 程 号	TJ16076-001	审 核	潘 潇		设 计	徐 莉		日 期	2017.03
注册师印章编号		图 名	建筑施工图设计说明（二）	项目负责人	段 静		制 图				第 1 版

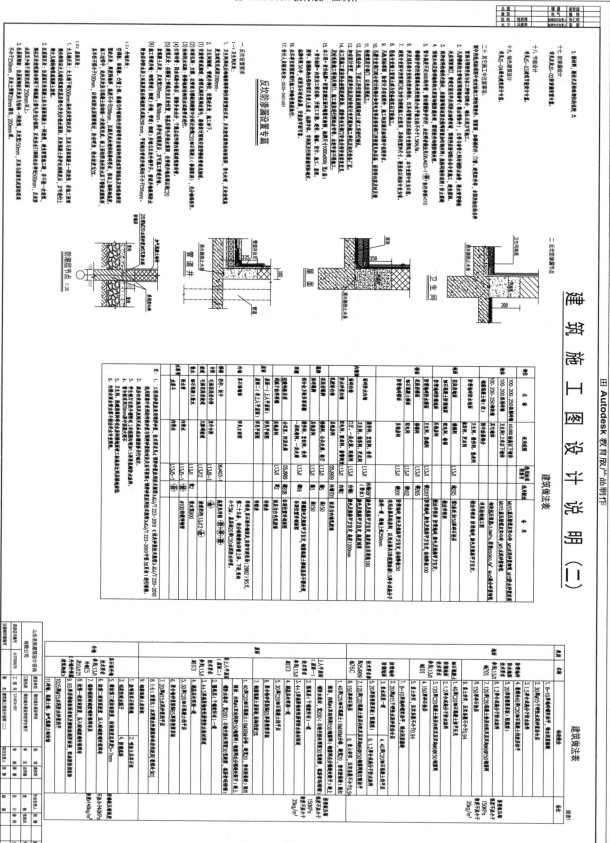

由 Autodesk 教育版产品制作
由 Autodesk 教育版产品制作

总图			暖通	崔世超
建筑			电气	魏 健
结构	钱相德		协理项目负责人	张仁明
水卫	迟雁星		协理专业负责人	潘 潮

建 筑 节 能 设 计 专 篇

一.设计依据

1、国家工程建设标准《公共建筑节能设计标准》　GB50189-2015
2、山东省工程建设标准《外墙外保温应用技术规程》　DBJ 14-035-2007
3、国家标准《民用建筑热工设计规范》　GB50176-93
4、国家标准《建筑节能工程施工质量验收规范》　GB50411-2007
5、行业标准《外墙外保温工程技术规程》　JGJ 144-2004
6、国务院令第 530 号《民用建筑节能条例》
7、建设部令第143号《民用建筑节能管理规定》
8、山东省人民政府令第181号《山东省新型墙体材料发展应用与建筑节能管理规定》

二.计算软件

1、建筑节能设计分析软件 PKPM PBEAC2015 版本

三.工程概况

1、本工程为烟台城乡建设学校学生餐厅。
2、结构形式为框架结构，外填充墙为200mm厚加气混凝土砌块墙。节能建筑面积为 4280M²
3、本建筑的耐火等级为二级
4、本工程功能：食堂。
5、本工程外饰面为：真石漆，详见立面图

四.烟台地区公共建筑节能设计有关指标参数

1、烟台采暖期天数：　103天
2、烟台采暖期室外平均温度：　0.5℃
3、烟台采暖期度日数：　1943
4、烟台公共建筑节能目标：　总体节能 65%

五、本工程有关建筑节能计算参数

建筑面积（A）	4280.00 m²	各朝向的窗墙面积比	北	规定值	0.70	设计值	0.24
建筑体积（V）	21043.23 m³		东		0.70		0.09
建筑物外表面积（F）	4053.86 m²		西		0.70		0.31
建筑物体形系数（S）	0.19		南		0.70		0.34

六.保温体系

1、外墙保温系统采用岩棉板抹灰外墙外保温系统（燃烧等级A级），详见 10J121《外墙外保温建筑构造》附录 3-1页～附录 3-9页中的岩棉板薄抹灰外墙外保温建筑做法详说明，外保温做法应满足相关图集说明及要求。
2、屋面保温系统采用挤塑聚苯板保温系统（燃烧等级B2级），详见山东省建筑标准设计图集L09J130《公共建筑节能保温构造详图》中M系统。
3、保温系统各部位选用的产品性能指标均应符合标准图集中的规定值。
4、屋顶保温防护层为40厚细石混凝土。

七.该工程应采取的其他节能措施及要求

1、外窗（含阳台门）的气密性能等级不应低于国家标准《建筑外窗气密、水密、抗风压性能分级及检测方法》GB/T7106-2008 规定的 6 级，其单位缝长空气渗透量为q <1.5[m³/(m·h)]，单位面积空气渗透量为q_2 <4.5[m³/(m²·h)。
2、外墙热桥部位—混凝土梁（过梁）、柱、的保温详说明。
3、外门窗框与门窗洞口之间的缝隙，应采用聚氨酯等高效保温材料填实，并用密封膏嵌缝，不得采用水泥砂浆填缝。
4、外门窗洞口周边侧墙采用20厚胶粉聚苯颗粒，3-5厚抹面胶浆中间压入耐碱玻璃纤维网格布弹性底涂，柔性腻子，再做高弹性涂料饰面。
5、建筑饰面采用涂料饰面时应采用高弹性涂料。其技术性能指标应符合行业建设标准《弹性建筑涂料》JG/T 172-2005中规定的技术指标要求，特别是断裂伸长率在标准状态下应大于等于200%。
6、建筑的外墙、阴阳角、勒脚、窗口、阳台、雨篷、女儿墙及管道穿墙等外墙保温构造详见图集 10J121《外墙外保温建筑构造》。
7、建设单位及施工单位应采用正规厂家的合格产品，严格按设计标准图集的要求施工，不得随意更改系统构造和组成材料，所有组成材料应由系统供应商成套供应（包括保温板、抗裂砂浆、抹面胶浆、腻子、涂料等）
8、在正常使用和正常维护的条件下，外墙外保温工程的使用年限不应少于25 年
9、本工程采用的保温材料挤塑板燃烧性能为B2级，热固型改性EPS板燃烧性能为A级。挤塑板采用阻燃型，氧指数>30%，应切实做好施工期间的防火工作。
10、该工程用的节能产品必须取得《山东省新型墙材建筑节能技术产品认定证书》方可实施。
11、建筑节能计算详见节能计算书和本图公共建筑节能设计登记表；设备专业节能设计详见各设备专业图纸。
12、当窗墙面积比小于0.4 时，玻璃（或其它透明材料）的可见光透射比不应小于0.4 。
13、本工程所用保温材料容重分别为：挤塑板≥35kg/m³，热固型改性EPS板≥80kg/m³。

八、建筑保温节点（其他未表达保温节点构造详各相关保温图集）

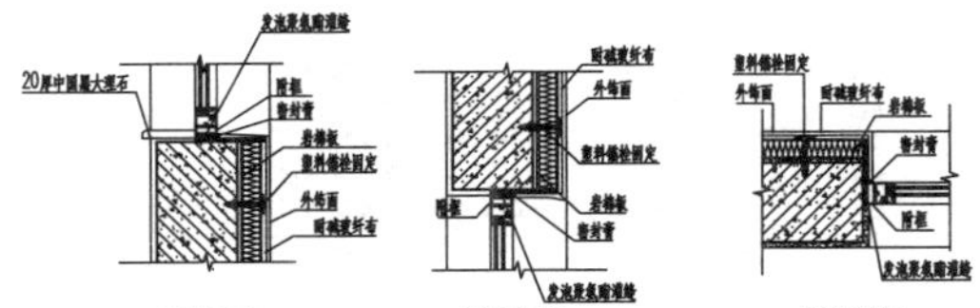

真石漆窗下口　　真石漆窗上口　　真石漆窗侧口

山东省公共建筑节能设计登记表

工程名称		工程号	建筑面积 m²	屋顶透明部分面积与屋顶总面积之比		规定值	设计值	结构类型
烟台城乡建设学校学生餐厅		TJ16076-001	4280			≤0.20	/	☑框架 □剪力墙 □钢结构 □其它
建筑外表面积m²	建筑体积m³	体形系数		屋顶透明部分面积与中庭屋顶面积之比		规定值	设计值	
4053.86	21043.23	0.19				≤0.70	/	窗墙面积比 南0.34 东0.09 西0.31 北 0.24
围护结构部位		传热系数K限值 [W/(m²·K)] S≤0.30		0.30<S≤0.50		选用做法传热系数K		主要做法说明
屋顶	屋顶一	≤0.45		/		0.45		混合砂浆(20mm)+钢筋混凝土板(120mm)+水泥砂浆(20mm)+挤塑聚苯板(65mm)+细石混凝土(30mm)+细石混凝土(40mm)
外墙（包括非透明幕墙）		≤0.50		/		0.44	0.49	水泥砂浆(20mm)+岩棉板(65mm) 加气混凝土砌块(B05级) 200mm 水泥砂浆(20mm)
				/		0.65		水泥砂浆(20mm)+岩棉板(65mm)+钢筋混凝土(400mm)+水泥砂浆(20mm)
底面接触室外空气的架空或外挑楼板		≤0.50		/		0.47		水泥砂浆(20mm)+混凝土楼板(100mm)+岩棉板(100mm)+水泥砂浆(20mm)
非采暖空调房间与采暖空调房间的隔墙		≤1.50		/		/		
外窗 包括透明幕墙		传热系数K	太阳得热系数SHGC东、南、西向/北向	传热系数K	太阳得热系数SHGC东、南、西向/北向	选用传热系数K	太阳得热系数SHGC东、南、西向/北向	
单一立面外窗	窗墙面积比≤0.20	≤3.00	—	≤2.80	—	2.20	0.51	断桥隔热铝合金窗（5+6空气+5+6空气+5中空玻璃），详见门窗表
	0.20<窗墙面积比≤0.30	≤2.70	≤0.52/—	≤2.50	≤0.52/—	2.20	0.51	
	0.30<窗墙面积比≤0.40	≤2.40	≤0.48/—	≤2.20	≤0.48/—	2.20	0.51	
	0.40<窗墙面积比≤0.50	≤2.20	≤0.43/—	≤1.90	≤0.43/—			
	0.50<窗墙面积比≤0.60	≤2.00	≤0.40/—	≤1.70	≤0.40/—			
	0.60<窗墙面积比≤0.70	≤1.90	≤0.35/0.60	≤1.70	≤0.35/0.60			
	0.70<窗墙面积比≤0.80	≤1.60	≤0.35/0.52	≤1.50	≤0.35/0.52			
	窗墙面积比>0.80	≤1.50	≤0.30/0.60	≤1.40	≤0.30/0.60			
	屋顶透明部分	≤2.40	≤0.44	≤2.40	≤0.35			
周边地面		热阻R m²K/W	>0.60	选用做法热阻R m²K/W		0.61		挤塑聚苯板(20mm)
供暖空调地下室外墙			>0.60					
结论：与《公共建筑节能设计标准》(GB50189-2015)相比较，该建筑物的立面外窗太阳得热系数不满足《公共建筑节能设计标准》(GB50189-2015)第3.3.1-3条的要求；有效通风换气面积占外墙面积比例不满足《公共建筑节能设计标准》(GB50189-2015)第3.2.8条的要求指标未满足规范要求。								
备注：外墙传热系数是包括结构性热桥在内的平均传热系数								

围护结构部位	参照建筑 K W/(m²K)		设计建筑K W/(m²K)	
屋面	0.45		0.45	
外墙（包括非透明幕墙）	0.50		0.50(*)	
底面接触室外空气的架空或外挑楼板	0.50		0.50	
地下车库与供暖房间之间的楼板	1.00		—	
非供暖楼梯间与供暖房间之间的隔墙	1.50		—	
外窗（包括透明幕墙）	传热系数K (m²K)	太阳得热系数 SHGC	传热系数K (m²K)	太阳得热系数 SHGC
单一立面外窗（包括透光幕墙）	3.00	—	2.20	0.51
	2.40	0.48	2.20	0.51
	2.40	0.48	2.20	0.51
	2.70	—	2.20	0.51
屋顶透光部分	—	—	—	—
围护结构部位	热阻 R (m²K)/W		热阻 R (m²K)/W	
周边地面	0.60		0.61	
供暖地下室（与土壤接触的墙）	0.60		--	
变形缝（两侧墙内保温时）	0.90		--	
备注：1.(*)为全部外墙加权平均传热系数 2、上表中窗墙面积比均为该朝向范围内最不利单一立面窗墙面积比				

建筑节能评估结果

计算结果	设计建筑	参照建筑
全年能耗	39.16	39.27

结论：该设计建筑的全年能耗小于于参照建筑的全年能耗，因此该建筑已经达到了《山东省公共建筑节能设计标准》(GB50189-2015)的节能要求。

山东圣凯建筑设计咨询有限公司		建设单位	烟台城乡建设学校	批准	高佑明		专业负责人	段 静		图号	JS-03
		工程名称	烟台城乡建设学校学生餐厅	审定	由学涵		复核	张旭东		专业	建 筑
资质证书编号	A137000075	工程号	TJ16076-001	审核	潘 潮		设计	徐 莉		日期	2017.03
注册师印章编号		图名	建筑节能设计专篇	项目负责人	段 静		制图			第 1 版	

由 Autodesk 教育版产品制作

绿 色 建 筑 设 计 专 篇

1、设计依据

1-1、《居住建筑节能设计标准》DBJ12036-2015	1-6、《绿色建筑评价标准》GB/T 50378-2014
1-2、山东省工程建设标准《绿色建筑设计规范》DB37/T 5043-2015	1-7、《民用建筑隔声设计规范》GB50118-2010
1-3、《民用建筑绿色设计规范》JGJ/T229-2010 J1125-2010	1-8、《建筑采光设计标准》GB/T50033-2013
1-4、《民用建筑热工设计规范》GB50176-2002	1-9、《建筑照明设计标准》GB50034-2013
1-5、《外墙外保温工程技术规程》JGJ144-2004 J408-2005	其它现行的国家有关设计规范、规程和规定

2、建筑项目主要特征

建筑项目主要特征表

名称	建筑类别	耐火等级	抗震设防烈度	结构选型	建筑层数	建筑高度	基底面积	建筑面积
烟台城乡建设学校学生餐厅	多层公建	二级	七度	框架结构	地上四层	21.45m	994.77m²	4280m²

3、评价阶段及评价目标：评价阶段为设计评价阶段；评价目标为一星级。

4、自评结果及得分情况

第一项：节地与室内环境

专项分类		规范条文(《绿色建筑评价标准》GB/T 50378-2014)		所属专业	自评结果 Q=62 满分	自评得分	适用性
控制项		4.1.1	项目选址应符合所在地城乡规划，且应符合各类保护区、文物古迹保护的建设控制要求。	建筑	☑满足	☐不满足	
		4.1.2	场地应无洪涝、滑坡、泥石流等自然灾害的威胁，无危险化学品、易燃易爆危险源的威胁，无电磁辐射、含氡土壤等危害	建筑	☑满足	☐不满足	
		4.1.3	场地内不应有排放超标的污染源	建筑	☑满足	☐不满足	
		4.1.4	建筑规划布局应满足日照标准，且不得降低周边建筑的日照标准	建筑	☑满足	☐不满足	
评分项	土地利用	4.2.1	节约、集约利用土地	建筑	19	10	适用
		4.2.2	场地内合理设置绿化用地	建筑	9	7	适用
		4.2.3	合理开发利用地下空间	建筑	6	0	适用
	室外环境	4.2.4	建筑及照明设计避免产生光污染	建筑、电气	4	4	适用
		4.2.5	场地内环境噪声符合现行国家标准《声环境质量标准》GB 3096 的有关规定	建筑	4	4	适用
		4.2.6	场地内风环境有利于室外行走、活动舒适和建筑的自然通风	建筑	6	6	适用
		4.2.7	采取措施降低热岛强度	建筑	4	4	适用
	交通设施与公共服务	4.2.8	场地与公共交通设施具有便捷的联系	建筑	9	3	适用
		4.2.9	场地内人行通道采用无障碍设计	建筑	3	3	适用
		4.2.10	合理设置停车场所	建筑	6	0	适用
		4.2.11	提供便利的公共服务	建筑	6	3	适用
	场地设计与场地生态	4.2.12	结合现状地貌进行场地设计与建筑布局，保护场地内原有的自然水域、湿地和植被，采取表层土利用等生态补偿措施	建筑	3	3	适用
		4.2.13	充分利用场地空间合理设置绿色雨水基础设施，对大于 10hm2 的场地进行雨水专项规划设计建筑规划布局应满足日照标准，且不得降低周边建筑的日照标准	建筑、给排水	9	6	适用
		4.2.14	合理规划地表与屋面雨水径流，对场地雨水实施外排总量控制	给排水	6	6	适用
		4.2.15	合理选择绿化方式，科学配置绿化植物	建筑	6	3	适用

第二项：节能与能源利用

专项分类		规范条文(《绿色建筑评价标准》GB/T 50378-2014)		所属专业	自评结果 Q=63.07 满分	自评得分	适用性
控制项		5.1.1	建筑设计应符合国家现行有关建筑节能设计标准中强制性条文的规定	建筑、暖通	☑满足	☐不满足	
		5.1.2	不应采用电直接加热设备作为供暖空调系统的供暖热源和空气加湿热源	暖通	☑满足	☐不满足	
		5.1.3	冷热源、输配系统和照明等各部分能耗应进行独立分项计量	电气	☑满足	☐不满足	
		5.1.4	各房间或场所的照明功率密度值不得高于现行国家标准《建筑照明设计标准》GB50034中的现行值规定	电气	☑满足	☐不满足	
评分项	建筑与围护结构	5.2.1	结合场地自然条件，对建筑的体形、朝向、楼距、窗墙比等进行优化设计	建筑	6	6	适用
		5.2.2	外窗、玻璃幕墙的可开启部分能使建筑获得良好的通风	建筑	6	6	适用
		5.2.3	围护结构热工性能指标优于国家现行有关建筑节能设计标准的规定	建筑、暖通	10	5	适用
		5.2.4	供暖空调系统的冷、热源机组能效均优于现行国家标准《公共建筑节能设计标准》GB 50189-2015的规定以及现行有关国家标准能效限定值的要求	暖通	6		不适用
	供暖通风与空调	5.2.5	集中供暖系统热水循环泵的耗电输热比和通风空调系统风机的单位风量耗功率准《公共建筑节能设计标准》GB 50189-2015等的有关规定，且空调冷热水系统循环水泵的耗电输冷（热）比比现行国家标准《民用建筑供暖通风与空气调节设计规范》GB50736规定值低20%	暖通	6		不适用
		5.2.6	合理选择和优化供暖、通风和空调系统	暖通	10	0	适用
		5.2.7	采取措施降低过渡季节供暖、通风和空调系统能耗	暖通	6	0	适用
		5.2.8	采取措施降低部分负荷、部分空间使用下的供暖、通风和空调系统能耗	暖通	9	6	适用
	照明与电气	5.2.9	走廊、楼梯间、门厅、大堂、大空间、地下停车场等场所的照明系统采取分区、定时、感应等节能控制措施	电气	5	5	适用
		5.2.10	照明功率密度值达到现行国家标准《建筑照明设计标准》GB50034中的目标值规定	电气	8	8	适用
		5.2.11	合理选用电梯和自动扶梯，并采用电梯群控、扶梯自动启停等节能控制措施	电气	3		不适用
		5.2.12	合理选用节能型电气设备	电气	5	5	适用
	能量综合利用	5.2.13	排风能量回收系统设计合理并运行可靠	暖通	3		不适用
		5.2.14	合理采用蓄冷蓄热系统	暖通	3		不适用
		5.2.15	合理利用余热废热解决建筑的蒸汽、供暖或生活热水需求	暖通	4		不适用
		5.2.16	根据当地气候和自然资源条件，合理利用可再生能源	给排水	10	0	适用

第三项：节水与水资源利用

专项分类		规范条文(《绿色建筑评价标准》GB/T 50378-2014)		所属专业	自评结果 Q=50 满分	自评得分	适用性
控制项		6.1.1	应制定水资源利用方案、统筹利用各种水资源	给排水	☑满足	☐不满足	
		6.1.2	给排水系统设置应合理、完善、安全	给排水	☑满足	☐不满足	
		6.1.3	应采用节水器具	给排水	☑满足	☐不满足	
评分项	节水系统	6.2.1	建筑平均日用水量满足现行国家标准《民用建筑 节水设计标准》GB50555中的节水用水定额的要求	给排水	10		不适用
		6.2.2	采取优先措施避免管网漏损	给排水	7	2	适用
		6.2.3	给排水系统无超压出流现象	给排水	8	3	适用
		6.2.4	设置用水计量装置	给排水	6	4	适用
		6.2.5	公共浴室采取节水措施	给排水	4	4	适用
	节水器具与设备	6.2.6	使用较高用水效率等级的卫生器具	给排水	10	10	适用
		6.2.7	绿化灌溉采用节水灌溉方式	给排水	10	0	适用
		6.2.8	空调设备或系统采用节水冷却技术	给排水	10	6	适用
		6.2.9	除卫生器具、绿化灌溉和冷却塔的其他用水采用节水技术或措施	给排水	5	3	适用
	非传统水源利用	6.2.10	合理使用非传统水源	给排水	15	5	适用
		6.2.11	冷却水补水使用非传统水源	给排水	8	6	适用
		6.2.12	结合雨水利用设施进行景观水体设计，景观水体利用雨水的补水量大于其水体蒸发量的60%，且采用生态水处理技术保障水体水质	给排水	7	7	适用

第四项：节材与材料资源利用

专项分类		规范条文(《绿色建筑评价标准》GB/T 50378-2014)		所属专业	自评结果 Q=48.10 满分	自评得分	适用性
控制项		7.1.1	不得采用国家和地方禁止和限制使用的建筑材料及制品	建筑、结构	☑满足	☐不满足	
		7.1.2	混凝土结构中梁、柱、墙纵向受力普通钢筋应采用不低于400MPa级的热轧带肋钢筋	结构	☑满足	☐不满足	
		7.1.3	建筑造型要素应简约，且无大量装饰性构件	建筑	☑满足	☐不满足	
评分项	节材设计	7.2.1	择优选择建筑形体	结构	9	3	适用
		7.2.2	对地基基础、结构体系、结构构件进行优化设计，达到节材效果	结构	5	5	适用
		7.2.3	土建工程与装修工程一体化设计	建筑	10	0	适用
		7.2.4	公共建筑中可变换建筑功能的空间采用可重复使用的隔断（墙）	建筑	5	0	适用
		7.2.5	采用工业化生产的预制构件	建筑、结构	5	0	适用
		7.2.6	采用整体化定型设计的厨房、卫浴间	建筑	6		不适用
	材料选用	7.2.7	采用本地生产的建筑材料	建筑、结构	10		不适用
		7.2.8	现浇混凝土采用预拌混凝土	结构	10	10	适用
		7.2.9	建筑砂浆采用预拌砂浆	建筑、结构	5	5	适用
		7.2.10	合理采用高强建筑结构材料	结构	10	10	适用
		7.2.11	合理采用高耐久性建筑结构材料	结构	5	5	适用
		7.2.12	采用可再利用的材料和可循环材料	结构	10	0	适用
		7.2.13	使用以废弃物为原料生产的建筑材料	建筑、结构	5	0	适用
		7.2.14	合理采用耐久性好、易维护的装饰装修建筑材料	建筑、结构	5		不适用

第五项：室内环境质量

专项分类		规范条文(《绿色建筑评价标准》GB/T 50378-2014)		所属专业	自评结果 Q=61.05 满分	自评得分	适用性
控制项		8.1.1	主要功能房间的室内噪声级应满足现行国家标准《民用建筑隔声设计规范》GB50118中的低限要求	建筑、暖通	☑满足	☐不满足	
		8.1.2	主要功能房间的外墙、隔墙、楼板和门窗的隔声性能应满足现行国家标准《民用建筑隔声设计规范》GB50118中的低限要求	建筑	☑满足	☐不满足	
		8.1.3	建筑照明数量和质量应符合现行国家标准《建筑照明设计标准》GB50034的规定	电气	☑满足	☐不满足	
		8.1.4	采用集中供暖空调系统的建筑，房间内的温度、湿度、新风量等设计参数应符合现行国家标准《民用建筑供暖通风与空气调节设计规范》GB50376的规定	暖通	☑满足	☐不满足	
		8.1.5	在室内设计温、湿度条件下，建筑围护结构内表面不得结露	建筑	☑满足	☐不满足	
		8.1.6	屋顶和东西外墙隔热性能应满足现行国家标准《民用建筑热工设计规范》GB50176的要求	建筑	☑满足	☐不满足	
		8.1.7	室内空气中的氨、甲醛、苯、总挥发性有机物、氡等污染物浓度应符合现行国家标准《室内空气质量标准》GB/T18883的有关规定。	建筑	☑满足	☐不满足	
评分项	室内声环境	8.2.1	主要功能房间室内噪声级	建筑	6	6	适用
		8.2.2	主要功能房间的隔声性能良好	建筑	9	6	适用
		8.2.3	采取减少噪声干扰的措施	建筑	4	2	适用
		8.2.4	公共建筑中的多功能厅、接待大厅、大型会议室和其他有声学要求的重要房间进行专项声学设计，满足相应功能要求	建筑	3	0	适用
	室内光环境与视野	8.2.5	建筑主要功能房间具有良好的户外视野	建筑	3	3	适用
		8.2.6	主要功能房间的采光系数满足现行国家标准《建筑采光设计标准》GB50033的要求	建筑	8	6	适用
		8.2.7	改善建筑室内天然采光效果	建筑	14	10	适用
	室内热湿环境	8.2.8	采取可调节遮阳措施，降低夏季太阳辐射得热	建筑	12	0	适用
		8.2.9	供暖空调系统末端现场可独立调节	暖通	8	8	适用
	室内空气质量	8.2.10	优化建筑空间、平面布局和构造设计，改善自然通风效果	建筑	13	10	适用
		8.2.11	气流组织合理	暖通	7	7	适用
		8.2.12	主要功能房间中人员密度较高且随时间变化大的区域设置室内空气质量监控系统	暖通	8	0	适用
		8.2.13	地下车库设置与排风设备联动的一氧化碳浓度监测装置	电气	5	0	适用

绿色建筑评价得分与结果汇总表

工程项目名称		烟台城乡建设学校学生餐厅						
评价阶段		☑设计评价	☐运行评价	建筑类型	☐居住建筑	☑公共建筑		
评价指标		节地与室外环境	节能与能源利用	节水与水资源利用	节材与材料资源利用	室内环境质量	施工管理	运营管理
控制项	评定结果	☑满足 ☐不满足	☑满足 ☐不满足	☑满足 ☐不满足	☑满足 ☐不满足	☑满足 ☐不满足	☐满足 ☐不满足	☐满足 ☐不满足
	说明							
评分项	权重W_i	W_1=0.16	W_2=0.28	W_3=0.18	W_4=0.19	W_5=0.19	--	--
	适用总分	100	65	96	79	95	--	--
	实际得分	62	41	48	38	58	--	--
	得分Q_i	Q_1=62	Q_2=63.07	Q_3=50	Q_4=48.10	Q_5=61.05	--	--
加分项	得分Q_8							
	说明							
总得分ΣQ		$\Sigma Q = W_1Q_1 + W_2Q_2 + W_3Q_3 + W_4Q_4 + W_5Q_5 + W_6Q_6 + W_7Q_7 + Q_8 = 57.32$						
绿色建筑等级		☑一星级 ☐二星级 ☐三星级						
评价结果说明		根据《绿色建筑评价标准》GB/T 50378-2014第3.2.8条，控制项均满足要求，评分项达到一星级标准要求。因此，本工程绿色建筑设计达到绿色建筑等级一星级设计要求。						

施工过程的环保要求：

施工过程中必须严格执行烟台市《建筑施工现场管理标准》的有关规定；制定并实施保护环境的具体措施（施工期间环境保护技术要求），控制由于施工引起的大气污染，土壤污染、噪声影响、水污染、光污染以及对场地周边区域的影响，收集、整理、编制施工过程控制的有关文件，包括提交项目组编写的环境保护计划书、实施记录文件（包括照片、录像等）、环境保护结果自评报告以及当地环保或建设等有关管理部门对环境影响因子如扬尘、噪声、污水排放评价的达标证明。

山东圣凯建筑设计咨询有限公司		建设单位	烟台城乡建设学校	批准	高伟明		专业负责人	段静		图号	JS-04
		工程名称	烟台城乡建设学校学生餐厅	审定	由学涵		复核	张旭东		专业	建筑
资质证书编号	A137000075	工程号	TJ16076-001	审核	潘遷		设计	徐莉		日期	2017.03
注册师印章编号		图名	绿色建筑设计专篇	项目负责人	段静		制图			第 1 版	

由 Autodesk 教育版产品制作
由 Autodesk 教育版产品制作

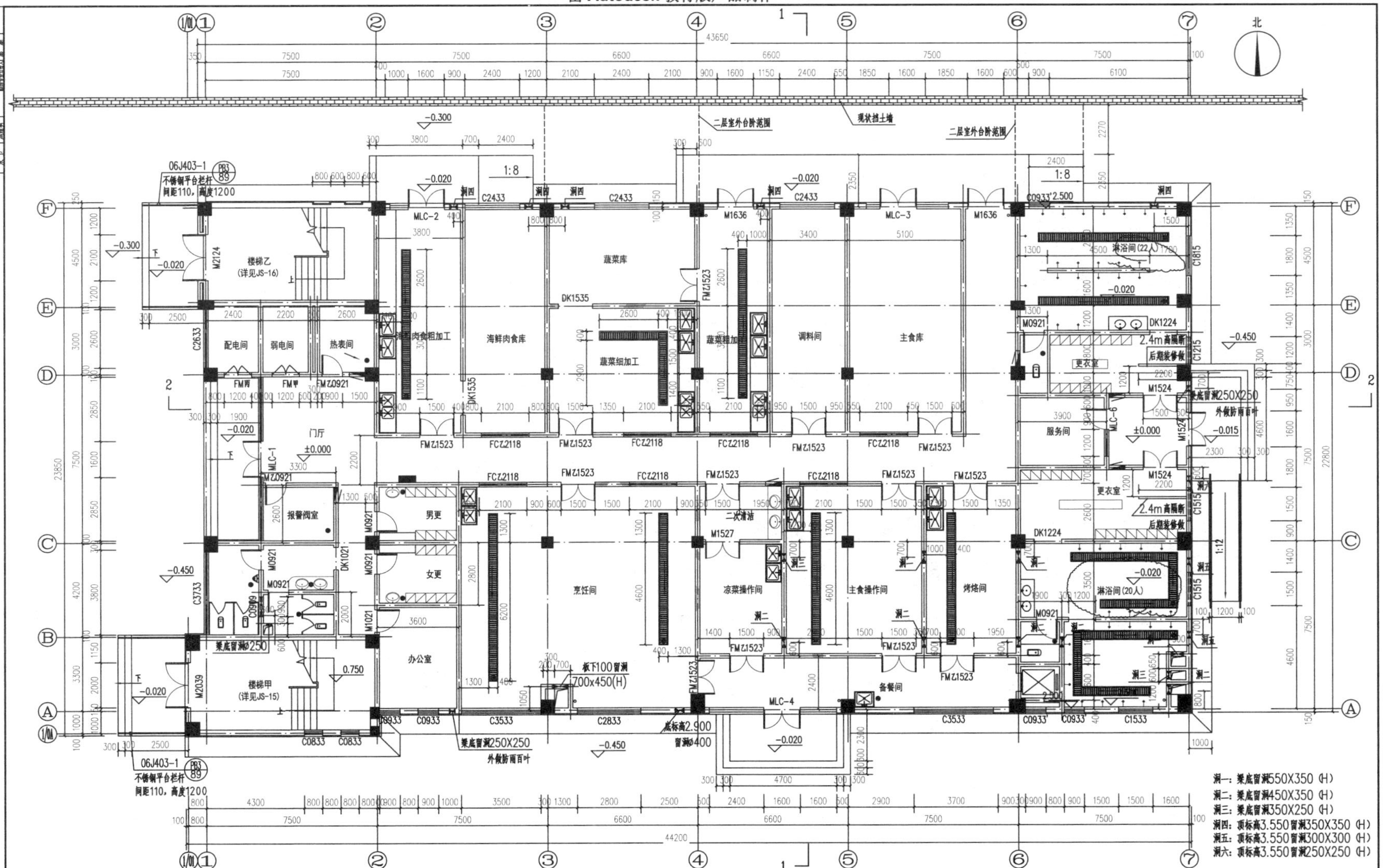

说明：1、为250厚砌块墙，详见平面标注。
为200厚砌块墙，除标注者外，轴线居中或贴墙边。
为100厚砌块墙，除标注者外，轴线居中或贴墙边。
2、门位置未注明者或靠柱边、墙边，或居墙中，或留200垛。
3、电专业预留洞口详见电施图，卫生间地漏详见水施图。
4、设备在墙上的留洞位置及尺寸未详部分见结构施工图及设备专业施工图。
5、本图所标外墙皮尺寸均不包括保温层厚度。
6、为消火栓预留洞，730（宽）x1830（高）x200（深），洞底距地150。
7、未注明尺寸详楼梯详图、卫生间详图。
8、▬：配电箱
9、排水沟坡度为1%
10、设置排水沟的房间地面向排水沟方向找坡

一层平面图 1:100

本层建筑面积：994.77平方米

山东圣凯建筑设计咨询有限公司	建设单位	烟台城乡建设学校	批准	高栋明	专业负责人	段静	图号 JS-06
	工程名称	烟台城乡建设学校学生餐厅	审定	由学涵	复核	张旭东	专业 建筑
资质证书编号 A137000075	工程号	TJ16076-001	审核	谢潇	设计	徐莉	日期 2017.03
注册师印章编号	图名	一层平面图	项目负责人	段静	制图		第1版

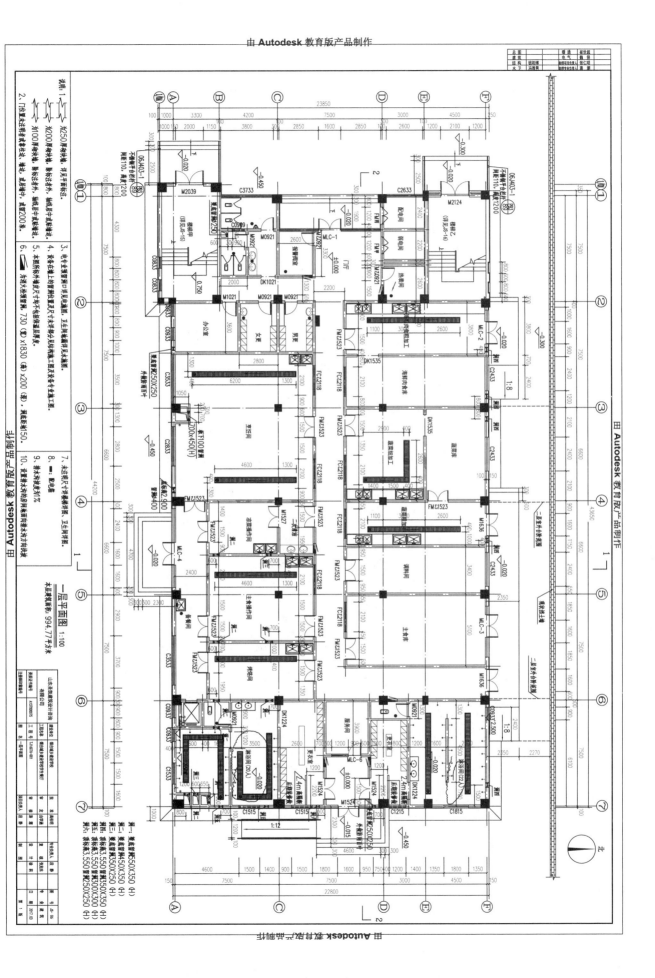

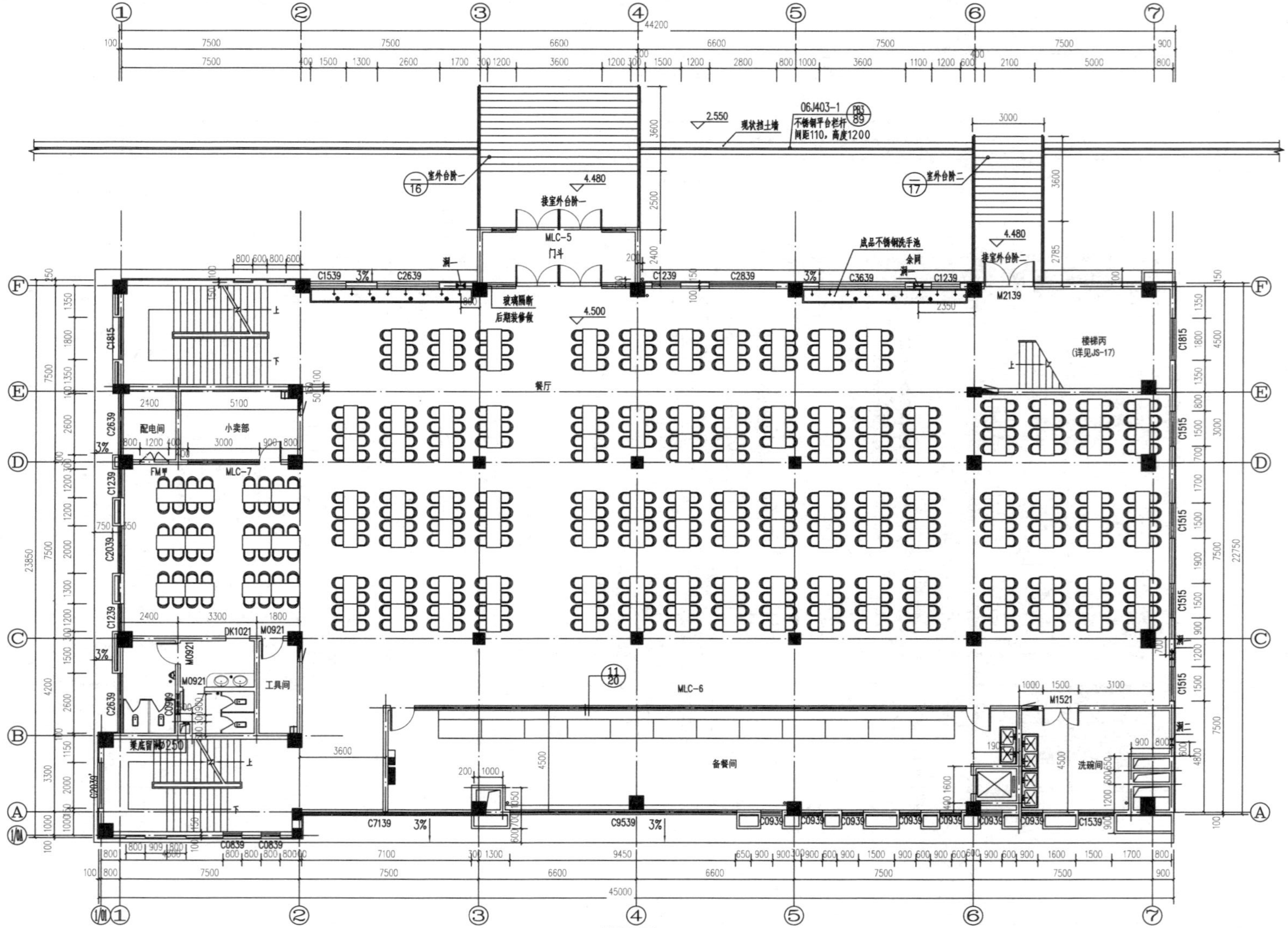

二层平面图 1:100

本层建筑面积：1028.91平方米

洞一：顶标高8.050留洞400X400（H）

洞二：顶标高8.050留洞300X300（H）

山东圣凯建筑设计咨询有限公司		建设单位	烟台城乡建设学校	批　准	高振明	专业负责人	段　静	图　号	JS-07
		工程名称	烟台城乡建设学校学生餐厅	审　定	由学涵	复　核	张旭东	专　业	建　筑
资质证书编号	A137000075	工 程 号	TJ16076-001	审　核	潘　潮	设　计	徐　莉	日　期	2017.03
注册章印章编号		图　名	二层平面图	项目负责人	段　静	制　图			第 1 版

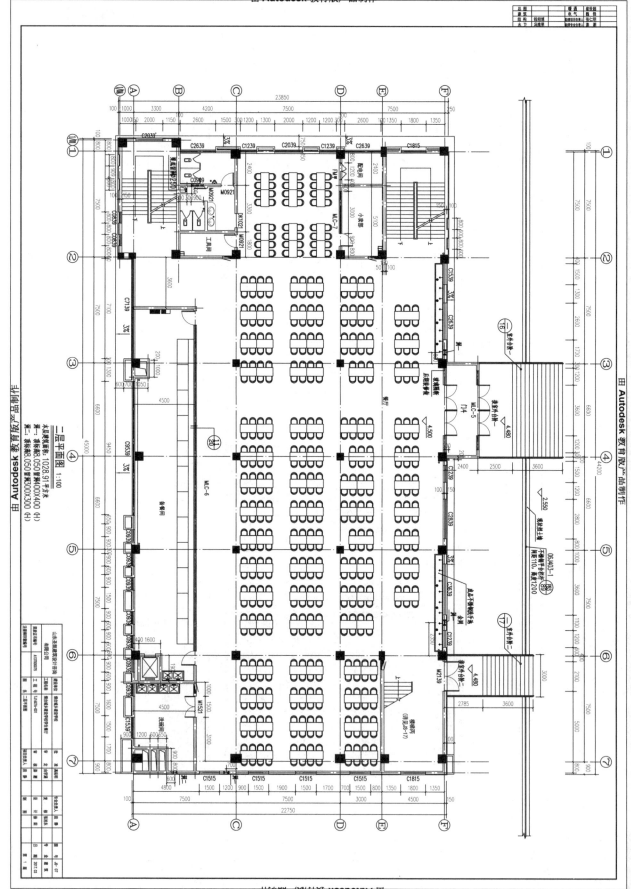

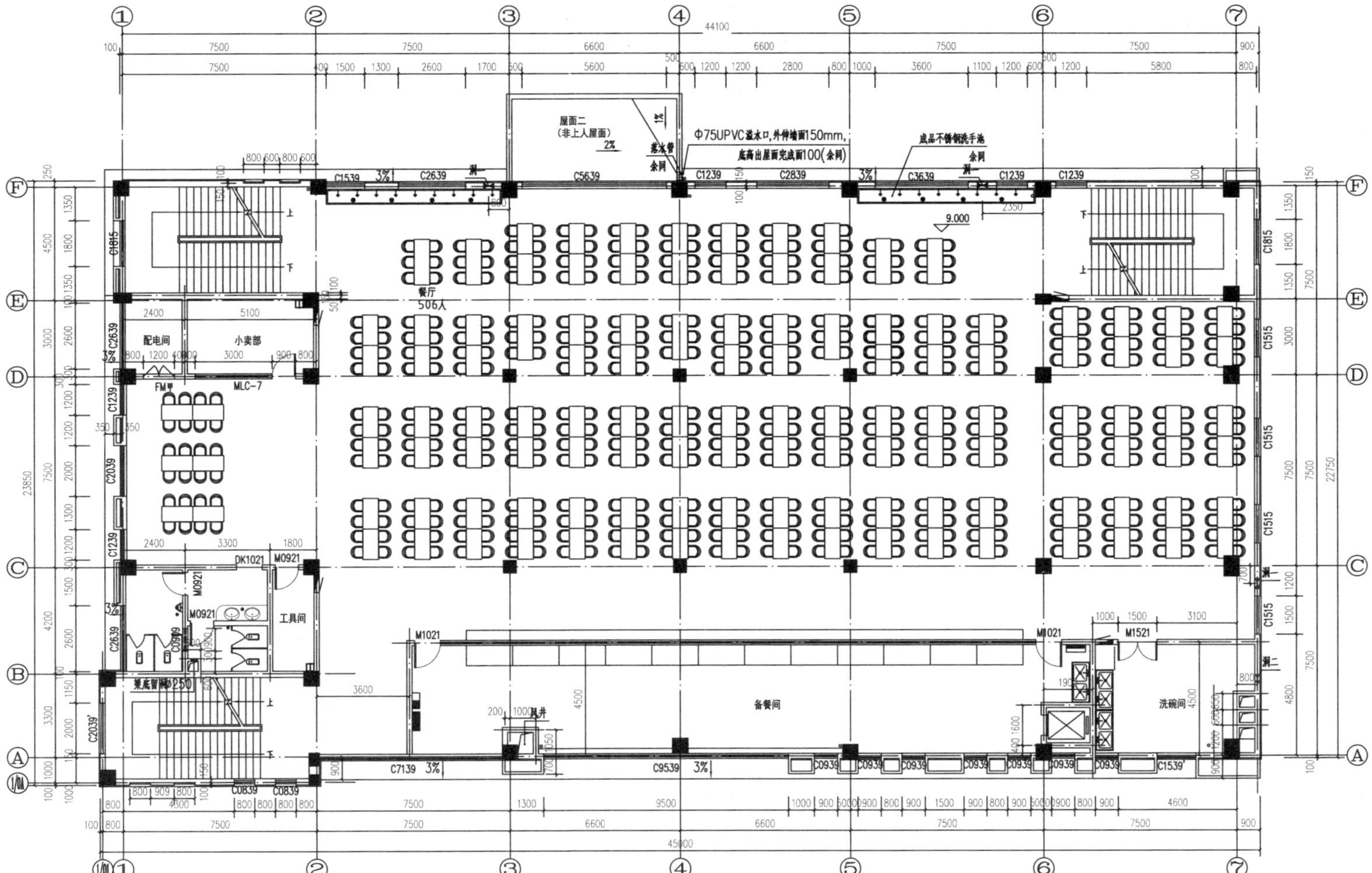

三层平面图 1:100

本层建筑面积：1020.92平方米

洞一：顶标高12.550留洞400X400（H）

洞二：顶标高12.550留洞300X300（H）

山东圣凯建筑设计咨询有限公司		建设单位	烟台城乡建设学校	批　准	高佑明	专业负责人	段　静		图　号	JS- 08
		工程名称	烟台城乡建设学校学生餐厅	审　定	由学涵	复　核	张旭东		专　业	建　筑
资质证书编号	A137000075	工 程 号	TJ16076-001	审　核	澎　潮	设　计	徐　莉		日　期	2017.03
注册师印章编号		图　名	三层平面图	项目负责人	段　静	制　图			第 1 版	

由 Autodesk 教育版产品制作
由 Autodesk 教育版产品制作

总图		暖通	崔世超
建筑		电气	魏锋
结构	钱相德	助理项目负责人	张仁明
水卫	冯雁鹏	助理专业负责人	姜鹏

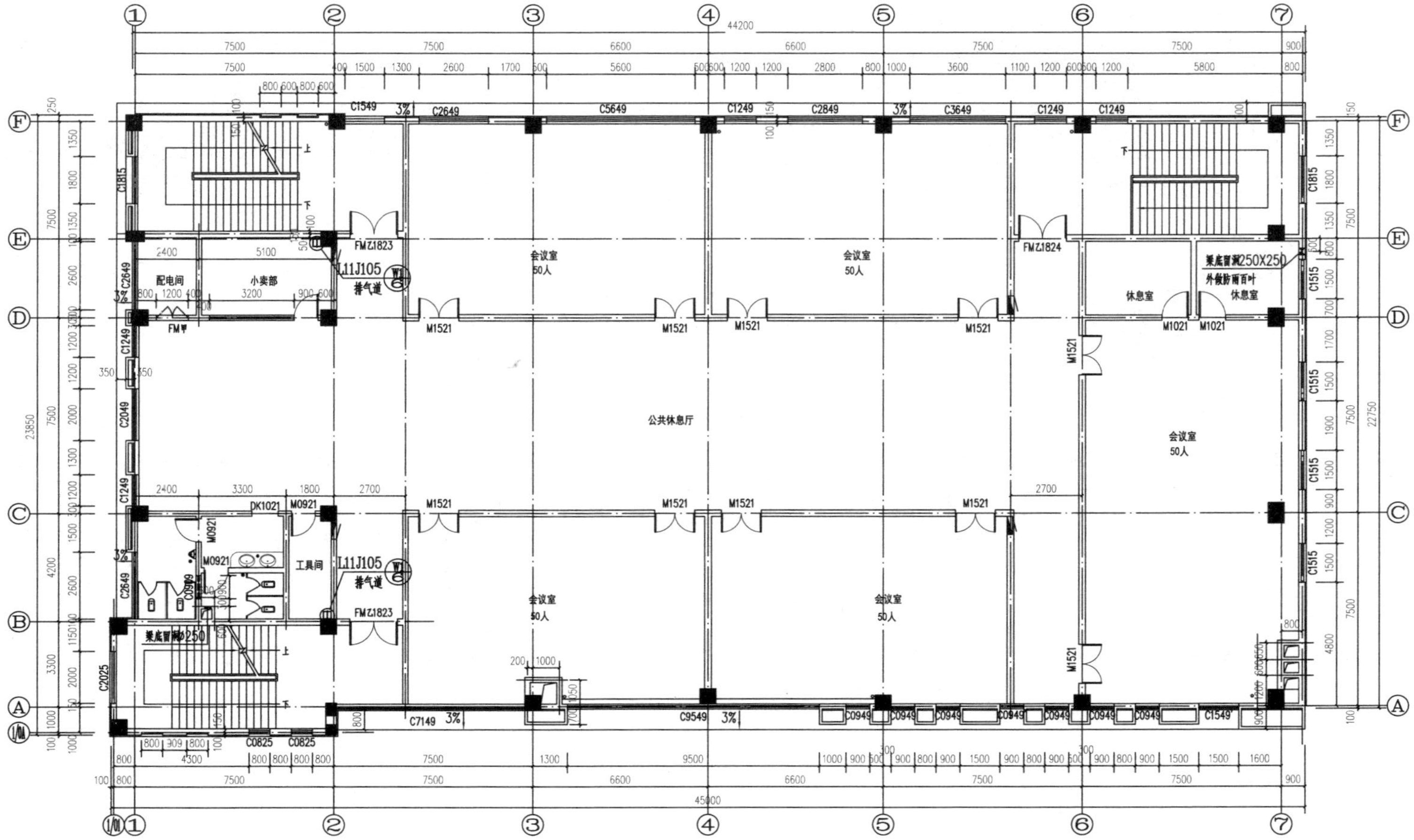

四层平面图 1:100

本层建筑面积：1020.92平方米

山东圣凯建筑设计咨询有限公司		建设单位	烟台城乡建设学校	批准	高佑明	专业负责人	段静	图号	JS-09
		工程名称	烟台城乡建设学校学生餐厅	审定	由学涵	复核	张旭东	专业	建筑
资质证书编号	A137000075	工程号	TJ16076-001	审核	海潮	设计	徐莉	日期	2017.03
注册师印章编号		图名	四层平面图	项目负责人	段静	制图		第1版	

由 Autodesk 教育版产品制作
由 Autodesk 教育版产品制作
由 Autodesk 教育版产品制作

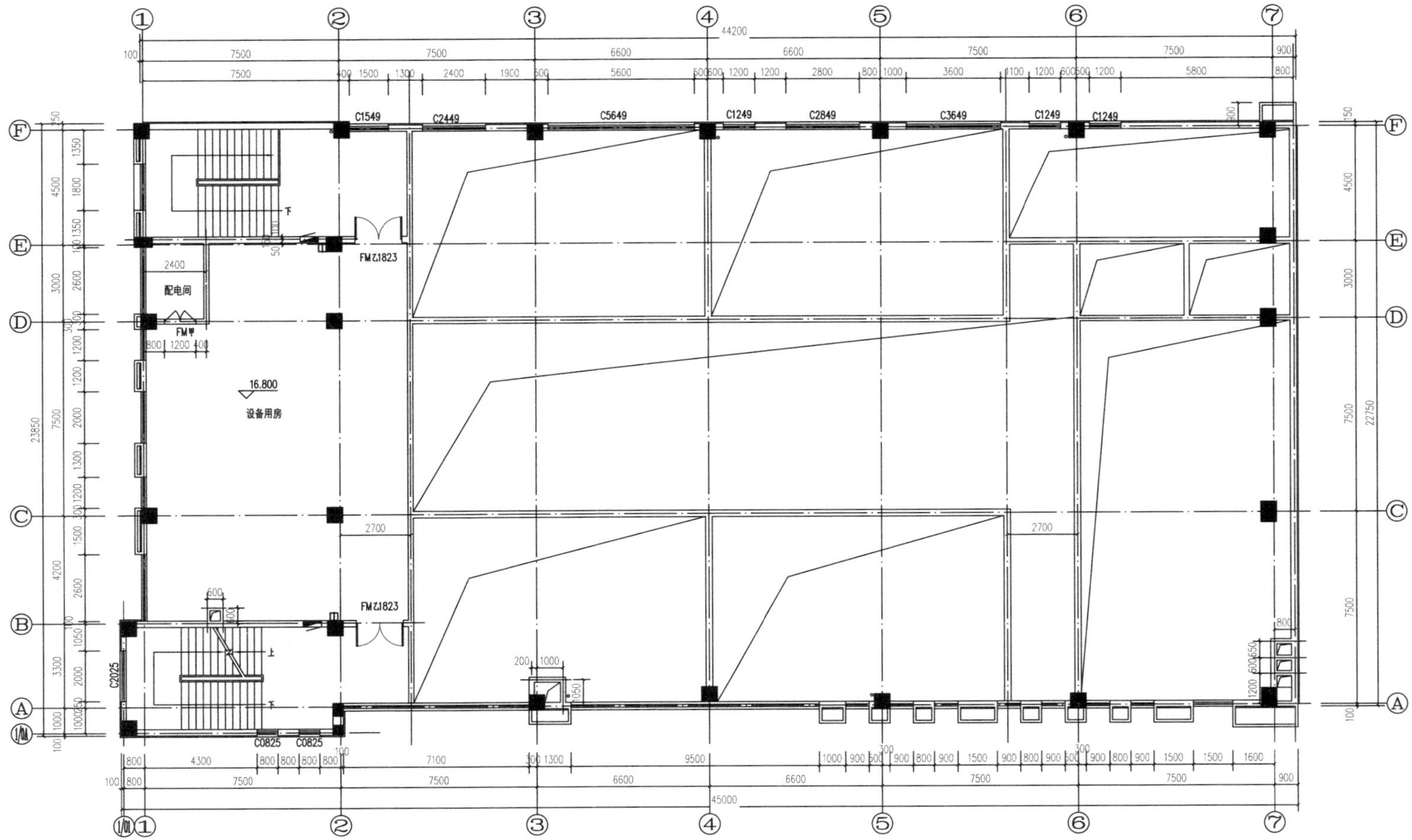

16.800 标高平面图 1:100

本层建筑面积：214.48平方米

山东圣凯建筑设计咨询有限公司		建设单位	烟台城乡建设学校	批　准	高佑明		专业负责人	段　静		图　号	JS- 10
		工程名称	烟台城乡建设学校学生餐厅	审　定	由学涵		复　核	张旭东		专　业	建　筑
资质证书编号	A137000075	工 程 号	TJ16076-001	审　核	澎　潮		设　计	徐　莉		日　期	2017.03
注册师印章编号		图　名	16.800 标高平面图	项目负责人	段　静		制　图				第 1 版

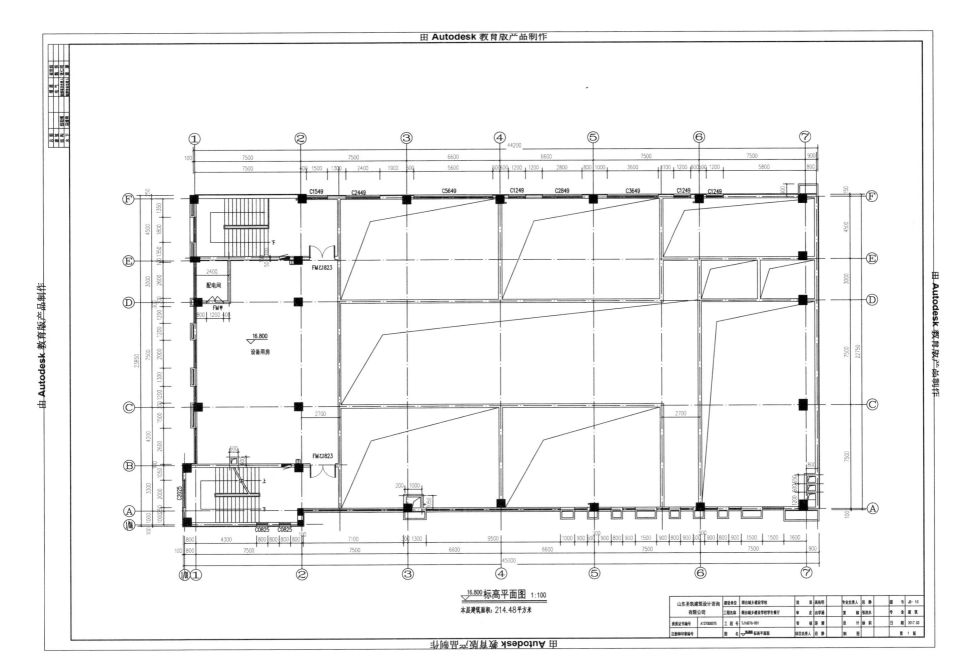

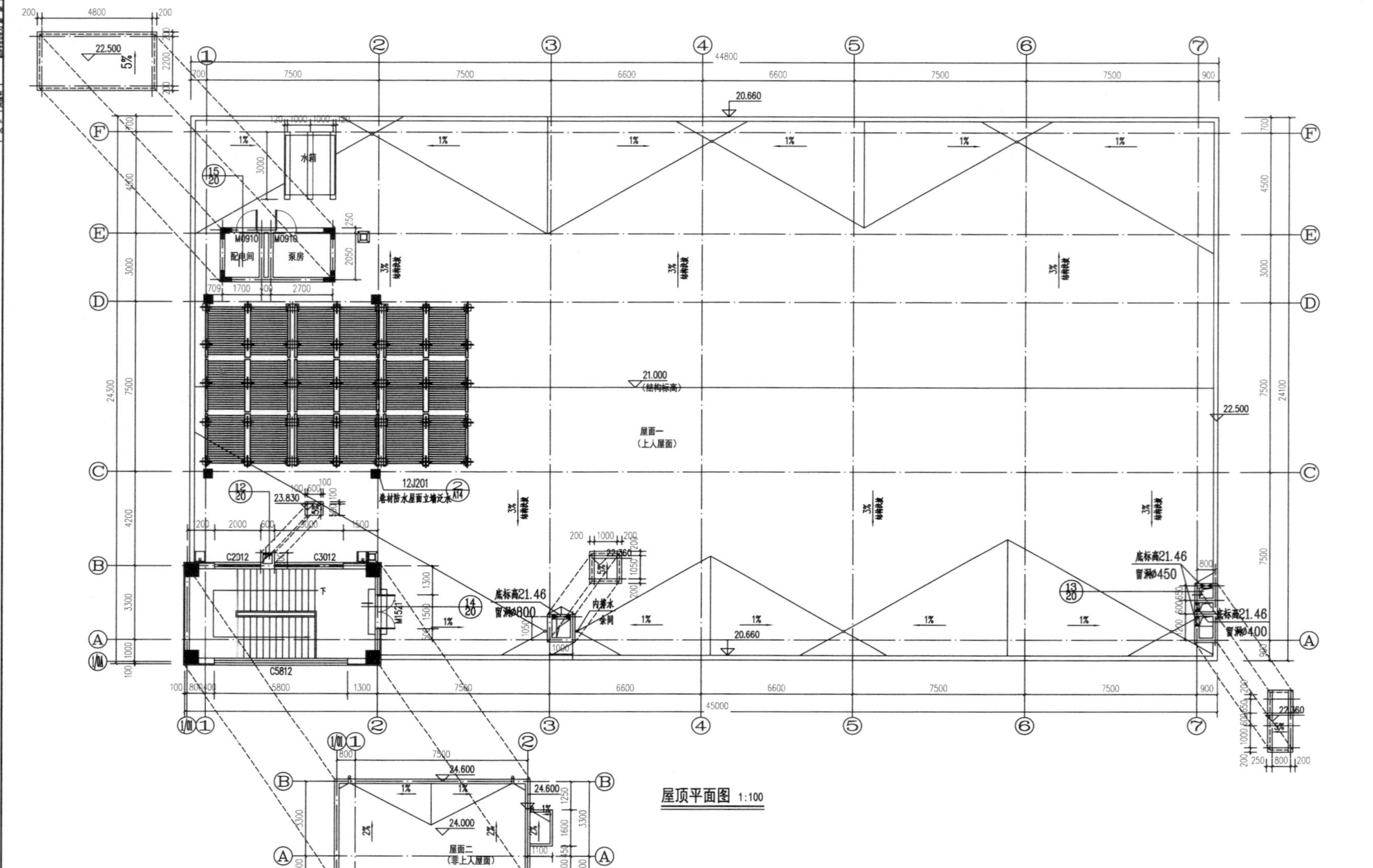

屋顶平面图 1:100

山东圣凯建筑设计咨询有限公司		建设单位	烟台城乡建设学校	批 准	高佑明	专业负责人	段 静	图 号	JS-11
		工程名称	烟台城乡建设学校学生餐厅	审 定	由学谦	复 核	张旭东	专 业	建 筑
资质证书编号	A137000075	工 程 号	TJ16076-001	审 核	薛 重	设 计	徐 莉	日 期	2017.03
注册师印章编号		图 名	屋顶平面图	项目负责人	段 静	制 图			第 1 版

①-⑦立面图 1:100

灰色真石漆（色号14-5-7）　白色真石漆　深灰色真石漆（色号14-5-5）　消防救援窗　铝合金百叶（与所在墙面颜色相同）

山东圣凯建筑设计咨询有限公司		建设单位	烟台城乡建设学校	批准	高佑明		专业负责人	段静	图号	JS-12
		工程名称	烟台城乡建设学校学生餐厅	审定	由学涵		复核	张旭东	专业	建筑
资质证书编号	A137000075	工程号	TJ16076-001	审核	澎潮		设计	徐莉	日期	2017.03
注册师印章编号		图名	①-⑦立面图	项目负责人	段静		制图		第1版	

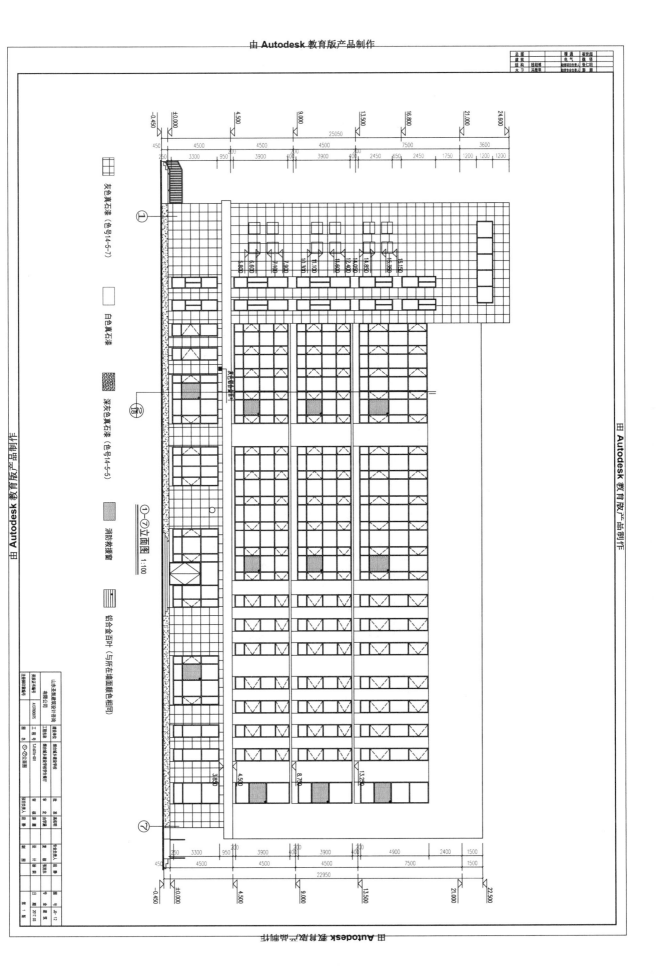

由 Autodesk 教育版产品制作
由 Autodesk 教育版产品制作
由 Autodesk 教育版产品制作

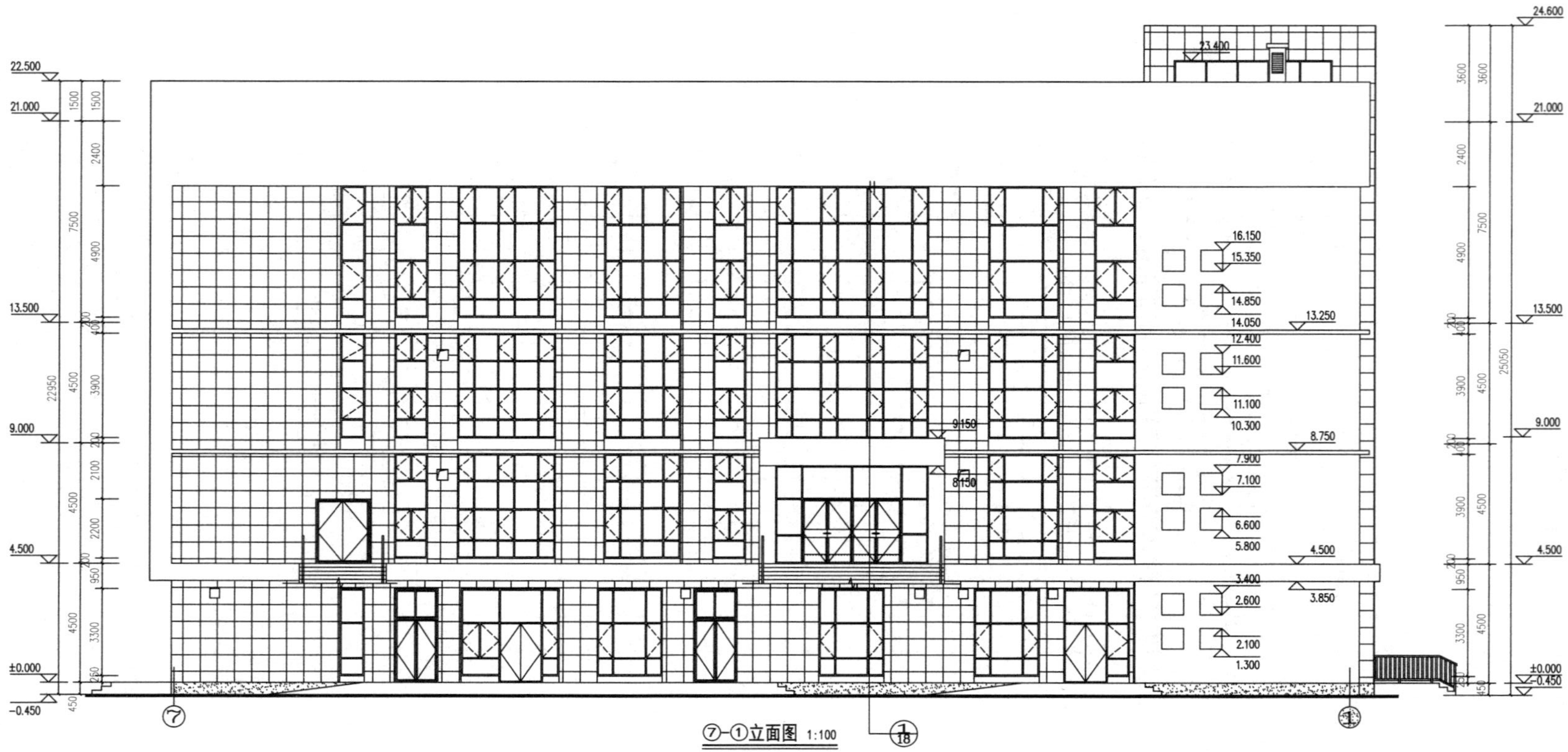

⑦-①立面图 1:100

灰色真石漆（色号14-5-7） 白色真石漆 深灰色真石漆（色号14-5-5） 消防救援窗 铝合金百叶（与所在墙面颜色相同）

山东圣凯建筑设计咨询有限公司		建设单位	烟台城乡建设学校	批　准	高佑明	专业负责人	段　静	图　号	JS-12
		工程名称	烟台城乡建设学校学生餐厅	审　定	由学涵	复　核	张旭东	专　业	建　筑
资质证书编号	A137000075	工 程 号	TJ16076-001	审　核	潘　潇	设　计	徐　莉	日　期	2017.03
注册师印章编号		图　名	⑦-①立面图	项目负责人	段　静	制　图		第 1 版	

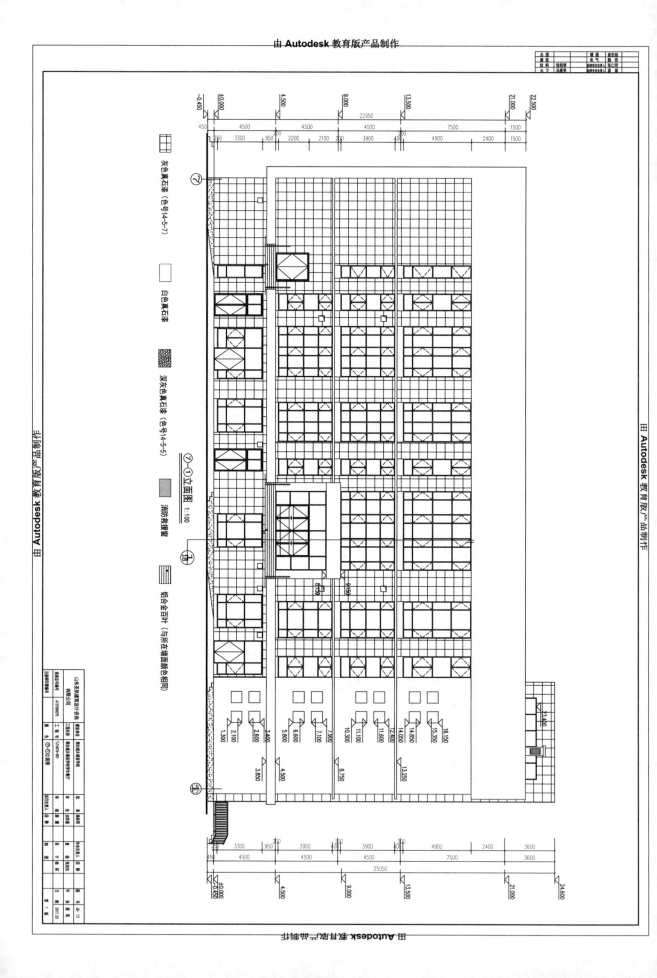

由 Autodesk 教育版产品制作
由 Autodesk 教育版产品制作

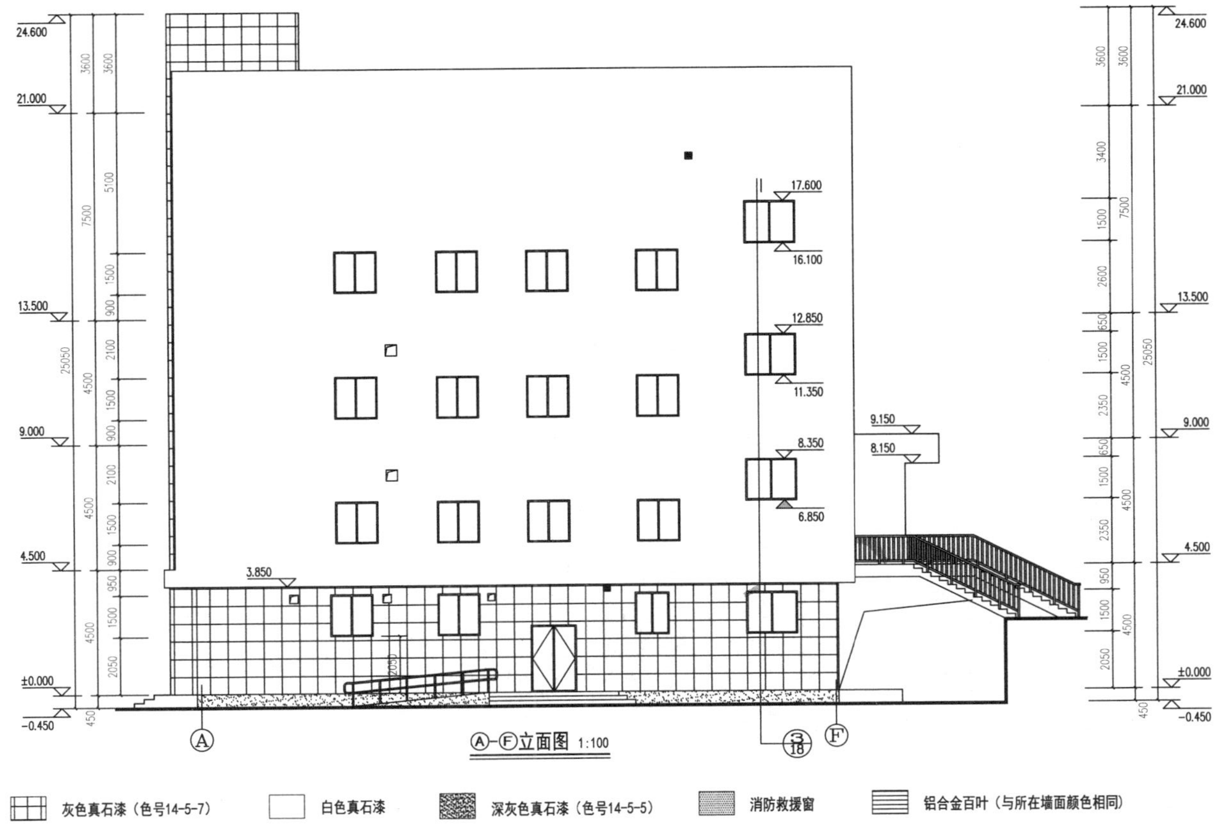

山东圣凯建筑设计咨询有限公司		建设单位	烟台城乡建设学校	批 准	高佑明		专业负责人	段 静	图 号	JS- 13
		工程名称	烟台城乡建设学校学生餐厅	审 定	由学涵		复 核	张旭东	专 业	建 筑
资质证书编号	A137000075	工 程 号	TJ16076-001	审 核	潘 潘		设 计	徐 莉	日 期	2017.03
注册师印章编号		图 名	Ⓐ-Ⓕ立面图	项目负责人	段 静		制 图		第 1 版	

总图			暖通	崔世超
建筑			电气	魏 倩
结构	钱相德		助理项目负责人	张仁明
水卫	冯燕明		助理专业负责人	[illegible]

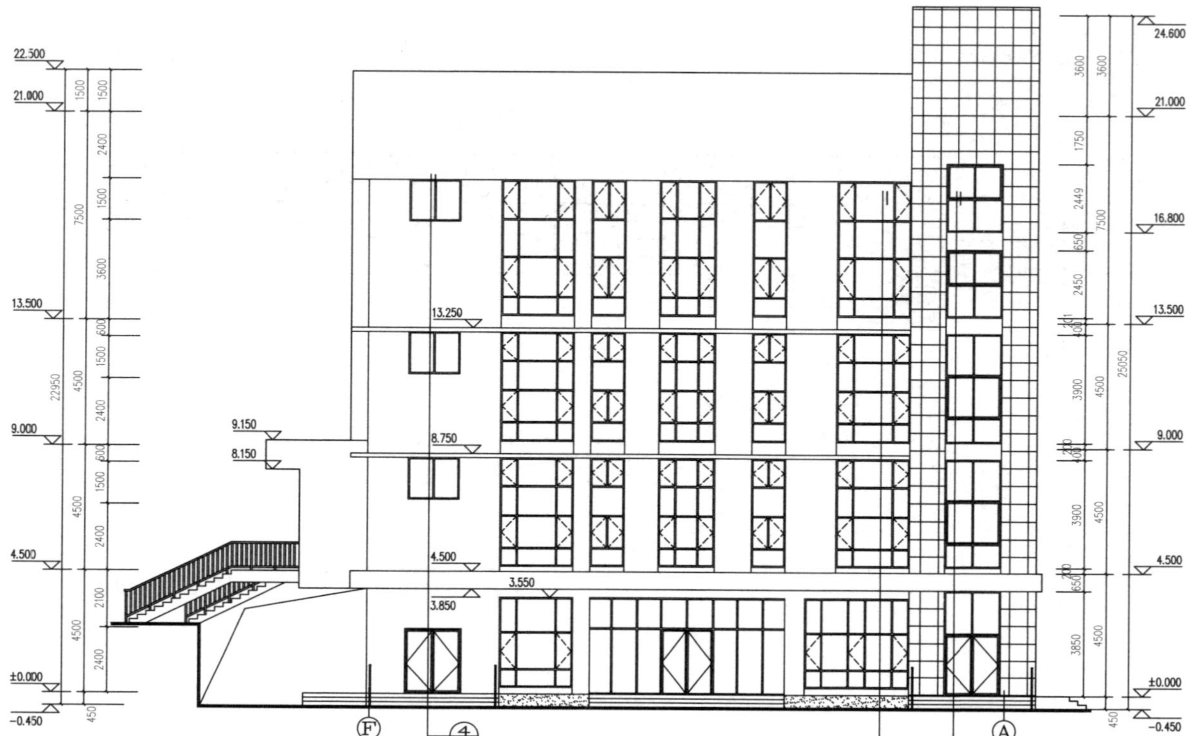

Ⓕ-Ⓐ立面图 1:100

灰色真石漆（色号14-5-7）　白色真石漆　深灰色真石漆（色号14-5-5）　消防救援窗　铝合金百叶（与所在墙面颜色相同）

山东圣凯建筑设计咨询有限公司		建设单位	烟台城乡建设学校	批准	高佑明		专业负责人	段 静	图号	JS-13
		工程名称	烟台城乡建设学校学生餐厅	审定	由学涵		复核	张旭东	专业	建筑
资质证书编号	A137000075	工程号	TJ16076-001	审核	潘 灏		设计	徐 莉	日期	2017.03
注册师印章编号		图名	Ⓕ-Ⓐ立面图	项目负责人	段 静		制图		第 1 版	

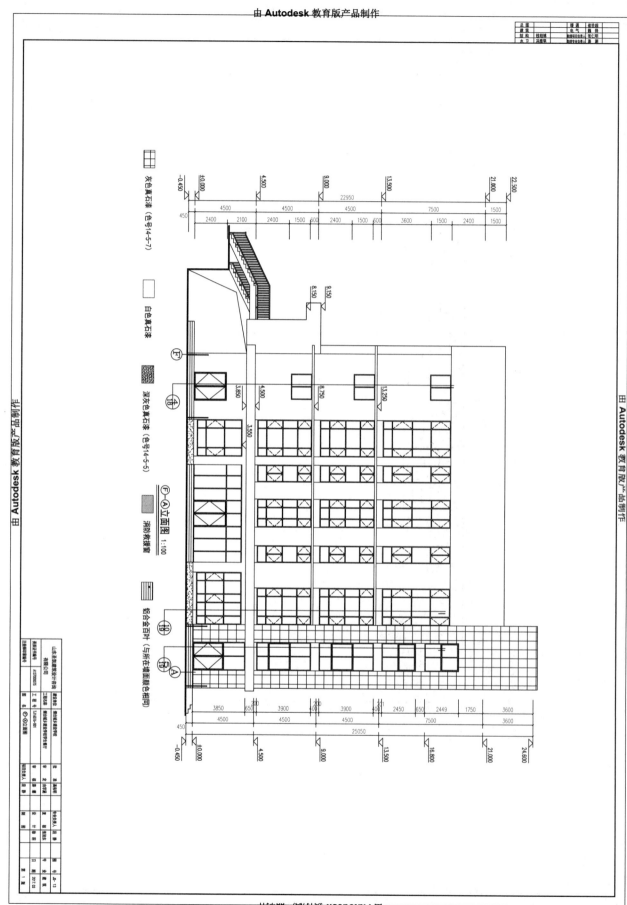

由 Autodesk 教育版产品制作
由 Autodesk 教育版产品制作
由 Autodesk 教育版产品制作

总图			暖通	崔世超
建筑			电气	魏铎
结构	钱炤博		助理项目负责人	张仁明
水卫	冯雅明		助理专业负责人	谢澜

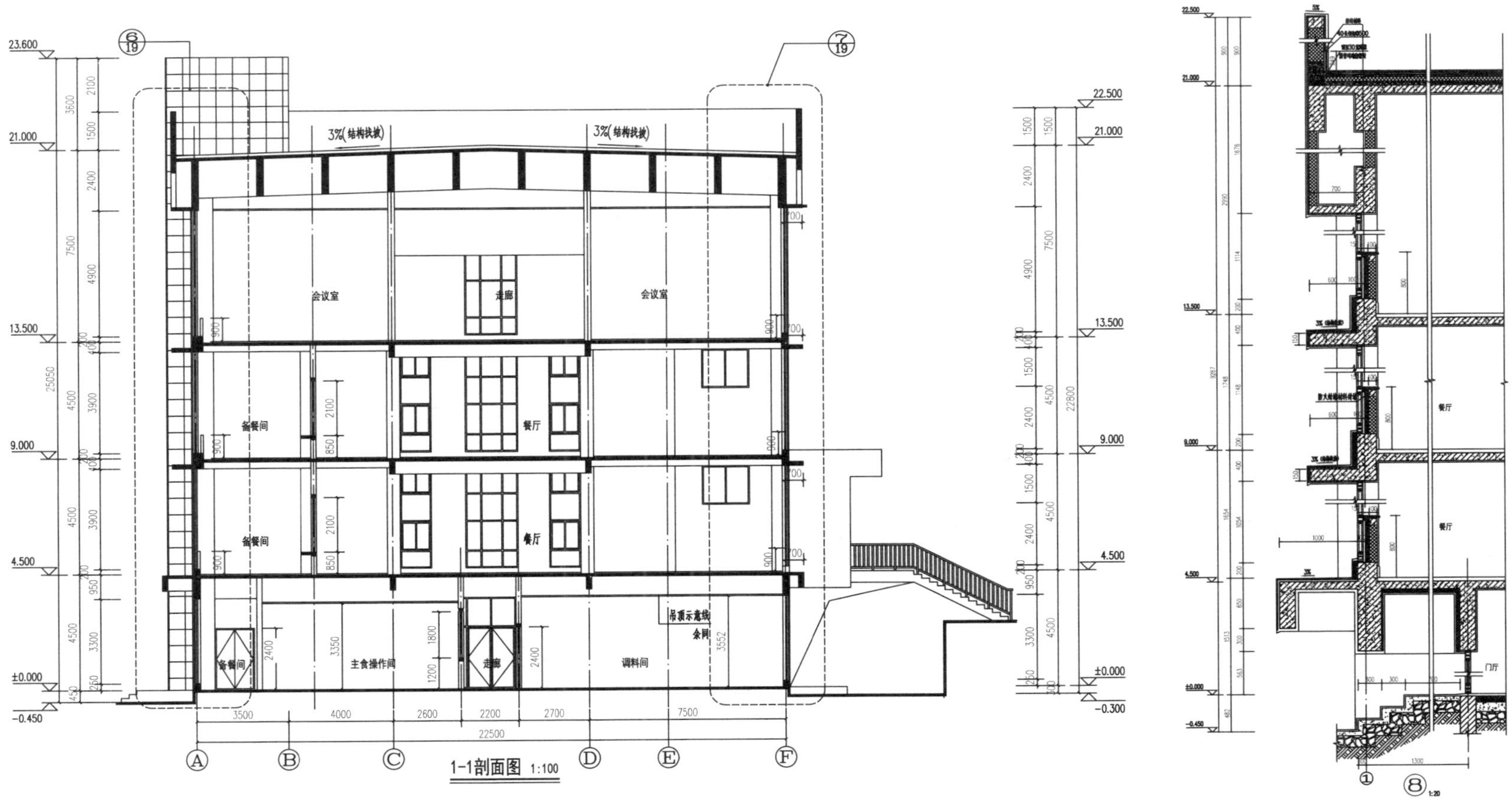

1-1剖面图 1:100

山东圣凯建筑设计咨询有限公司		建设单位	烟台城乡建设学校	批准	高佑明		专业负责人	段静	图号	JS-14
		工程名称	烟台城乡建设学校学生餐厅	审定	由学涵		复核	张旭东	专业	建筑
资质证书编号	A137000075	工程号	TJ16076-001	审核	澎潮		设计	徐莉	日期	2017.03
注册师印章编号		图名	1-1剖面图	项目负责人	段静		制图		第 1 版	

由 Autodesk 教育版产品制作
由 Autodesk 教育版产品制作
由 Autodesk 教育版产品制作

总图		暖通	
建筑		电气	
结构			
水卫			

2-2剖面图 1:100

山东圣凯建筑设计咨询有限公司		建设单位	烟台城乡建设学校	批　准	高佑明	专业负责人	段　静	图　号	JS- 14
		工程名称	烟台城乡建设学校学生餐厅	审　定	由学涵	复　核	张旭东	专　业	建　筑
资质证书编号	A137000075	工 程 号	TJ16076-001	审　核	游　湘	设　计	徐　莉	日　期	2017.03
注册师印章编号		图　名	2-2剖面图	项目负责人	段　静	制　图		第 1 版	

由 Autodesk 教育版产品制作
由 Autodesk 教育版产品制作
由 Autodesk 教育版产品制作

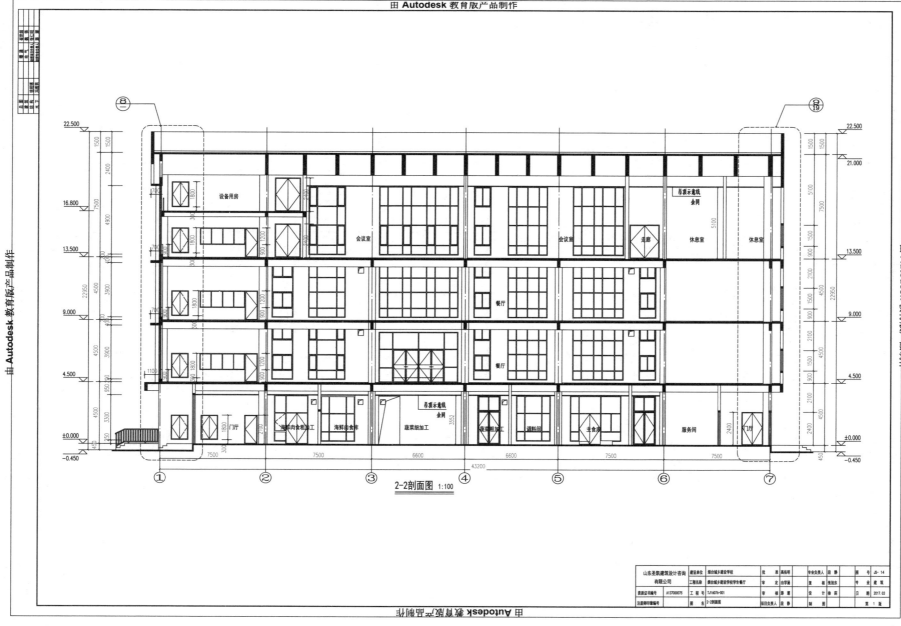

总图			暖通	崔世超	
建筑			电气	魏铎	
结构	[illegible]		勘察项目负责人	张仁明	
水卫	[illegible]		勘察专业负责人	[illegible]	

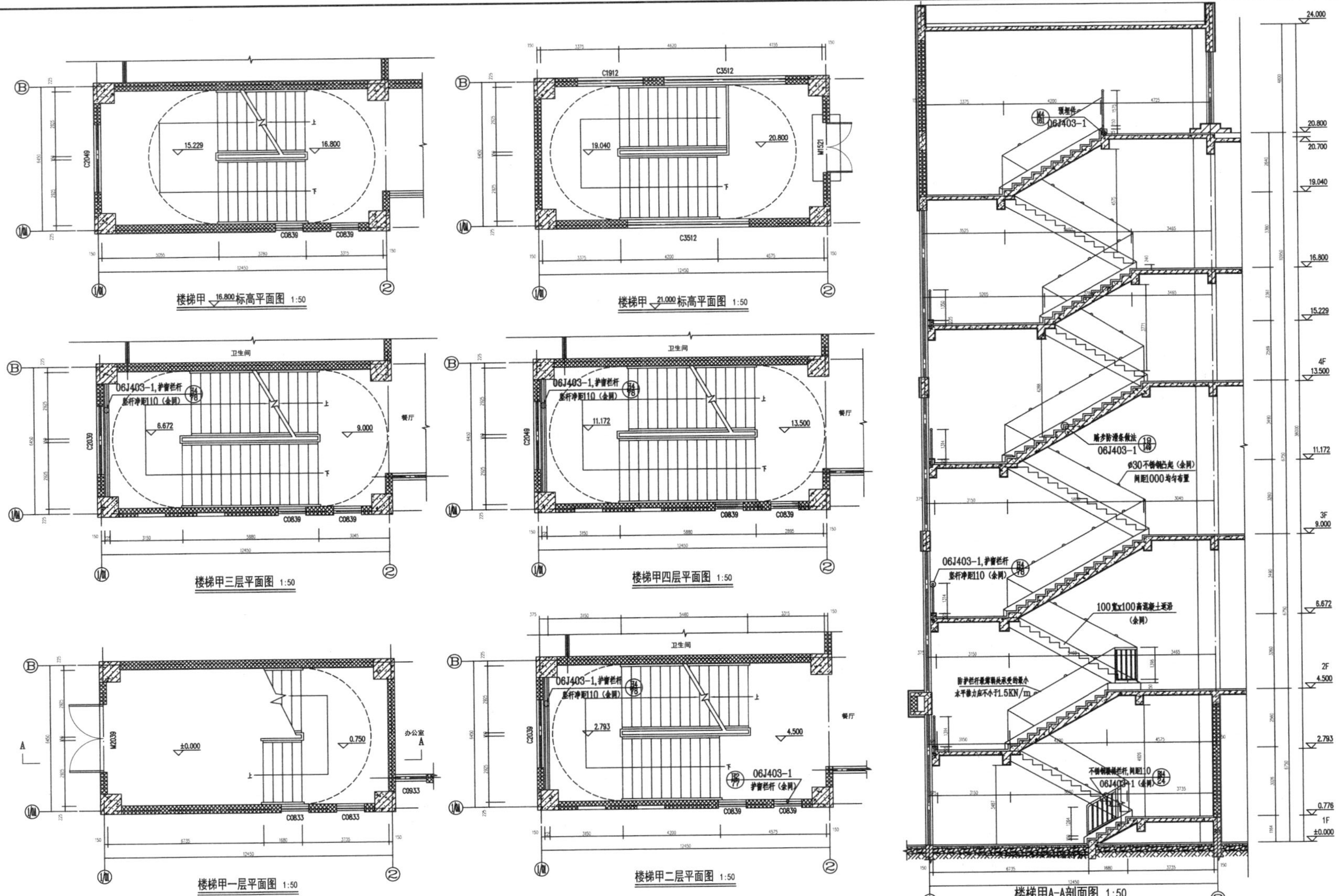

山东圣凯建筑设计咨询有限公司		建设单位	烟台城乡建设学校	批　准	高佑明	专业负责人	段　静	图　号	JS-15
		工程名称	烟台城乡建设学校学生餐厅	审　定	由学涵	复　核	张旭东	专　业	建　筑
资质证书编号	A137000075	工程号	TJ16076-001	审　核	滕　潮	设　计	徐　莉	日　期	2017.03
注册师印章编号		图　名	楼梯详图（一）	项目负责人	段　静	制　图		第 1 版	

由 Autodesk 教育版产品制作
由 Autodesk 教育版产品制作
由 Autodesk 教育版产品制作

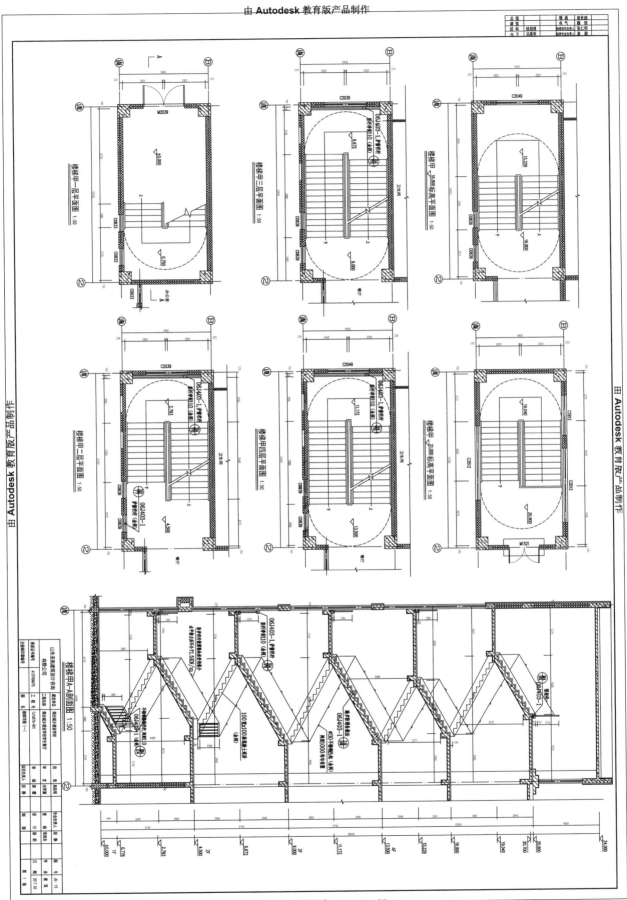

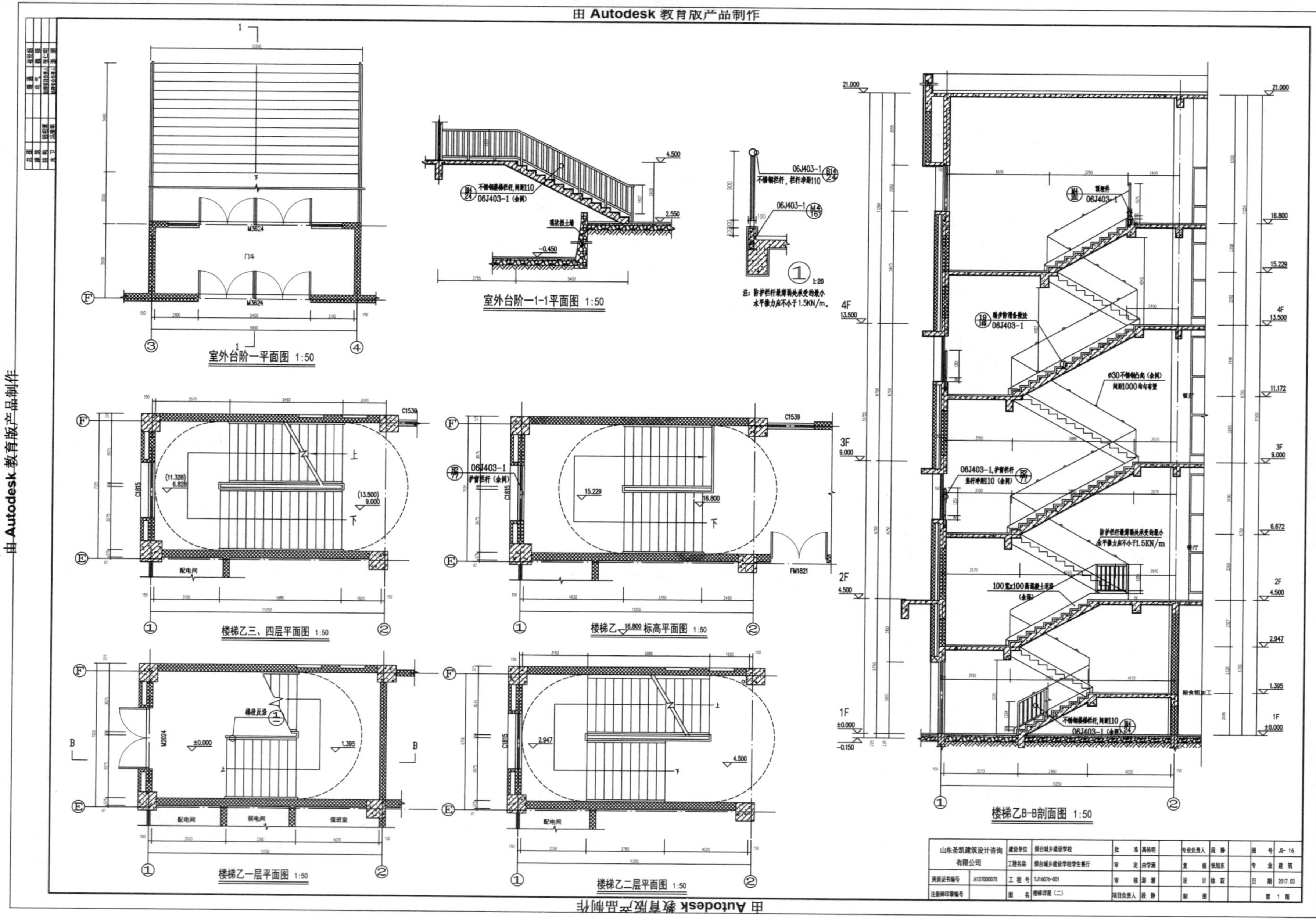
由 Autodesk 教育版产品制作
室外台阶一平面图 1:50
室外台阶一1-1平面图 1:50
M3624
门斗
不锈钢楼梯栏杆，间距110
06J403-1（余同）
现状挡土墙
4.500
2.550
-0.450
06J403-1
不锈钢栏杆，栏杆净距110
注：防护栏杆最薄弱处承受的最小水平推力应不小于1.5KN/m。
1:20
楼梯乙三、四层平面图 1:50
楼梯乙 16.800 标高平面图 1:50
楼梯乙一层平面图 1:50
楼梯乙二层平面图 1:50
楼梯乙B-B剖面图 1:50
C1815
C1539
FM1821
M2024
配电间
弱电间
值班室
楼梯反梁
护窗栏杆（余同）
(11.328)
6.828
(13.500)
9.000
15.229
16.800
±0.000
1.395
2.947
4.500
上
下
21.000
1F
2F
3F
4F
-0.150
6.672
11.172
13.500
06J403-1,护窗栏杆
栏杆净距110（余同）
踏步防滑条做法
06J403-1
扶手
ø30不锈钢凸起（余同）
间距1000均匀布置
防护栏杆最薄弱处承受的最小水平推力应不小于1.5KN/m
100宽x100高混凝土翻边（余同）
餐厅
副食粗加工
山东圣凯建筑设计咨询有限公司
资质证书编号 A137000075
注册师印章编号
建设单位 烟台城乡建设学校
工程名称 烟台城乡建设学校学生餐厅
工程号 TJ16076-001
图名 楼梯详图（二）
批准 高伟明
审定 由学涵
审核 潘 蕾
项目负责人 段 静
专业负责人 段 静
复核 张旭东
设计 徐 莉
制图
图号 JS-16
专业 建筑
日期 2017.03
第 1 版

总图			暖通	崔世超
建筑			电气	魏锋
结构	钱相博		助理项目负责人	张仁明
水卫	冯雅男		助理专业负责人	[illegible]

由 Autodesk 教育版产品制作

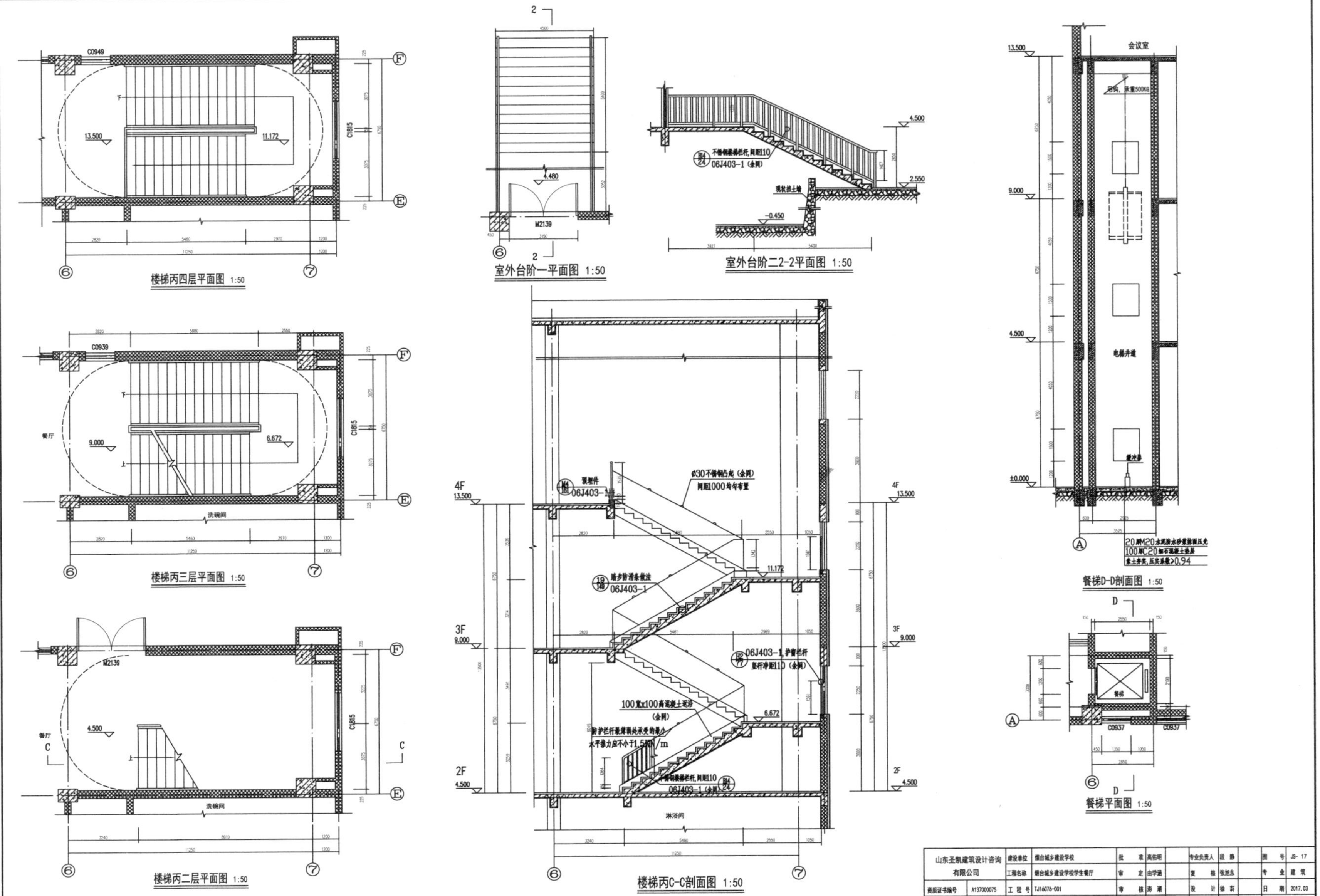

由 Autodesk 教育版产品制作

山东圣凯建筑设计咨询有限公司		建设单位	烟台城乡建设学校	批 准	高佑明		专业负责人	段 静		图 号	JS- 17
		工程名称	烟台城乡建设学校学生餐厅	审 定	由学涵		复 核	张旭东		专 业	建 筑
资质证书编号	A137000075	工 程 号	TJ16076-001	审 核	澎 潮		设 计	徐 莉		日 期	2017.03
注册师印章编号		图 名	楼梯详图（三） 餐梯详图	项目负责人	段 静		制 图			第 1 版	

由 Autodesk 教育版产品制作

总 图			暖 通	崔世超	
建 筑			电 气	[illegible]	
结 构	[illegible]		施理项目负责人	张仁明	
水 卫	[illegible]		施理专业负责人	[illegible]	

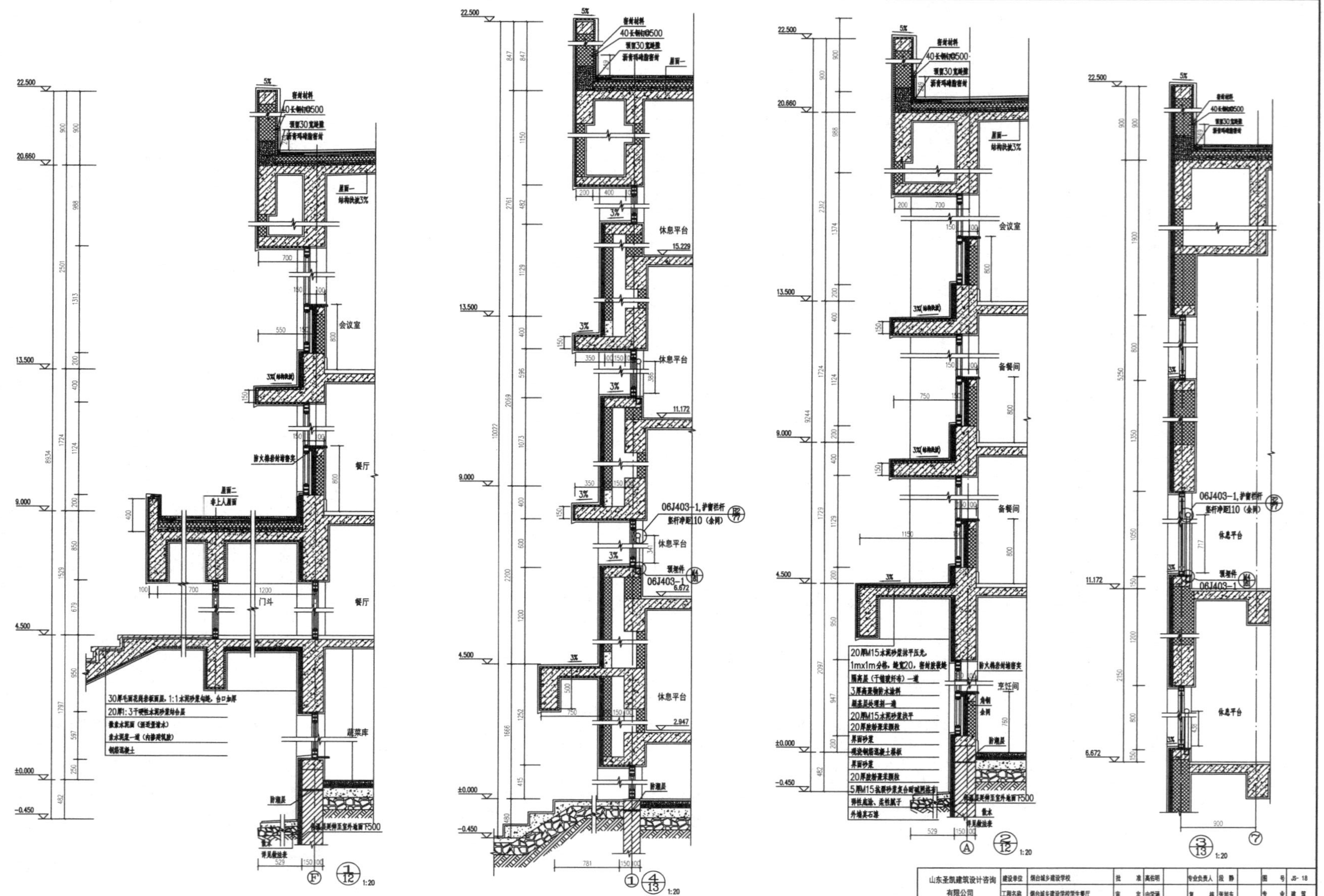

山东圣凯建筑设计咨询有限公司		建设单位	烟台城乡建设学校	批 准	高佑明	专业负责人	段 静	图 号	JS- 18
		工程名称	烟台城乡建设学校学生餐厅	审 定	由学涵	复 核	张旭东	专 业	建 筑
资质证书编号	A137000075	工 程 号	TJ16076-001	审 核	潘 潮	设 计	徐 莉	日 期	2017.03
注册师印章编号		图 名	节点详图（一）	项目负责人	段 静	制 图			第 1 版

总图		暖通	崔世超
建筑		电气	魏铎
结构	钱绍博	勘测项目负责人	张仁明
水卫	冯继明	勘测专业负责人	高湖

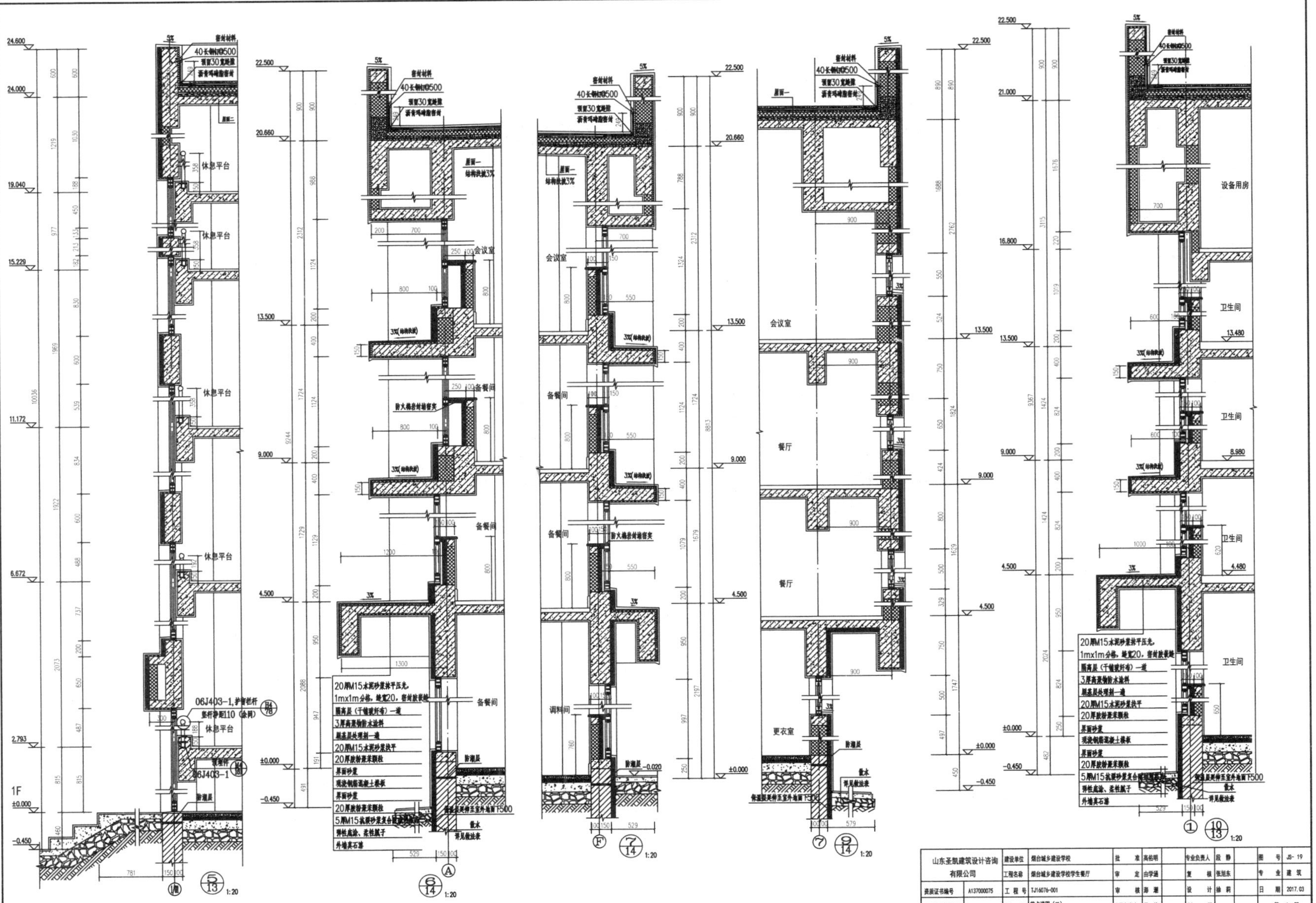

山东圣凯建筑设计咨询有限公司		建设单位	烟台城乡建设学校	批准	高佑明	专业负责人	段静	图号	JS-19
		工程名称	烟台城乡建设学校学生餐厅	审定	由学涵	复核	张旭东	专业	建筑
资质证书编号	A137000075	工程号	TJ16076-001	审核	澎潮	设计	徐莉	日期	2017.03
注册师印章编号		图名	节点详图（二）	项目负责人	段静	制图		第1版	

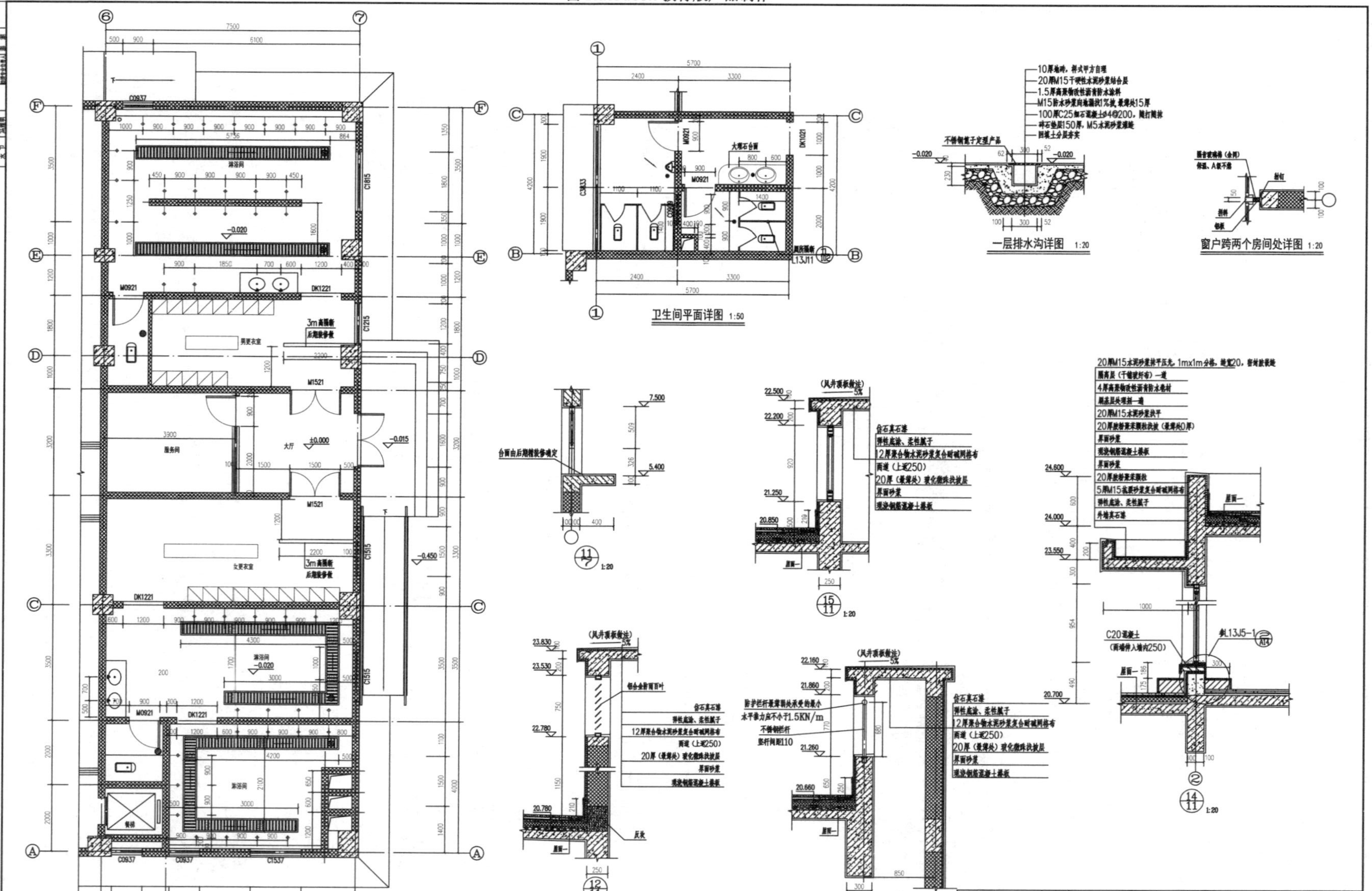

山东圣凯建筑设计咨询有限公司	建设单位	烟台城乡建设学校	批　准	高佑明		专业负责人	段　静		图　号	JS- 20
	工程名称	烟台城乡建设学校学生餐厅	审　定	由学涵		复　核	张旭东		专　业	建　筑
资质证书编号 A137000075	工 程 号	TJ16076-001	审　核	郑　潇		设　计	徐　莉		日　期	2017.03
注册师印章编号	图　名	节点详图（三）	项目负责人	段　静		制　图			第 1 版	

门窗表

类型	设计编号	洞口尺寸(mm) 宽x高	数量 1F	2F	3F	4F	▽15.000	上人屋面	总数	图集名称	选用型号	备注
防火门	FM甲	1200X1800	1	1	1	1	1		5	参L13J4-2	MFM07-1218	木质甲级防火门，门开启方向见平面图
	FM乙0921	900X2100	2						2		MFM01-0921	木质乙级防火门，门开启方向见平面图
	FM乙1523	1500X2300	11						11		MFM01-1524	木质乙级防火门，门开启方向见平面图
	FM乙1823	1800X2300				2	2		4		MFM011-1824	木质乙级防火门，门开启方向见平面图
	FM丙	1200X1800	1								MFM07-1218	木质丙级防火门，门开启方向见平面图
内门	M0921	900X2100	6	3	3	3			15	L13J4-1	PM1-0921	木夹板门
	M1021	1000X2100	1			2			3		PM1-1021	木夹板门
	M1521	1500X2100		1	1				2		PM1-1521	木夹板门
	M1527	1500X2700	3						3		PM1-1527	木夹板门
外门	M1636	1600X3550	2						2			断桥隔热铝合金门，见详图
	M1524	1500X2400	1						1			青微基式外门，见详图
	M2124	2100X2400	1						1			断桥隔热铝合金门，见详图
	M2039	2000X3850	1						1			断桥隔热铝合金门，见详图
	M2139	2100X3900		1					1			断桥隔热铝合金门，见详图
	M1521'	1500X2100						1	1			断桥隔热铝合金门，见详图
	M0910	900X1000						2	2			断桥隔热铝合金门，见详图
门联窗	MLC-1	7300X3550	1						1			断桥隔热铝合金门联窗，见详图
	MLC-2	2600X3550	1						1			断桥隔热铝合金门联窗，见详图
	MLC-3	3600X3550	1						1			断桥隔热铝合金门联窗，见详图
	MLC-4	5600X3550	1						1			断桥隔热铝合金门联窗，见详图
	MLC-5	5600X3650		1					1			断桥隔热铝合金门联窗，见详图
	MLC-6	25100X3000	1						1			断桥隔热铝合金门联窗，见详图
	MLC-7	3900X2400		1	1	1			3			断桥隔热铝合金门联窗，见详图
防火窗	FC乙2118	2100X1800	7						7			木质乙级防火窗，见详图
普通窗	C1215	1200X1500	1						4			断桥隔热铝合金窗，见详图
	C1515	1500X1500	2	4	4	4			14			断桥隔热铝合金窗，见详图
	C1815	1800X1500	1	2	2	2			7			断桥隔热铝合金窗，见详图
	C0833	800X3350	2						2			断桥隔热铝合金窗，见详图
	C0933	900X3350	5						5			断桥隔热铝合金窗，见详图
	C1533	1500X3350	1						1			断桥隔热铝合金窗，见详图
	C2433	2400X3350	3						3			断桥隔热铝合金窗，见详图
	C2633	2600X3350	1						1			断桥隔热铝合金窗，见详图
	C2833	2800X3350	1						1			断桥隔热铝合金窗，见详图
	C3533	3500X3350	2						2			断桥隔热铝合金窗，见详图
	C3733	3800X3350	1						1			断桥隔热铝合金窗，见详图
	C0839	800X3900		2	2				4			断桥隔热铝合金窗，见详图
	C0939	900X3900		7	7				14			断桥隔热铝合金窗，见详图
	C1239	1200X3900		4	5				9			断桥隔热铝合金窗，见详图
	C1539	1500X3900		1	1				2			断桥隔热铝合金窗，见详图
	C1539'	1500X3900		1	1				2			断桥隔热铝合金窗，见详图
	C2039	2000X3900		1	1				2			断桥隔热铝合金窗，见详图
	C2639	2600X3900		3	3				6			断桥隔热铝合金窗，见详图
	C2839	2800X3900		1	1				2			断桥隔热铝合金窗，见详图
	C3639	3600X3900		1	1				2			断桥隔热铝合金窗，见详图
	C5639	5600X3900			1				1			断桥隔热铝合金窗，见详图
	C7139	7100X3900		1	1				2			断桥隔热铝合金窗，见详图
	C9539	9500X3900		1	1				2			断桥隔热铝合金窗，见详图
	C0825	800X2450				2	2		4			断桥隔热铝合金窗，见详图
	C0949	900X4900				7			7			断桥隔热铝合金窗，见详图
	C1239	1200X3900				5			5			断桥隔热铝合金窗，见详图
	C1549	1500X4900				1			1			断桥隔热铝合金窗，见详图
	C1549'	1500X4900				1			1			断桥隔热铝合金窗，见详图
	C2049	2000X4900				2			2			断桥隔热铝合金窗，见详图
	C2649	2600X4900				3			3			断桥隔热铝合金窗，见详图
	C2849	2800X4900				1			1			断桥隔热铝合金窗，见详图
	C3649	3600X4900				1			1			断桥隔热铝合金窗，见详图
	C5649	5600X4900				1			1			断桥隔热铝合金窗，见详图
	C7149	7100X4900				1			1			断桥隔热铝合金窗，见详图
	C9549	9500X4900				1			1			断桥隔热铝合金窗，见详图
	C0909	900X900	1	1	1	1			4			断桥隔热铝合金固定窗，见详图
	C2012	2000X1200						1	1			断桥隔热铝合金固定窗，见详图
	C3012	3000X1200						1	1			断桥隔热铝合金固定窗，见详图
	C5812	5800X1200						1	1			断桥隔热铝合金固定窗，见详图
	C2039'	2000X3900		1	1				2			断桥隔热铝合金窗，见详图
	C0825	800X2450				1	1		2			断桥隔热铝合金窗，见详图
	C2025	2000X2450				1	1		2			断桥隔热铝合金窗，见详图

说明：1、外门窗选用深褐色断桥隔热铝合金5+6A+5+6A+5双中空玻璃门窗，节点构造按L13J4-1图集施工，门窗抗风压设计值2.0kN/m²，气密性能等级不低于国家标准《建筑外门窗气密、水密、抗风压性能分级及检测方法》GB/T7106-2008 7级的规定，传热系数K=2.2W/m²·k，其气密性能指标值：单位缝长空气渗透量为1.0< q_1 ≤1.5[m³/(m·h)]，单位面积空气渗透量为3.0< q_2 ≤4.5[m³/(m²·h)]，水密性能分级为3级；隔声性能分级为3级；门框四周用聚氨酯发泡密封。门窗经以上检验合格后方可用于工程。平开窗应提高五金系统的质量和可靠性。

2、门窗经以上检验合格后方可用于工程。门窗玻璃的选用应遵照《建筑玻璃应用技术规程》JGJ113-2015和《建筑安全玻璃管理规定》发改运行[2003]2116号及地方主管部门的有关规定；门玻璃应采用中空安全玻璃，落地门窗或窗台小于900或单块玻璃面积大于1.5m²的玻璃为中空安全玻璃，卫生间为磨砂玻璃，其余房间为普通白玻璃。

3、窗立面尺寸均表示洞口尺寸，门窗加工尺寸要按现场实际尺寸由承包商予以调整。门窗立面分格仅供参考，门窗框尺寸应符合当地风压值规定，门窗安装制作单位应对门窗进行二次设计，并进行抗风压实验，实验合格后经建设方会同设计院、监理等相关单位确认后方可施工。

4、为防止外窗窗扇空中坠落，凡推拉窗均应加设防窗扇脱落限位装置，平开窗应提高五金系统的质量和可靠性。落地窗、玻璃门、玻璃隔断等易于受到人体或物体碰撞部位的建筑玻璃，应采取在视线高度设醒目标志等保护措施。

5、门窗立樘：外门窗立樘居墙中，内门窗立樘除图中另有注明者外，双向平开门，立樘居墙中，单向平开门立樘与开启方向墙面平，管道竖井门设门槛高150；

6、落地窗、玻璃门、玻璃隔断等易于受到人体或物体碰撞部位的建筑玻璃，应采取在视线高度设醒目标志等保护措施。

7、防火墙、疏散用的公共走道、楼梯间和前室的平开防火门应具有自行关闭的功能（设闭门器），双扇平开防火门安装闭门器和顺序器，常开防火门须安装信号控制自行关闭和反馈装置。

8、凡非标准门窗做法均参照《常用门窗》L13J4-1。

9、建设单位在外窗定制前应组织设计单位、施工单位、门窗厂家、保温施工单位进行图纸会审。

10、消防救援窗口的玻璃为钢化玻璃且易于破碎，并应设置可在室外易于识别的明显标志。

11、外门采用青微基式外门。

12、当窗户宽度大于3000时，窗户中间增加竖梃，详门窗详图。

13、开启扇加安全锁，推拉扇加限位装置。

门窗详图

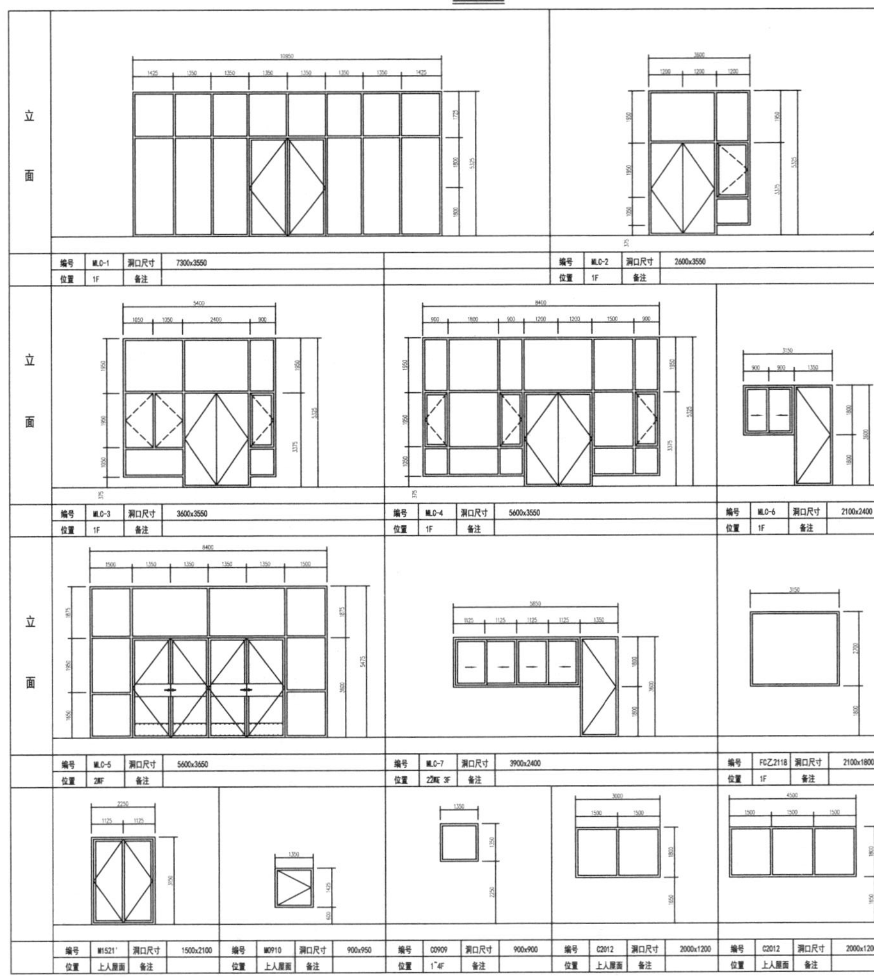

山东圣凯建筑设计咨询有限公司		建设单位	烟台城乡建设学校	批准	高佑明	专业负责人	段静	图号	JS- 21
		工程名称	烟台城乡建设学校学生餐厅	审定	由学涵	复核	张旭东	专业	建筑
资质证书编号	A137000075	工程号	TJ16076-001	审核	澎潮	设计	徐莉	日期	2017.03
注册师印章编号		图名	门窗表 门窗详图(一)	项目负责人	段静	制图		第 1 版	

由 Autodesk 教育版产品制作
由 Autodesk 教育版产品制作

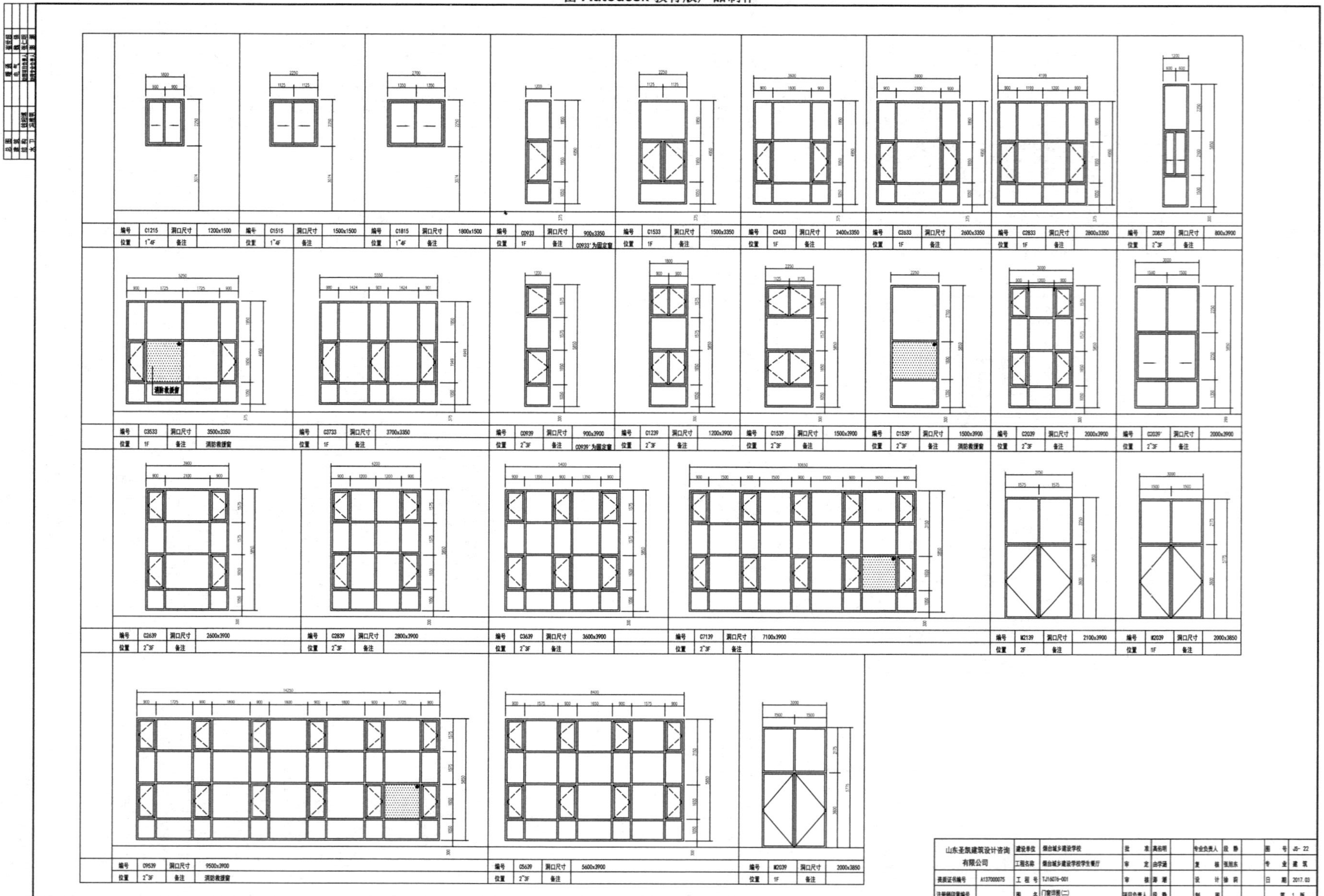
总图
建筑
结构
水卫
暖通
电气
编号 C1215 洞口尺寸 1200x1500
位置 1~4F 备注
编号 C1515 洞口尺寸 1500x1500
位置 1~4F 备注
编号 C1815 洞口尺寸 1800x1500
位置 1~4F 备注
编号 C0933 洞口尺寸 900x3350
位置 1F 备注 C0933'为固定窗
编号 C1533 洞口尺寸 1500x3350
位置 1F 备注
编号 C2433 洞口尺寸 2400x3350
位置 1F 备注
编号 C2633 洞口尺寸 2600x3350
位置 1F 备注
编号 C2833 洞口尺寸 2800x3350
位置 1F 备注
编号 Z0839 洞口尺寸 800x3900
位置 2~3F 备注
消防救援窗
编号 C3533 洞口尺寸 3500x3350
位置 1F 备注 消防救援窗
编号 C3733 洞口尺寸 3700x3350
位置 1F 备注
编号 C0939 洞口尺寸 900x3900
位置 2~3F 备注 C0939'为固定窗
编号 C1239 洞口尺寸 1200x3900
位置 2~3F 备注
编号 C1539 洞口尺寸 1500x3900
位置 2~3F 备注
编号 C1539' 洞口尺寸 1500x3900
位置 2~3F 备注 消防救援窗
编号 C2039 洞口尺寸 2000x3900
位置 2~3F 备注
编号 C2039' 洞口尺寸 2000x3900
位置 2~3F 备注
编号 C2639 洞口尺寸 2600x3900
位置 2~3F 备注
编号 C2839 洞口尺寸 2800x3900
位置 2~3F 备注
编号 C3639 洞口尺寸 3600x3900
位置 2~3F 备注
编号 C7139 洞口尺寸 7100x3900
位置 2~3F 备注
编号 M2139 洞口尺寸 2100x3900
位置 2F 备注
编号 M2039 洞口尺寸 2000x3850
位置 1F 备注
编号 C9539 洞口尺寸 9500x3900
位置 2~3F 备注 消防救援窗
编号 C5639 洞口尺寸 5600x3900
位置 2~3F 备注
编号 M2039 洞口尺寸 2000x3850
位置 1F 备注
山东圣凯建筑设计咨询有限公司
资质证书编号 A137000075
注册师印章编号
建设单位 烟台城乡建设学校
工程名称 烟台城乡建设学校学生餐厅
工程号 TJ16076-001
图名 门窗详图(二)
批准
审定
审核
项目负责人
专业负责人
复核
设计
制图
图号 JS-22
专业 建筑
日期 2017.03
第 1 版

总 图		暖 通	崔世颜
建 筑		电 气	魏 锋
结 构	钱相博	助理项目负责人	张仁明
水 卫	冯雅明	助理专业负责人	谢 澜

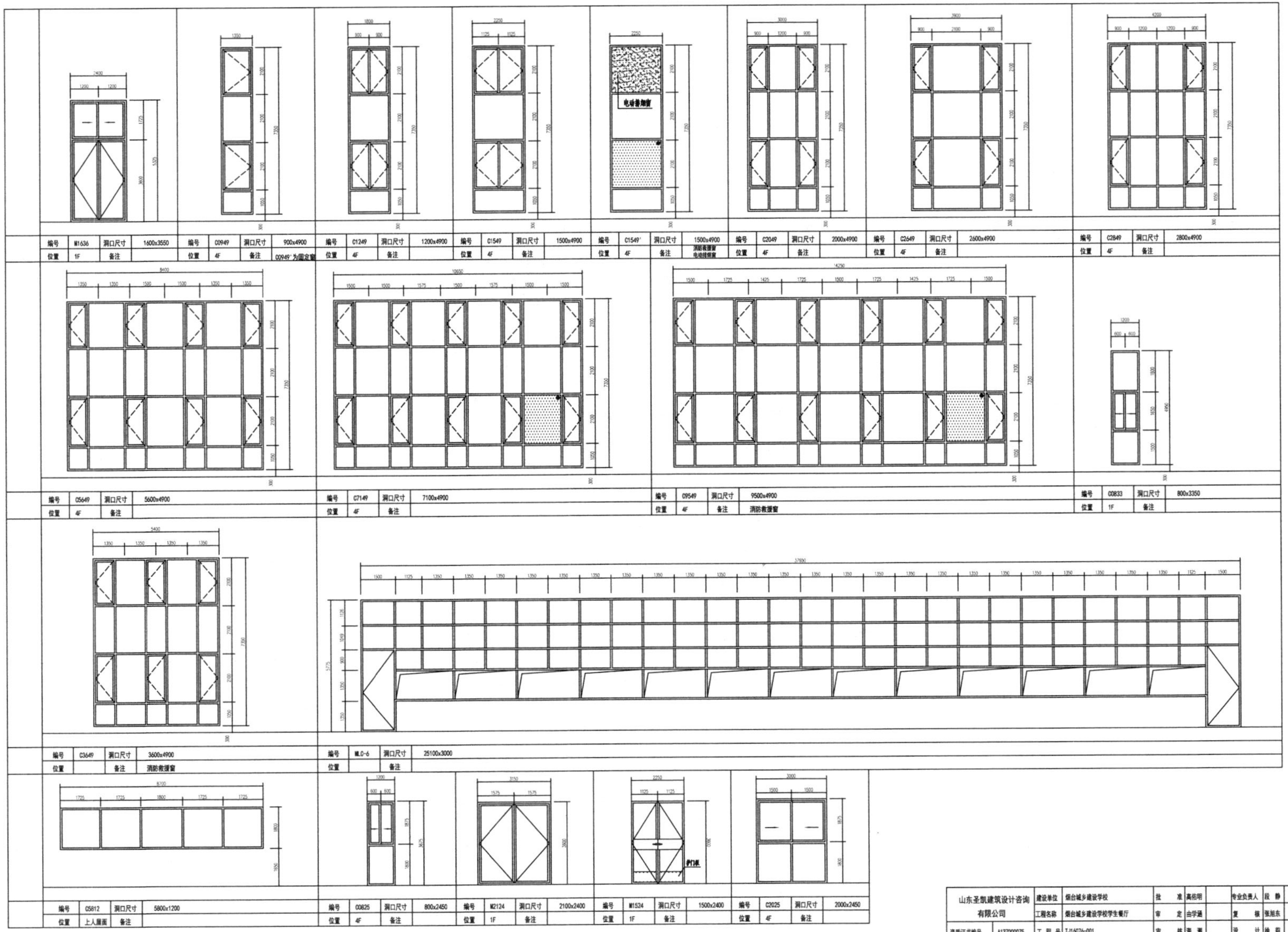

山东圣凯建筑设计咨询有限公司		建设单位	烟台城乡建设学校	批　准	高佑明	专业负责人	段 静	图　号	JS- 23
		工程名称	烟台城乡建设学校学生餐厅	审　定	由学涵	复　核	张旭东	专　业	建 筑
资质证书编号	A137000075	工 程 号	TJ16076-001	审　核	海 潮	设　计	徐 莉	日　期	2017.03
注册师印章编号		图　名	门窗详图（三）	项目负责人	段 静	制　图		第 1 版	

由 Autodesk 教育版产品制作
由 Autodesk 教育版产品制作
由 Autodesk 教育版产品制作

结构设计说明(一)

一. 工程概况:

本工程为新建项目,位于烟台芝罘区,北临荆子山,南临卧龙北路,东临山水龙城二区。食堂地上四层。结构型式为框架结构,食堂建筑尺寸45.000米x24.500米x21.450(高)米,基础型式为独立基础。

二. 建筑结构的安全等级及设计使用年限

1.建筑结构的安全等级:一级　2.设计使用年限:50年　3.建筑抗震设防类别:乙类

4.地基基础设计等级:丙级　5.框架抗震等级:二级　屋面井字梁部分:一级 详GS-07 GS-11

三. 自然条件

1.基本风压:Wo=0.55kN/m²,　地面粗糙度:B类

2.基本雪压:So=0.40kN/m²

3.场地地震基本烈度:7度;抗震设防烈度:7度;设计基本地震加速度:0.10g(计算取值0.15g),第二组 建筑场地类别 Ⅱ类;场地特征周期:0.40s

4.场地标准冻深:0.50m

5.本工程依据山东圣凯建筑设计咨询有限公司2017年3月所做的《烟台城乡建设学校学生餐厅岩土工程勘察报告》(工程编号:YK17008-001),场地的地质及地下水条件详见基础设计说明。

四. 建筑物室内地面标高±0.000的绝对高程为54.050m。

五. 本工程设计遵循的主要标准、规范、规程

1. 《工程结构可靠性设计统一标准》(GB50153-2008)
2. 《建筑结构荷载规范》(GB50009-2012)
3. 《混凝土结构设计规范》(2015年版)(GB50010-2010)
4. 《建筑抗震设计规范》(2016年版)(GB50011-2010)
5. 《建筑地基基础设计规范》(GB50007-2011)
6. 《混凝土结构工程施工质量验收规范》(GB50204-2015)
7. 《建筑工程抗震设防分类标准》(GB50223-2008)
8. 《建筑设计防火规范》(GB50016-2014)
9. 《建筑地基处理技术规范》(JGJ 79-2012)
10. 《钢筋机械连接技术规程》(JGJ 107-2016)
11. 《中国地震动参数区划图》(GB18306-2015)
12. 《补偿收缩混凝土应用技术规程》(JGJ/T178-2009)

本工程按现行国家设计标准进行设计,施工时除应遵守本说明及各设计图纸说明外,尚应严格执行现行国家及工程所在地区的有关规范或规程。

六. 建筑防火分类及耐火等级

建筑耐火等级:二级。

七. 抗浮设计

无

八. 本工程结构分析采用中国建筑科学研究院编制的多层及高层结构集成设计系统(PKPM2010-V3.1.4)。计算模型为墙元和空间杆单元模型,整体计算时的嵌固部位基础顶。

九. 设计采用的均布活荷载标准值

见表9-1

十. 主要结构材料:(详图中注明者除外)

1.钢筋及钢材:高强钢筋应用比例不小于 95%。

(1)钢筋采用HPB300级(Φ)、HRB335级(Φ)、HRB400级(Φ);HRB335和HRB400钢筋的外观标记不明显,应严格管理以防混用。

(2)钢板、型钢、钢管采用Q345-B钢。

(3)吊钩吊环采用HPB300级钢筋,不得采用冷加工钢筋。

(4)框架柱及与框架柱相连的框架梁和斜撑构件(如梯段)及其相连的梯柱,其纵向受力钢筋的抗拉强度实测值与屈服强度实测值的比值不应小于1.25;且钢筋的屈服强度实测值与屈服强度标准值的比值不应大于1.3;且钢筋在最大拉力下的总伸长率实测值不应小于9%。

(5)钢筋的强度标准值应具有不小于95%保证率,钢筋强度详应满足表10-2的要求。

2. 混凝土:见表10-1,混凝土强度应满足表10-2的要求。

3.焊条:

HPB300钢筋采用E43xx型,HRB335、HRB400钢筋采用E50xx型,钢筋与型钢焊接随钢筋定焊条。

4.油漆:凡外露铁件必须在除锈后涂防锈漆,面漆两道,并经常维护。

5.墙体:

与土壤接触墙体及卫生间1.2m以下四周的墙采用MU20蒸压灰砂砖,M7.5水泥砂浆砌筑;其余所有外墙及部分内墙采用A3.5加气混凝土砌块,Ma5.0混合砂浆砌筑。砌块及墙板要求容重≤6.5KN/m³,立方体抗压强度不小于3.5MPa。砌体施工质量控制等级:B级。

6.本工程所选用的结构材料不得采用国家和地方禁止和限制使用的建筑材料及制品。

7.本工程现浇混凝土全部采用预拌混凝土。

8.本工程所用砂浆全部采用预拌砂浆。

十一. 防腐与耐久性设计

根据地质资料,场地内土对混凝土结构具微腐蚀性,对混凝土结构中的钢筋具微腐蚀性;根据地质资料,地下水埋藏较深,对基础无影响。结构混凝土耐久性的基本要求,见表11-1。

十二. 钢筋混凝土结构构造

1. 本工程采用国家标准图《混凝土结构施工图平面整体表示方法制图规则和构造详图》(16G101-1)的表示方法。施工图中未注明的构造要求应按照标准图的有关要求执行。

(1)纵向受拉钢筋的最小锚固长度,抗震锚固长度搭接长度见58页,钢筋弯钩构造、纵向钢筋机械锚固构造及接头构造详见59、62页。

(2)钢筋的保护层厚度见56页,基础保护层:下部 40mm,上部 25mm。

(3)钢筋连接

a.框架柱纵向受力钢筋:一、二级抗震等级及三级抗震等级的底层,采用机械连接接头;三级抗震等级的其它部位和四级抗震等级可采用绑扎搭接接头或焊接接头,但焊接接头应有可靠的检测手段。框架梁纵向受力钢筋:一级采用机械连接接头,二、三、四级可采用绑扎搭接接头或焊接接头。框支梁、框支柱纵向受力钢筋:应尽量避免设置接头,如无法避开应采用机械连接接头。轴心受拉及小偏心受拉构件(如桁架和拱的拉杆)的纵向受力钢筋不得采用绑扎搭接接头。当钢筋的直径d>25mm时,不应采用绑扎搭接接头。机械连接的接头性能应按(JGJ 107-2016)的Ⅱ级及以上接头性能;

b.当钢筋长度不够时:楼板、梁及屋面板、梁上部钢筋应在跨中搭接,梁板下部钢筋应在靠近支座处搭接;受力钢筋的接头位置应相互错开,当采用机械连接时在任一35d且不小于500mm区段内,和当采用绑扎搭接接头时在任一1.3倍搭接长度区段内,有接头的受力钢筋的截面面积占受力钢筋总截面面积的百分率,对梁、板及墙类构件,不宜超过25%;对柱类构件,不宜超过50%。

(四)补充规定

a.悬挑梁负筋在相邻跨的长度不应小于相邻跨净跨的1/3和悬挑尺寸二者中较大值且≥L_{aE}。

b.当梁腹板高度大于等于450时,梁两侧应增设纵向构造钢筋,配筋总数见表12-1(梁两侧构造筋选用表),做法见90页。梁配筋图中不再另行标注。

c.当梁宽与柱或墙宽相同时,梁外侧纵向钢筋应稍微弯折,置于柱、墙主筋的内侧,如图12-1所示。

d.当梁一端支撑在柱上,另一端支撑在梁上或与剪力墙垂直相交时,支撑在柱上的一端的做法按框架梁的构造要求,支撑在梁上或墙上的一端按普通梁的构造要求,具体做法详见16G101-1。

e.施工时钢筋排布规则及构造未示部分均遵照国家建筑标准图集《混凝土结构施工钢筋排布规则与构造详图》(12G901-1~3)。

2. 楼板、屋面板的构造要求:

(1)双向板(或异形板)钢筋的放置,短向钢筋放置于外层,长向放在内层,现浇板施工时,应采取措施保证钢筋位置。跨度大于4.00m的板施工时应按规范要求起拱。

(2)各板角负筋,纵横两向必须重叠设置成网格状。

(3)板的底部钢筋伸入支座长度应≥5d,且应伸入到支座中心线。

(4)板的边支座和中间支座板顶标高不同时,负筋在梁或墙内的锚固应满足受拉钢筋最小锚固长度La。

(5)现浇板分布钢筋的直径及间距见表12-2(现浇板分布钢筋的直径及间距选用表)。

(6)凡在板上砌隔墙时,应在墙下板内底部增设加强筋(图纸中另有要求者除外),当板跨L≤1500时:2Φ14,当板跨1500<L<2500时:3Φ14,当板跨L≥2500时:3Φ16并锚固于两端支座内。

(7)板内钢筋如遇洞口当D≤300mm时:钢筋绕过洞口,不需截断,(D为洞口宽度或直径);当D>300mm时:钢筋于洞口边截断并弯曲锚固,洞边增设加强钢筋(见具体施工图或按16G101-1构造)。

(8)管道井内钢筋在预留洞口处不得切断,待管道安装后用高一级混凝土浇注。混凝土逐层封堵,板内负筋锚入梁内长度不少于La。除特殊注明外采用板厚h=100,配筋双层双向Φ8@200。

(9)板内埋设管线时,所铺设管线应放在板底钢筋之上,板上部钢筋之下,且管线的混凝土保护层不小于30mm。

(10)对设备的预留孔洞及预埋件需与安装单位配合,施工时如有疑问可与设计单位联系。

(11)板上下应注意构造柱插筋或连接用的埋件。

(12)未经设计人员同意,不得随意打洞、剔凿。楼板上后砌隔墙的位置应严格遵守建筑施工图,不可随意砌筑。

3. 墙柱混凝土强度等级高于楼层梁板时,梁柱节点处按以下原则处理:

(1)以混凝土强度等级为5N/mm²为一级,凡柱混凝土强度等级高于梁板混凝土强度等级不超过一级时,梁柱节点处的混凝土可随梁板一同浇注。

(2)当柱混凝土强度等级高于梁板混凝土强度等级不超过二级,而柱子四边皆有现浇框架梁者,梁柱节点处混凝土可随梁板一同浇注。

(3)当不符合上面两条的规定时,梁柱节点处混凝土应按柱子混凝土强度等级单独浇筑。此时,应先浇筑柱的高等级混凝土,然后在混凝土初凝前即浇梁板混凝土。也可以同时浇注,但应特别注意,不应使低等级混凝土扩散到高等级混凝土的结构部位中去,以确保高等级混凝土结构质量。柱高等级混凝土浇筑范围见图12-3。

4.其他要求:

(1)凡选用标准图、重复使用图或通用图时,除设计另有说明外,施工均应满足标准图中说明要求。

(2)在施工安装过程中,应采取有效措施保证结构的稳定性,确保施工安全。

(3)混凝土结构施工前应对预留孔,预埋件,楼梯栏杆和阳台栏杆的位置与各专业图纸加以校对,并与设备及各工种密切配合施工。

(4)材料代用时应经过详细换算,对承重结构材料的代换,应征得设计单位同意。当进行钢筋代换时,除应符合设计要求的构件承载力、最大力下的总伸长率、裂缝宽度验算以及抗震规定外,尚应满足最小配筋率、钢筋间距、保护层厚度、钢筋锚固长度、接头面积百分率及搭接长度等构造要求。

表9-1

项 目	活荷载(KN/m²)	项 目	活荷载(KN/m²)	项 目	活荷载(KN/m²)	项 目	活荷载(KN/m²)
学生餐厅	2.5	楼梯、走廊	3.5	栏杆水平荷载	1.5 KN/m	上人屋面	2.0
卫生间	8.0(带蹲坑)	工具间	5.0	栏杆顶竖向荷载	1.2 KN/m	设备间	4.0
水箱总重	61KN	其他	2.0				

挑檐、悬挑雨篷的施工检修荷载沿板宽每隔2.5m不超过1.0kN(标准值)的集中荷载。

注:1.本建筑物应按建筑图中注明的功能使用,未经技术鉴定或设计许可,不得改变结构的用途和使用环境。

2.本设计隔墙除图中注明外未考虑灵活隔墙的荷载,如需要考虑布置自由隔墙或需考虑二次装修荷载,需通知设计单位另做变更。

3.楼屋盖施工期间的堆料荷载不得超过设计活荷载。

表10-1

构件部位		混凝土强度等级
基础		C35
柱		C35
基础梁		C35
梁板		C30
其他	基础垫层	C15
	圈梁、构造柱、现浇过梁	C25
	标准构件	按标准图要求

注:预埋连接件的混凝土强度等级不得小于C30。

表10-2

混凝土 强度(N/mm²)＼等级	C15	C20	C25	C30	C35	C40	C45	钢筋 强度(N/mm²)＼牌号	HPB300	HRB335	HRB400
轴心抗压强度标准值f_{ck}	10.0	13.4	16.7	20.1	23.4	26.8	29.6	屈服强度标准值f_{yk}	300	335	400
轴心抗拉强度标准值f_{tk}	1.27	1.54	1.78	2.01	2.20	2.39	2.51	极限强度标准值f_{stk}	420	455	540
轴心抗压强度设计值f_c	7.2	9.6	11.9	14.3	16.7	19.1	21.1	抗拉强度设计值f_y	270	300	360
轴心抗拉强度设计值f_t	0.91	1.10	1.27	1.43	1.57	1.71	1.80	抗压强度设计值f_y'	270	300	360

结构混凝土耐久性的基本要求　表11-1

环境类别 GB50010-2010		最大水胶比	最大氯离子含量(%)	最大碱含量(kg/m³)	最低混凝土强度等级
一		0.60	0.3	不限制	C20
二	a	0.55	0.2	3.0	C25
	b	0.50(0.55)	0.15(0.1)	3.0	C30

注:括号内数字用于与土壤接触的混凝土除特殊注明外,卫生间环境类别为二a类,挑檐、屋顶装饰架子、基础、与室外土接触构件的环境类别为二b类,其它房间为一类。

图纸目录

序号	图号	图纸名称	图幅	序号	图号	图纸名称	图幅
1	GS-01	结构设计说明(一) 图纸目录	A1	11	GS-11	16.750 层梁板平面配筋图 / 层梁平面配筋图	A1
2	GS-02	结构设计说明(二)	A1	12	GS-12	层板平面配筋图 / 层梁板平面配筋图	A1
3	GS-03	绿建结构设计专篇	A1	13	GS-13	楼梯详图(一)	A1
4	GS-04	基础平面布置图	A1	14	GS-14	楼梯详图(二)	A1
5	GS-05	-0.150层梁平面配筋图	A1	15	GS-15	楼梯详图(三)	A1
6	GS-06	基础顶~13.450柱平面布置图	A1	16	GS-16	楼梯详图(四)	A1
7	GS-07	13.450~屋顶柱平面布置图	A1	17	GS-17	大样详图(一)	A1
8	GS-08	4.450 层梁板平面配筋图	A1	18	GS-18	大样详图(二)	A1
9	GS-09	8.950 层梁板平面配筋图	A1	19	GS-19	大样详图(三)	A1
10	GS-10	13.450 层梁板平面配筋图	A1				

山东圣凯建筑设计咨询有限公司		建设单位	烟台城乡建设学校	批准	高传明	专业负责人	王廷国	图号	GS-01
		工程名称	烟台城乡建设学校学生餐厅	审定	曹卫华	复核	蒋文广	专业	结构
资质证书编号	A137000075	工程号	TJ16076-001	审核	王廷国	设计	钱相博	日期	2017.03
注册师印章编号		图名	结构设计说明(一) 图纸目录	项目负责人	段静			第一版	

由 Autodesk 教育版产品制作
由 Autodesk 教育版产品制作

总图		暖通	崔士超
建筑	徐莉	电气	魏蓓
结构		勘察项目负责人	张仁明
水卫	冯鑫男		

结构设计说明(二)

(5)悬挑构件须待混凝土设计强度达到100%方可拆除底模.
(6)所有外露铁件均应刷防锈底漆，面漆材料及颜色按建筑要求施工.
(7)施工期间不得超负荷堆放建材和施工垃圾，特别注意梁板上集中负荷对结构受力和变形的不利影响.
(8)当梁与柱斜交时，梁的纵向钢筋应放样下料，满足钢筋锚固长度要求.
(9)主梁内在次梁作用处，箍筋应贯通布置，凡未在次梁两侧注明箍筋者，均在次梁两侧各设附加箍筋3Φd,箍筋直径d及肢数同所在梁，间距要求详见16G101-1中88页.
(10)主次梁高度相同时，次梁的下部纵向钢筋应置于主梁下部纵向钢筋之上.
(11)当梁的跨度大于4.0米时，模板按跨度的0.2%起拱；悬臂梁长度大于2米时，按悬臂长度的0.4%起拱，起拱高度不小于20mm.
(12)板配筋图中，板面筋的表示方法见图12-2a;板边钢筋锚固见图12-2b.
(13)图中除注明外，非框架梁边支座均按铰接设计，做法详图集16G101-1第89页.
(14)对于外露的现浇钢筋混凝土女儿墙、挂板、栏板、檐口等构件，当其水平直线长度超过12m时，应按图12-2C设置伸缩缝，避开落水管,缝宽20mm. 伸缩缝间距≤12m.
(15)当框架梁中心线距柱中心线距离大于四分之一柱截面宽度时，框架梁应设置水平加腋. 梁水平加腋构造要求详见16G101-1中86页,其中c1=400mm,c2=100mm.

十三. 砌体与混凝土柱的连接及圈梁、过梁、构造柱的要求:

1.与后砌隔墙连接的钢筋混凝土墙柱，应配合建筑图墙体的位置，按墙的构造要求预留窗台板、过梁、圈梁拉结筋，且应沿混凝土墙柱高每隔500mm,设2Φ6(墙厚>240mm设3Φ6)拉筋，拉筋沿墙全长贯通，预留拉筋做法详国标12G614-1. 楼梯间和人流通道的填充墙应用钢丝网砂浆面层加强，面层材料为1:2.5水泥砂浆20mm厚，内敷16号钢丝网，20mmx20mm.
2.与圈梁、过梁连接的钢筋混凝土柱、墙，应于圈梁、过梁纵向钢筋处预埋插筋，与主体结构相连的构造柱，应于构造柱处预埋插筋，预留筋做法详国标12G614-1.(位置及标高参见建筑图)
3.除设计圈梁外，所有隔墙当墙高大于4m时，应于门窗顶或墙高中部设圈梁一道. 在墙洞顶处的圈梁，圈梁截面及配筋应不小于与洞口相应的过梁；圈梁宽度同墙厚，圈梁高120mm，配筋4Φ10/Φ6@200，隔墙砌筑尚应符合国标12G614-1的要求.
4.后砌填充墙与两侧主体结构拉结参照国标12G614-1施工. 填充墙长≤500按图13-1施工.
5.填充墙应在主体结构施工完毕后，由上而下逐层砌筑，或分段施工验收，将填充墙砌筑至梁、板底附近，待下部平砌砖墙沉实，用斜砖砌实并与梁底或板底顶紧，参见国标12G614-1.
6.当圈梁为门洞切断时，应在洞顶设置一道不小于被切断的圈梁断面和配筋的钢筋混凝土附加圈梁，其配筋尚应满足过梁的要求，其搭接长度应不小于1000mm. 当两圈梁高差≤300mm时，圈梁也可沿洞口垂直拐弯与过梁连成框架. 见图13-2.
7.当砌体填充墙长度大于层高2倍或填充墙长度大于等于5m时，应按结构图表示的位置设置钢筋混凝土构造柱，构造柱配筋见相应详图. 如图中未表示，参照国标图集12G614-1第17~20页设置. 构造柱按照国标12G614-1第15页构造柱详图施工，构造柱钢筋绑完后，应先砌墙，后浇筑混凝土，在构造柱处，墙体中应留好拉结筋. 浇筑构造柱混凝土前，应将柱根处杂物清理干净，并用压力水冲洗，然后才能浇筑.
8.女儿墙压顶应与构造柱可靠连接，女儿墙构造柱纵筋锚入框架柱或梁内 40d.
9.门、窗洞口顶不在框架梁梁底时需增设过梁，本设计未表示者，过梁均参照 L13G7中TGLA20xxx1(用于200墙)，TGLA10xxx1(用于100墙). 当洞口上方有承重梁通过，且该梁底标高与门窗洞顶距离过近放不下过梁时，可直接在梁下挂板，见图13-3.

十四. 电气避雷做法:

电气避雷引下线位置见GS-06(或设备图纸). 柱平面定位图中划圆圈的边缘构件内有两根纵向钢筋作为避雷引下线. 作为避雷引下线的纵向钢筋，必须从上到下焊成通路，焊接长度不小于100mm，且其下端须就近与基础内底部钢筋焊接，焊接长度不小于100mm，其上端须露出柱顶或混凝土墙顶150mm，与屋顶避雷带连接. 基础钢筋应与楼板、梁、柱顶避雷钢筋连成通路，做法须配合电气图纸施工.

十五. 预埋件:

所有的预埋件及预留孔洞应按各专业的图纸预埋、预留，不得遗漏. 本专业图中所留洞口仅作为提醒施工注意用，具体位置和尺寸、数量应以相应专业图纸为准，施工前应与各专业仔细核对，做到准确无误. 施工前应会同钢结构设计单位校核预埋件，满足要求方可施工.

十六. 分包(二次设计)要求说明

无

十七. 绿色建筑结构设计专篇详GS-03

十八. 其他

1.本工程楼盖需采用大模板，取消板底20mm找平层.
2.未经结构工程师允许不得改变使用环境及原设计的使用功能.
3.本工程图示尺寸以毫米(mm)为单位，标高以米(m)为单位.
4.施工前应进行图纸会审. 有不明确处应先与设计沟通，再行施工.
5.施工质量应满足国家现行质量验收规范. 按国家现行规范进行施工验收. 未及事项按现行国家标准、规范执行.
6.本工程严禁加设夹层. 施工时脚手架和模板的架设和拆卸、混凝土养护的施工组织设计或技术方案应严格按照设计所提活荷载及现行规范规定进行，不仅要满足强度要求，还要满足刚度要求(裂缝要求).
7.冬期施工时应根据《建筑工程冬期施工规程》(JGJ/T 104-2011)采取相应的措施.
8.需通过图纸审查方可进行施工.
9.联系电话:0535-3451651.

现浇板分布钢筋的直径及间距选用表　　表12-2

受力钢筋直径	受力钢筋间距 70	75	80	90	100	110	120	140	150	160	200
6~8	Φ6@250										
10	Φ8@250			Φ6@200							
12	Φ8@200			Φ8@250				Φ6@200			
14	Φ10@230		Φ10@250		Φ8@200			Φ8@250			
16	Φ10@180		Φ10@200		Φ10@250			Φ8@200			

注: 1).板中单位长度上的分布钢筋的截面面积，不应小于单位长度上受力钢筋截面面积的15%，其间距不宜大于250mm.
2).对集中荷载较大的情况，分布钢筋的截面面积应适当增加，其间距不宜大于200mm.
3).当板的温度、收缩应力较大时，其分布钢筋应适当增加，钢筋间距宜取150~200mm.

选　用　图　集

1	16G101-1	平法(现浇混凝土框架、剪力墙、框架剪力墙、框支剪力墙结构)	2	16G101-3	混凝土结构施工图平面整体表示方法制图规则和构造详图(独立基础、条形基础、筏形基础、桩基础)
3	12G901-1	混凝土结构施工图钢筋排布规则与构造详图(现浇混凝土框架、剪力墙、梁、板)	4	12G901-3	混凝土结构施工图钢筋排布规则与构造详图(独立基础、条形基础、筏形基础、桩基承台)
5	L13J3-3	加气混凝土砌块墙	6	11G329-2	多层砖房钢筋混凝土构造柱抗震节点详图
7	12G614-1	砌体填充墙结构构造	8	L13G7	钢筋混凝土过梁
9	13J104	蒸压加气混凝土砌块、板材构造			

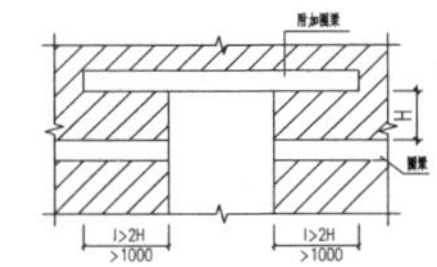
图13-2

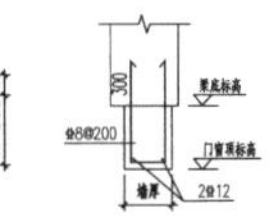
图13-3

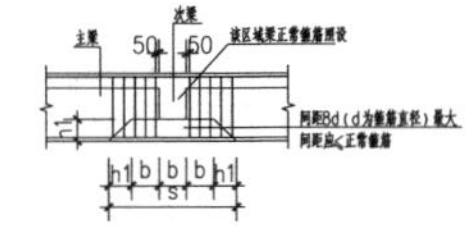
附加箍筋构造详图

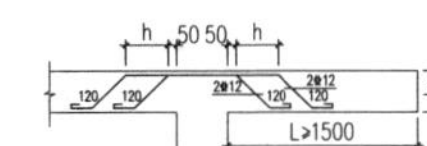
悬挑梁端附加弯筋构造示意

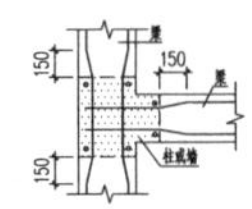
图12-1 梁柱同宽梁纵筋构造

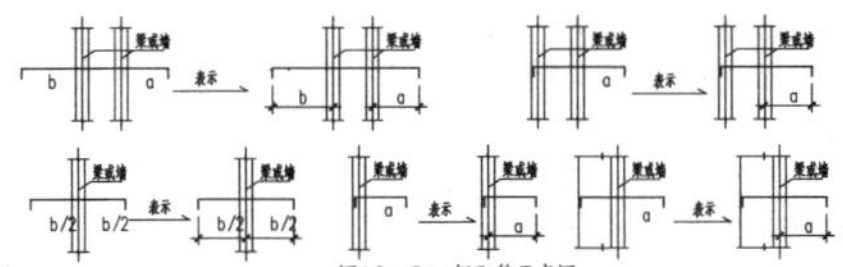
图12-2a 板配筋示意图

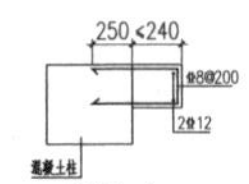
图13-1a
柱(墙)边砌体宽度小于等于300mm时做法

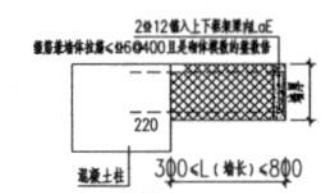
图13-1b
柱(墙)边砌体宽度大于300mm小于800mm时做法

小于0.8米窗间墙墙体加筋

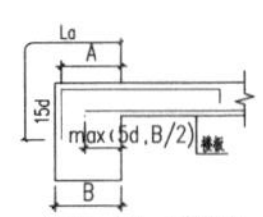
图12-2b 板筋锚固

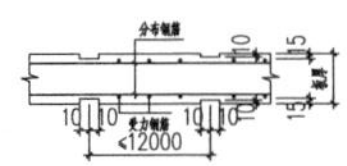
图12-2c 伸缩缝大样图

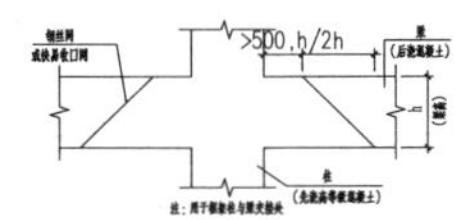
图12-3

梁两侧构造筋选用表　　表12-1

梁宽度 b	梁腹板高hw 450	500	550	600	650	700	750	800	850	900	950	1000	1050
< 250	2Φ12	4Φ10		4Φ12		6Φ10				8Φ10			
300	2Φ14	4Φ10	4Φ12			6Φ10		6Φ12		8Φ10			
350	2Φ16	4Φ12				6Φ12				8Φ10	8Φ12		

注: 1).梁腹板高度hw按下列规定取用:
当为两侧有现浇板的T形梁时，hw为梁有效高度减去板厚，其它情况下取梁有效高度.
2).当梁腹板高度hw介于两者之间时按高者取用.
3).构造钢筋的搭接与锚固长度可取为15d.
4).图中带"N"的钢筋为抗扭筋，其搭接长度与锚固长度均按受拉钢筋要求施工.
5).配置抗扭纵筋的梁当宽度为300且贯通筋为两根时，于梁顶部附加1Φ12抗扭筋. 满足抗拉锚固长度.
6).配置抗扭纵筋的梁当宽度大于等于350且贯通筋为两根附加架立钢筋时，架立钢筋按受拉钢筋搭接.

山东圣凯建筑设计咨询有限公司		建设单位	烟台城乡建设学校	批　准	高佑明		专业负责人	王延国	图　号	GS-02
		工程名称	烟台城乡建设学校学生餐厅	审　定	曹卫华		复　核	蒋文广	专　业	结 构
资质证书编号	A137000075	工 程 号	TJ16076-001	审　核	王延国		设　计	钱相博	日　期	2017.03
注册师印章编号		图　名	结构设计说明(二)	项目负责人	段 静				第 一 版	

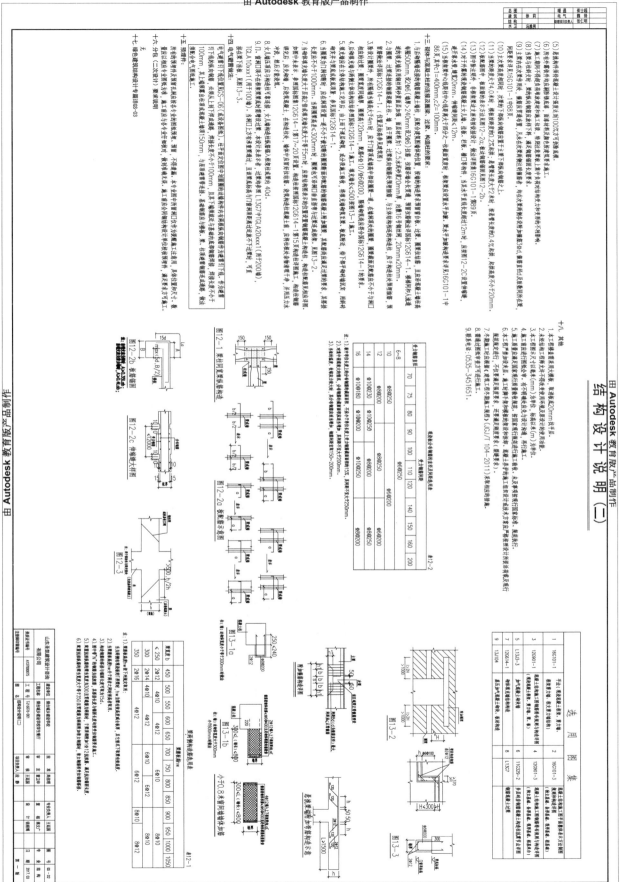

由 Autodesk 教育版产品制作
由 Autodesk 教育版产品制作

总图		暖通	崔士超
建筑	徐莉	电气	魏铎
结构		助理项目负责人	张仁明
水卫	冯鹏男		

绿色建筑结构设计专篇

1、设计依据

1-1、山东省工程建设标准《绿色建筑设计规范》DB37/T 5043-2015
1-2、《民用建筑绿色设计规范》JGJ/T229-2010 J1125-2010
1-3、《绿色建筑评价标准》GB/T 50378-2014
其它现行的国家有关设计规范、规程和规定

2、建筑项目主要特征表

建筑项目主要特征表

名称	建筑类别	耐火等级	抗震设防烈度	结构选型	建筑层数	建筑高度	基底面积	建筑面积
烟台城乡建设学校学生餐厅	多层公建	二级	七度	框架结构	地上四层	21.45m	994.77m²	4280m²

3、节材与材料资源利用自评结果及得分情况

专项分类		规范条文		所属专业	自评结果Q4=50分	
					满分	自评得分
控制项		7.1.1	不得采用国家和地方禁止和限制使用的建筑材料及制品	建筑、结构	☑满足	
		7.1.2	混凝土结构中梁、柱、墙纵向受力普通钢筋应采用不低于400MPa级的热轧带肋钢筋	结构	☑满足	
		7.1.3	建筑造型要素应简约，且无大量装饰性构件	建筑	☑满足	
评分项	节材设计	7.2.1	择优选择建筑形体	结构	9分	3分
		7.2.2	对地基基础、结构体系、结构构件进行优化设计，达到节材效果	结构	5分	5分
		7.2.3	土建工程与装修工程一体化设计	建筑	10分	0分
		7.2.4	公共建筑中可变换建筑功能的空间采用可重复使用的隔断（墙）	建筑	5分	0分
		7.2.5	采用工业化生产的预制构件	建筑、结构	5分	0分
		7.2.6	采用整体化定型设计的厨房、卫浴间	建筑	6分	0分
	材料选用	7.2.7	采用本地生产的建筑材料	建筑、结构	10分	10分
		7.2.8	现浇混凝土采用预拌混凝土	结构	10分	10分
		7.2.9	建筑砂浆采用预拌砂浆	建筑、结构	5分	5分
		7.2.10	合理采用高强建筑结构材料	结构	10分	10分
		7.2.11	合理采用高耐久性建筑结构材料	结构	5分	5分
		7.2.12	采用可再利用的材料和可循环材料	结构	10分	0分
		7.2.13	使用以废弃物为原料生产的建筑材料	建筑、结构	5分	0分
		7.2.14	合理采用耐久性好、易维护的装饰装修建筑材料	建筑、结构	5分	2分

施工过程的环保要求：

施工过程中必须严格执行烟台市《建筑施工现场管理标准》的有关规定；制定并实施保护环境的具体措施（施工期间环境保护技术要求），控制由于施工引起的大气污染，土壤污染、噪声影响、水污染、光污染以及对场地周边区域的影响，收集、整理、编制施工过程控制的有关文件，包括提交项目组编写的环境保护计划书、实施记录文件（包括照片、录像等）、环境保护结果自评报告以及当地环保或建设等有关管理部门对环境影响因子如扬尘、噪声、污水排放评价的达标证明。

施工期间环境保护技术要点

扬尘控制1、运送土方、垃圾、设备及建筑材料等，不污损场外道路。运输容易散落、飞扬、流漏的物料的车辆，必须采取措施封闭严密，保证车辆清洁。施工现场出口应设置洗车槽。2、土方作业阶段，采取洒水、覆盖等措施，达到作业区目测扬尘高度小于1.5m，不扩散到场区外。3、结构施工、安装装饰装修阶段，作业区目测扬尘高度小于0.5m。对易产生扬尘的堆放材料应采取覆盖措施；对粉末状材料应封闭存放；场区内可能引起扬尘的材料及建筑垃圾搬运应有降尘措施，如覆盖、洒水等；浇筑混凝土前清理灰尘和垃圾时尽量使用吸尘器，避免使用吹风器等易产生扬尘的设备；机械剔凿作业时可用局部遮挡、掩盖、水淋等防护措施；高层或多层建筑清理垃圾应搭设封闭性临时专用道或采用容器吊运。4、施工现场非作业区达到目测无扬尘的要求。对现场易飞扬物质采取有效措施，如洒水、地面硬化、围挡、密网覆盖、封闭等，防止扬尘产生。5、建筑物机械拆除前，做好扬尘控制计划。可采取清理积尘、拆除体洒水、设置隔挡等措施。6、构筑物爆破拆除前，做好扬尘控制计划。可采用清理积尘、淋湿地面、预湿墙体、屋面敷水袋、楼面蓄水、建筑外设高压喷雾状水系统、搭设防尘排栅等综合降尘。选择风力小的天气进行爆破作业。

噪音与振动控制1、现场噪音排放不得超过国家标准《建筑施工场界噪声限值》（GB12523-2011）的规定。2、在施工场界对噪音进行实时监测与控制。监测方法执行国家标准《建筑施工场界噪声测量方法》（GB12524-2011）。3、使用低噪音、低振动的机具，采取隔音与隔振措施，避免或减少施工噪音和振动。光污染控制1、尽量避免或减少施工过程中的光污染。夜间室外照明灯加设灯罩，透光方向集中在施工范围，直射光线施工场地范围外，亦不得直射向天空。2、电焊作业采取遮挡措施，避免电焊弧光外泄。

水污染控制1、施工现场污水排放应达到国家标准《污水综合排放标准》（GB8978-2012）的要求。2、在施工现场应针对不同的污水，设置相应的处理设施，如沉淀池、隔油池、化粪池等。3、污水排放应委托有资质的单位进行废水水质检测，提供相应的污水检测报告。4、保护地下水环境。采用隔水性能好的边坡支护技术。在缺水地区或地下水位持续下降的地区，基坑降水尽可能少地抽取地下水；当基坑开挖抽水量大于50万立方时，应进行地下水回灌，并避免地下水被污染。5、对于化学品等有毒材料、油料的储存地，应有严格的隔水层设计，做好渗漏液收集和处理。

土壤保护1、保护地表环境，防止土壤侵蚀、流失。因施工造成的裸土，及时覆盖砂石或种植速生草种，以减少土壤侵蚀；因施工造成容易发生地表径流土壤流失的情况，应采取设置地表排水系统、稳定斜坡、植被覆盖等措施，减少土壤流失。2、沉淀池、隔油池、化粪池等不发生堵塞、渗漏、溢出等现象，及时清掏各类池内沉淀物，并委托有资质的单位清运。3、对于有毒有害废弃物如电池、墨盒、油漆、涂料等应回收后交有资质的单位处理，不能作为建筑垃圾外运，避免污染土壤和地下水。4、施工后应恢复施工活动破坏的植被（一般指临时占地内）。与当地园林、环保部门或当地植物研究机构进行合作，在先前开发地区种植当地或其他合适的植物，以恢复剩余空地地貌或科学绿化，补救施工活动中人为破坏植被和地貌造成的土壤侵蚀。

建筑垃圾控制1、制定建筑垃圾减量化计划，如住宅建筑，每万平方米的建筑垃圾不宜超过400吨。2、加强建筑垃圾的回收再利用，力争建筑垃圾的再利用和回收率达到30%，建筑物拆除产生的废弃物的再利用和回收率大于40%。对于碎石类、土石方类建筑垃圾，可采用地基填埋、铺路等方式提高再利用率，力争再利用率大于50%。3、施工现场生活区设置封闭式垃圾容器，施工场地生活垃圾实行袋装化，及时清运。对建筑垃圾进行分类，并收集到现场封闭式垃圾站，集中运出。

地下设施、文物和资源保护1、施工前应调查清楚地下各种设施，做好保护计划，保证施工场地周边的各类管道管线、建筑物、构筑物的安全运行。2、施工过程中一旦发现文物，立即停止施工，保护现场并通报文物部门并协助做好工作。3、避让、保护施工场区及周边的古树名木。

以上条款仅为施工过程环境保护的初步要求，施工方应根据以上条款制定详细的施工组织设计。

山东圣凯建筑设计咨询有限公司		建设单位	烟台城乡建设学校	批准	高佑明		专业负责人	王廷国	图号	GS-03
		工程名称	烟台城乡建设学校学生餐厅	审定	曹卫华		复核	蒋文广	专业	结构
资质证书编号	A137000075	工程号	TJ16076-001	审核	王廷国		设计	钱相博	日期	2017.03
注册师印章编号		图名	绿色建筑结构设计专篇	项目负责人	段静				第一版	

由 Autodesk 教育版产品制作
由 Autodesk 教育版产品制作

总图			暖通	崔士超	
建筑	徐莉		电气	魏锋	
结构			勘察项目负责人	张仁明	
水卫	冯建男				

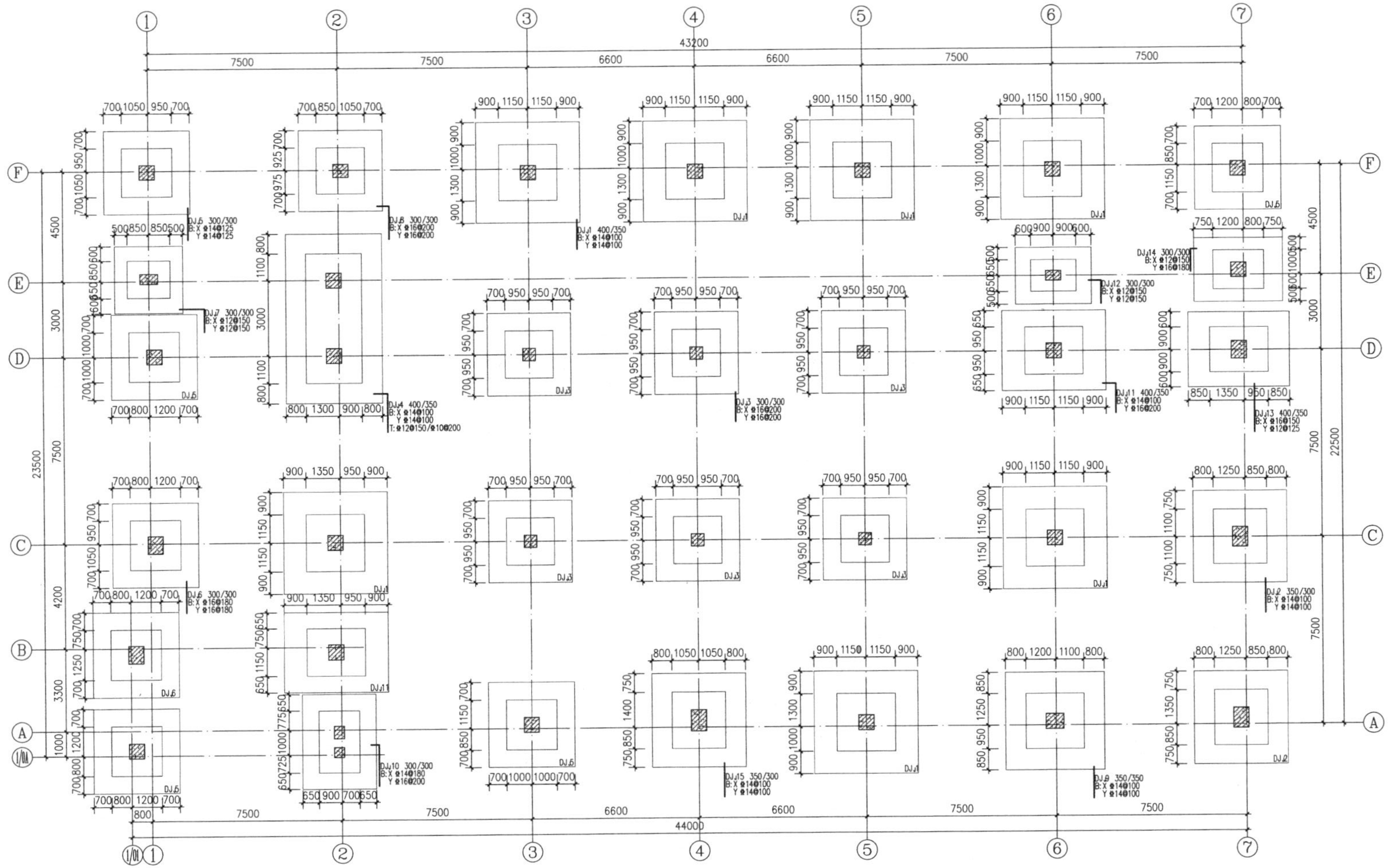

基础平面布置图

注：1. 未注明的基础底标高均为-1.350m

2. 当单柱基础的尺寸大于或等于 2.5 m时，底板受力钢筋的长度取边长的0.9倍并交错布置。
当双柱基础短边尺寸大于或等于 2.5 m时，底板短边受力钢筋的长度取边长的0.9倍并交错布置。

3. 独立基础垫层高100mm，从基础边缘伸出100mm。

山东圣凯建筑设计咨询有限公司		建设单位	烟台城乡建设学校	批　准	高佑明		专业负责人	王廷国	图　号	GS-04
		工程名称	烟台城乡建设学校学生餐厅	审　定	曹卫华		复　核	蒋文广	专　业	结构
资质证书编号	A137000075	工 程 号	TJ16076-001	审　核	王廷国		设　计	钱相博	日　期	2017.03
注册师印章编号		图　名	基础平面布置图	项目负责人	段静				第一版	

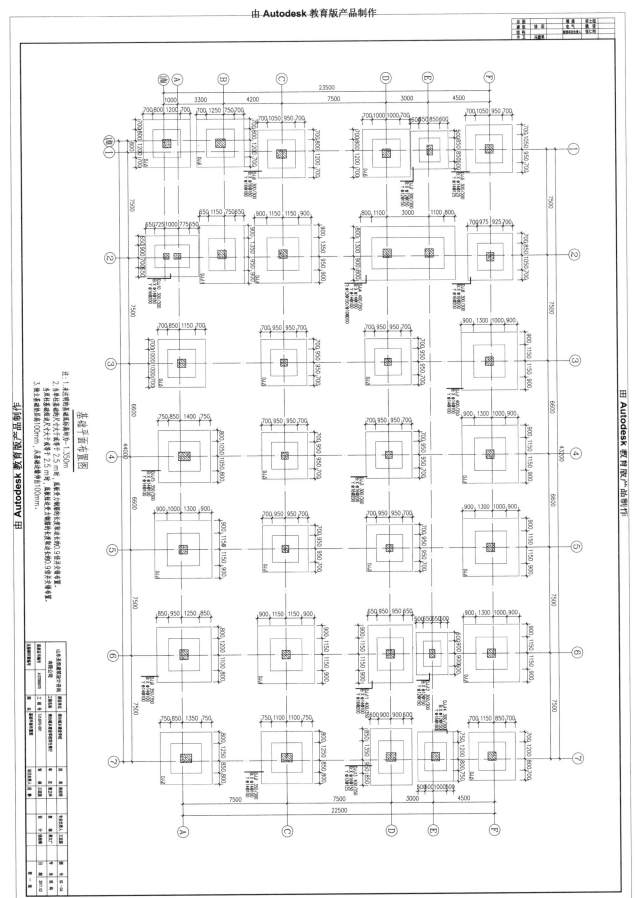

由 Autodesk 教育版产品制作
由 Autodesk 教育版产品制作

总图			暖通	崔士超
建筑	徐莉		电气	魏锋
结构			勘察项目负责人	张仁明
水卫	冯雁明			

基础设计说明

1、地质概况：根据本工程依据山东圣凯建筑设计咨询有限公司2017年3月所做的《烟台城乡建设学校学生餐厅岩土工程勘察报告》（工程编号：YK17008-001），本工程所处的位置地层构造自上而下依次为：

(1)素填土：主要由沥青面层、粘性土、风化岩岩屑等组成，黄褐色，稍湿。

(2)云母片岩残积土：黄褐~棕褐色，稍湿，呈粉砂~粉末状。该层承载力特征值fak=180KPa。

(3)全风化云母片岩：暗黄褐色，片状构造，属极软岩。该层承载力特征值fak=250KPa。

(4)全风化云母片岩：黄褐、绿褐色，片状构造，属极软岩。该层承载力特征值fak=360KPa。

本工程采用独立基础，以第(2)层云母片岩残积土为持力层。

2.根据地质资料，场地内土对混凝土结构具微腐蚀性，对混凝土结构中的钢筋具微腐蚀性；根据地质资料，地下水埋藏较深，对基础无影响。

3.建筑场地类别为II类，地基基础设计等级为丙级，属抗震的一般地段。

4.基础钢筋保护层：基础保护层：下部 40mm ；上部 25mm 。

5.本工程±0.000相当于黄海高程40.050m。

6.混凝土：垫层采用C15素混凝土，独立基础采用C35混凝土。钢筋：Φ:HRB400级钢。

7.基坑开挖完毕，应会同设计、勘察等部门组织验槽，在确定已符合要求后方能进行垫层施工。垫层施工时应及时进行检测，合格后方能进行基础施工。

8.基坑开挖满足要求后，应立即进行垫层铺筑，避免坑底土层受扰动，严禁任意践踏坑底。

9.槽底钎探：基槽开挖后应进行钎探，并认真做好钎探记录，钎长2.0m，打入深度1.5m，每个基坑在基础四角设4个探点，如发现松软土层等异常现象，应及时通知设计单位。

10.±0.000以下结构施工过程中禁止带水作业。

11.基础施工完成后，应立即回填至室外地坪，回填过程中，应分层夯实至中密，压实系数≥0.94，回填完成方可进行主体施工。

12.基础施工可参考《混凝土结构施工图平面整体表示方法制图规则和构造详图》16G101-3。未尽事宜应依照国家规范执行

山东圣凯建筑设计咨询有限公司		建设单位	烟台城乡建设学校	批准	高佑明		专业负责人	王延国	图号	GS-04
		工程名称	烟台城乡建设学校学生餐厅	审定	曹卫华		复核	蒋文广	专业	结构
资质证书编号	A137000075	工程号	TJ16076-001	审核	王延国		设计	钱相博	日期	2017.03
注册师印章编号		图名	基础平面布置图	项目负责人	段静				第一版	

由 Autodesk 教育版产品制作
由 Autodesk 教育版产品制作
由 Autodesk 教育版产品制作

总 图		暖 通	崔士超	
建 筑	徐 莉	电 气	魏 锋	
结 构		助理项目负责人	张仁明	
水 卫	冯雁男			

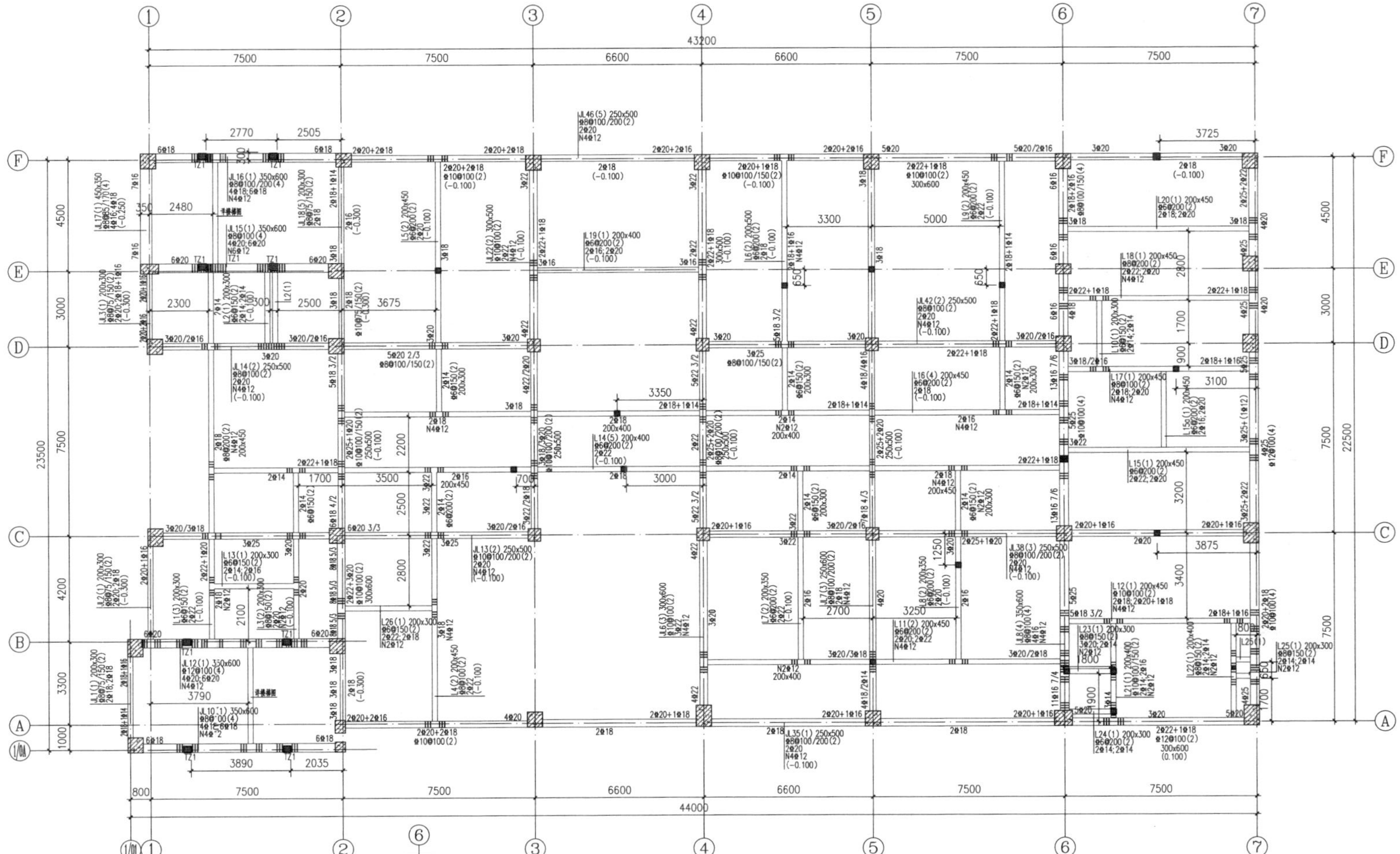

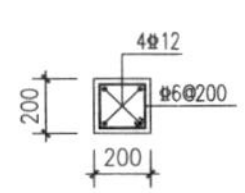

GZ1

纵筋锚入上下混凝土构件LaE

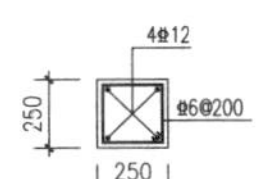

GZ2

纵筋锚入上下混凝土构件LaE

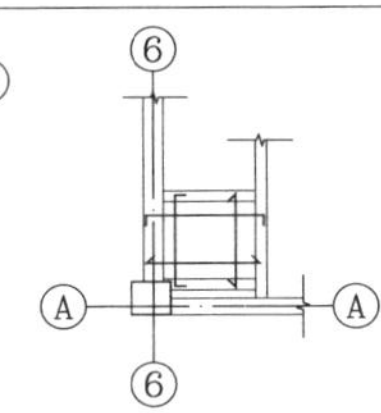

−0.150 层板配筋图

说明：板厚均为100mm，钢筋均为Φ8@200。

−0.150 层梁平面配筋图

注：1. 未注明定位尺寸的梁均贴柱或沿轴线居中布置。
2. 未注明加密箍筋一见附加箍筋构造图。
3. 未注明构造柱均为GZ1。

山东圣凯建筑设计咨询有限公司		建设单位	烟台城乡建设学校	批 准	高佑明	专业负责人	王廷国	图 号	GS-05
		工程名称	烟台城乡建设学校学生餐厅	审 定	曹卫华	复 核	蒋文广	专 业	结 构
资质证书编号	A137000075	工 程 号	TJ16076-001	审 核	王廷国	设 计	钱相博	日 期	2017.03
注册师印章编号		图 名	−0.150 层梁平面配筋图	项目负责人	段 静			第 一 版	

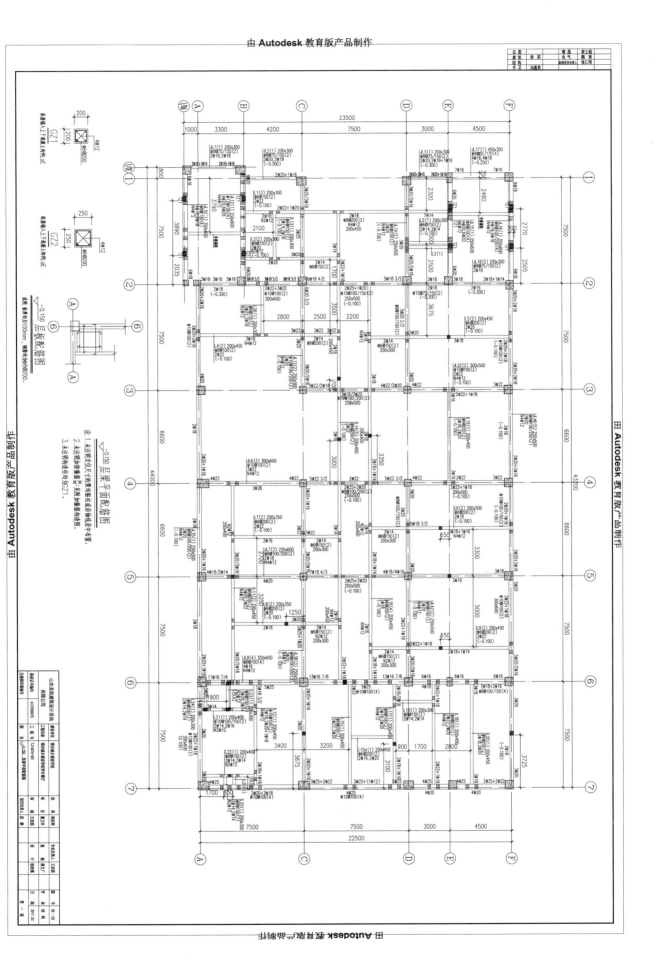

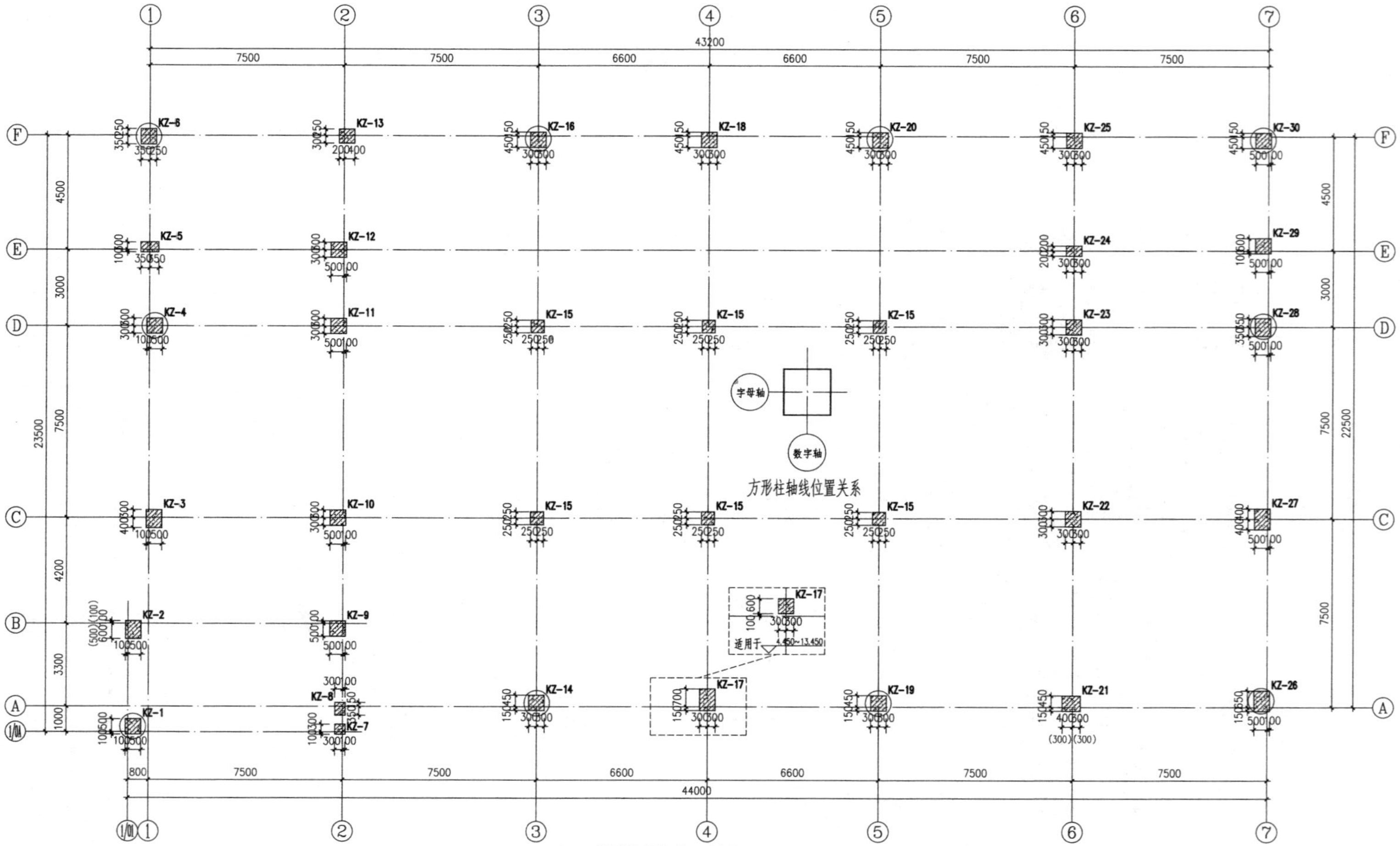

基础顶~13.450 层柱平面布置图

注：1.括号内标注尺寸为4.450~13.450柱平面尺寸。
2.当上层柱配筋量大于下层柱时，柱钢筋具体做法详平法16G101-1第63页。
3.图中画圆圈柱为避雷柱。

山东圣凯建筑设计咨询有限公司		建设单位	烟台城乡建设学校	批　准	高佑明		专业负责人	王廷国	图　号	结S-06
		工程名称	烟台城乡建设学校学生餐厅	审　定	曹卫华		复　核	蒋文广	专　业	结　构
资质证书编号	A137000075	工 程 号	TJ16076-001	审　核	王廷国		设　计	钱相辉	日　期	2017.03
注册师印章编号		图　名	基础顶~13.450 层柱平面布置图	项目负责人	段　静				第 一 版	

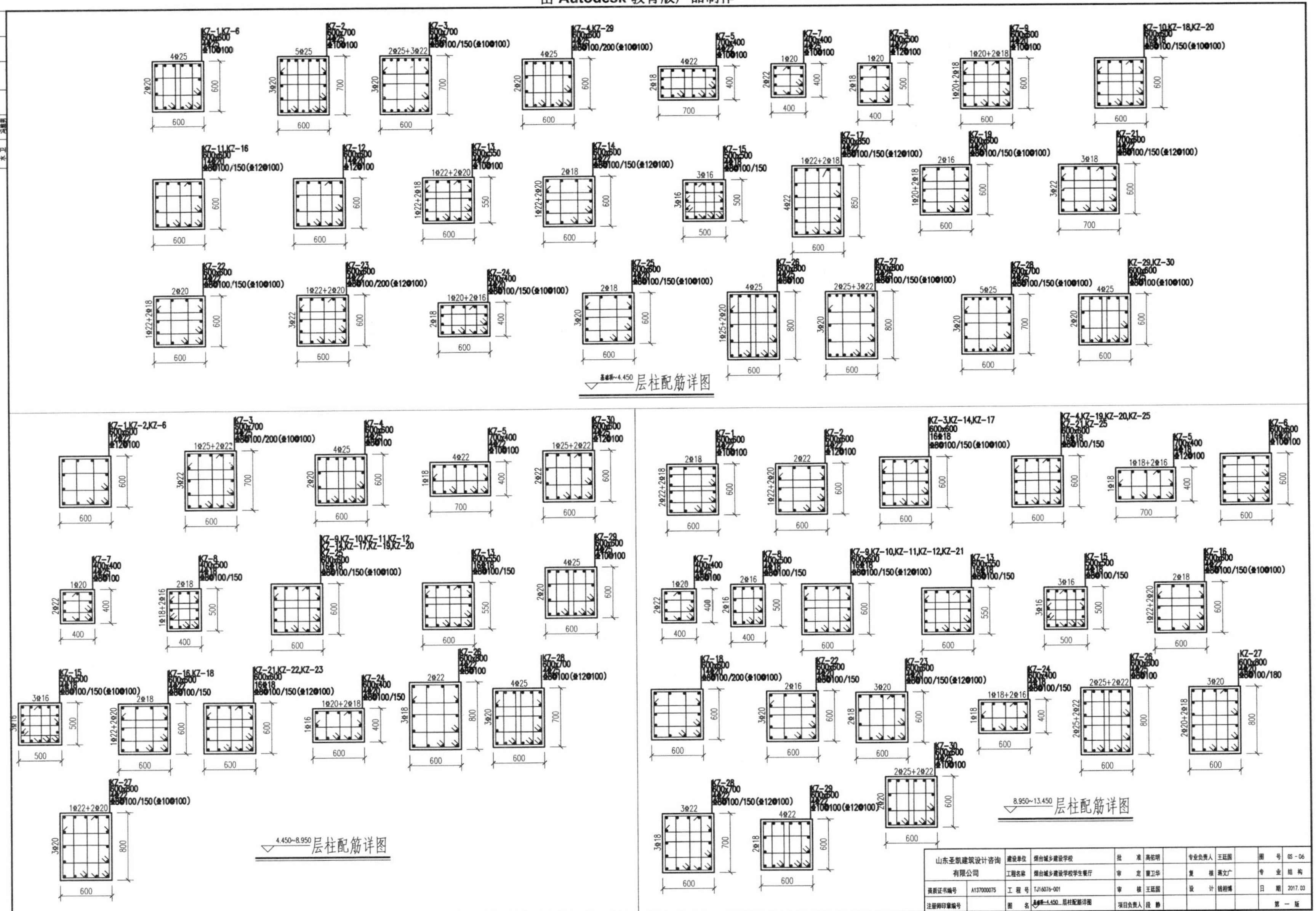
基础顶~4.450 层柱配筋详图
4.450~8.950 层柱配筋详图
8.950~13.450 层柱配筋详图
山东圣凯建筑设计咨询有限公司
资质证书编号 A137000075
注册师印章编号
建设单位 烟台城乡建设学校
工程名称 烟台城乡建设学校学生餐厅
工程号 TJ16076-001
图名 基础顶~4.450 层柱配筋详图
批准 高佑明
审定 曹卫华
审核 王廷国
项目负责人 段静
专业负责人 王廷国
复核 高文广
设计 钱相博
图号 GS-06
专业 结构
日期 2017.03
第一版

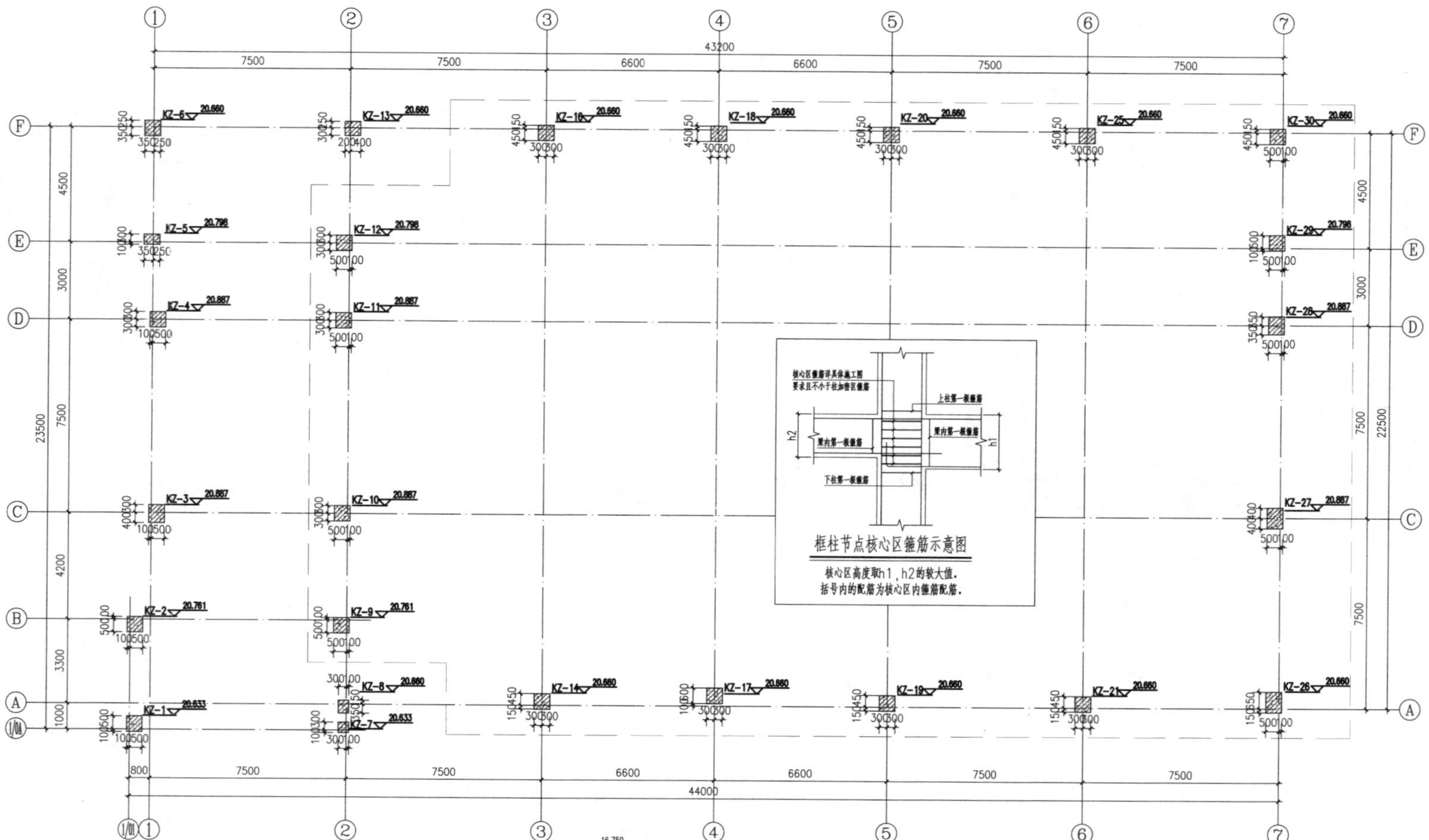

16.750
13.450~屋面一层柱平面布置图

注: 1.图中所示标高为柱顶标高.
2.当上层柱配筋量大于下层柱时，柱钢筋具体做法详平法16G101-1第63页.
3.图中虚线框内柱的抗震等级为一级.

山东圣凯建筑设计咨询有限公司		建设单位	烟台城乡建设学校	批　准	高佑明		专业负责人	王延国		图　号	GS-07
		工程名称	烟台城乡建设学校学生餐厅	审　定	董卫华		复　核	蒋文广		专　业	结 构
资质证书编号	A137000075	工 程 号	TJ16076-001	审　核	王延国		设　计	钱相搏		日　期	2017.03
注册师印章编号		图　名	16.750 13.450~屋面一层柱平面布置图	项目负责人	段 静					第 一 版	

由 Autodesk 教育版产品制作
由 Autodesk 教育版产品制作
由 Autodesk 教育版产品制作

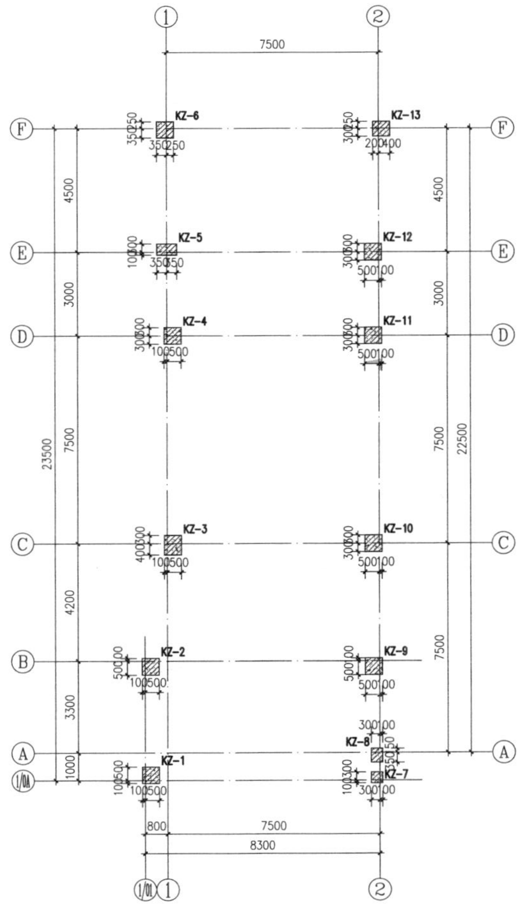

13.450~16.750层柱平面布置图

注: 当上层柱配筋量大于下层柱时，柱钢筋具体做法详平法16G101-1第63页。

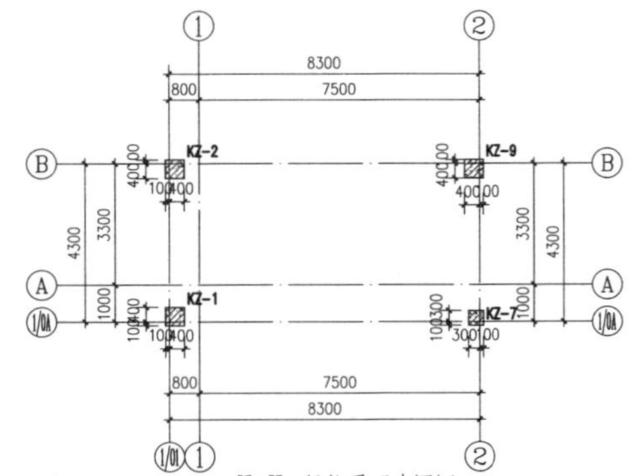

层柱平面布置图

图中所示标高为24.000m。

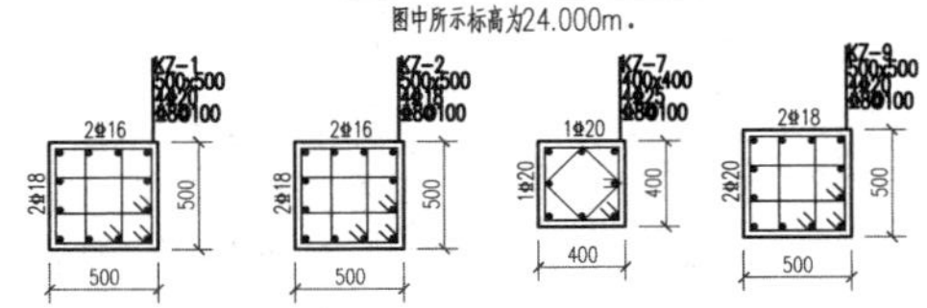

层柱配筋详图

山东圣凯建筑设计咨询有限公司		建设单位	烟台城乡建设学校	批　准	高佑明		专业负责人	王廷国	图　号	GS-07
		工程名称	烟台城乡建设学校学生餐厅	审　定	曹卫华		复　核	蒋文广	专　业	结　构
资质证书编号	A137000075	工 程 号	TJ16076-001	审　核	王廷国		设　计	钱相博	日　期	2017.03
注册师印章编号		图　名	13.450~16.750 层柱平面布置图	项目负责人	段　静				第 一 版	

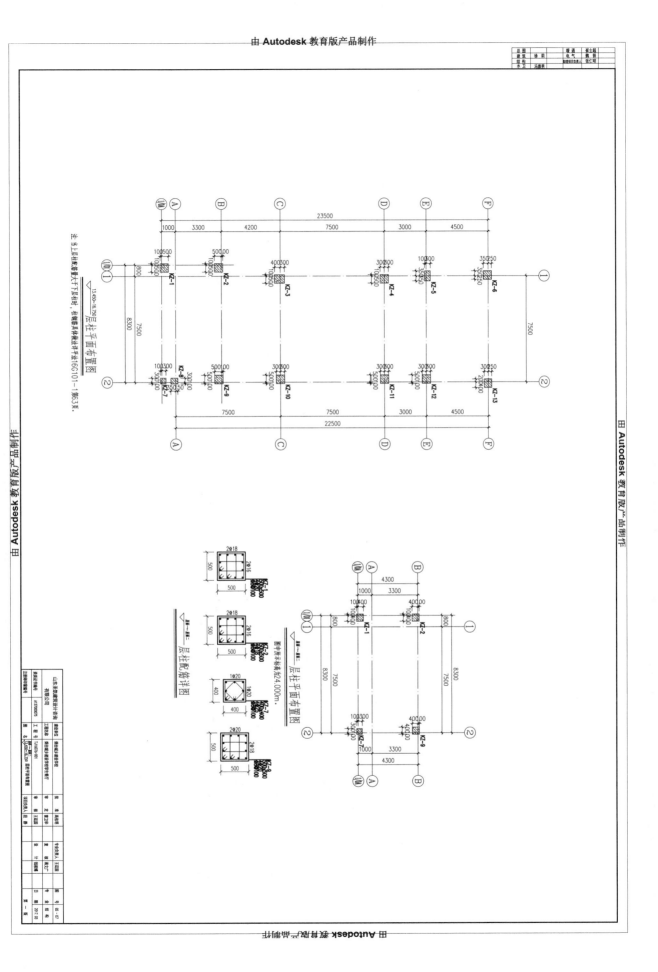

总图		暖通	崔士超
建筑	徐莉	电气	魏佳
结构		勘察项目负责人	张仁明
水卫	冯雅男		

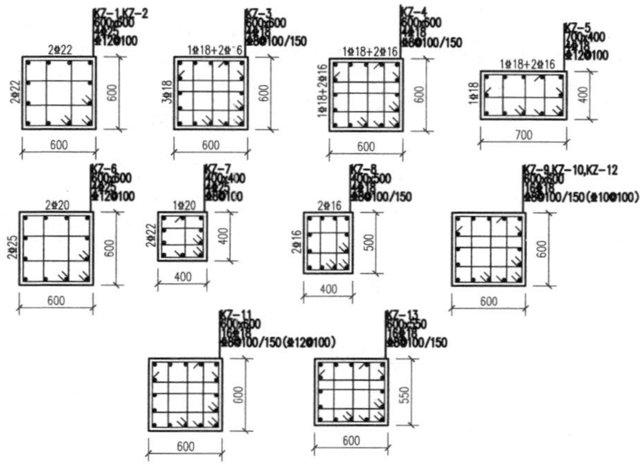

13.450~15.750层柱配筋详图

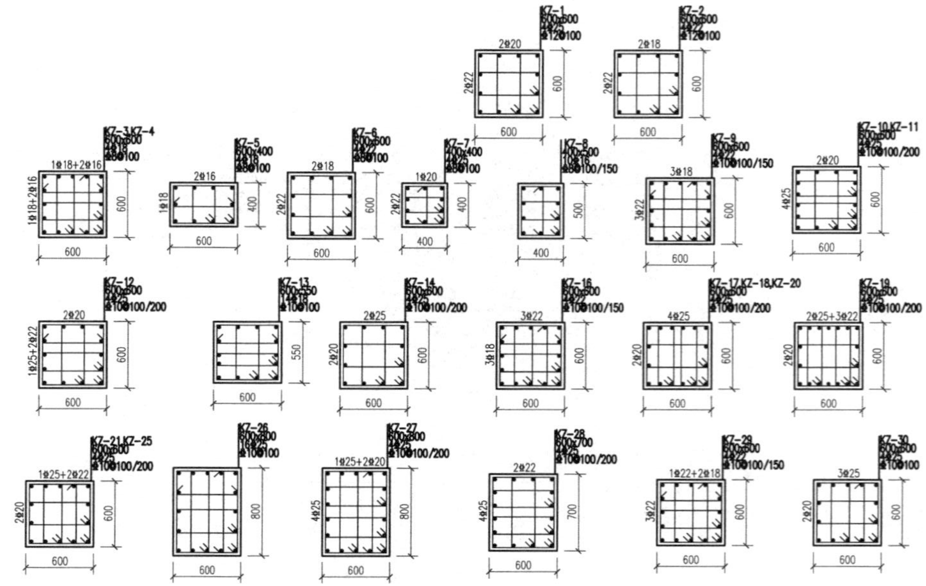

16.750
13.450~屋面一层柱配筋详图

山东圣凯建筑设计咨询有限公司		建设单位	烟台城乡建设学校	批准	高佑明	专业负责人	王廷国	图号	GS-07
		工程名称	烟台城乡建设学校学生餐厅	审定	董卫华	复核	蒋文广	专业	结构
资质证书编号	A137000075	工程号	TJ16076-001	审核	王廷国	设计	钱湘楠	日期	2017.03
注册师印章编号		图名	13.450~屋面一层柱配筋详图	项目负责人	段静			第一版	

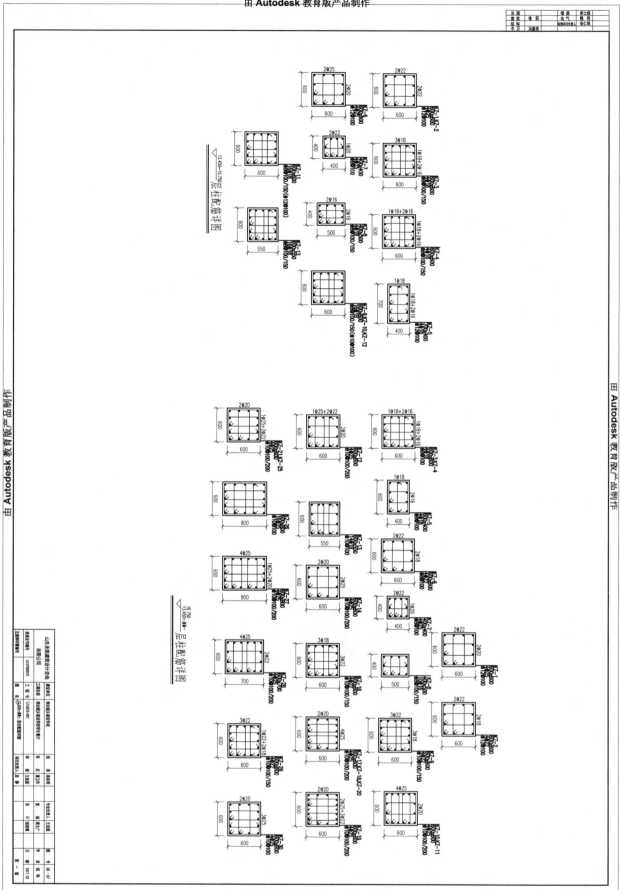

由 Autodesk 教育版产品制作
由 Autodesk 教育版产品制作
由 Autodesk 教育版产品制作

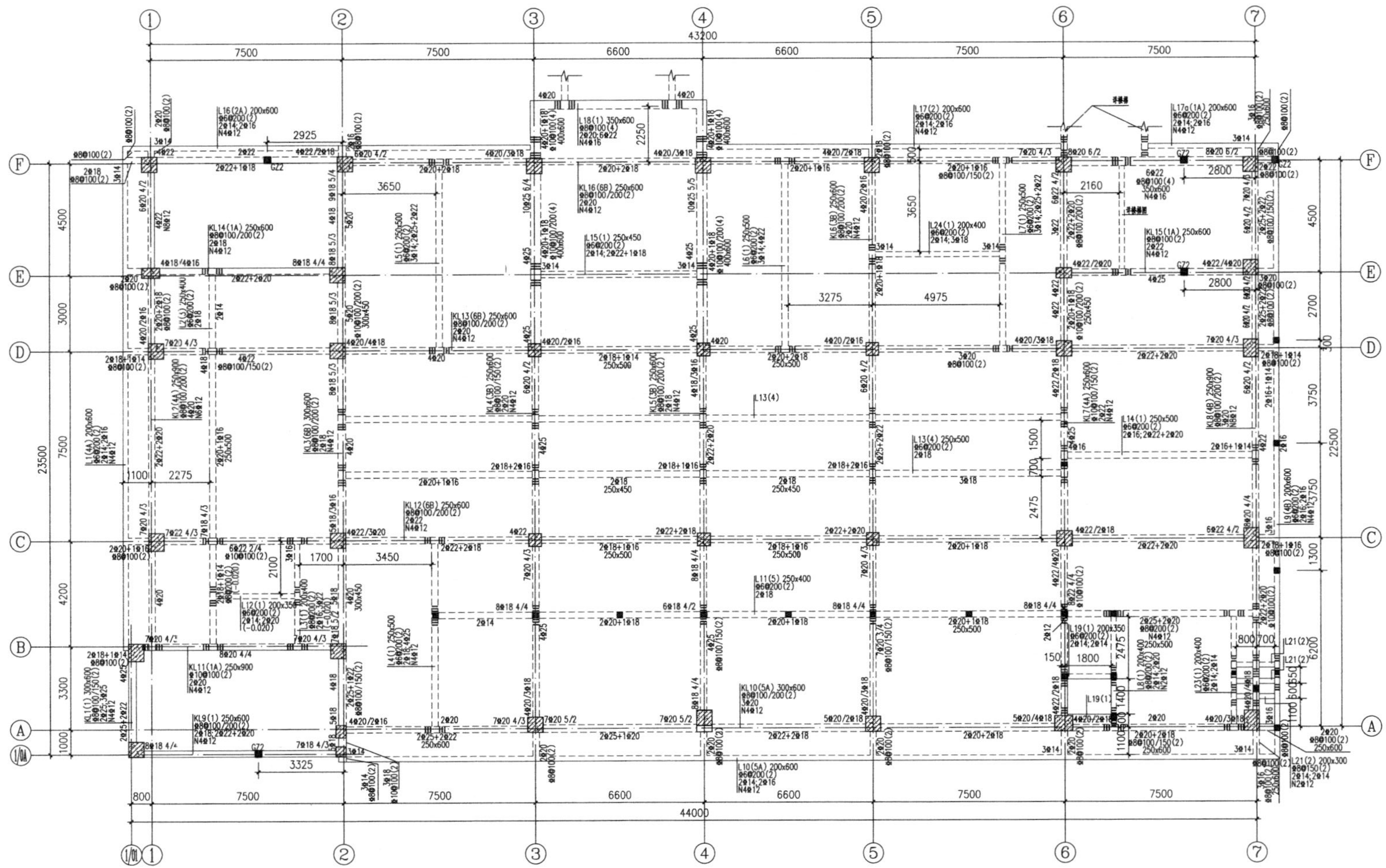

4.450 层梁平面配筋图

注：1.未注明定位尺寸的梁均贴柱边或沿轴线居中布置。
2.未注明的箍筋加密区均详附加箍筋构造大样。
3.未注明构造柱为GZ1。

山东圣凯建筑设计咨询有限公司		建设单位	烟台城乡建设学校	批准	高佑明		专业负责人	王廷国	图号	GS-08
		工程名称	烟台城乡建设学校学生餐厅	审定	曹卫华		复核	蒋文广	专业	结构
资质证书编号	A137000075	工程号	TJ16076-001	审核	王廷国		设计	钱相博	日期	2017.03
注册师印章编号		图名	4.450 层梁平面配筋图	项目负责人	段静				第一版	

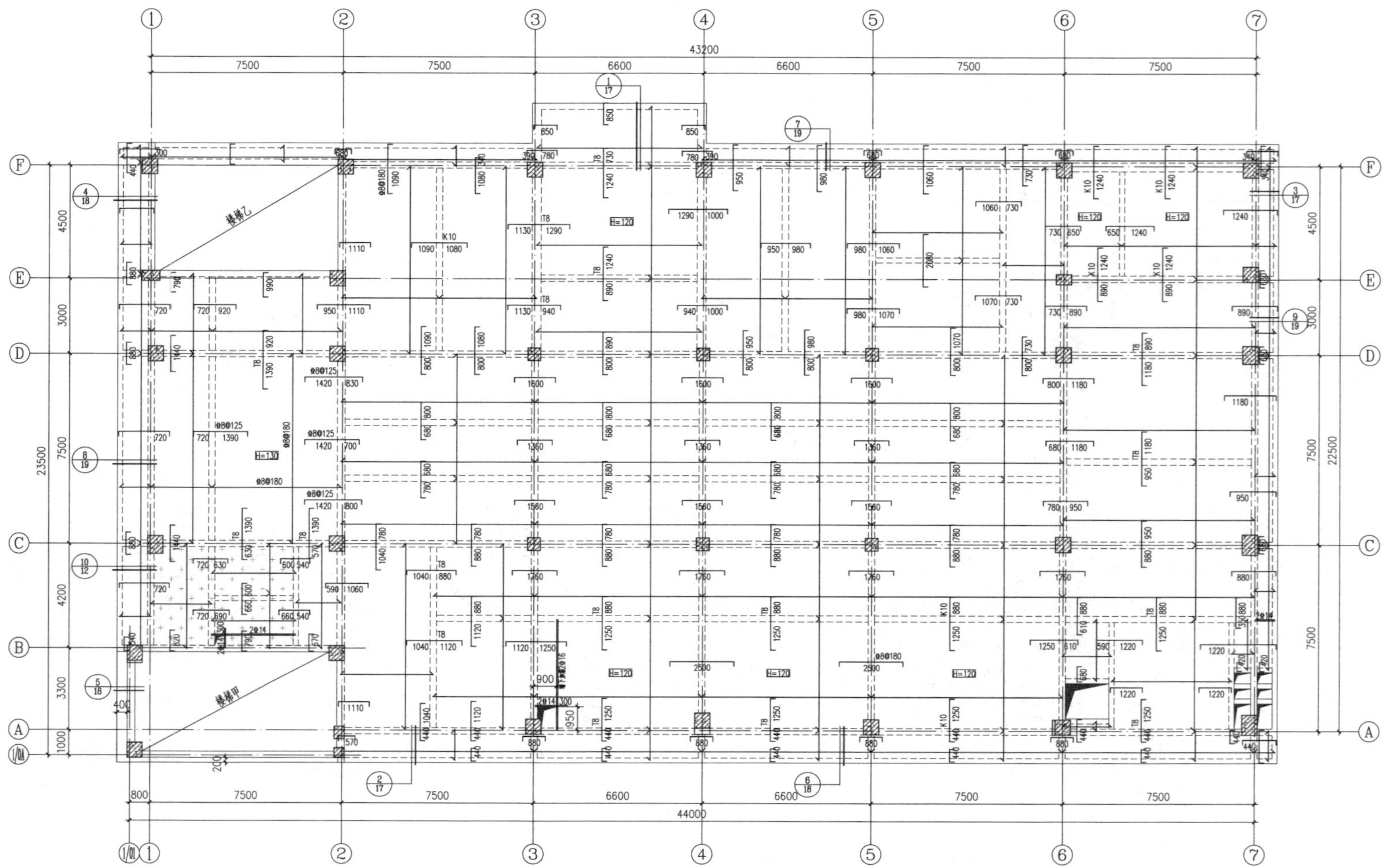

4.450 层板配筋图

说明：1.未标注板厚均为100mm，未注明的钢筋均为⌀8@200，图中Td表示⌀d@150，Kd表示⌀d@200。
2.通长筋除遇洞口及楼梯、电梯间外均应贯通，若不能贯通，则应按受拉钢筋要求搭接和锚固。
3.[图例]标注楼板板顶标高为4.430m。

山东圣凯建筑设计咨询有限公司		建设单位	烟台城乡建设学校	批　准	高佑明		专业负责人	王廷国		图　号	GS－08
		工程名称	烟台城乡建设学校学生餐厅	审　定	曹卫华		复　核	蒋文广		专　业	结　构
资质证书编号	A137000075	工 程 号	TJ16076-001	审　核	王廷国		设　计	钱相博		日　期	2017.03
注册师印章编号		图　名	4.450 层板配筋图	项目负责人	段　静					第 一 版	

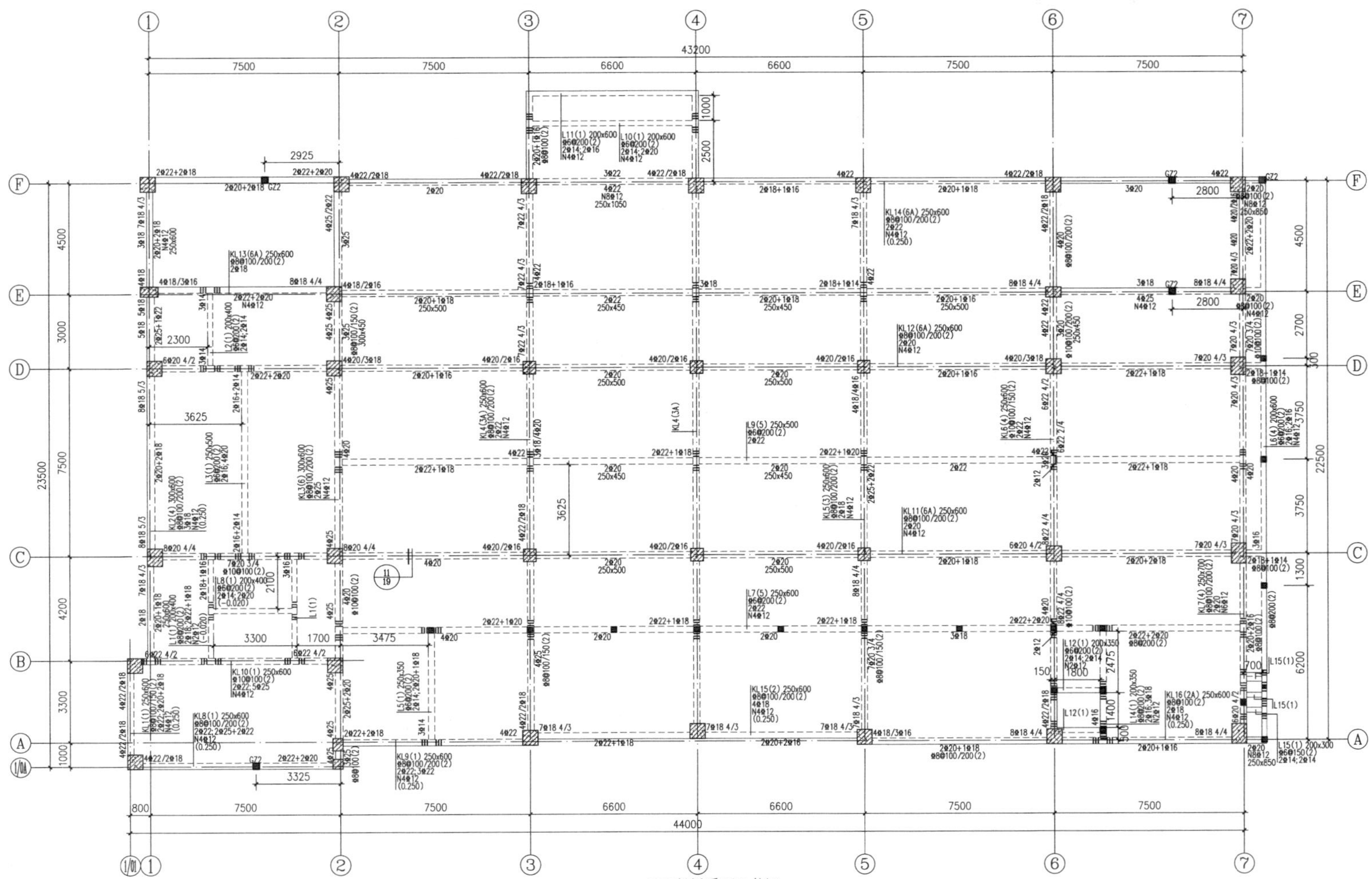

8.950 层梁平面配筋图

注：1.未注明定位尺寸的梁均贴柱边或沿轴线居中布置。
2.未注明的箍筋加密Ⅲ均详附加箍筋构造大样。
3.未注明构造柱为GZ1。

山东圣凯建筑设计咨询有限公司		建设单位	烟台城乡建设学校	批　准	高佑明		专业负责人	王廷国	图　号	GS-09
		工程名称	烟台城乡建设学校学生餐厅	审　定	曹卫华		复　核	蒋文广	专　业	结　构
资质证书编号	A137000075	工 程 号	TJ16076-001	审　核	王廷国		设　计	钱相博	日　期	2017.03
注册师印章编号		图　名	8.950 层梁平面配筋图	项目负责人	段　静				第一版	

由 Autodesk 教育版产品制作

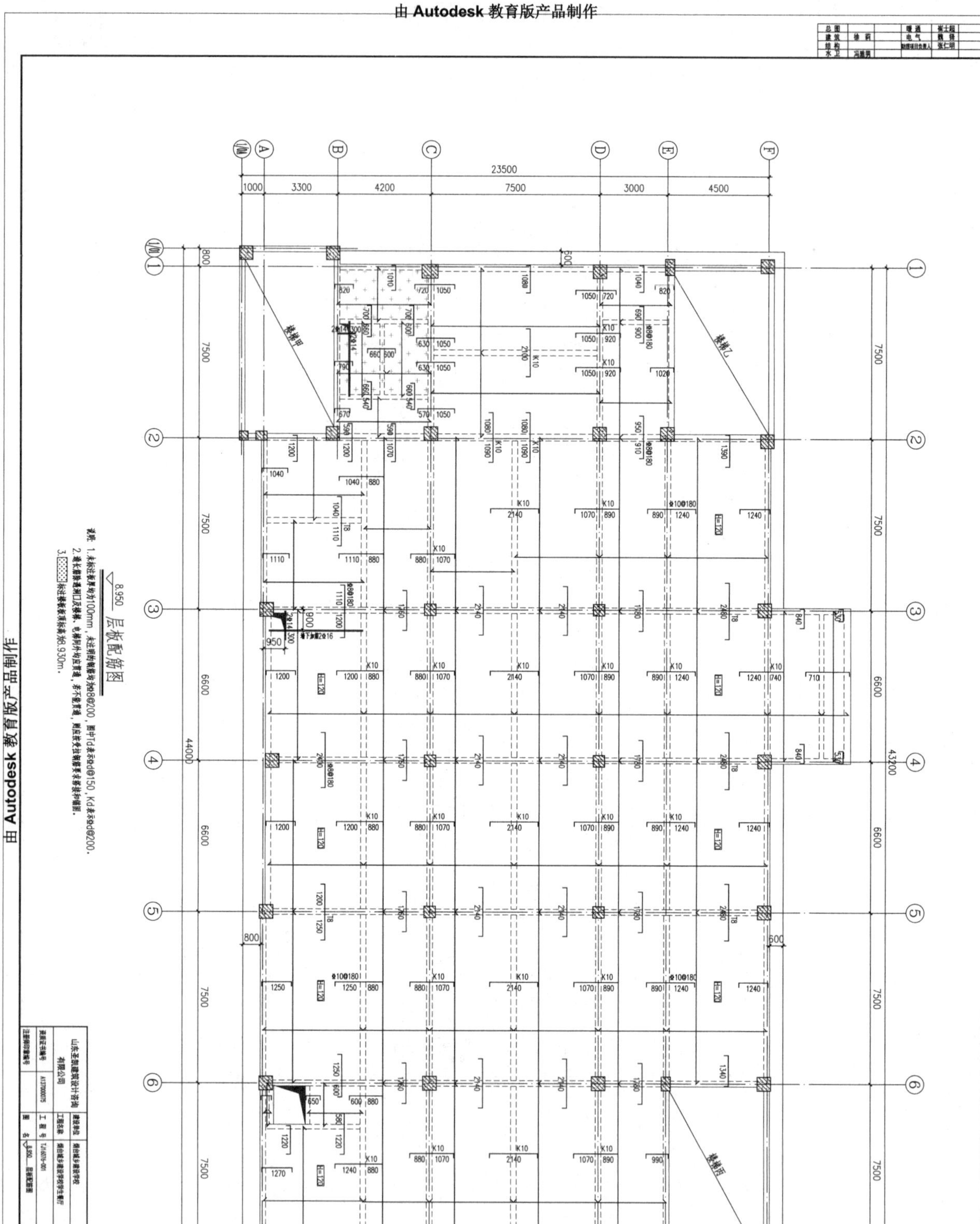
由 Autodesk 教育版产品制作
8.950 层板配筋图
说明：1.未标注板厚均为100mm，未注明的板筋均为Φ8@200，图中Td表示Φd@150，Kd表示Φd@200。
2.通长筋除遇洞口及楼梯、电梯间外均应贯通，若不能贯通，则应按受拉钢筋要求搭接和锚固。
3. 标注楼板板顶标高为8.930m。
山东圣凯建筑设计咨询有限公司
8.950 层板配筋图
23500
22500
43200
44000

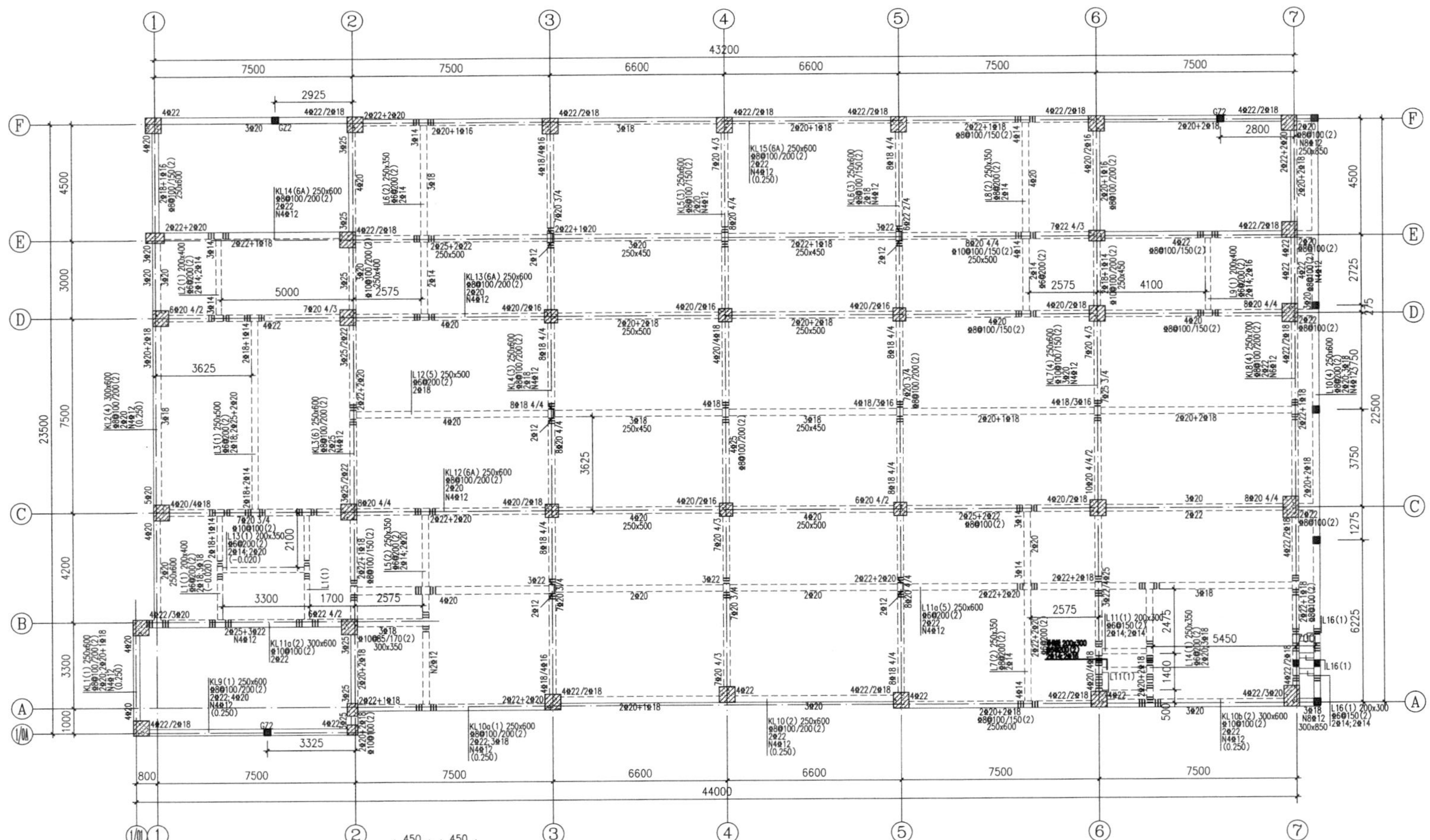

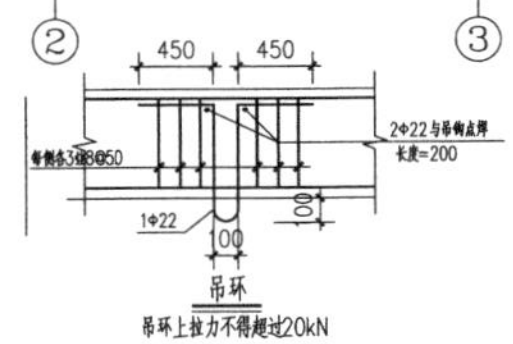

13.450 层梁平面配筋图

注 1.未注明定位尺寸的梁均贴柱边或沿轴线居中布置.
2.未注明的箍筋加密¦¦¦均详附加箍筋构造大样.
3.未注明构造柱为GZ2.

山东圣凯建筑设计咨询有限公司		建设单位	烟台城乡建设学校	批　准	高依明	专业负责人	王延国	图　号	GS－10
		工程名称	烟台城乡建设学校学生餐厅	审　定	曹卫华	复　核	蒋文广	专　业	结　构
资质证书编号	A137000075	工 程 号	TJ16076-001	审　核	王延国	设　计	钱相博	日　期	2017.03
注册师印章编号		图　名	13.450 层梁平面配筋图	项目负责人	段　静			第 一 版	

由 Autodesk 教育版产品制作
由 Autodesk 教育版产品制作
由 Autodesk 教育版产品制作

总图		暖通	崔士超
建筑	徐莉	电气	魏锋
结构		勘察项目负责人	张仁明
水卫	冯善明		

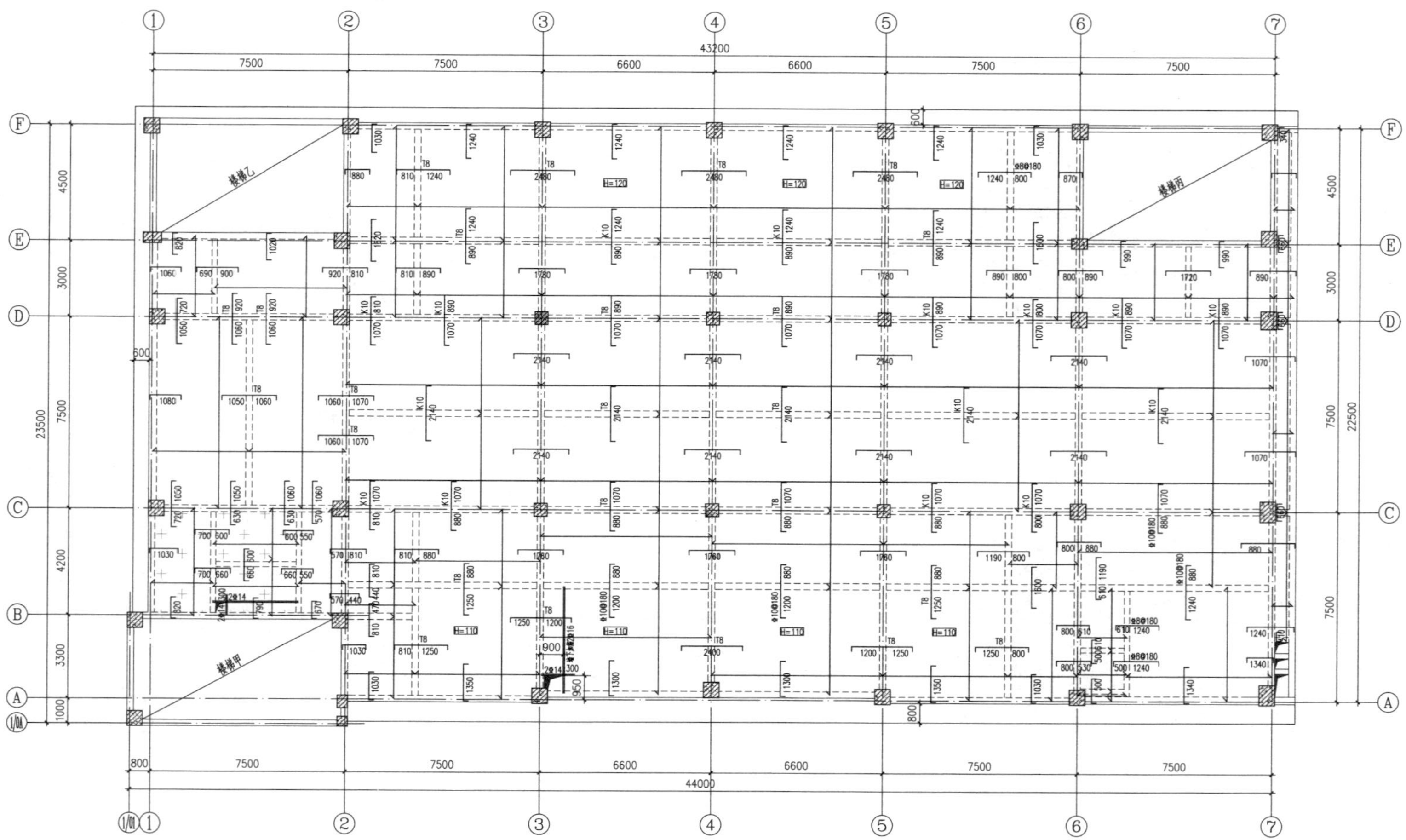

13.450 层板配筋图

说明：1.未标注板厚均为100mm，未注明的钢筋均为Φ8@200，图中Td表示Φd@150，Kd表示Φd@200.

2.通长筋除遇洞口及楼梯、电梯间外均应贯通，若不能贯通，则应按受拉钢筋要求搭接和锚固.

3.▒标注楼板板顶标高为13.430m.

山东圣凯建筑设计咨询有限公司		建设单位	烟台城乡建设学校	批准	高佑明	专业负责人	王廷国	图号	GS－10
		工程名称	烟台城乡建设学校学生餐厅	审定	曹卫华	复核	蒋文广	专业	结构
资质证书编号	A137000075	工程号	TJ16076-001	审核	王廷国	设计	钱相博	日期	2017.03
注册师印章编号		图名	13.450 层板配筋图	项目负责人	段静			第一版	

总图		暖通	崔士超
建筑	徐莉	电气	魏铎
结构		勘察项目负责人	张仁明
水工	冯雅男		

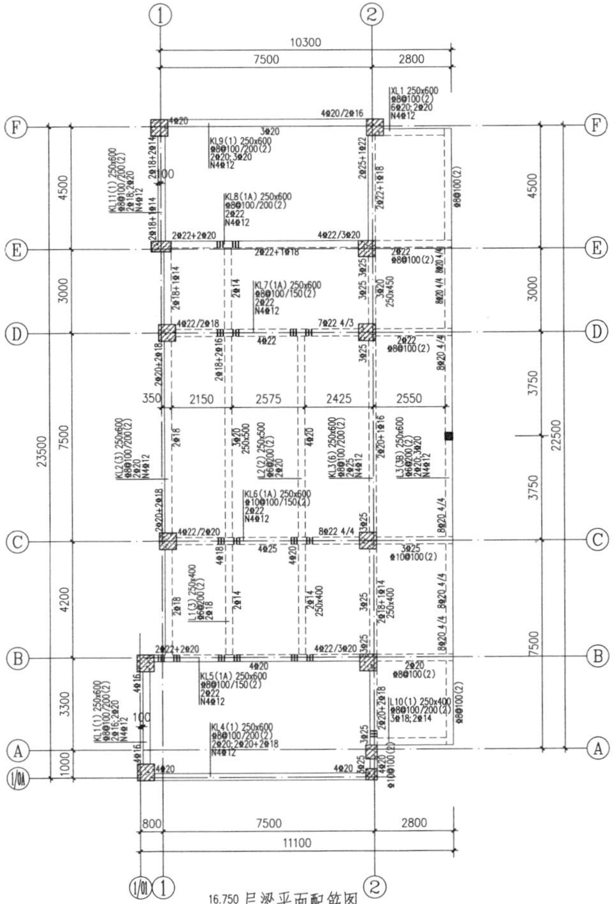

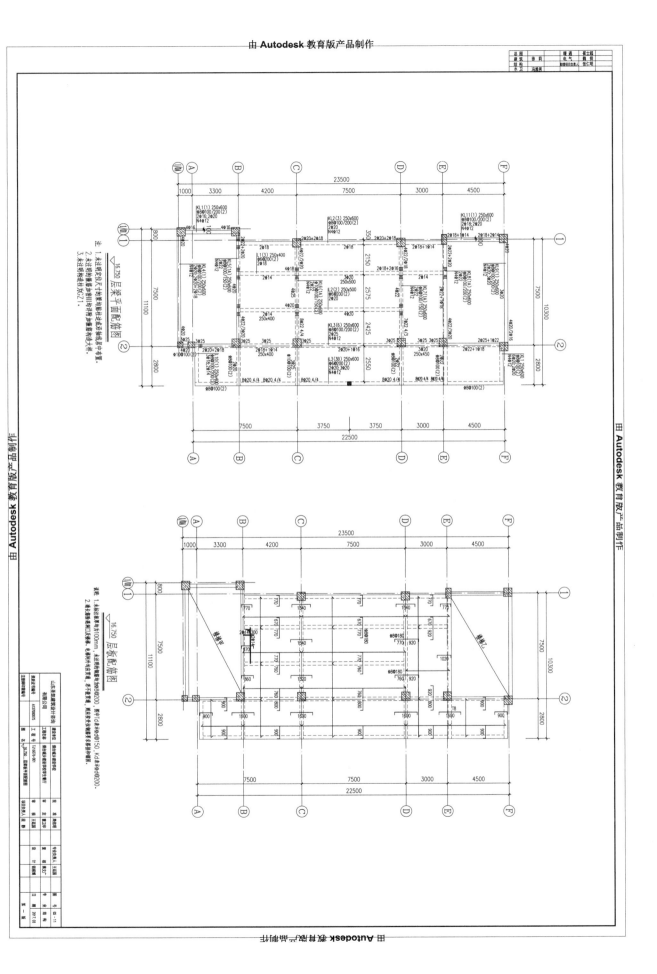

16.750 层梁平面配筋图

注 1.未注明定位尺寸的梁均贴柱边或沿轴线居中布置。
2.未注明的箍筋加密III均详附加箍筋构造大样。
3.未注明构造柱为GZ1。

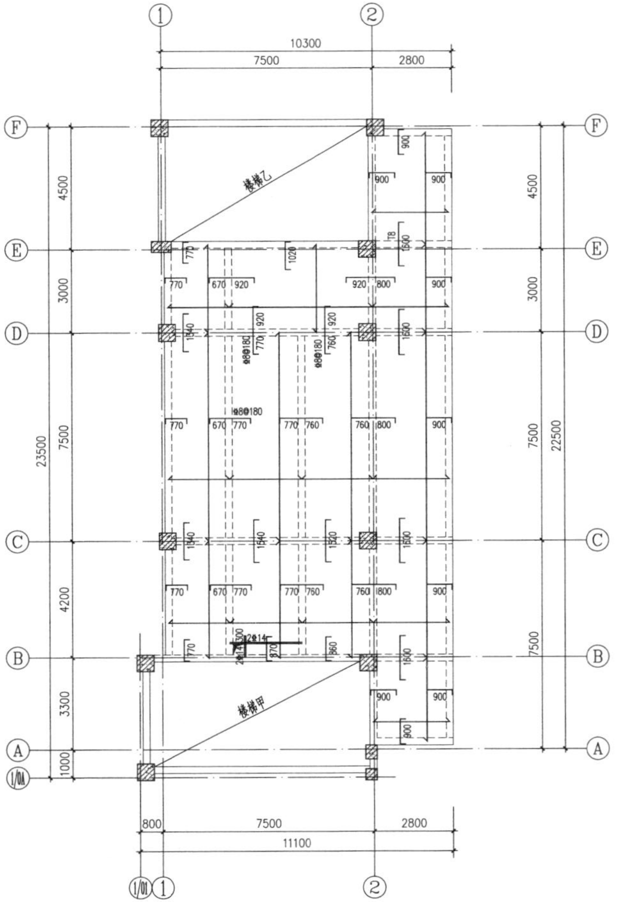

16.750 层板配筋图

说明：1.未标注板厚均为100mm，未注明的钢筋均为⌀8@200，图中Td表示⌀d@150，Kd表示⌀d@200。
2.通长筋除遇洞口及楼梯、电梯间外均应贯通，若不能贯通，则应按受拉钢筋要求搭接和锚固。

山东圣凯建筑设计咨询有限公司		建设单位	烟台城乡建设学校	批准	高佑明		专业负责人	王廷国		图号	GS－11
		工程名称	烟台城乡建设学校学生餐厅	审定	曹卫华		复核	蒋文广		专业	结构
资质证书编号	A137000075	工程号	TJ16076-001	审核	王廷国		设计	钱相博		日期	2017.03
注册师印章编号		图名	16.750 层梁板平面配筋图	项目负责人	段静					第一版	

由 Autodesk 教育版产品制作
由 Autodesk 教育版产品制作
由 Autodesk 教育版产品制作

总图		暖通	崔士超
建筑	徐莉	电气	魏锋
结构		勘察项目负责人	张仁明
水卫	冯雁男		

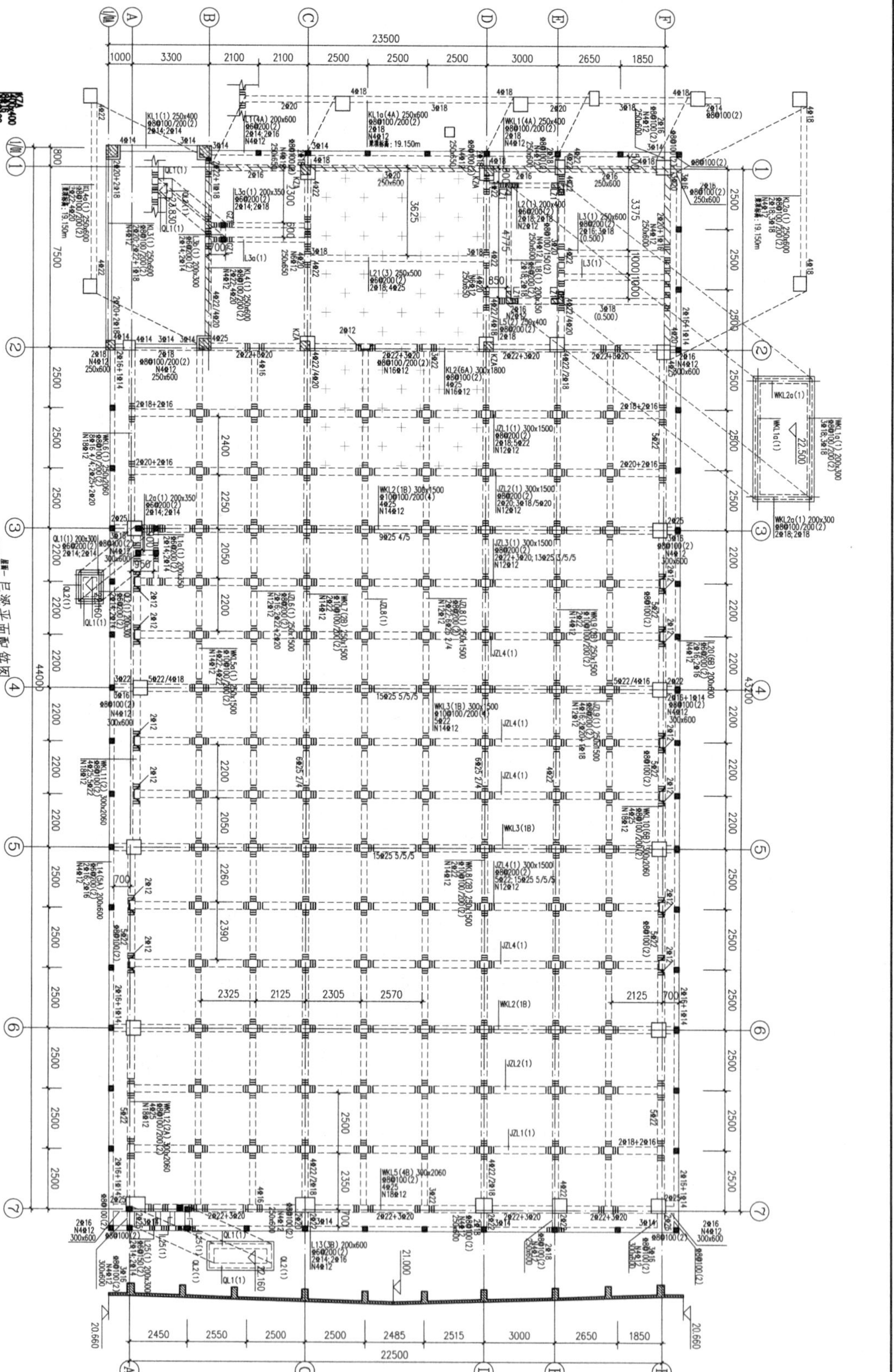

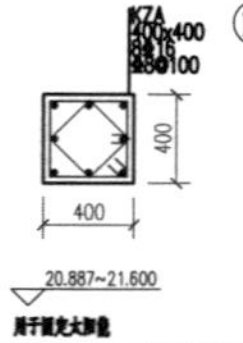

一层梁平面配筋图

注：1.未注明定位尺寸的梁均贴柱边或沿轴线居中布置。
2.未注明的箍筋加密区均详附加箍筋构造大样。
3.未注明构造柱为GZ1。
4.▨标注梁为双层梁。
5.▩标注区域为太阳能搁置区域，不得随意更改搁置位置。
6.WKL2(1B)、WKL3(1B)、WKL5a(1)及WKL7(2B)、WKL8(2B)、WKL9(2B)井字梁部分抗震等级为一级。

山东圣凯建筑设计咨询有限公司		建设单位	烟台城乡建设学校	院长	高佐明	专业负责人	王延国	图号	GS-11
		工程名称	烟台城乡建设学校学生餐厅	审定	董卫华	复核	高文广	专业	结构
资质证书编号	A137000075	工程号	TJ16076-001	审核	王延国	设计	钱新涛	日期	2017.03
注册师印章编号		图名	一层梁平面配筋图	项目负责人	段静			第一版	

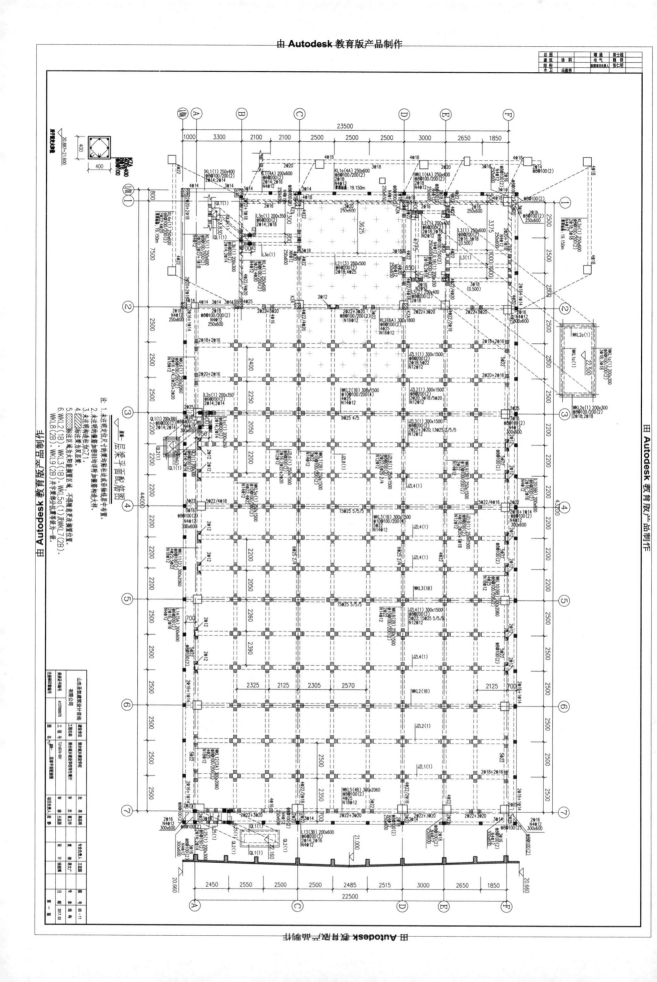

由 Autodesk 教育版产品制作
由 Autodesk 教育版产品制作
由 Autodesk 教育版产品制作

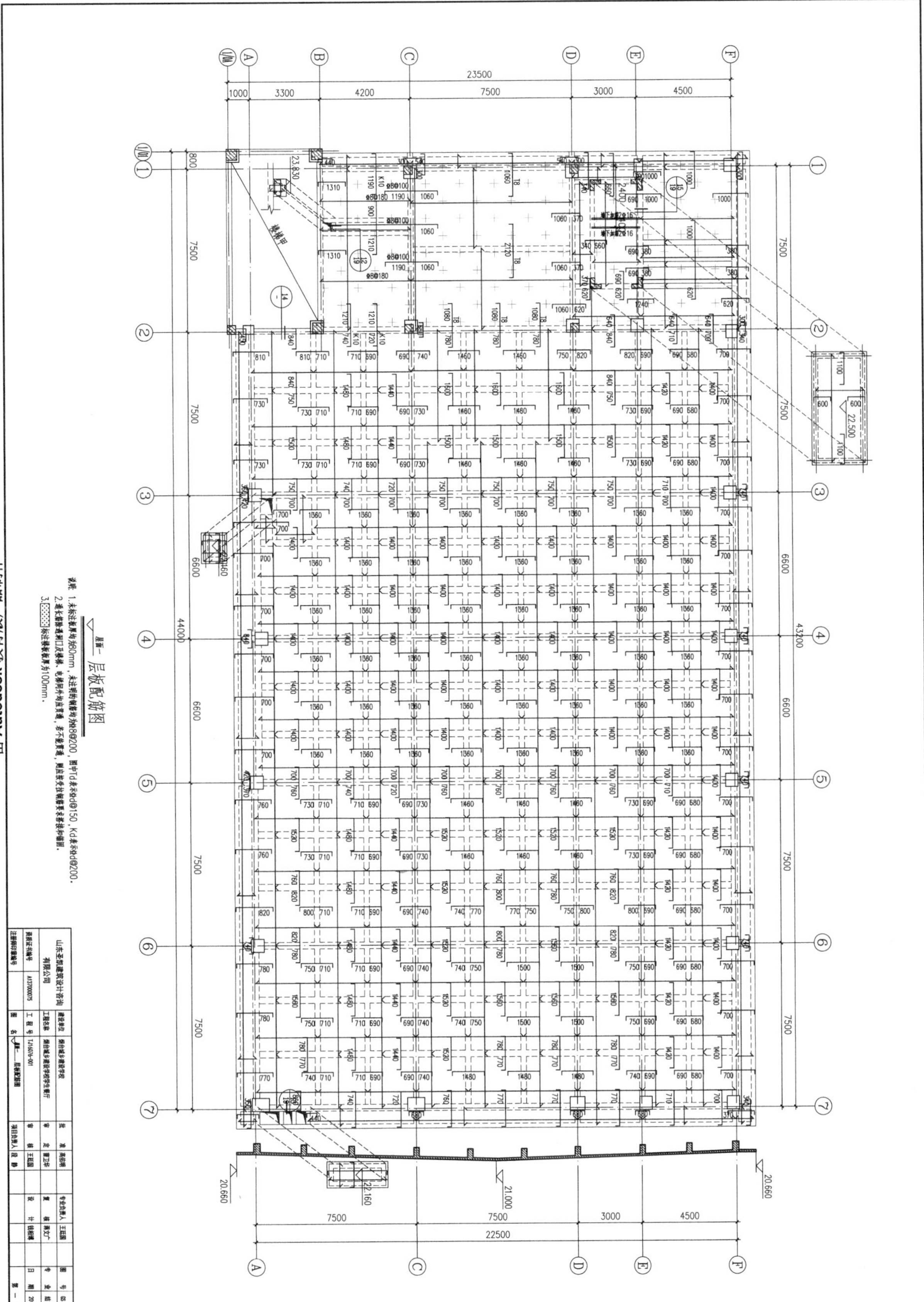

由 Autodesk 教育版产品制作

由 Autodesk 教育版产品制作

由 Autodesk 教育版产品制作

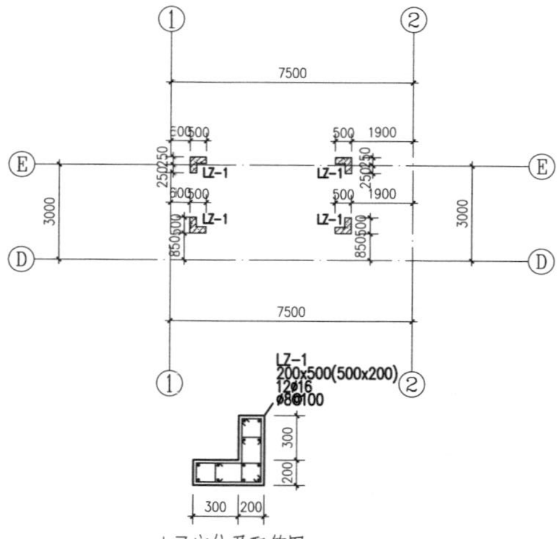

LZ定位及配筋图

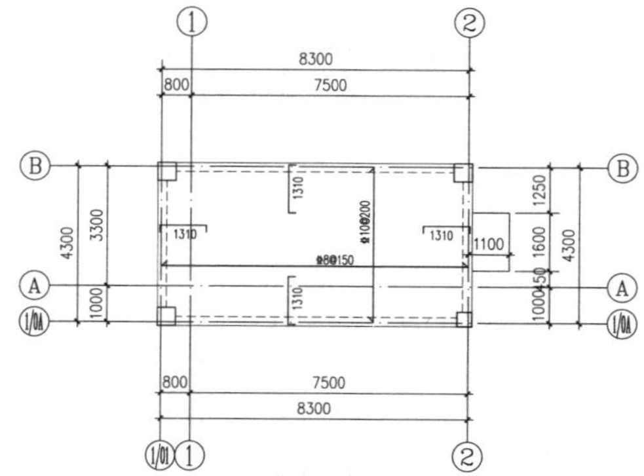

层板配筋图

说明：板厚均为140mm，未注明的钢筋均为φ8@200，板顶标高为24.000m。

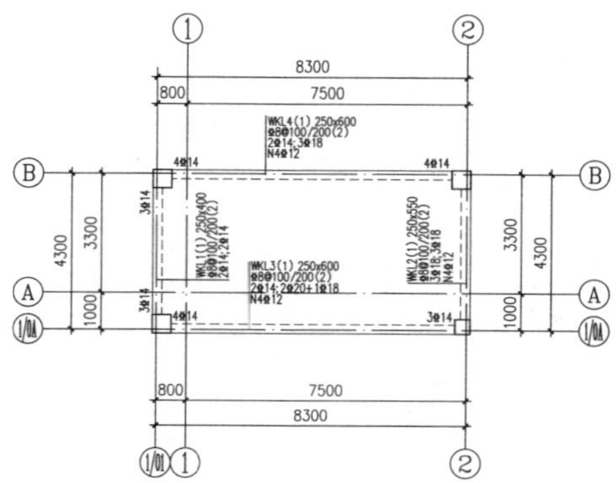

层梁平面配筋图

注 1.未注明定位尺寸的梁均贴柱边或沿轴线居中布置。

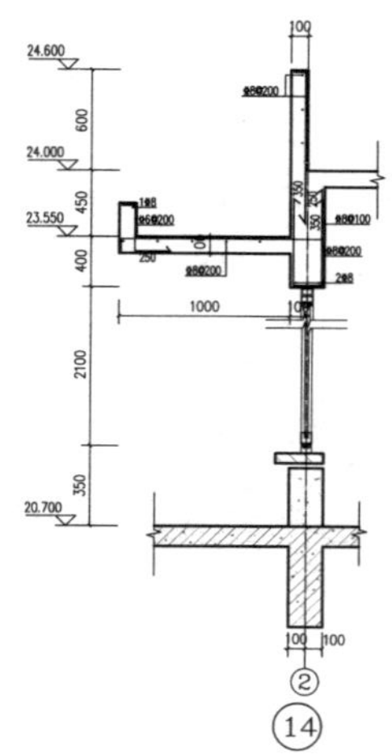

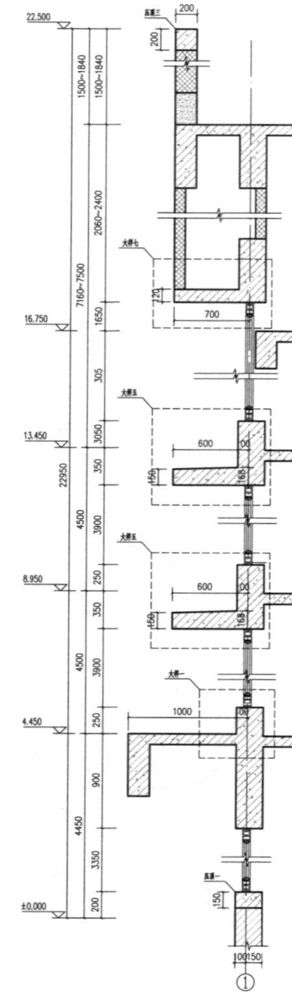

山东圣凯建筑设计咨询有限公司		建设单位	烟台城乡建设学校	批准	高佑明		专业负责人	王廷国		图号	GS－12
		工程名称	烟台城乡建设学校学生餐厅	审定	曹卫华		复核	蒋文广		专业	结构
资质证书编号	A137000075	工程号	TJ16076-001	审核	王廷国		设计	钱相博		日期	2017.03
注册师印章编号		图名	层梁板平面配筋图	项目负责人	段静					第一版	

总图		暖通	崔士超
建筑	徐莉	电气	魏锋
结构		助理项目负责人	张仁明
水卫	冯德勇		

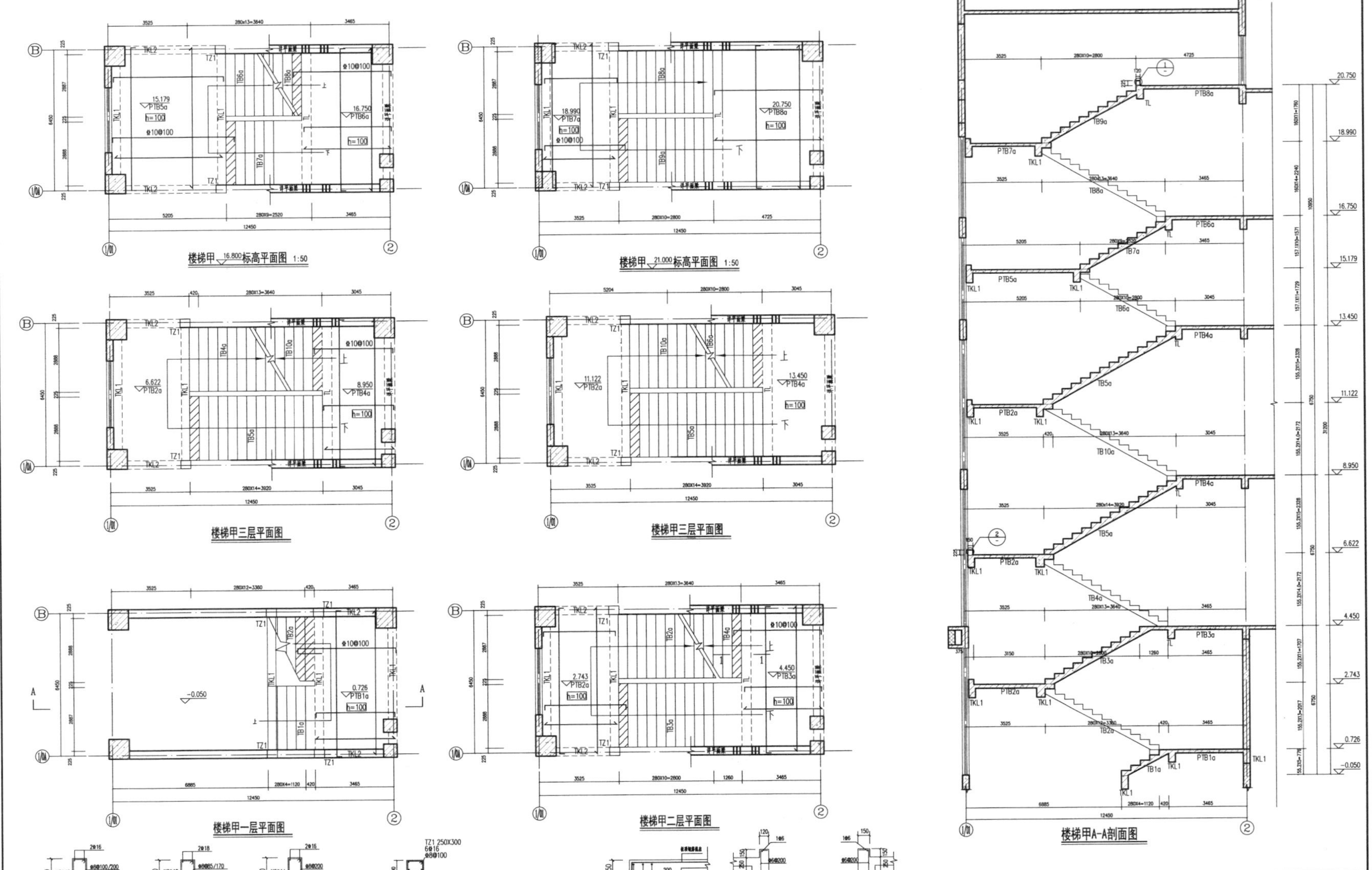

楼梯甲 16.800 标高平面图 1:50
楼梯甲 21.000 标高平面图 1:50
楼梯甲三层平面图
楼梯甲三层平面图
楼梯甲一层平面图
楼梯甲二层平面图
楼梯甲A-A剖面图

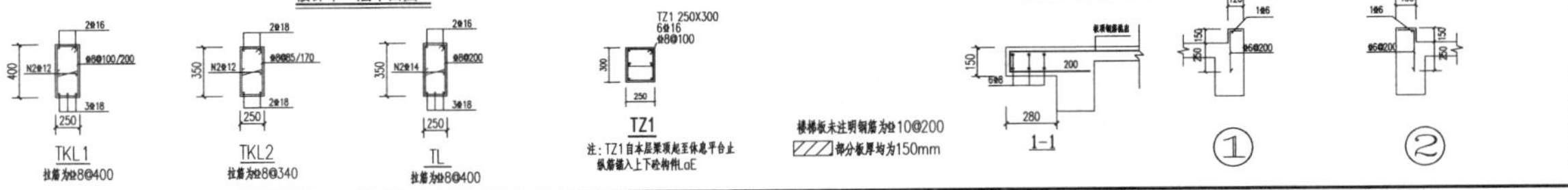

TKL1
拉筋为Φ8@400
TKL2
拉筋为Φ8@340
TL
拉筋为Φ8@400
TZ1 250X300
TZ1
注：TZ1自本层梁顶起至休息平台止
纵筋锚入上下砼构件LaE
楼梯板未注明钢筋为Φ10@200
部分板厚均为150mm
1-1
①
②

山东圣凯建筑设计咨询有限公司		建设单位	烟台城乡建设学校	批准	高佑明		专业负责人	王廷国		图号	GS-13
		工程名称	烟台城乡建设学校学生餐厅	审定	曹卫华		复核	蒋文广		专业	结构
资质证书编号	A137000075	工程号	TJ16076-001	审核	王廷国		设计	钱相博		日期	2017.03
注册师印章编号		图名	楼梯详图（一）	项目负责人	段静					第一版	

总图			暖通	崔士超
建筑	徐莉		电气	魏锋
结构			勘察项目负责人	张仁明
水卫	冯德男			

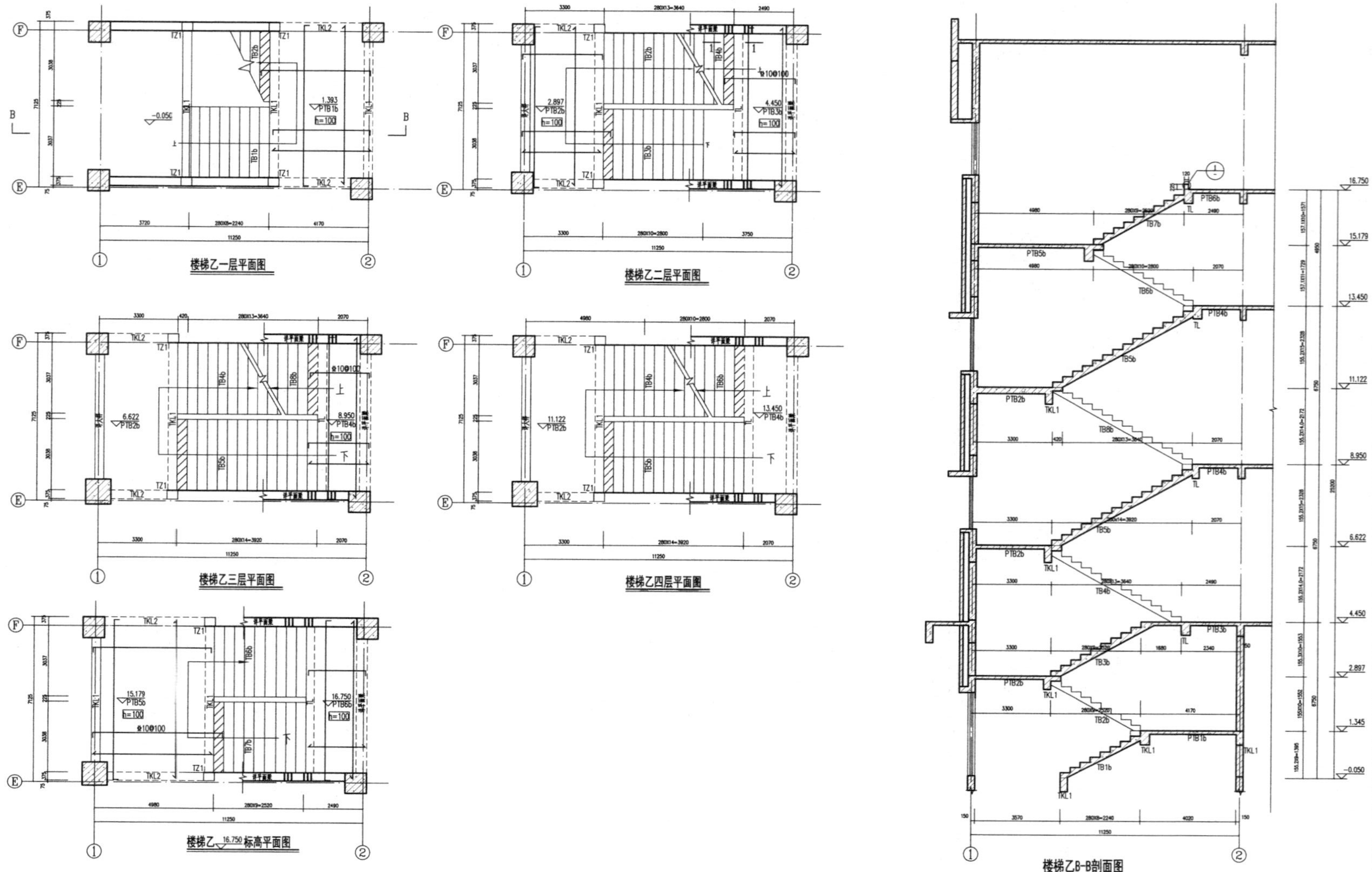

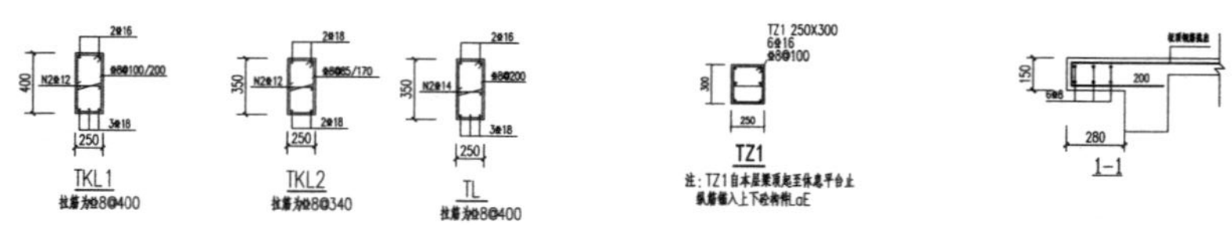

楼梯板未注明钢筋为Φ10@200

▨ 部分板厚均为150mm

山东圣凯建筑设计咨询有限公司		建设单位	烟台城乡建设学校	批　准	高佑明		专业负责人	王廷国		图　号	GS－14
		工程名称	烟台城乡建设学校学生餐厅	审　定	董卫华		复　核	蒋文广		专　业	结 构
资质证书编号	A137000075	工 程 号	TJ16076-001	审　核	王廷国		设　计	钱相洲		日　期	2017.03
注册师印章编号		图　名	楼梯详图（二）	项目负责人	段 静					第 一 版	

由 Autodesk 教育版产品制作
由 Autodesk 教育版产品制作

总图		暖通	崔士超
建筑	徐莉	电气	魏铎
结构		勘察项目负责人	张仁明
水	冯雅男		

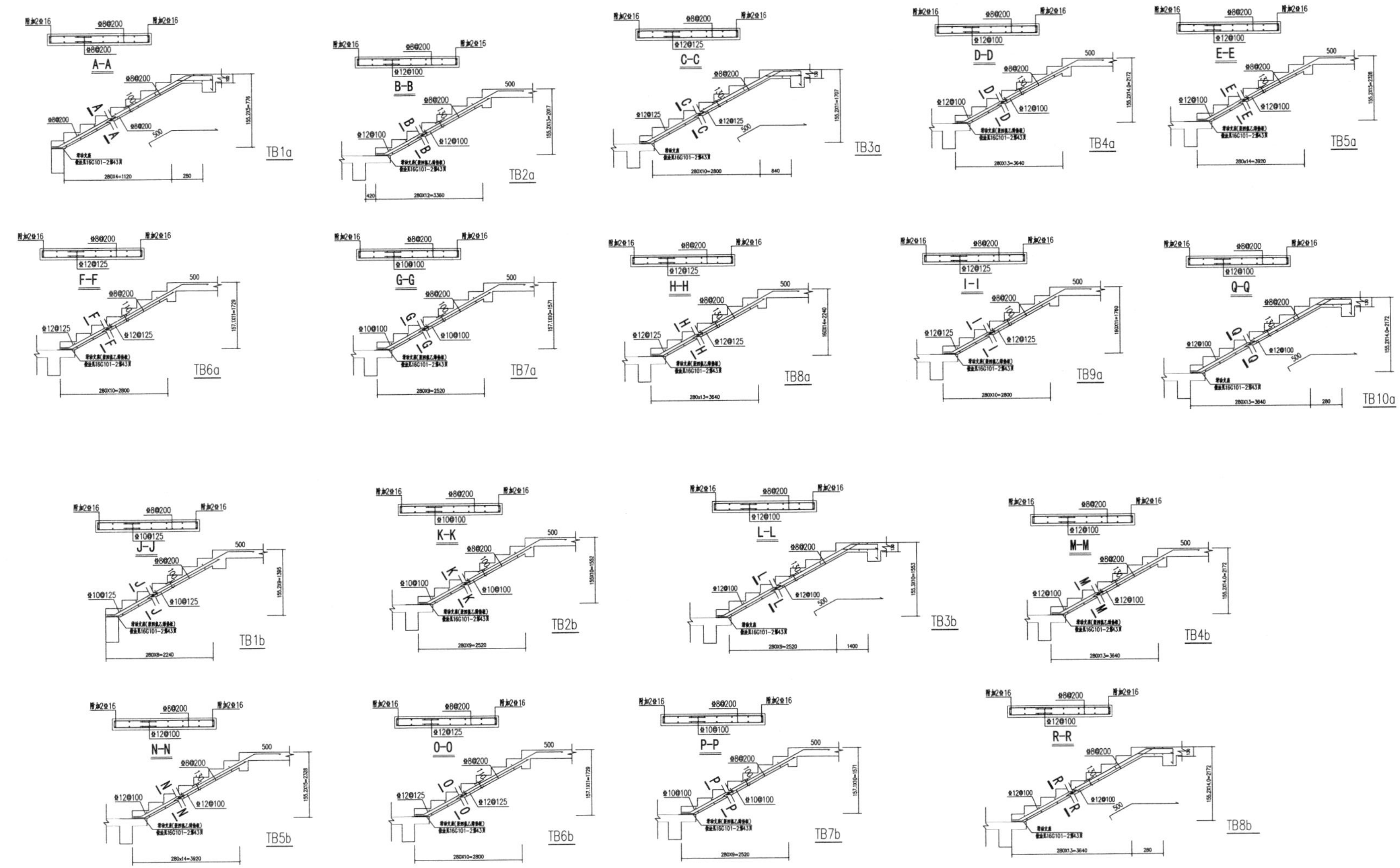

山东圣凯建筑设计咨询有限公司		建设单位	烟台城乡建设学校	批准	高佑明		专业负责人	王廷国		图号	GS-15
		工程名称	烟台城乡建设学校学生餐厅	审定	曹卫华		复核	蒋文广		专业	结构
资质证书编号	A137000075	工程号	TJ16076-001	审核	王廷国		设计	钱相博		日期	2017.03
注册师印章编号		图名	楼梯详图（三）	项目负责人	段静					第一版	

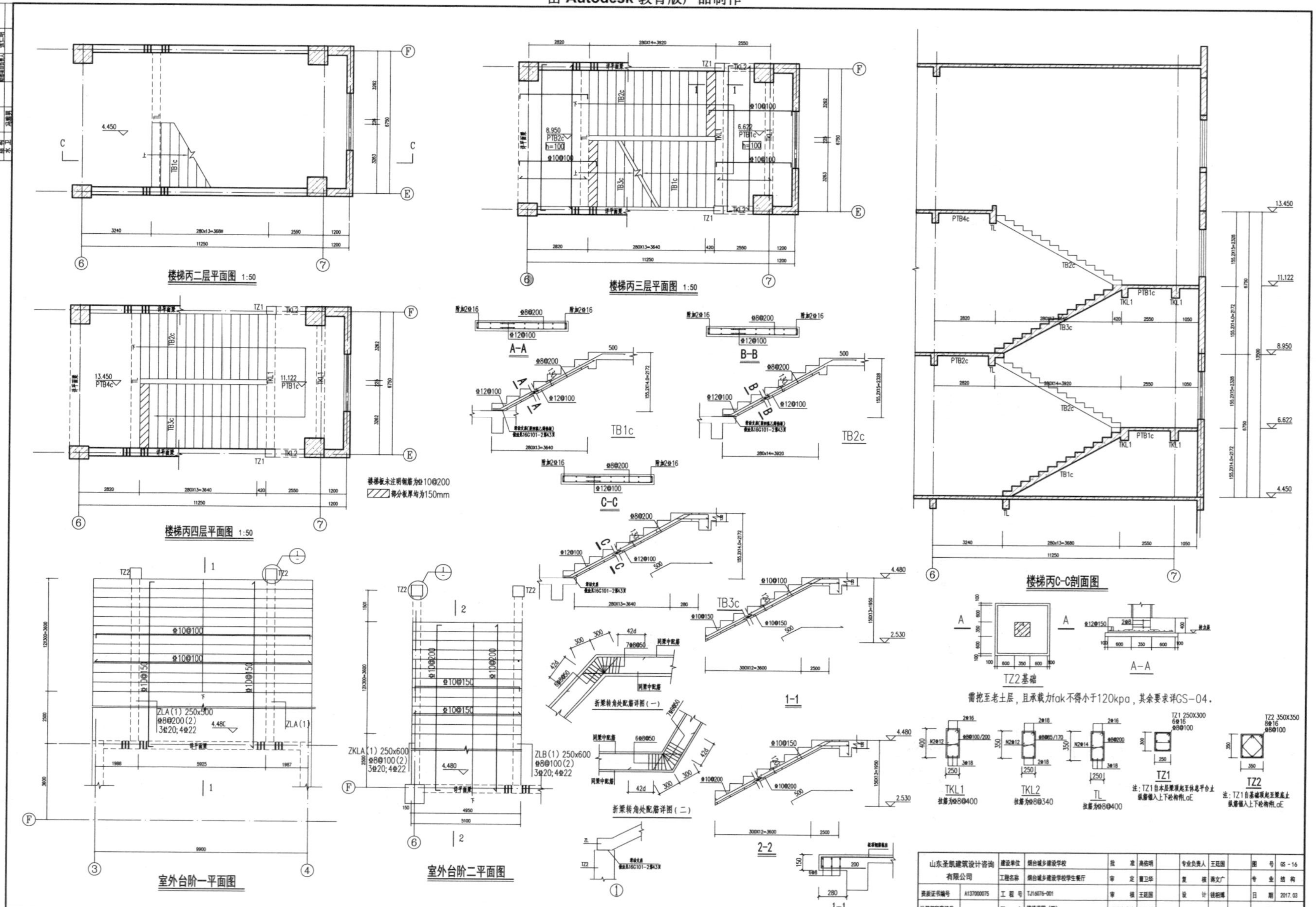
楼梯丙二层平面图 1:50
楼梯丙三层平面图 1:50
楼梯丙四层平面图 1:50
楼梯板未注明钢筋为φ10@200
部分板厚均为150mm
A-A
B-B
C-C
TB1c
TB2c
TB3c
1-1
2-2
折梁转角处配筋详图（一）
折梁转角处配筋详图（二）
室外台阶一平面图
室外台阶二平面图
ZLA(1) 250x500
ZKLA(1) 250x600
ZLB(1) 250x600
楼梯丙C-C剖面图
TZ2基础
需挖至老土层，且承载力fak不得小于120kpa，其余要求详GS-04。
TKL1
TKL2
TL
TZ1
TZ2
注：TZ1自本层梁顶起至休息平台止，纵筋锚入上下砼构件LaE
注：TZ1自基础顶起至梁底止，纵筋锚入上下砼构件LaE
山东圣凯建筑设计咨询有限公司
建设单位 烟台城乡建设学校
工程名称 烟台城乡建设学校学生餐厅
工程号 TJ16076-001
图名 楼梯详图（四）
资质证书编号 A137000075
图号 GS-16
专业 结构
日期 2017.03
第一版

总图			暖通	崔士超	
建筑	徐莉		电气	魏锋	
结构			助理项目负责人	张仁明	
水卫	冯雅男				

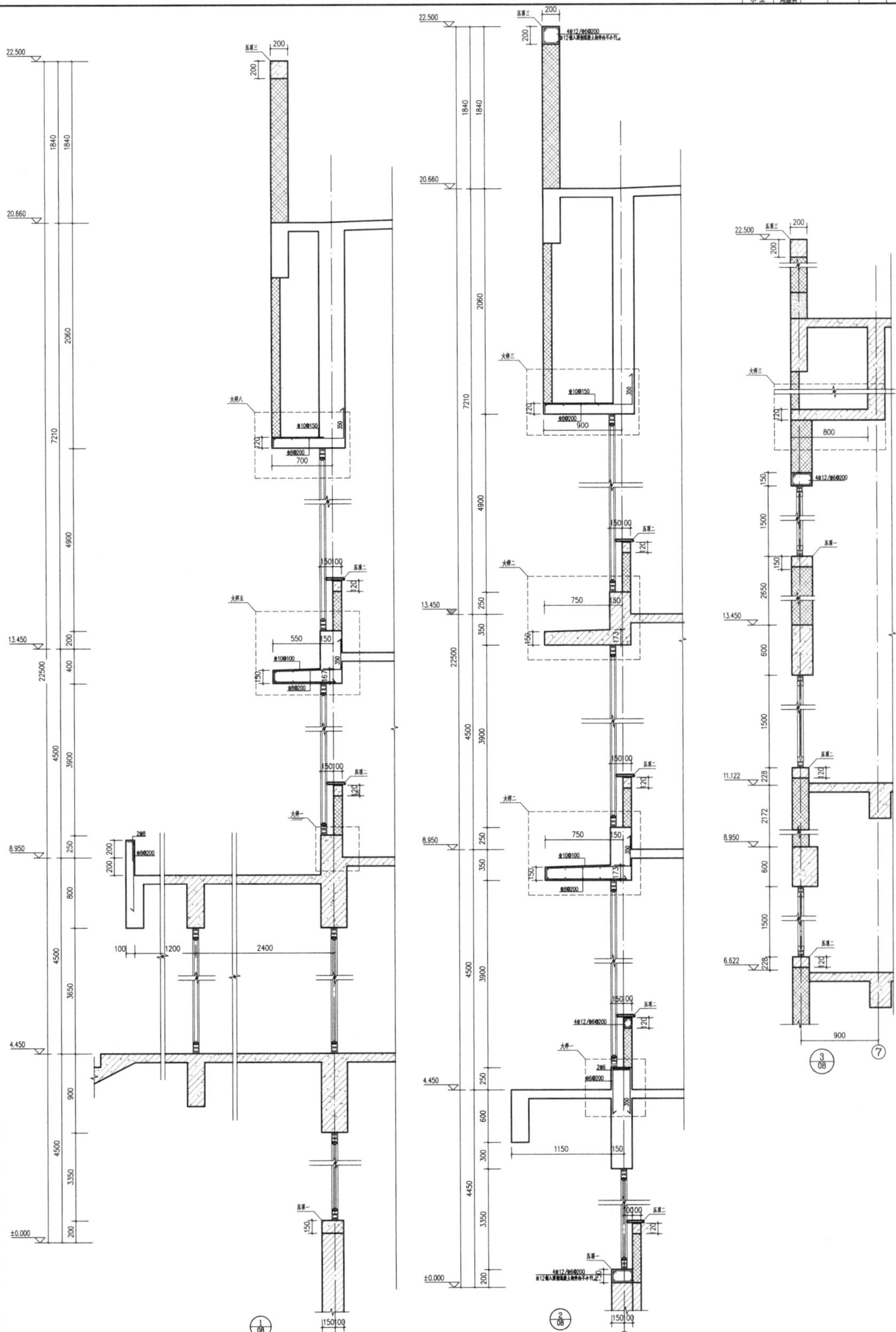

山东圣凯建筑设计咨询有限公司		建设单位	烟台城乡建设学校	总	高临明	专业负责人	王延国	图 号	结施 03-17
		工程名称	烟台城乡建设学校学生餐厅	审 定	曹卫华	复 核	蒋文广	专 业	结 构
资质证书编号	A137000075	工 程 号	TJ16076-001	审 核	王延国	设 计	钱相博	日 期	2017.03
注册师印章编号		图 名	大样详图（一）	项目负责人	段 静			第 一 版	

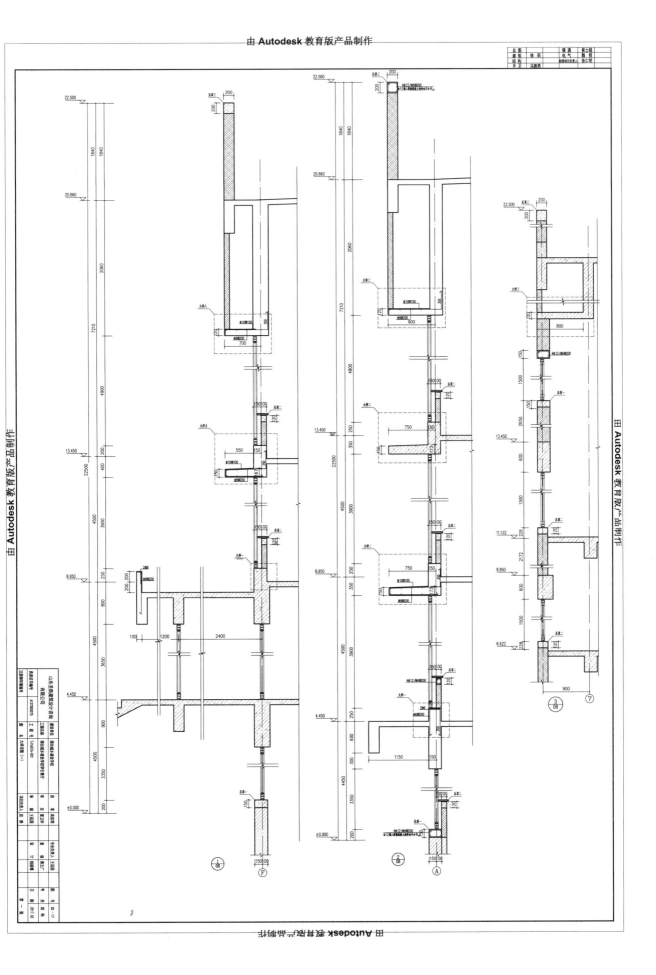

由 Autodesk 教育版产品制作
由 Autodesk 教育版产品制作
由 Autodesk 教育版产品制作

总图			暖通		崔士超
建筑	徐莉		电气		魏铎
结构			勘探项目负责人		张仁明
水卫	冯鹏男				

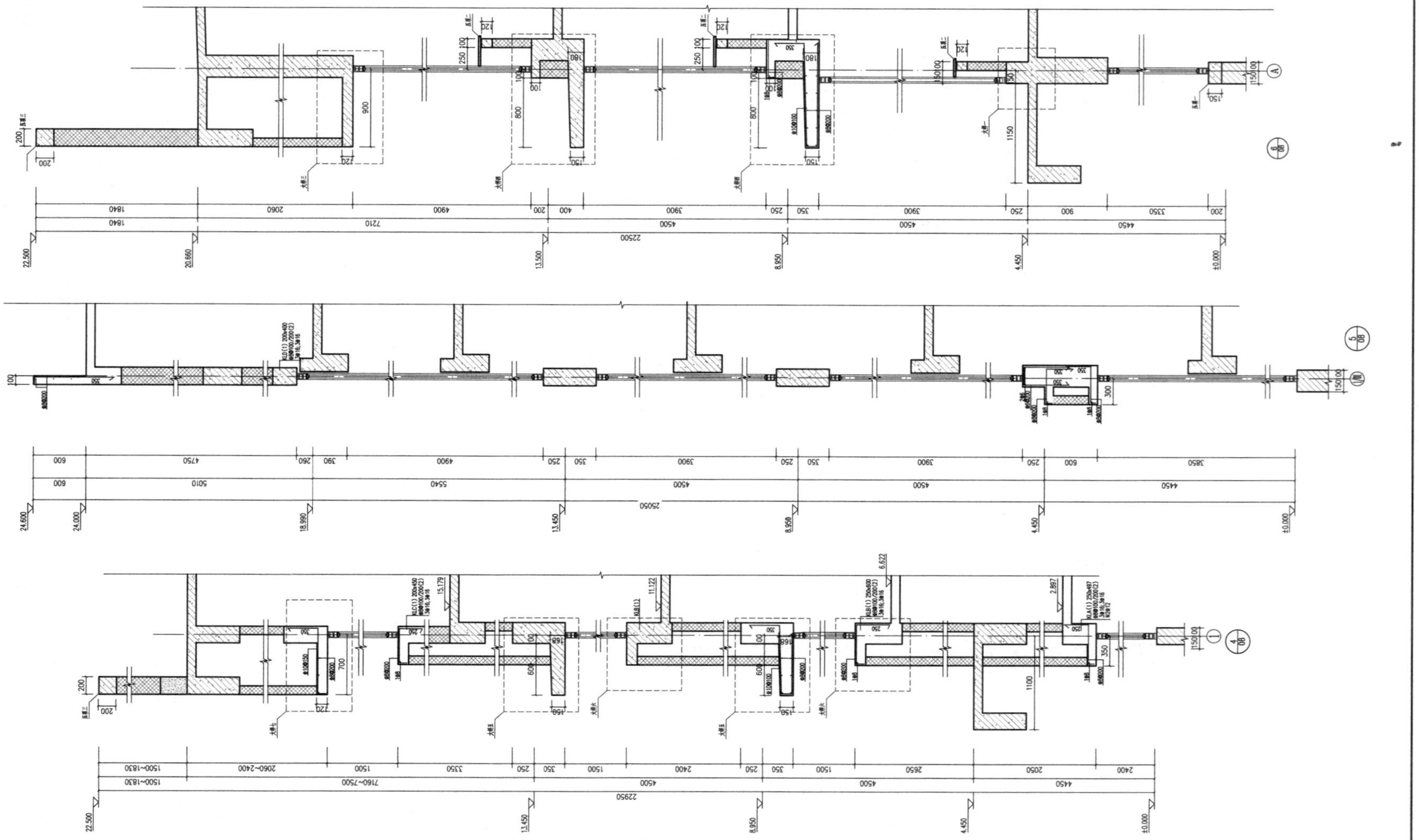

22.500
20.660
13.500
8.950
4.450
±0.000
22500
24.600
24.000
18.990
13.450
25050
KLD(1) 200x400
KLC(1) 200x450
KLB(1)
KLB(1) 250x600
KLA(1) 250x497
15.179
11.122
6.622
2.897
22950

山东圣凯建筑设计咨询有限公司		建设单位	烟台城乡建设学校	批准	高佑明	专业负责人	王延国	图号	GS－18
		工程名称	烟台城乡建设学校学生餐厅	审定	曹卫华	复核	蒋文广	专业	结构
资质证书编号	A137000075	工程号	TJ16076-001	审核	王延国	设计	钱昭辉	日期	2017.03
注册师印章编号		图名	大样详图（二）	项目负责人	段静			第一版	

由 Autodesk 教育版产品制作
由 Autodesk 教育版产品制作
由 Autodesk 教育版产品制作

总图			暖通	崔士超	
建筑	徐莉		电气	魏铎	
结构			勘察项目负责人	张仁明	
水卫	冯雁男				

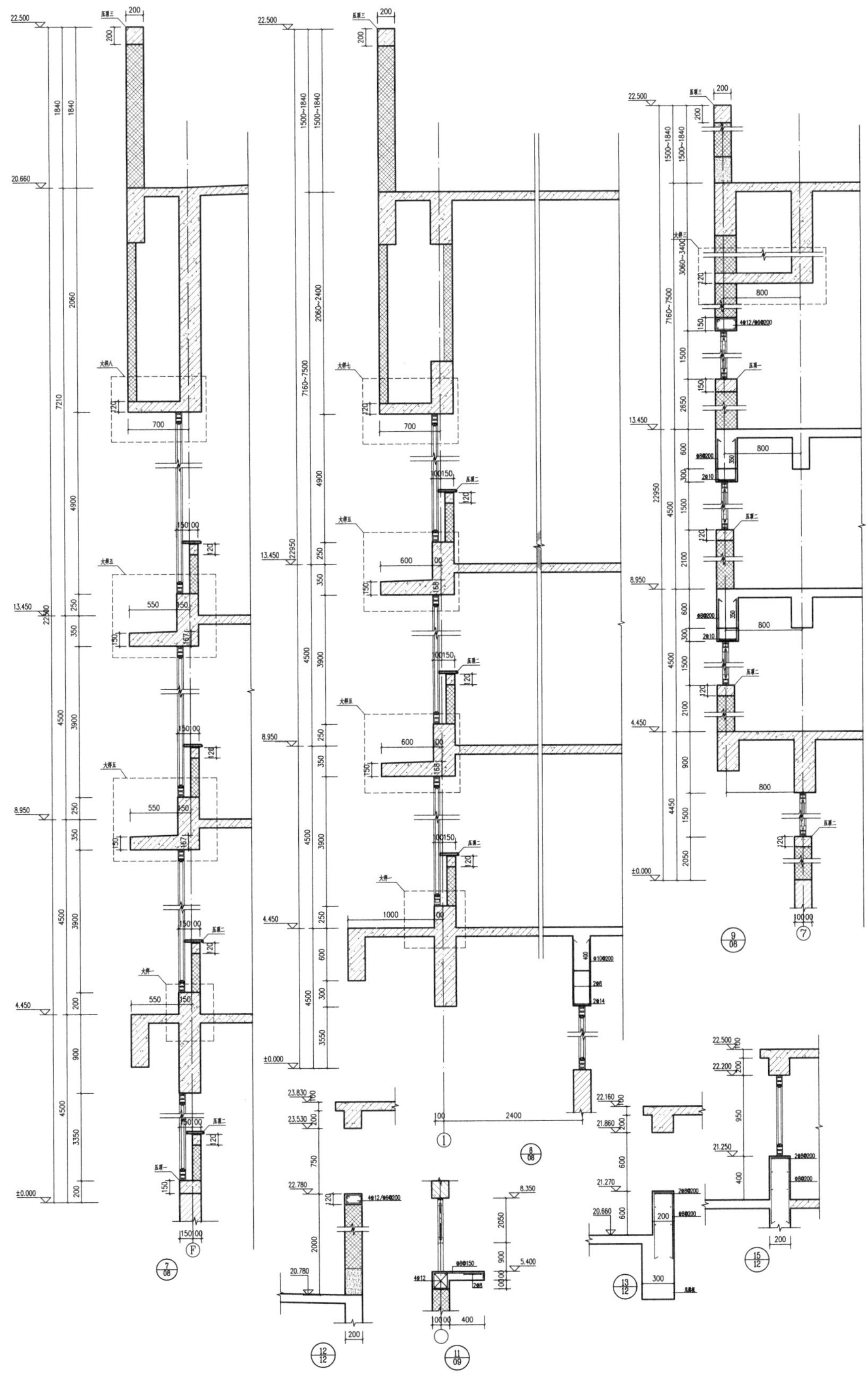

山东圣凯建筑设计咨询有限公司		建设单位	烟台城乡建设学校	批准	高佑明	专业负责人	王延国	图号	结施-19
		工程名称	烟台城乡建设学校学生餐厅	审定	董卫华	复核	燕文广	专业	结构
资质证书编号	A137000075	工程号	TJ16076-001	审核	王延国	设计	钱相博	日期	2017.03
注册师印章编号		图名	大样详图（三）	项目负责人	段静			第一版	

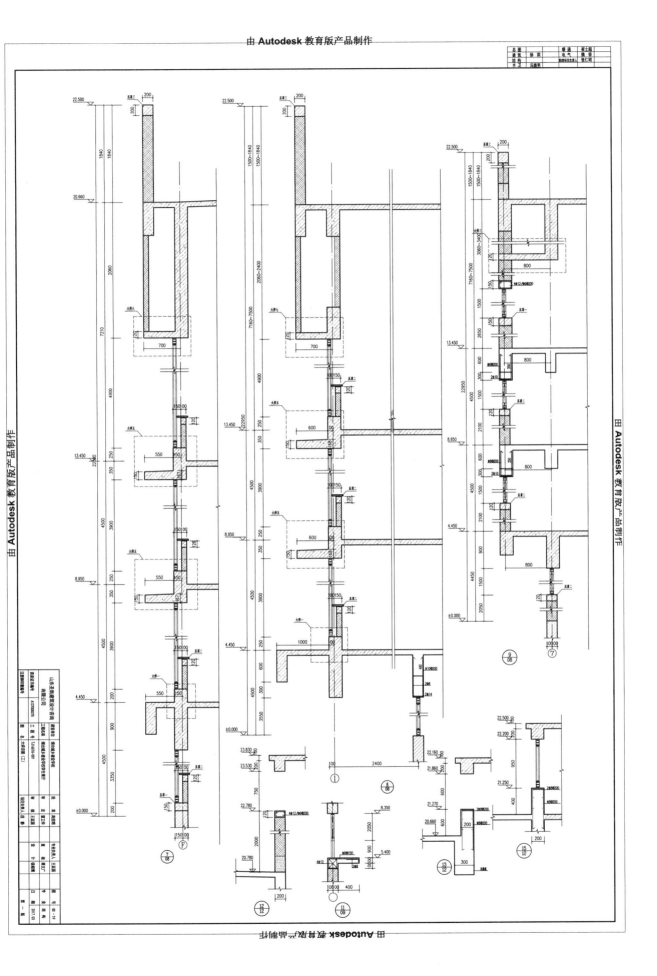

由 Autodesk 教育版产品制作
由 Autodesk 教育版产品制作
由 Autodesk 教育版产品制作